编委会

微视频全图讲解系列

扫描书中的"二维码"
开启全新的微视频学习模式

微视频
全图讲解电动机

数码维修工程师鉴定指导中心　组织编写

韩雪涛　主编　吴　瑛　韩广兴　副主编

精彩微视频
配合讲解
扫码观看
方便快捷

電子工業出版社

Publishing House of Electronics Industry

北京·BEIJING

内容简介

本书采用“全彩”+“全图”+“微视频”的全新讲解方式，系统全面地介绍电动机的专业知识和应用技能，打破传统纸质图书的学习模式，将网络技术与多媒体技术引入纸质载体，开创“微视频”互动学习的全新体验。读者可以在学习过程中，通过扫描页面上的“二维码”即可打开相应知识技能的微视频，配合图书轻松完成学习。

本书适合相关领域的初学者、专业技术人员、爱好者及相关专业的师生阅读。

使用手机扫描书中的“二维码”，开启全新的微视频学习模式……

图书在版编目（CIP）数据

微视频全图讲解电动机/韩雪涛主编. --北京：电子工业出版社. 2017.10
（微视频全图讲解系列）
ISBN 978-7-121-32615-8
Ⅰ. ①微… Ⅱ. ①韩… Ⅲ. ①电动机－图解 Ⅳ. ①TM32-64
中国版本图书馆CIP数据核字（2017）第211168号

责任编辑：富　军　特约编辑：刘汉斌
印　　刷：北京虎彩文化传播有限公司
装　　订：北京虎彩文化传播有限公司
出版发行：电子工业出版社
　　　　　北京市海淀区万寿路17 信箱　邮编 100036
开　　本：787×1092　1/16　印张：16　字数：410千字
版　　次：2017年10月第1版
印　　次：2020年10月第6次印刷
定　　价：59. 80元

凡所购买电子工业出版社的图书，如有缺损问题，请向购买书店调换。若书店售缺，请与本社发行部联系，联系及邮购电话：（010）88258888、88254888。

质量投诉请发邮件至zlts@phei.com.cn，盗版侵权举报请发邮件至dbqq@phei.com.cn。

本书咨询联系方式：（010）88254456。

前 言

"微视频"扫码轻松学

首先，本书是专门为从事和希望从事电动机设计、制造、调试、维修等相关工作的初学者和技术人员编写的，使读者能够在短时间内迅速提升初学者的专业知识和专业技能，同时，也为从事相关工作的技术人员提供更大的拓展空间，丰富实践经验。

电动机领域实践性强，对读者的专业知识和动手能力都有很高的要求。为了能够编写好本书，我们依托数码维修工程师鉴定指导中心进行了大量的市场调研和资料汇总，从电动机的岗位需求角度出发，对电动机所涉及的专业知识和实操技能进行系统的整理，以国家相关职业资格标准为核心，结合岗位的培训特点，重组电动机技能培训架构，制订出符合现代行业技能培训特色的学习计划，确保读者能够轻松、快速地掌握电动机的各项专业知识和实操技能，以应对相关的岗位需求。

其次，本书打破传统教材的文字讲述模式，在图书的培训架构、图书的呈现方式、图书的内容编排和图书的教授模式四个方面全方位提升图书的品质。

四大特色

1. **本系列图书的内容按照读者的学习习惯和行业培训特点进行科学系统的编排，适应当前实操岗位的学习需求。**

2. **本系列图书全部采用"全彩"＋"全图"＋"微视频讲解"的方式，充分体现图解特色，让读者的学习变得轻松、简单、易学易懂。**

3. **图书引入大量实际案例，读者通过学习，不仅可以学会实用的动手技能，同时可以掌握更多的实践工作经验。**

4. **本系列图书全部采用微视频讲解互动的全新教学模式，每本图书在内页重要知识点相关图文的旁边附印二维码。读者只要用手机扫描书中相关知识点的二维码，即可在手机上实时浏览对应的教学视频，视频内容与图书涉及的知识完全匹配，晦涩复杂难懂的图文知识通过相关专家的语言讲解，可帮助读者轻松领会，同时还可以极大地缓解阅读疲劳。**

另外，为了确保专业品质，本书由数码维修工程师鉴定指导中心组织编写，由全国电子行业资深专家韩广兴教授亲自指导。编写人员有行业资深工程师、高级技师和一线教师。本书无处不渗透着专业团队的经验和智慧，使读者在学习过程中如同有一群专家在身边指导，将学习和实践中需要注意的重点、难点一一化解，大大提升了学习效果。

值得注意的是，电动机的种类、功能、原理与绕组绕制、维修等的知识性很强，要想活学活用、融会贯通需结合实际工作岗位进行循序渐进的训练。因此，为读者提供必要的技术咨询和交流是本书的另一大亮点。如果读者在工作学习过程中遇到问题，可以通过以下方式与我们联系交流：

数码维修工程师鉴定指导中心
联系电话：022-83718162/83715667/13114807267
地址：天津市南开区榕苑路4号天发科技园8-1-401
网址：http://www.chinadse.org
E-mail:chinadse@163.com
邮编：300384

编 者

目录

第1章 直流电动机的结构原理

1.1 直流电动机的种类和功能特点

1.1.1 直流电动机的种类

直流电动机主要采用直流供电方式。因此可以说，所有由直流电源（电源有正、负极之分）供电的电动机都可称为直流电动机。

直流电动机按照定子磁场的不同，可以分为永磁式直流电动机和电磁式直流电动机。其中，永磁式直流电动机的定子磁极是由永久磁体组成的，利用永磁体提供磁场，使转子在磁场的作用下旋转；电磁式直流电动机的定子磁极是由铁芯和绕组组成的，在直流电流的作用下，定子绕组产生磁场，驱动转子旋转，如图1-1所示。

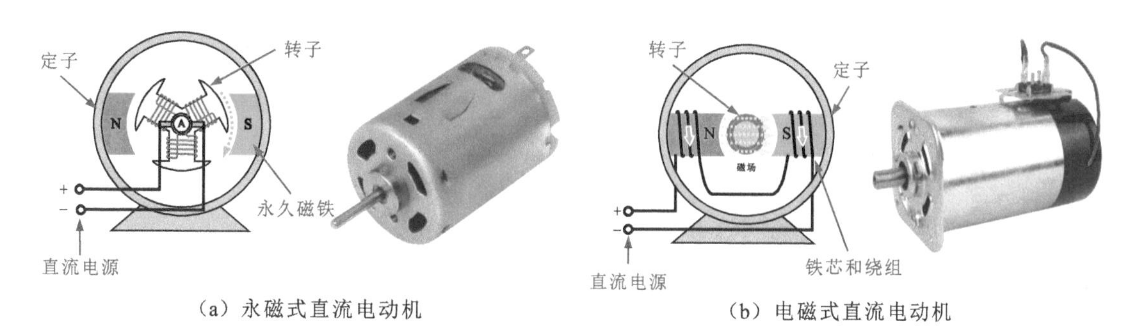
定子
转子
N
S
A
+
−
永久磁铁
直流电源
转子
定子
N
S
磁场
+
−
铁芯和绕组
直流电源

（a）永磁式直流电动机　　（b）电磁式直流电动机

图1-1　永磁式直流电动机和电磁式直流电动机

直流电动机按照结构的不同，可以分为有刷直流电动机和无刷直流电动机。有刷直流电动机和无刷直流电动机的外形相似，主要通过内部是否包含电刷和换向器进行区分，如图1-2所示。

（a）有刷直流电动机　　（b）无刷直流电动机

图1-2　有刷直流电动机和无刷直流电动机

1.1.2 直流电动机的功能应用

直流电动机具有良好的启动性能和控制性能，如图1-3所示，能在较宽的调速范围内实现均匀、平滑的无级调速，适用于启、停控制频繁的控制系统。

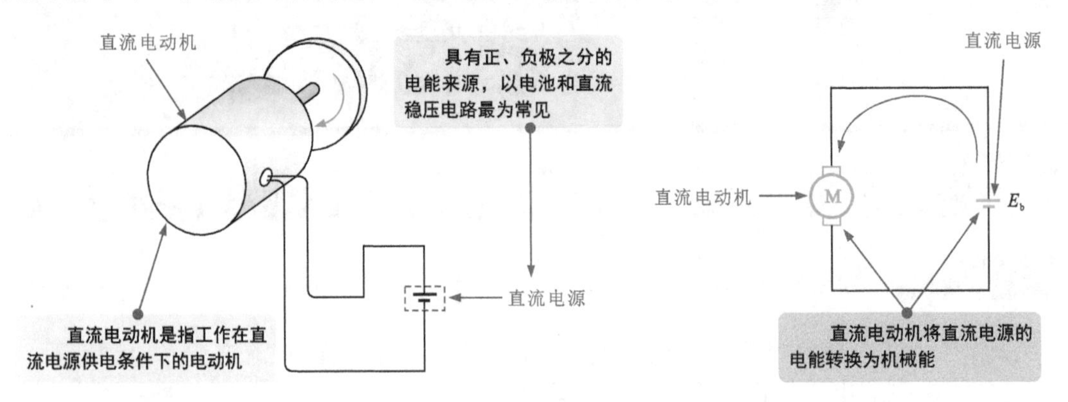

直流电动机
具有正、负极之分的电能来源，以电池和直流稳压电路最为常见
直流电源
直流电动机是指工作在直流电源供电条件下的电动机
直流电源
直流电动机
M
E_b
直流电动机将直流电源的电能转换为机械能

图1-3 直流电动机的功能

直流电动机具有良好的可控性能，很多对调速性能要求较高的产品或设备都采用直流电动机作为动力源。可以说，直流电动机几乎涉及各个领域。例如，在家用电子电器产品、电动产品、工农业设备、交通运输设备中，甚至在军事和宇航等很多对调速和启动性能要求高的场合都有广泛应用，如图1-4所示。

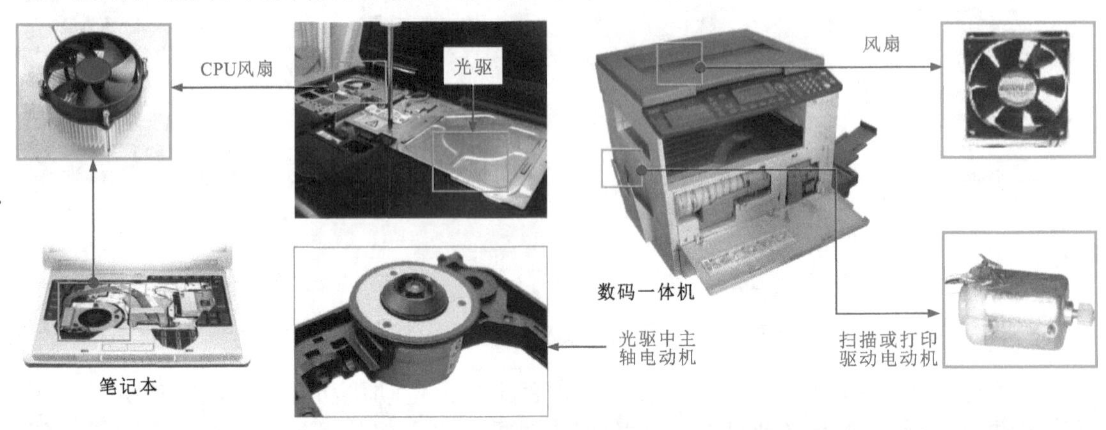

CPU风扇
光驱
风扇
笔记本
数码一体机
光驱中主轴电动机
扫描或打印驱动电动机

（a）计算机及办公设备动力驱动部件中的直流电动机

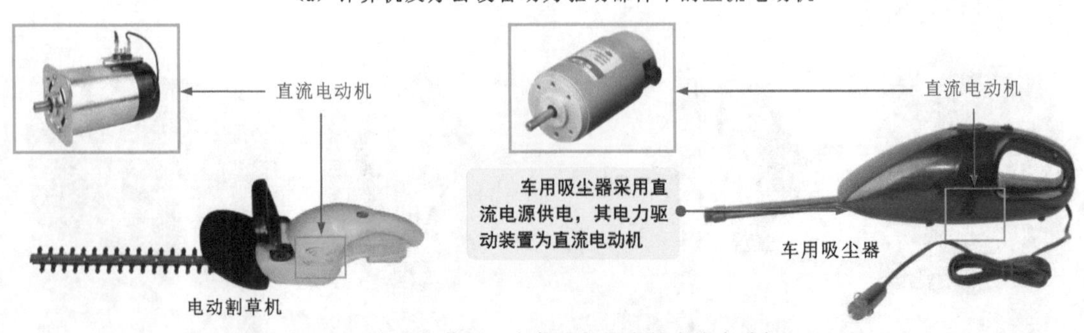

直流电动机
直流电动机
车用吸尘器采用直流电源供电，其电力驱动装置为直流电动机
车用吸尘器
电动割草机

（b）电动割草机、车载吸尘器中的直流电动机

图1-4 直流电动机的应用

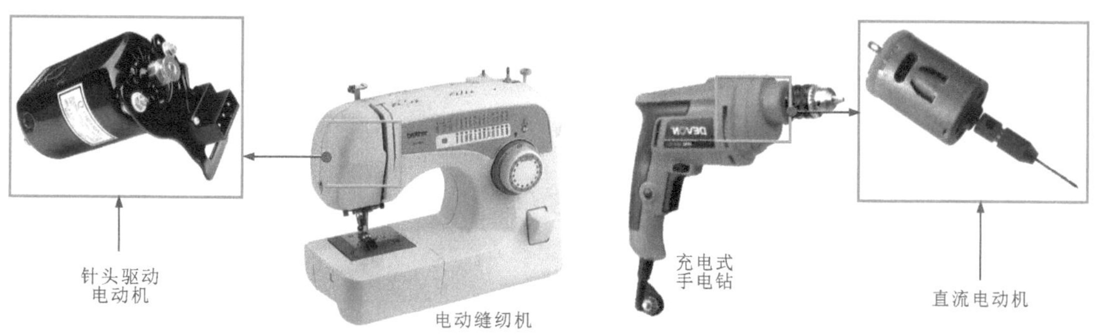
针头驱动
电动机
电动缝纫机
充电式
手电钻
直流电动机

（c）电动缝纫机、充电式手电钻中的直流电动机

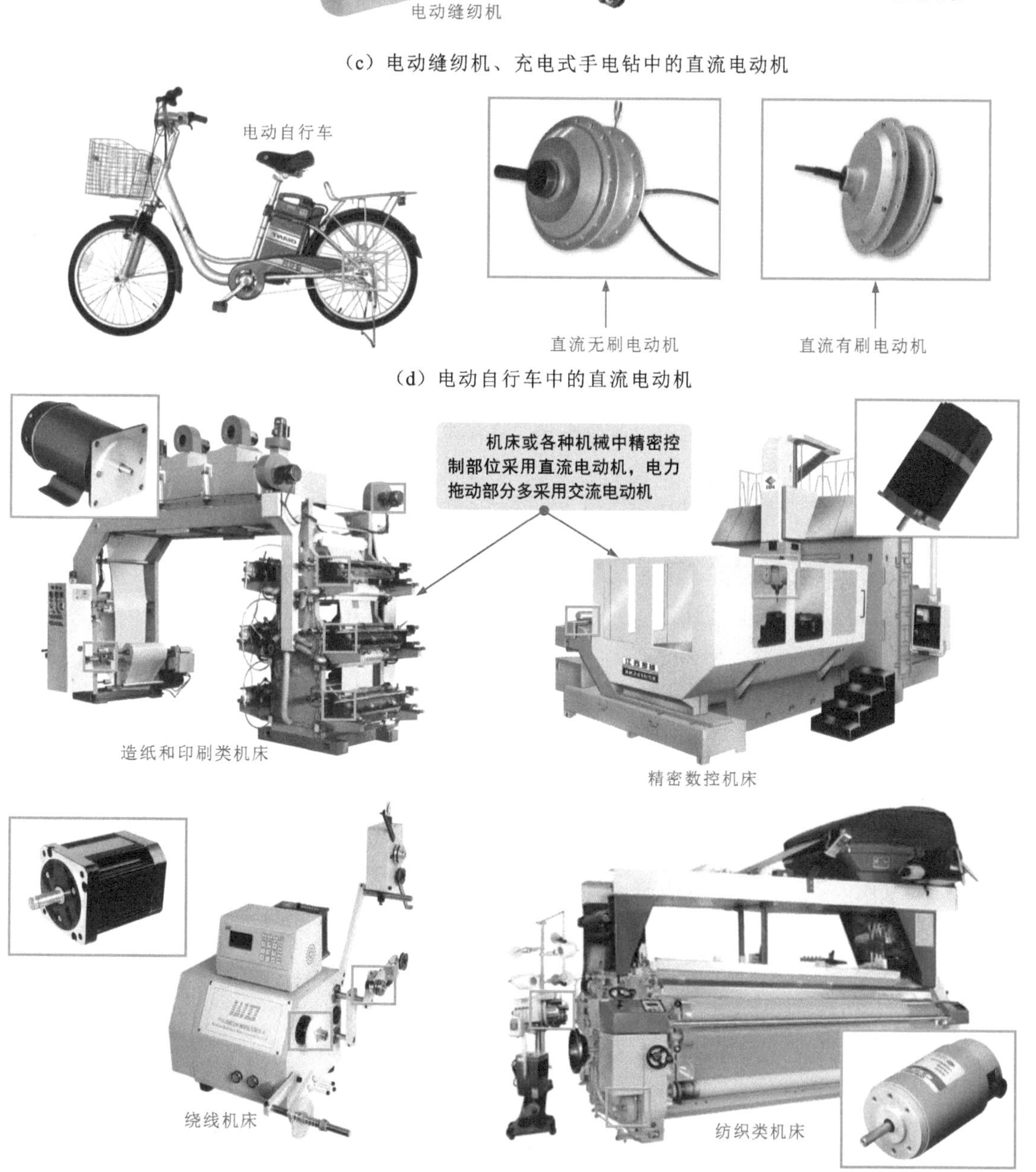
电动自行车
直流无刷电动机
直流有刷电动机
（d）电动自行车中的直流电动机
机床或各种机械中精密控制部位采用直流电动机，电力拖动部分多采用交流电动机
造纸和印刷类机床
精密数控机床
绕线机床
纺织类机床

（e）工业设备中的直流电动机

图1-4　直流电动机的应用（续）

1.2 永磁式直流电动机的结构和工作原理

1.2.1 永磁式直流电动机的结构

永磁式直流电动机主要由定子、转子和电刷、换向器构成，如图1-5所示。其中，定子磁体与圆柱形外壳制成一体，转子绕组绕制在铁芯上与转轴制成一体，绕组的引线焊接在换向器上，通过电刷供电，电刷安装在定子机座上与外部电源相连。

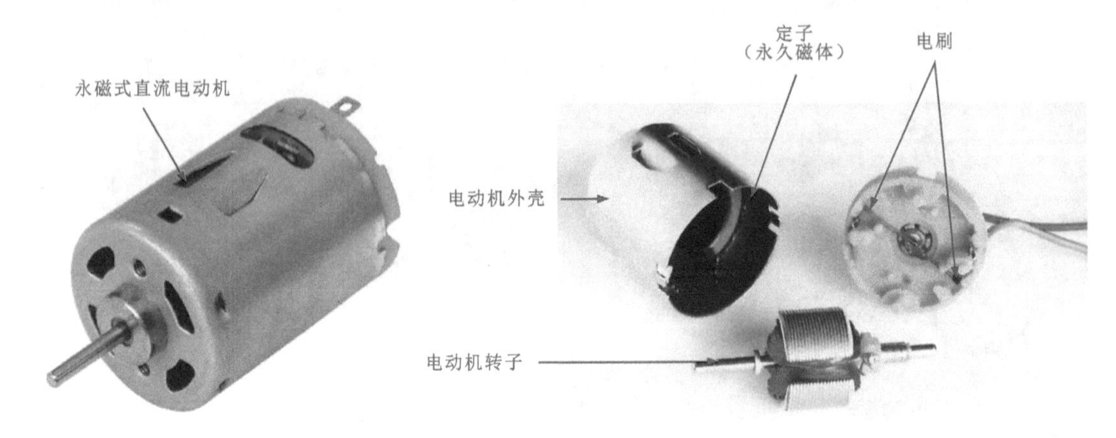
永磁式直流电动机
定子
（永久磁体）
电刷
电动机外壳
电动机转子

图1-5 典型永磁式直流电动机的结构

1 永磁式直流电动机的定子

由于两个永磁体全部安装在一个由铁磁性材料制成的圆筒内，所以圆筒外壳就成为中性磁极部分，内部两个磁体分别为N极和S极，这就构成了产生定子磁场的磁极，转子安装于其中就会受到磁场的作用而产生转动力矩。

图1-6为永磁式直流电动机定子的结构。

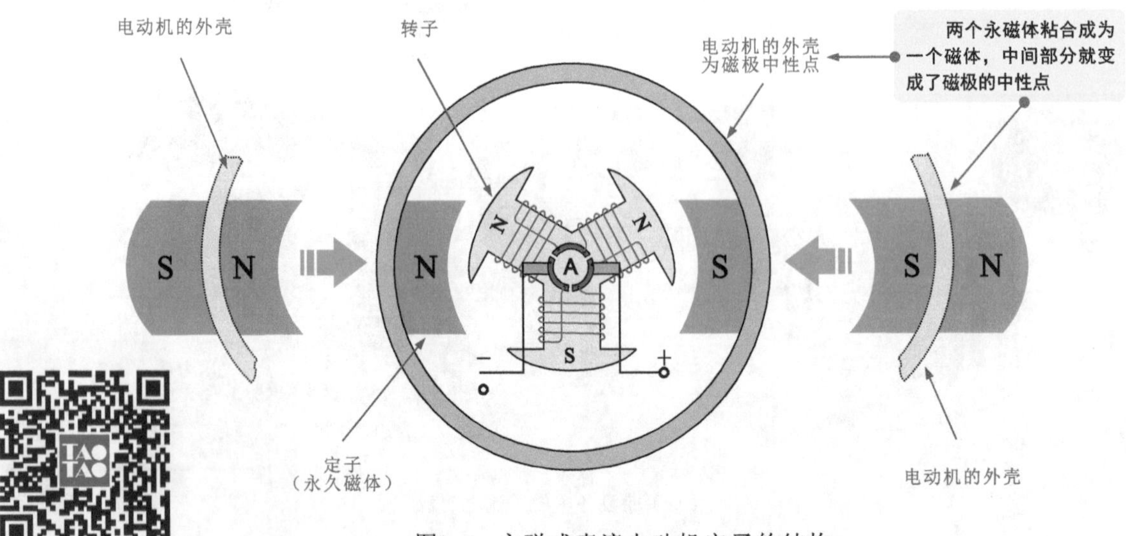
电动机的外壳
转子
电动机的外壳
为磁极中性点
两个永磁体粘合成为
一个磁体，中间部分就变
成了磁极的中性点
S
N
N
S
S
N
N
N
A
S
-
+
定子
（永久磁体）
电动机的外壳

图1-6 永磁式直流电动机定子的结构

2 永磁式直流电动机的转子

永磁式直流电动机的转子是由绝缘轴套、换向器、转子铁芯、绕组及转轴（电动机轴）等部分构成的，如图1-7所示。

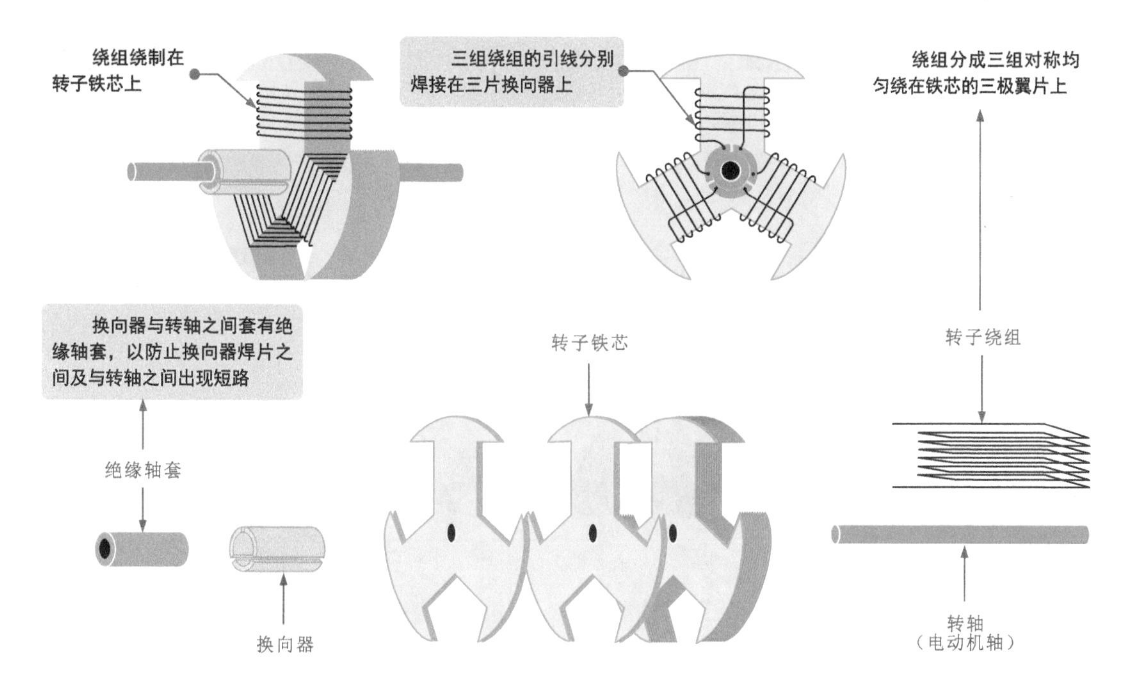

绕组绕制在
转子铁芯上
三组绕组的引线分别
焊接在三片换向器上
绕组分成三组对称均
匀绕在铁芯的三极翼片上
换向器与转轴之间套有绝
缘轴套，以防止换向器焊片之
间及与转轴之间出现短路
绝缘轴套
换向器
转子铁芯
转子绕组
转轴
（电动机轴）

图1-7　永磁式直流电动机转子的结构

3 永磁式直流电动机换向器和电刷部分

换向器是将三个（或多个）环形金属片（铜或银材料）嵌在绝缘轴套上制成的，是转子绕组的供电端。电刷是由铜石墨或银石墨组成的导电块，通过压力弹簧的压力接触到换向器上。也就是说，电刷和换向器是靠弹性压力互相接触向转子绕组传送电流的。

图1-8为永磁式直流电动机换向器和电刷的结构。

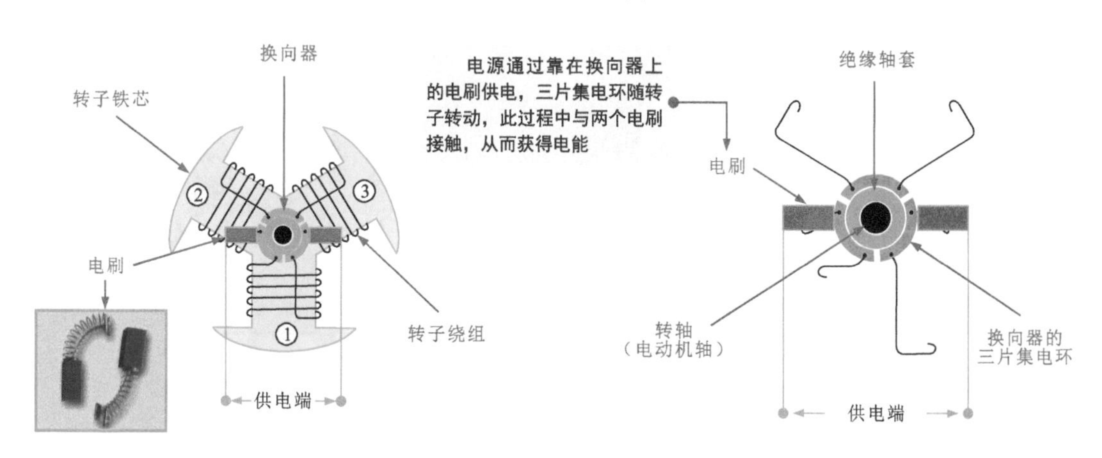

换向器
转子铁芯
②
③
①
电刷
转子绕组
供电端
电源通过靠在换向器上
的电刷供电，三片集电环随转
子转动，此过程中与两个电刷
接触，从而获得电能
绝缘轴套
电刷
转轴
（电动机轴）
换向器的
三片集电环
供电端

图1-8　永磁式直流电动机换向器和电刷的结构

1.2.2 永磁式直流电动机的工作原理

1 永磁式直流电动机的特性

根据电磁感应原理（左手定则），当导体在磁场中有电流流过时就会受到磁场的作用而产生转矩。这就是永磁式直流电动机的旋转机理。图1-9为永磁式直流电动机转矩的产生原理。

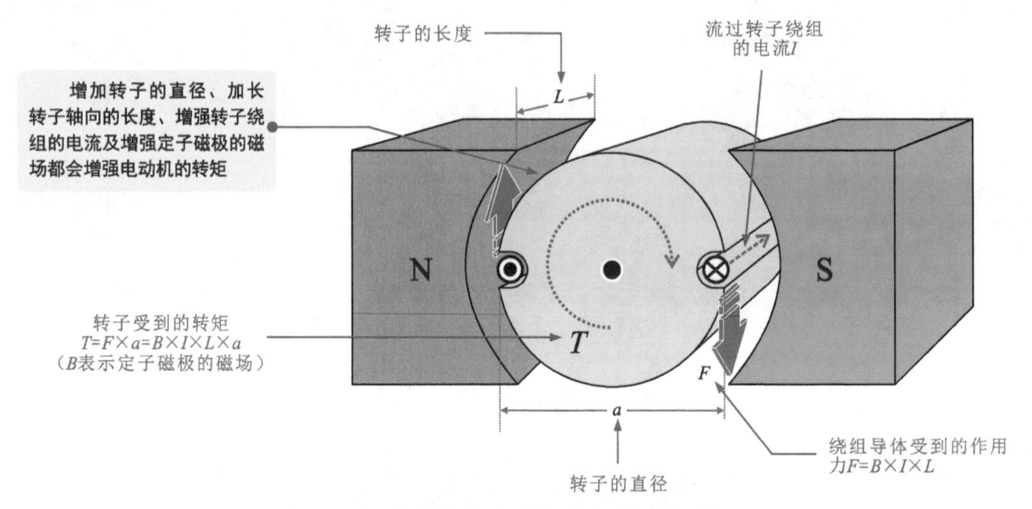

转子的长度
流过转子绕组的电流I
增加转子的直径、加长转子轴向的长度、增强转子绕组的电流及增强定子磁极的磁场都会增强电动机的转矩
L
N
S
T
F
a
转子受到的转矩
T=F×a=B×I×L×a
（B表示定子磁极的磁场）
绕组导体受到的作用力F=B×I×L
转子的直径

图1-9 永磁式直流电动机转矩的产生原理（1）

由于永磁式直流电动机外加直流电源后，转子会受到磁场的作用力而旋转，当转子绕组旋转时又会切割磁力线而产生电动势，该电动势的方向与外加电源的方向相反，因而被称为反电动势，所以当电动机旋转起来后，电动机绕组所加的电压等于外加电源电压与反电动势之差。其电压小于启动电压。

图1-10为永磁式直流电动机转矩的产生原理。

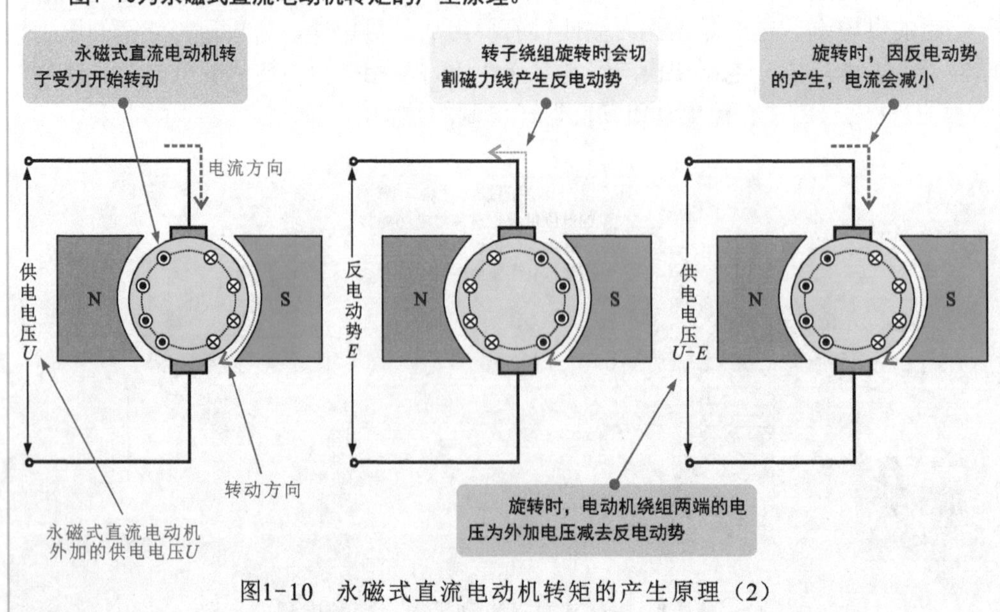

永磁式直流电动机转子受力开始转动
转子绕组旋转时会切割磁力线产生反电动势
旋转时，因反电动势的产生，电流会减小
电流方向
供电电压U
反电动势E
供电电压U-E
N
S
转动方向
永磁式直流电动机外加的供电电压U
旋转时，电动机绕组两端的电压为外加电压减去反电动势

图1-10 永磁式直流电动机转矩的产生原理（2）

2 永磁式直流电动机各主要部件的控制关系

图1-11为永磁式直流电动机中各主要部件的控制关系示意图。

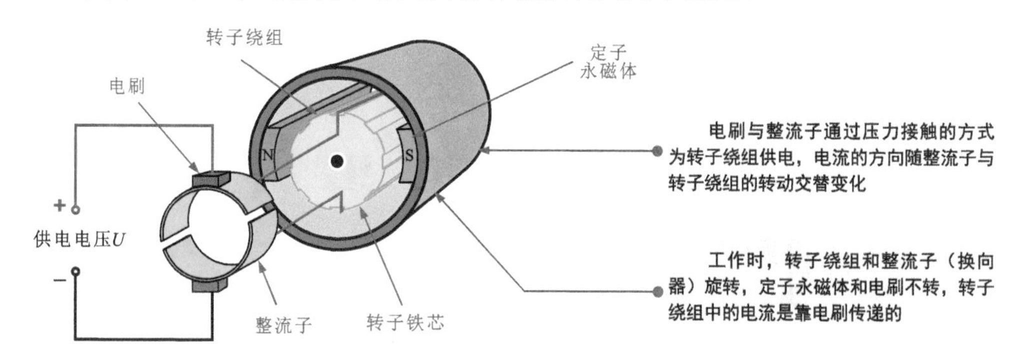

转子绕组
电刷
定子
永磁体
电刷与整流子通过压力接触的方式为转子绕组供电，电流的方向随整流子与转子绕组的转动交替变化
供电电压U
工作时，转子绕组和整流子（换向器）旋转，定子永磁体和电刷不转，转子绕组中的电流是靠电刷传递的
整流子
转子铁芯

图1-11 永磁式直流电动机中各主要部件的控制关系示意图

永磁式直流电动机根据内部转子构造的不同，可以细分为两极转子永磁式直流电动机和三极转子永磁式直流电动机，如图1-12所示。

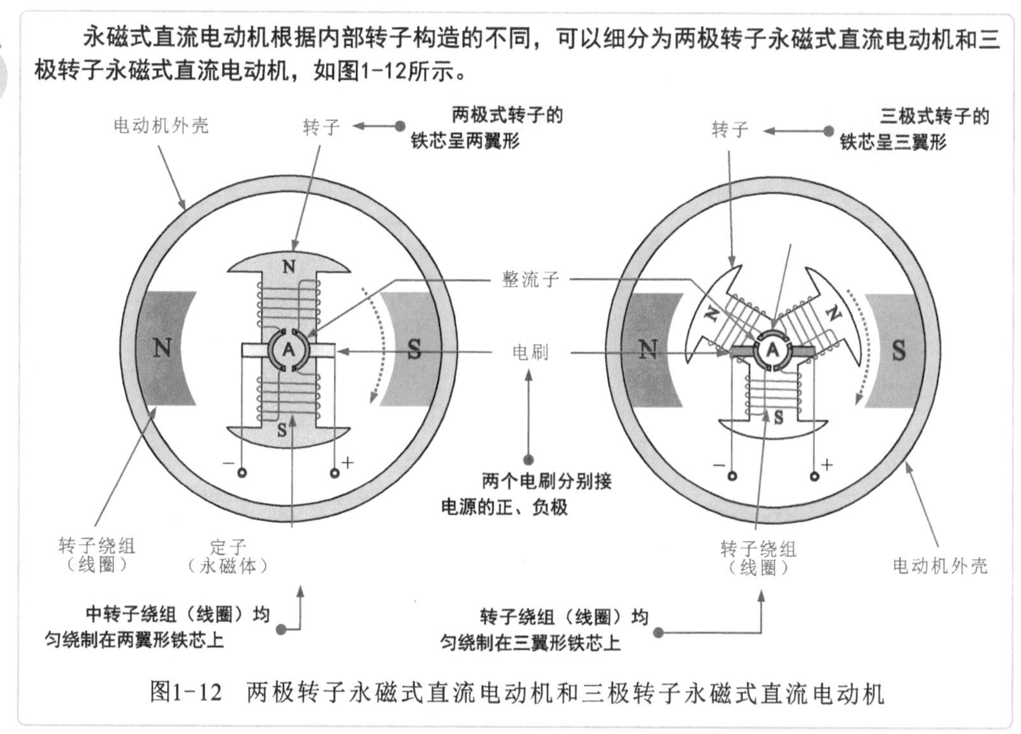

电动机外壳
转子
两极式转子的
铁芯呈两翼形
三极式转子的
铁芯呈三翼形
整流子
电刷
两个电刷分别接
电源的正、负极
转子绕组
（线圈）
定子
（永磁体）
中转子绕组（线圈）均
匀绕制在两翼形铁芯上
转子绕组（线圈）均
匀绕制在三翼形铁芯上

图1-12 两极转子永磁式直流电动机和三极转子永磁式直流电动机

如图1-13所示，通电导体在外磁场中的受力方向一般可用左手定则判断，即伸开左手，使拇指与其余四指垂直，并与手掌在同一平面内，让磁力线穿入手心（手心面向磁场N极），四指指向电流方向，拇指所指的方向就是导体的受力方向。

转子绕组有电流流过时，导体受到定子磁场的作用所产生力的方向，遵循左手定则。

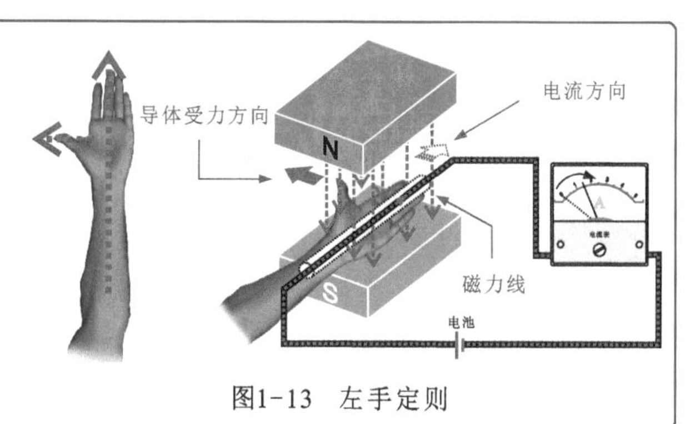

导体受力方向
电流方向
磁力线
电池

图1-13 左手定则

3 永磁式直流电动机（两极转子）的转动过程

图1-14为永磁式直流电动机（两极转子）的转动过程。

转子0° 开始

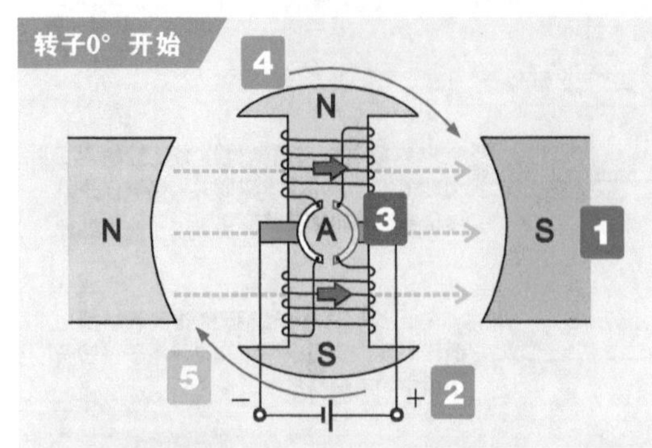
4
N
N
A
3
S
1
S
5
−
+
2

1 假设转子磁极的方向与定子垂直。

2 直流电源正极经电刷为绕组供电。

3 电流经整流子后同时为两个转子绕组供电，最后经整流子的另一侧回到电源负极。

4 根据左手定则，转子铁芯会受到磁场的作用产生转矩。

5 转子磁极S会受定子磁极N的吸引，转子磁极N会受定子磁极S的吸引，开始顺时针转动。

转子转过60°

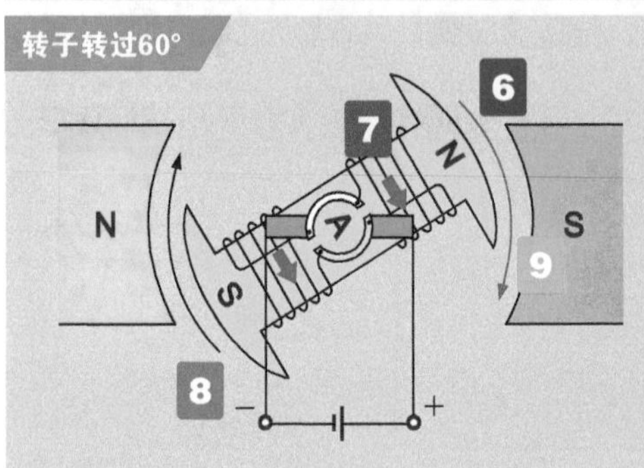
6
7
N
N
A
S
9
S
8
−
+

6 转子在定子磁场的作用下顺时针转过60°。

7 转子绕组的电流方向不变。

8 转子磁极的N和S分别靠近定子磁极的S和N，受到的引力增强。

9 吸引力增强，转矩也增加，转子会迅速向90°方向转动。

转子转过90°

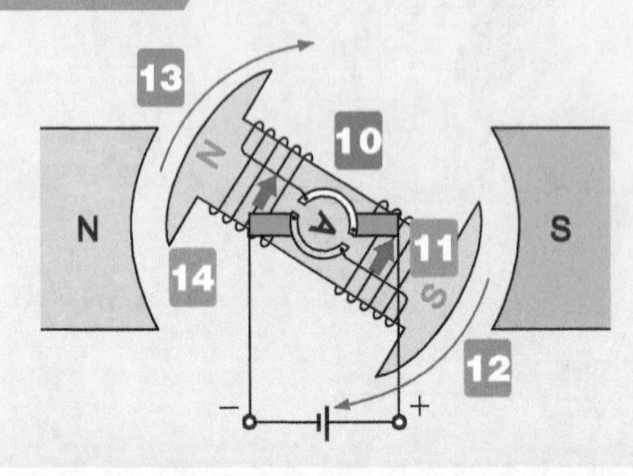
13
10
N
N
A
11
S
14
S
12
−
+

10 当转子转动超过90°时，电刷便与另一侧的整流子接触。

11 转子绕组中的电流方向反转。

12 原来转子磁极的极性也发生变化，靠近定子S极的转子磁极由N变成S，受到定子S的排斥。

13 靠近定子N极的转子磁极由S变成N，受到定子N的排斥。

14 同性磁极相斥，转子继续按顺时针方向转动。

转子转过180°

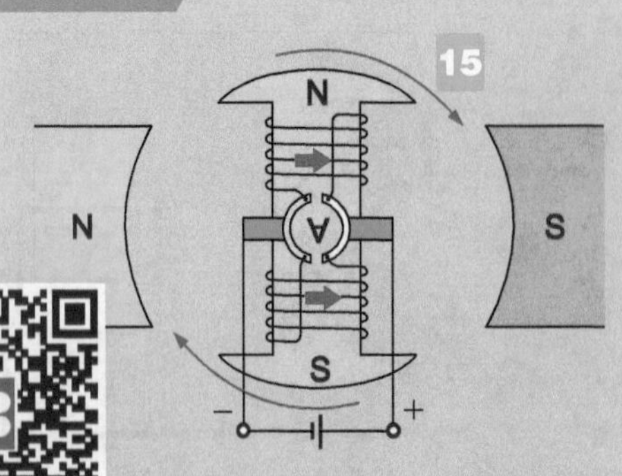
15
N
N
A
S
S
−
+

15 当转子转动的角度超过180°时，磁极状态与0°时原理相同，转子继续顺时针旋转。

> 转子转到90°时，电刷位于整流子的空挡，转子绕组中的电流瞬间消失，转子磁场也消失。但转子由于惯性会继续顺时针转动

图1-14 永磁式直流电动机（两极转子）的转动过程

4 永磁式直流电动机（三极转子）的转动过程

图1-15为永磁式直流电动机（三极转子）的转动过程。

转子0°开始

1 转子磁极为①S、②N、③N。

2 S极处于中心，不受力。

3 左侧的N与定子N靠近，两者相斥。

4 右侧转子的N与定子S靠近，受到吸引。

5 转子会受到顺时针的转矩而旋转。

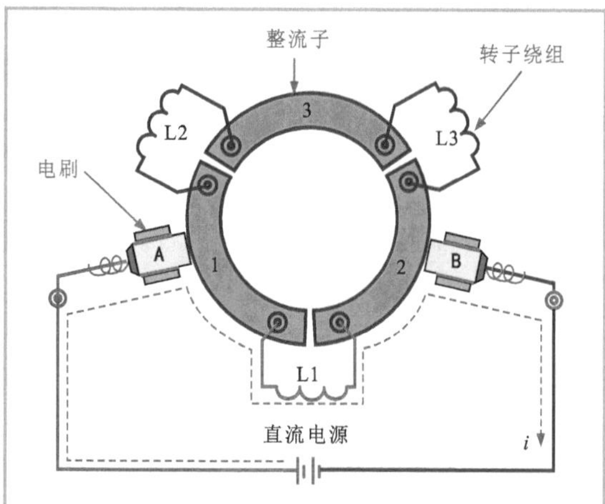

整流子
转子绕组
L2
L3
3
电刷
A
B
1
2
L1
直流电源
i

电刷压接在整流子上，直流电压经电刷A、整流子1、转子绕组L1、整流子2、电刷B形成回路，实现为转子绕组L1供电。

转子转过60°

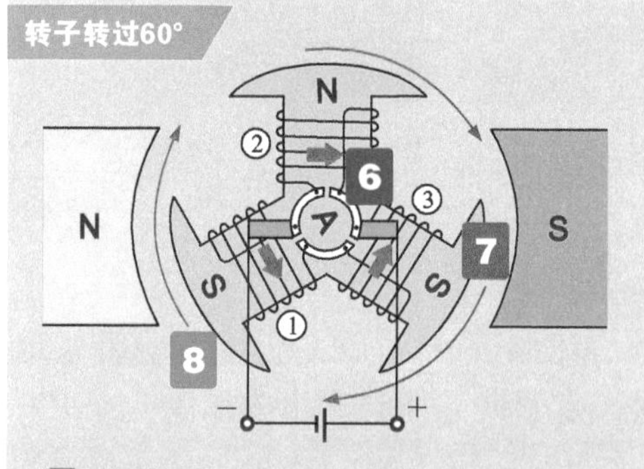

N
S
N
S
S
A
①
②
③
6
7
8
−
+

6 转子转过60°时，电刷与整流子相互位置发生变化。

7 转子磁极③的极性由N变成了S，受到定子磁极S的排斥而继续顺时针旋转。

8 转子①仍为S极，受到定子N极顺时针方向的吸引。

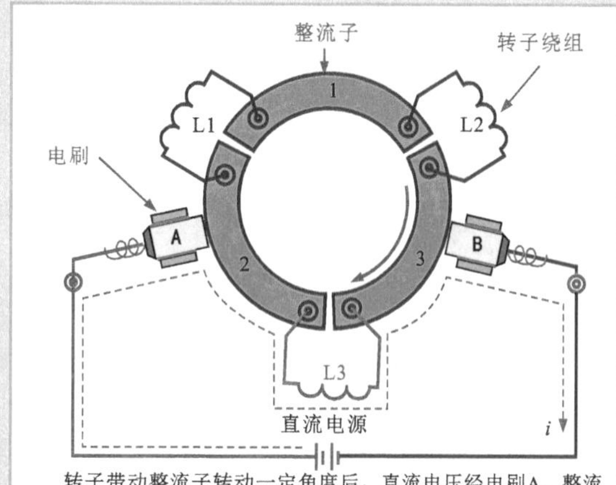

整流子
转子绕组
L1
L2
1
电刷
A
B
2
3
L3
直流电源
i

转子带动整流子转动一定角度后，直流电压经电刷A、整流子2、转子绕组L3、整流子3、电刷B形成回路，实现为转子绕组L3供电。

转子转过120°

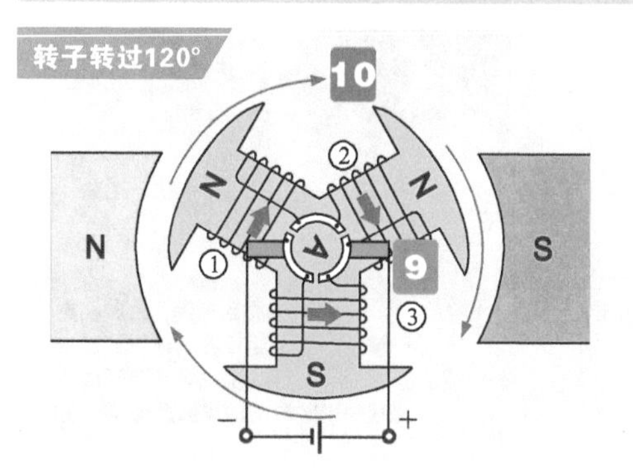

10
N
S
N
N
S
A
①
②
③
9
−
+

9 转子转过120°时，电刷与整流子的位置又发生变化。

10 磁极由S变成N，与初始位置状态相同，转子继续顺时针转动。

整流子的三片滑环会在与转子一同转动的过程中与两个电刷的刷片接触，从而获得电能

图1-15 永磁式直流电动机（三极转子）的转动过程

1.3 电磁式直流电动机的结构和工作原理

1.3.1 电磁式直流电动机的结构

电磁式直流电动机是将用于产生定子磁场的永磁体用电磁铁取代，定子铁芯上绕有绕组（线圈），转子部分是由转子铁芯、绕组（线圈）、整流子及转轴组成的。

图1-16为典型电磁式直流电动机的结构。

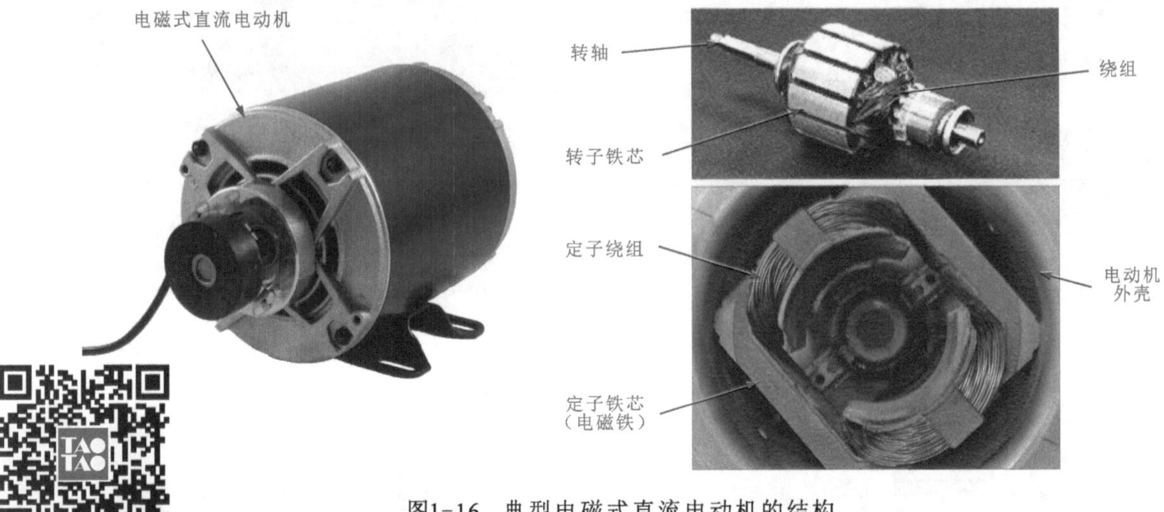
电磁式直流电动机
转轴
绕组
转子铁芯
定子绕组
电动机外壳
定子铁芯（电磁铁）

图1-16 典型电磁式直流电动机的结构

1 定子结构

如图1-17所示，电磁式直流电动机的外壳内设有两组铁芯，铁芯上绕有绕组（定子绕组），绕组由直流电压供电，当有电流流过时，定子铁芯便会产生磁场。

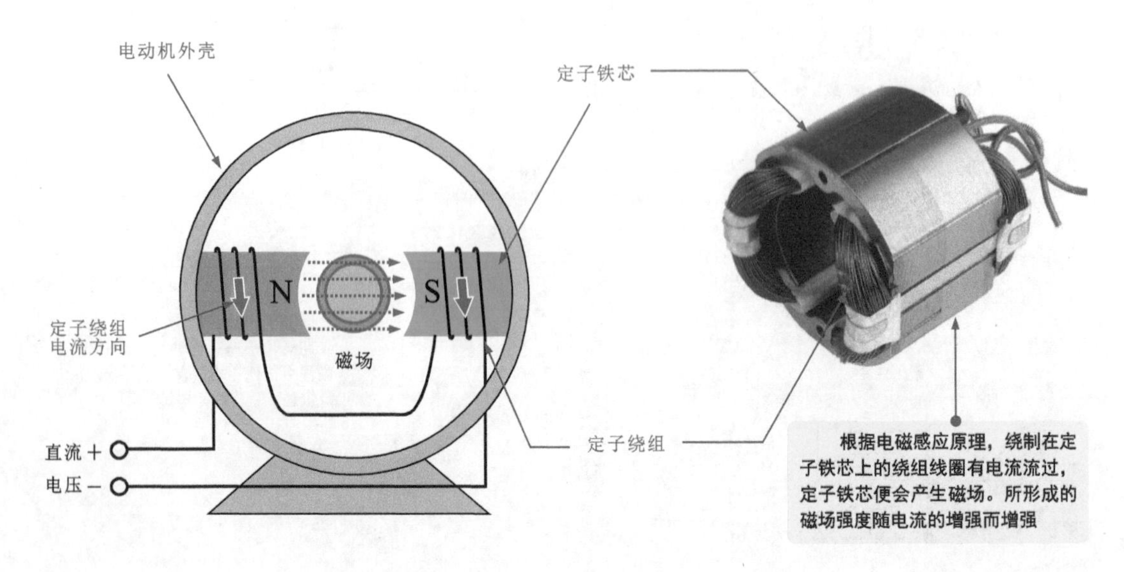
电动机外壳
定子铁芯
N
S
定子绕组电流方向
磁场
直流＋
电压－
定子绕组
根据电磁感应原理，绕制在定子铁芯上的绕组线圈有电流流过，定子铁芯便会产生磁场。所形成的磁场强度随电流的增强而增强

图1-17 典型电磁式直流电动机的定子结构

2 转子结构

将转子铁芯制成圆柱状，周围开多个绕组槽以便将多组绕组卧入槽中，增加转子绕组的匝数可以增强电动机的启动转矩。图1-18为典型电磁式直流电动机转子绕组的结构。

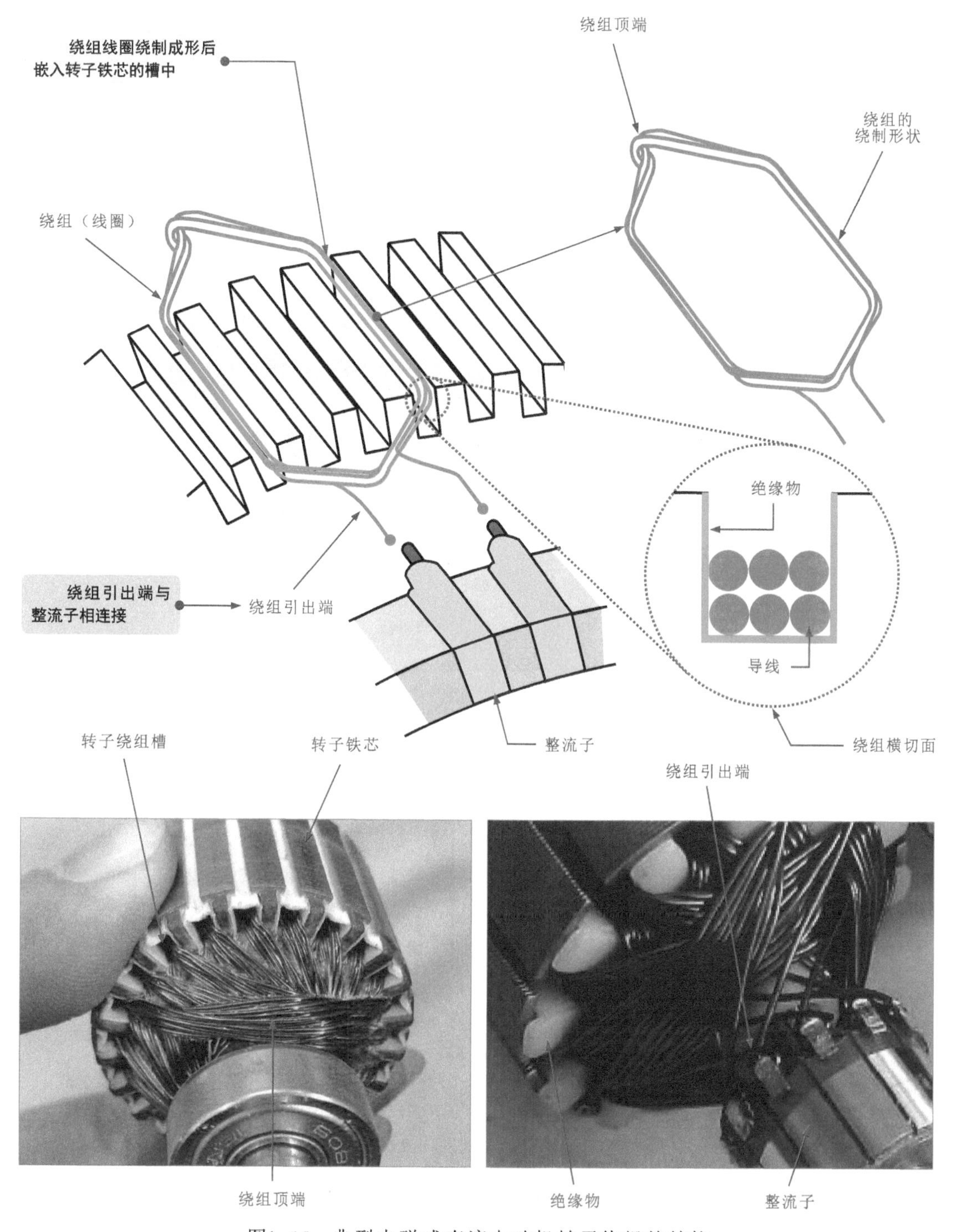

绕组线圈绕制成形后
嵌入转子铁芯的槽中
绕组顶端
绕组的
绕制形状
绕组（线圈）
绝缘物
导线
绕组引出端与
整流子相连接
绕组引出端
整流子
绕组横切面
转子绕组槽
转子铁芯
绕组引出端
绕组顶端
绝缘物
整流子

图1-18　典型电磁式直流电动机转子绕组的结构

1.3.2 电磁式直流电动机的工作原理

电磁式直流电动机根据内部结构和供电方式的不同，可以细分为他励式直流电动机、并励式直流电动机、串励式直流电动机及复励式直流电动机。

1 他励式直流电动机的工作原理

他励式直流电动机的转子绕组和定子绕组分别接到各自的电源上。这种电动机需要两套直流电源供电。图1-19为他励式直流电动机的工作原理。

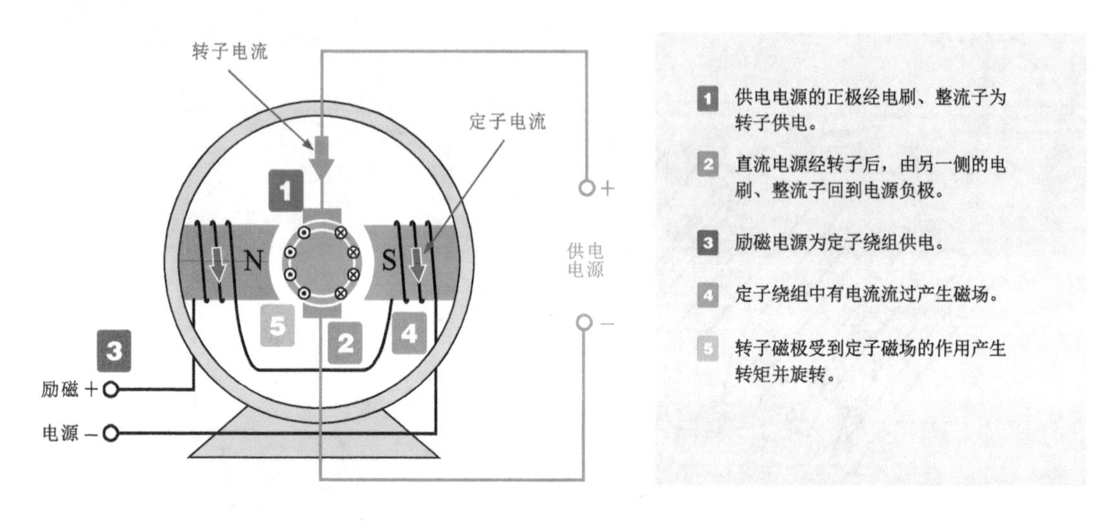

转子电流
定子电流
1
N
S
5
2
4
3
+
供电
电源
–
励磁 +
电源 –
1 供电电源的正极经电刷、整流子为转子供电。
2 直流电源经转子后，由另一侧的电刷、整流子回到电源负极。
3 励磁电源为定子绕组供电。
4 定子绕组中有电流流过产生磁场。
5 转子磁极受到定子磁场的作用产生转矩并旋转。

图1-19 他励式直流电动机的工作原理

2 并励式直流电动机的工作原理

并励式直流电动机的转子绕组和定子绕组并联，由一组直流电源供电。电动机的总电流等于转子与定子电流之和。图1-20为并励式直流电动机的工作原理。

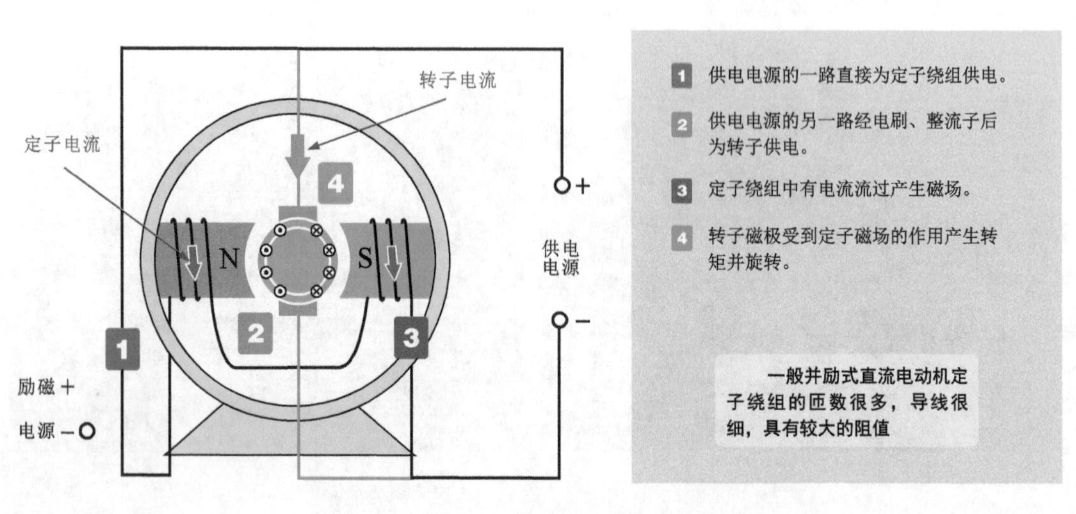

转子电流
定子电流
4
N
S
2
3
1
+
供电
电源
–
励磁 +
电源 –
1 供电电源的一路直接为定子绕组供电。
2 供电电源的另一路经电刷、整流子后为转子供电。
3 定子绕组中有电流流过产生磁场。
4 转子磁极受到定子磁场的作用产生转矩并旋转。
一般并励式直流电动机定子绕组的匝数很多，导线很细，具有较大的阻值

图1-20 并励式直流电动机的工作原理

图1-21为并励式直流电动机转速调整控制的电路原理。

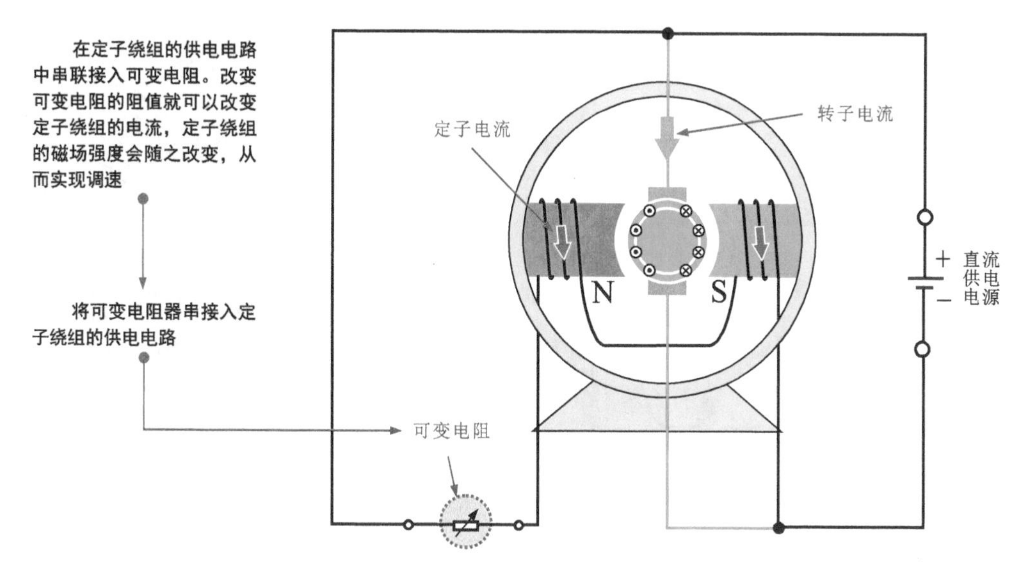
在定子绕组的供电电路中串联接入可变电阻。改变可变电阻的阻值就可以改变定子绕组的电流，定子绕组的磁场强度会随之改变，从而实现调速
将可变电阻器串接入定子绕组的供电电路
定子电流
转子电流
N
S
+ 直流供电电源
–
可变电阻

图1-21　并励式直流电动机转速调整控制的电路原理

‖ 3 串励式直流电动机的工作原理

串励式直流电动机的转子绕组和定子绕组串联，由一组直流电源供电。定子绕组中的电流就是转子绕组中的电流。图1-22为串励式直流电动机的工作原理。

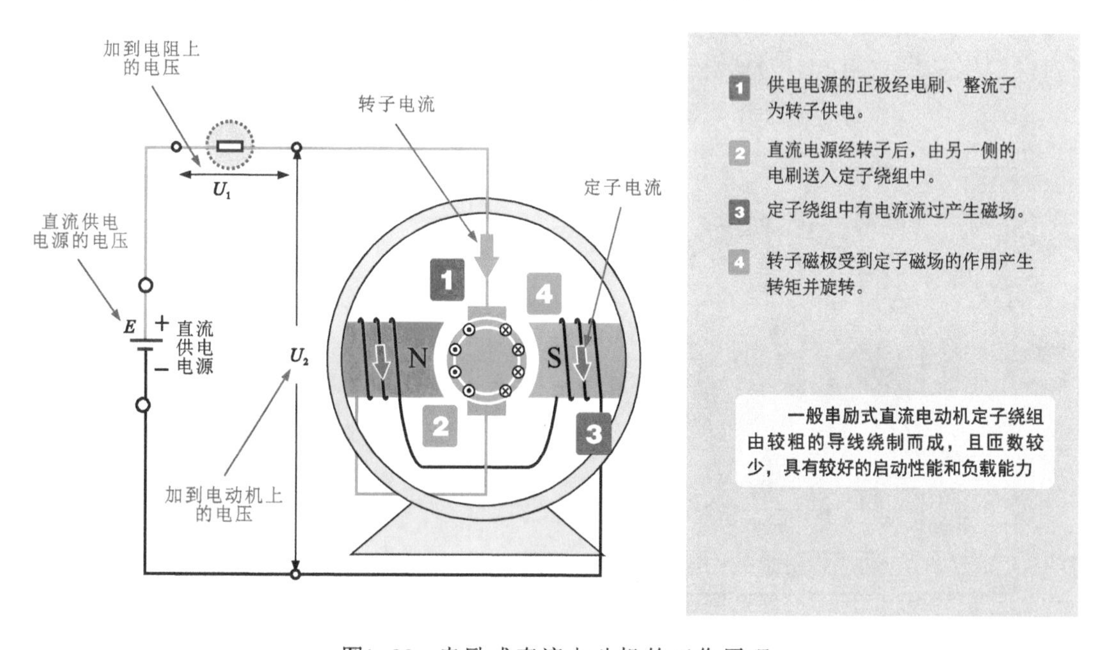
加到电阻上的电压
U_1
转子电流
定子电流
直流供电电源的电压
E
+ 直流供电电源
–
U_2
N
S
1
2
3
4
加到电动机上的电压
1 供电电源的正极经电刷、整流子为转子供电。
2 直流电源经转子后，由另一侧的电刷送入定子绕组中。
3 定子绕组中有电流流过产生磁场。
4 转子磁极受到定子磁场的作用产生转矩并旋转。
一般串励式直流电动机定子绕组由较粗的导线绕制而成，且匝数较少，具有较好的启动性能和负载能力

图1-22　串励式直流电动机的工作原理

在串励式直流电动机的电源供电电路中串入电阻，串励式直流电动机上的电压等于直流供电电源的电压减去电阻上的电压。因此，如果改变电阻的阻值，则加在串励式直流电动机上的电压便会发生变化，最终改变定子磁场的强弱，通过这种方式可以调整电动机的转速。

图1-23为串励式直流电动机的正、反转控制原理。可以看到，改变串励式直流电动机转子的电流方向就可以改变电动机的旋转方向。改变转子的电流方向可通过改变电动机的连接方式来实现。

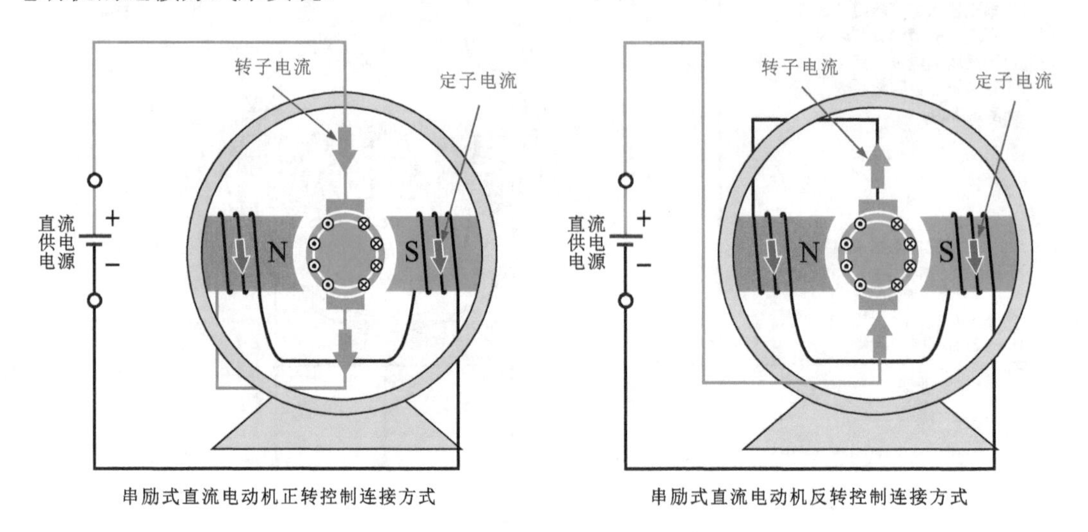
转子电流
定子电流
直流供电电源
+
-
N
S
串励式直流电动机正转控制连接方式
转子电流
定子电流
直流供电电源
+
-
N
S
串励式直流电动机反转控制连接方式

图1-23　串励式直流电动机的正、反转控制原理

4　复励式直流电动机的工作原理

复励式直流电动机的定子绕组设有两组：一组与电动机的转子串联；另一组与转子绕组并联。复励式直流电动机根据连接方式可分为和动式复合绕组电动机和差动式复合绕组电动机。图1-24为复励式直流电动机的工作原理。

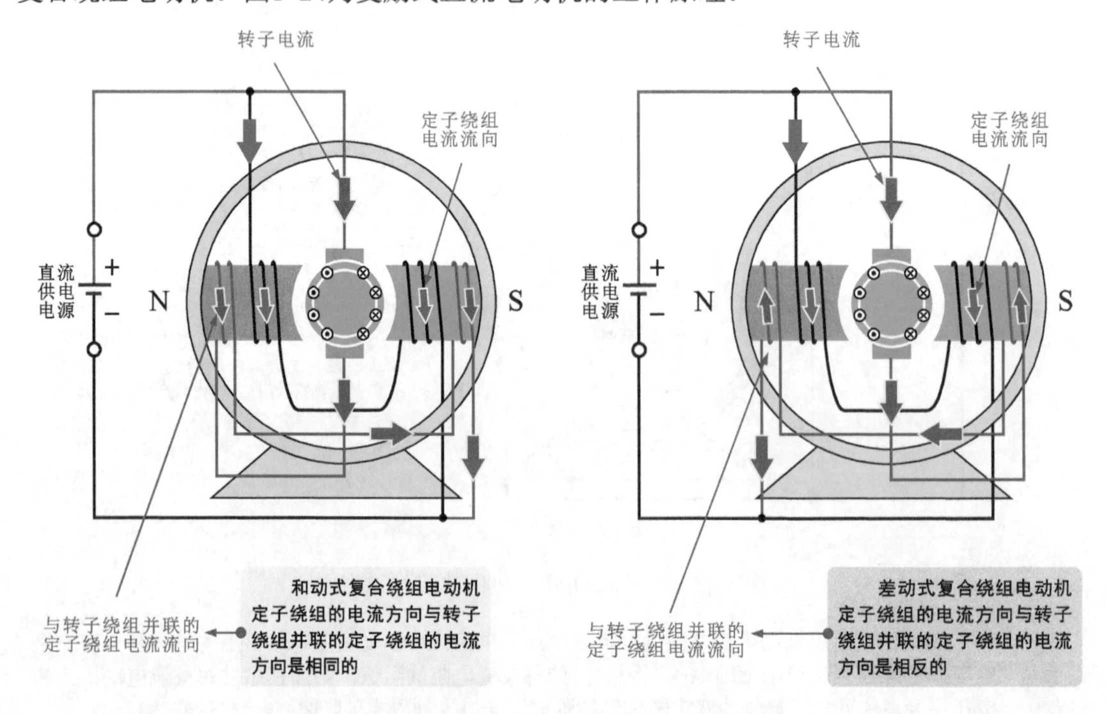
转子电流
定子绕组电流流向
直流供电电源
+
-
N
S
与转子绕组并联的定子绕组电流流向
和动式复合绕组电动机
定子绕组的电流方向与转子绕组并联的定子绕组的电流方向是相同的
转子电流
定子绕组电流流向
直流供电电源
+
-
N
S
与转子绕组并联的定子绕组电流流向
差动式复合绕组电动机
定子绕组的电流方向与转子绕组并联的定子绕组的电流方向是相反的

图1-24　复励式直流电动机的工作原理

1.4 有刷直流电动机的结构和工作原理

1.4.1 有刷直流电动机的结构

如图1-25所示，有刷直流电动机的定子是由永磁体组成的。转子是由绕组和整流子（换向器）构成的。电刷安装在定子机座上。电源通过电刷及换向器实现电动机绕组（线圈）中电流方向的变化。

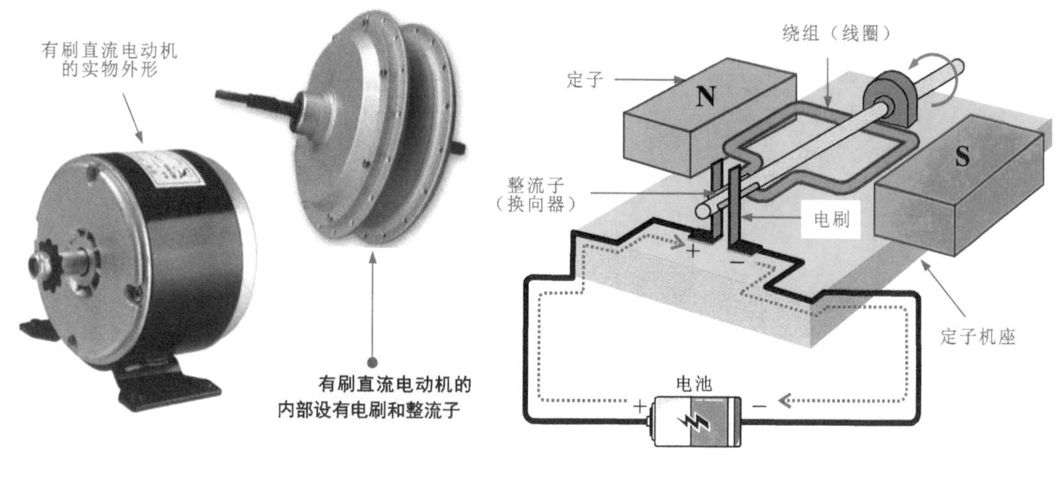

有刷直流电动机
的实物外形
有刷直流电动机的
内部设有电刷和整流子
绕组（线圈）
定子
N
S
整流子
（换向器）
电刷
+
−
定子机座
电池
+
−

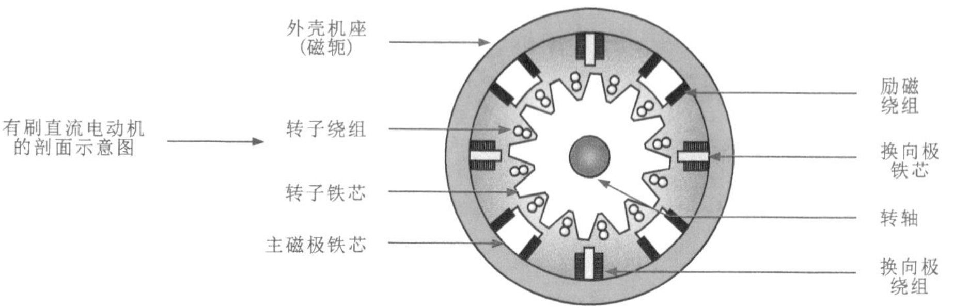

外壳机座
（磁轭）
有刷直流电动机
的剖面示意图
转子绕组
转子铁芯
主磁极铁芯
励磁
绕组
换向极
铁芯
转轴
换向极
绕组

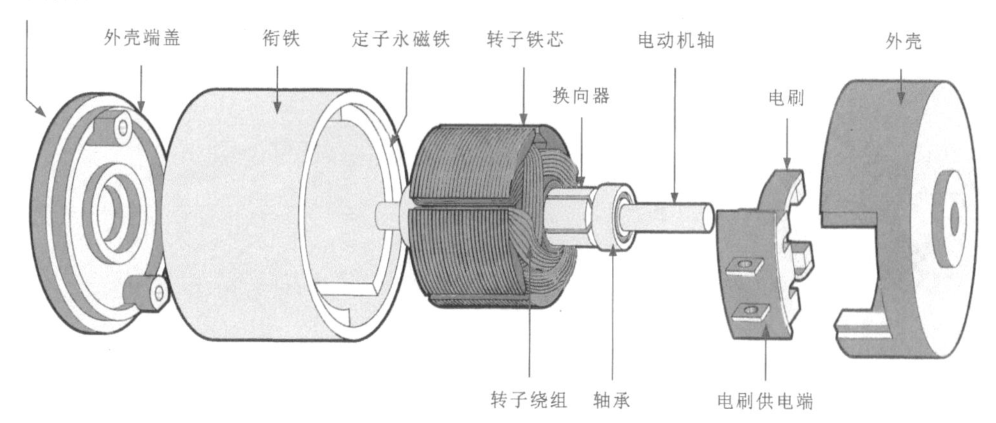

有刷直流电动机
的整机分解图
外壳端盖
衔铁
定子永磁铁
转子铁芯
电动机轴
外壳
换向器
电刷
转子绕组
轴承
电刷供电端

图1-25　有刷直流电动机的结构

1 有刷直流电动机的定子

如图1-25所示，有刷直流电动机的定子部分主要由主磁极（定子永磁铁或绕组）、衔铁、端盖和电刷等部分组成。

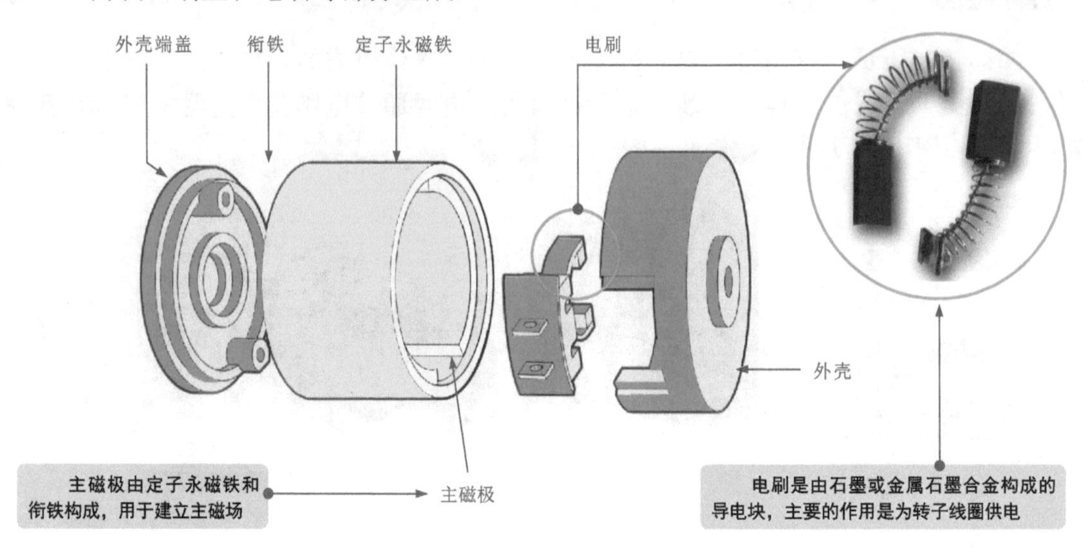

外壳端盖
衔铁
定子永磁铁
电刷
外壳
主磁极由定子永磁铁和衔铁构成，用于建立主磁场
主磁极
电刷是由石墨或金属石墨合金构成的导电块，主要的作用是为转子线圈供电

图1-25　有刷直流电动机定子的结构

2 有刷直流电动机的转子

如图1-26所示，有刷直流电动机的转子部分主要由转子铁芯、转子绕组、轴承、电动机轴、换向器（整流子）等部分组成。

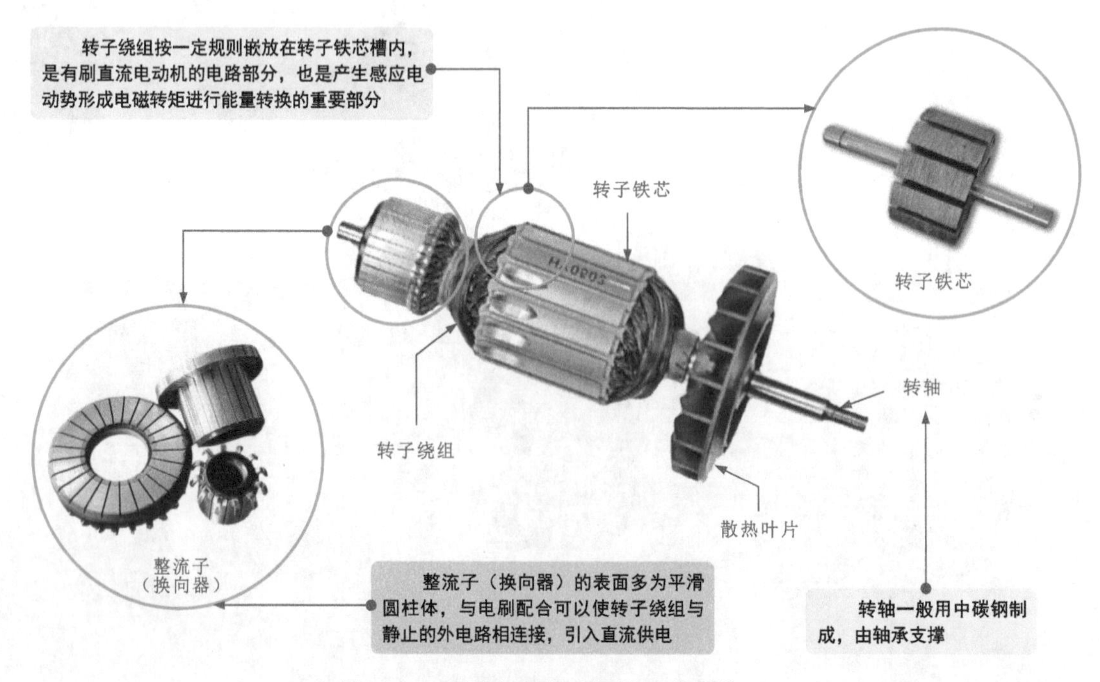

转子绕组按一定规则嵌放在转子铁芯槽内，是有刷直流电动机的电路部分，也是产生感应电动势形成电磁转矩进行能量转换的重要部分
转子铁芯
转子铁芯
转轴
转子绕组
散热叶片
整流子
（换向器）
整流子（换向器）的表面多为平滑圆柱体，与电刷配合可以使转子绕组与静止的外电路相连接，引入直流供电
转轴一般用中碳钢制成，由轴承支撑

图1-26　有刷直流电动机转子的结构

1.4.2 有刷直流电动机的工作原理

有刷直流电动机工作时，绕组和换向器旋转，主磁极（定子）和电刷不旋转，直流电源经电刷加到转子绕组上，绕组电流方向的交替变化是随电动机转动的换向器及与其相关的电刷位置变化而变化的。

图1-27为有刷直流电动机的工作原理。

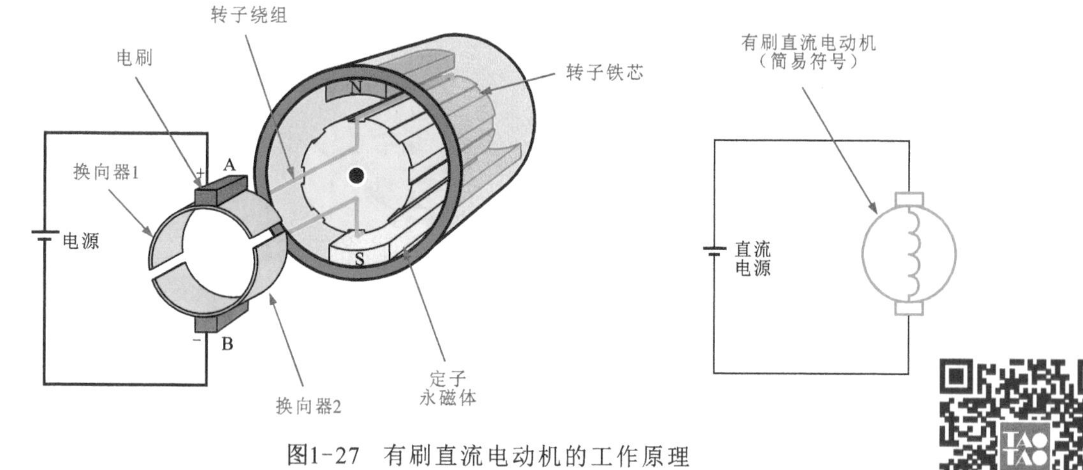
转子绕组
电刷
转子铁芯
换向器1
A
+
电源
S
N
-
B
换向器2
定子
永磁体
有刷直流电动机
（简易符号）
直流
电源

图1-27　有刷直流电动机的工作原理

1　有刷直流电动机接通电源瞬间的工作过程

有刷直流电动机接通电源瞬间，直流电源的正、负两极通过电刷A和B与直流电动机的转子绕组接通，直流电流经电刷A、换向器1、绕组ab和cd、换向器2、电刷B返回到电源的负极。

图1-28为有刷直流电动机接通电源瞬间的工作过程。

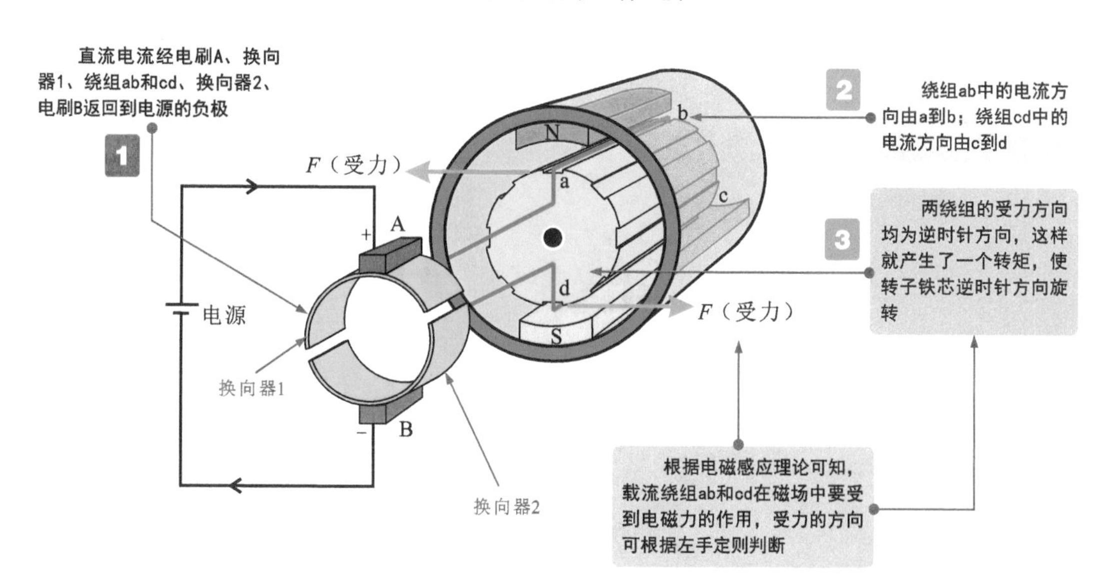
直流电流经电刷A、换向器1、绕组ab和cd、换向器2、电刷B返回到电源的负极
1
F（受力）
2
绕组ab中的电流方向由a到b；绕组cd中的电流方向由c到d
b
N
a
c
A
+
3
两绕组的受力方向均为逆时针方向，这样就产生了一个转矩，使转子铁芯逆时针方向旋转
电源
d
F（受力）
S
换向器1
-
B
换向器2
根据电磁感应理论可知，载流绕组ab和cd在磁场中要受到电磁力的作用，受力的方向可根据左手定则判断

图1-28　有刷直流电动机接通电源瞬间的工作过程

‖ 2 有刷直流电动机转子转到90° 时的工作过程

如图1-29所示，当有刷直流电动机转子转到90° 时，两个绕组边处于磁场物理中性面，且电刷不与换向器接触，绕组中没有电流流过，*F*=0，转矩消失。

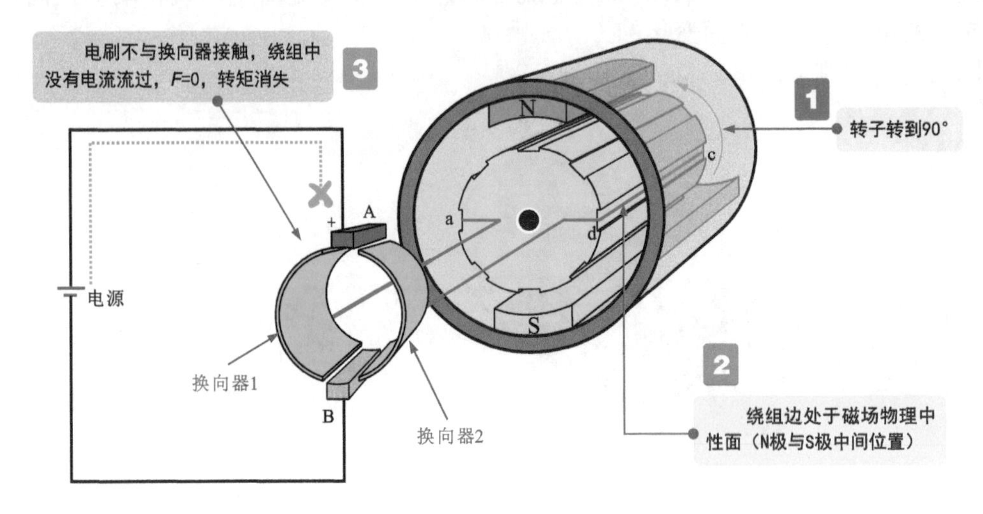

电刷不与换向器接触，绕组中没有电流流过，F=0，转矩消失
3
1
转子转到90°
N
c
A
+
a
d
电源
S
换向器1
B
换向器2
2
绕组边处于磁场物理中性面（N极与S极中间位置）

图1-29　有刷直流电动机转子转到90° 时的工作过程

‖ 3 有刷直流电动机再经90° 旋转的工作过程

如图1-30所示，由于机械惯性作用，有刷直流电动机的转子将冲过90° 继续旋转至180° ，这时绕组中又有电流流过，此时直流电流经电刷A、换向器2、绕组dc和ba、换向器1、电刷B返回到电源的负极。

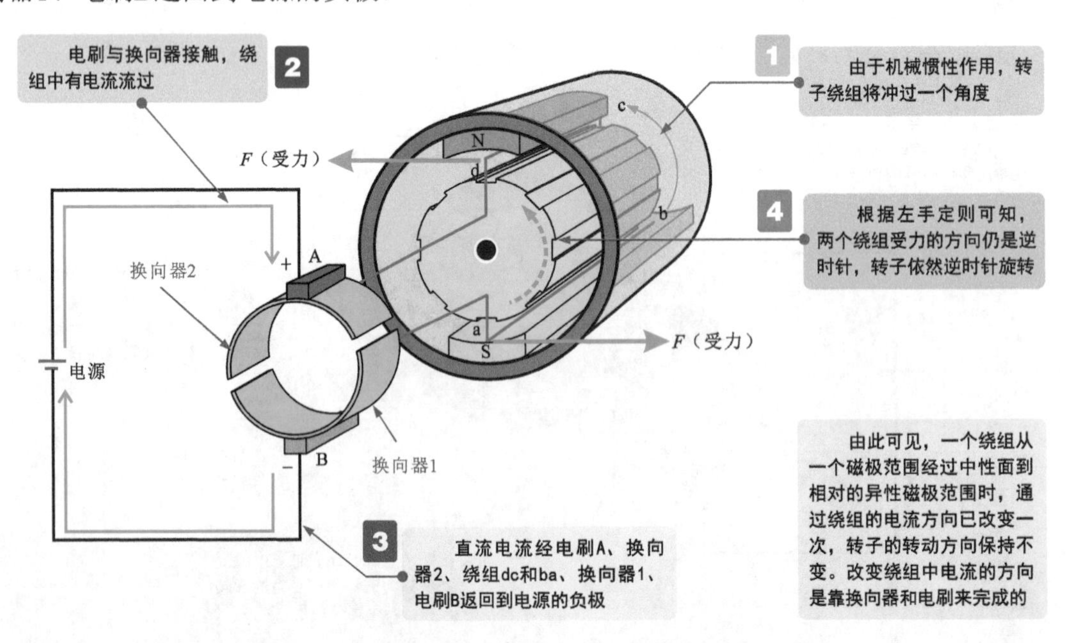

电刷与换向器接触，绕组中有电流流过
2
1
由于机械惯性作用，转子绕组将冲过一个角度
F（受力）
N
c
d
b
4
根据左手定则可知，两个绕组受力的方向仍是逆时针，转子依然逆时针旋转
+
A
换向器2
a
S
F（受力）
电源
−
B
换向器1
3
直流电流经电刷A、换向器2、绕组dc和ba、换向器1、电刷B返回到电源的负极
由此可见，一个绕组从一个磁极范围经过中性面到相对的异性磁极范围时，通过绕组的电流方向已改变一次，转子的转动方向保持不变。改变绕组中电流的方向是靠换向器和电刷来完成的

图1-30　有刷直流电动机转子再经90° 旋转的工作过程

1.5 无刷直流电动机的结构和工作原理

1.5.1 无刷直流电动机的结构

无刷直流电动机去掉了电刷和整流子，转子是由永久磁钢制成的，绕组绕制在定子上。图1-31为典型无刷直流电动机的结构。定子上的霍尔元件用于检测转子磁极的位置，以便借助该位置信号控制定子绕组中的电流方向和相位，并驱动转子旋转。

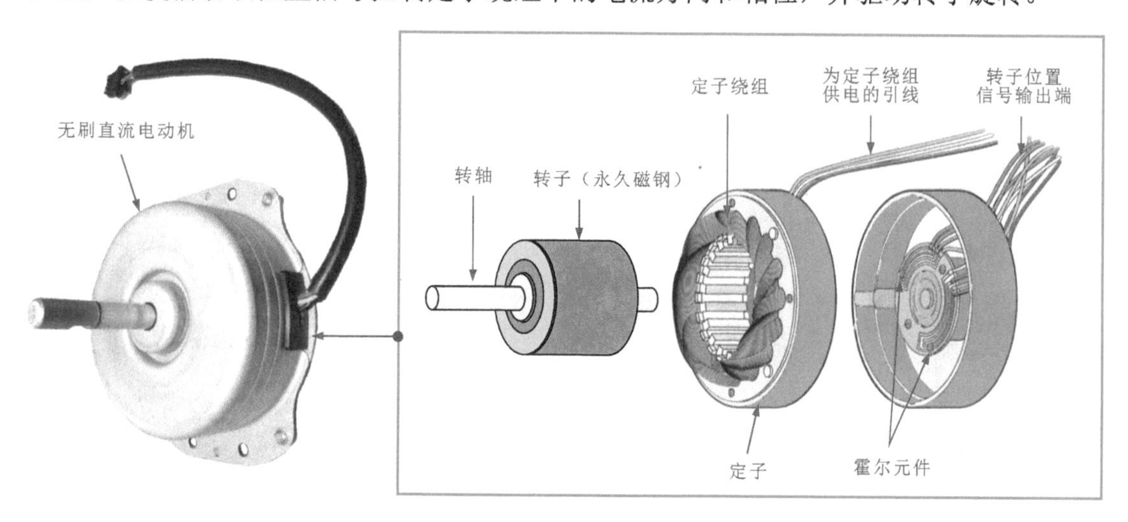
无刷直流电动机
定子绕组
为定子绕组
供电的引线
转子位置
信号输出端
转轴
转子（永久磁钢）
定子
霍尔元件

图1-31 典型无刷直流电动机的结构

无刷直流电动机与有刷直流电动机的主要区别在于，无刷直流电动机没有电刷和换向器。图1-32为无刷直流电动机霍尔元件的安装位置。

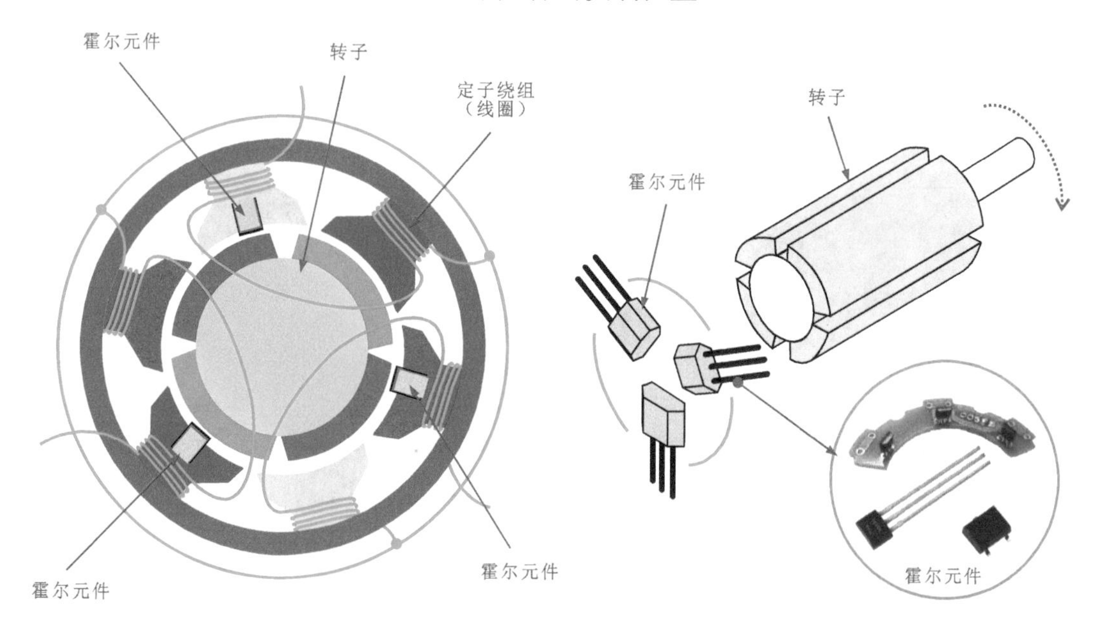
霍尔元件
转子
定子绕组
（线圈）
霍尔元件
霍尔元件
转子
霍尔元件
霍尔元件

图1-32 无刷直流电动机霍尔元件的安装位置

无刷直流电动机的外形多种多样，但基本结构均相同，都是由外壳、转轴、轴承、定子绕组、转子磁钢、霍尔元件等构成的。图1-33为典型电动自行车中无刷直流电动机的结构。

轴承
外壳
霍尔元件
霍尔元件
霍尔元件
无刷电动机的定子
定子绕组
连接引线
电动机转轴
定子绕组
转子磁钢
定子绕组

图1-33　典型电动自行车中无刷直流电动机的结构

无刷直流电动机用电子组件和传感器取代机械电刷和整流子，具有结构简单、无机械磨损、运行可靠、调速精度高、效率高、启动转矩高等优点，被广泛应用在家电、电动车、汽车、医疗器械、精密电子等产品中。

1.5.2 无刷直流电动机的工作原理

1 无刷直流电动机的结构原理

无刷直流电动机的转子由永久磁钢构成。它的圆周上设有多对磁极（N、S）。绕组绕制在定子上，当接通直流电源时，电源为定子绕组供电，磁钢受到定子磁场的作用产生转矩并旋转。图1-34为无刷直流电动机的结构原理。

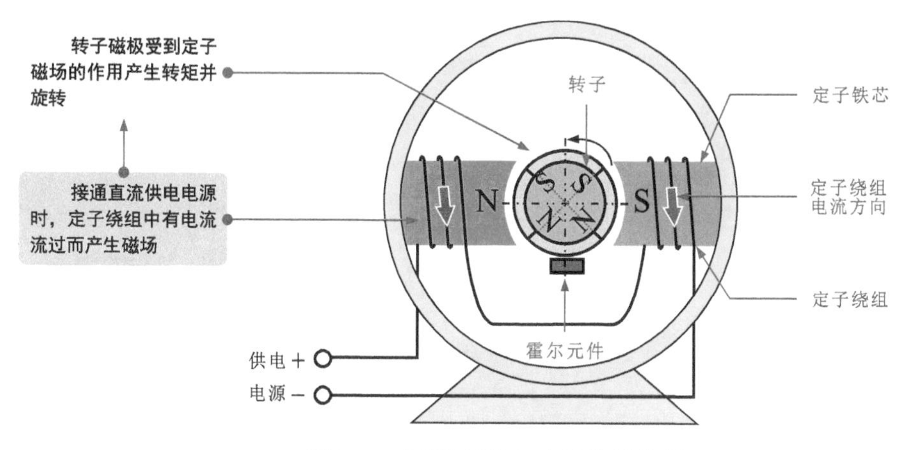

转子磁极受到定子磁场的作用产生转矩并旋转
接通直流供电电源时，定子绕组中有电流流过而产生磁场
转子
定子铁芯
定子绕组电流方向
定子绕组
霍尔元件
供电 +
电源 −
N
S

图1-34 无刷直流电动机的结构原理

无刷直流电动机定子绕组必须根据转子的磁极方位切换其中的电流方向才能使转子连续旋转，因此在无刷直流电动机内必须设置一个转子磁极位置的传感器。这种传感器通常采用霍尔元件。图1-35 为典型霍尔元件的工作原理。

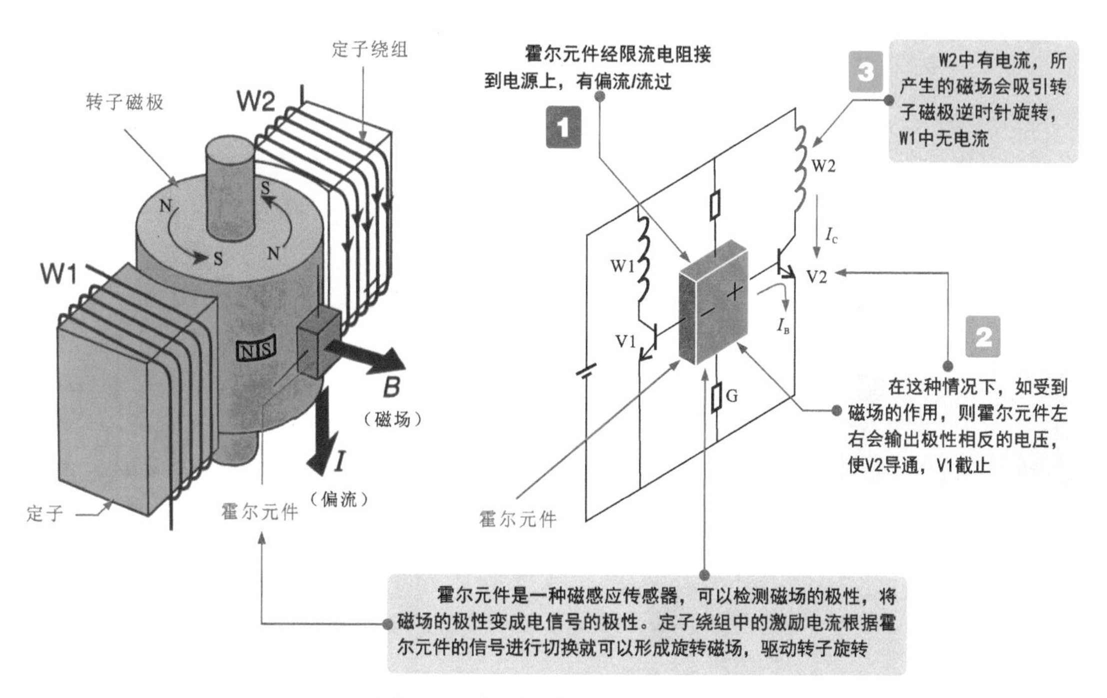

定子绕组
转子磁极
W2
W1
B
（磁场）
I
（偏流）
定子
霍尔元件
1
霍尔元件经限流电阻接到电源上，有偏流I流过
3
W2中有电流，所产生的磁场会吸引转子磁极逆时针旋转，W1中无电流
2
在这种情况下，如受到磁场的作用，则霍尔元件左右会输出极性相反的电压，使V2导通，V1截止
W2
W1
V2
V1
G
霍尔元件
霍尔元件是一种磁感应传感器，可以检测磁场的极性，将磁场的极性变成电信号的极性。定子绕组中的激励电流根据霍尔元件的信号进行切换就可以形成旋转磁场，驱动转子旋转

图1-35 典型霍尔元件的工作原理

‖ 2 霍尔元件对无刷直流电动机的控制过程

如图1-36所示，霍尔元件安装在无刷直流电动机靠近转子磁极的位置，输出端分别加到两个晶体三极管的基极，用于输出极性相反的电压，控制晶体三极管的导通与截止，从而控制绕组中的电流，使绕组产生磁场，吸引转子连续运转。

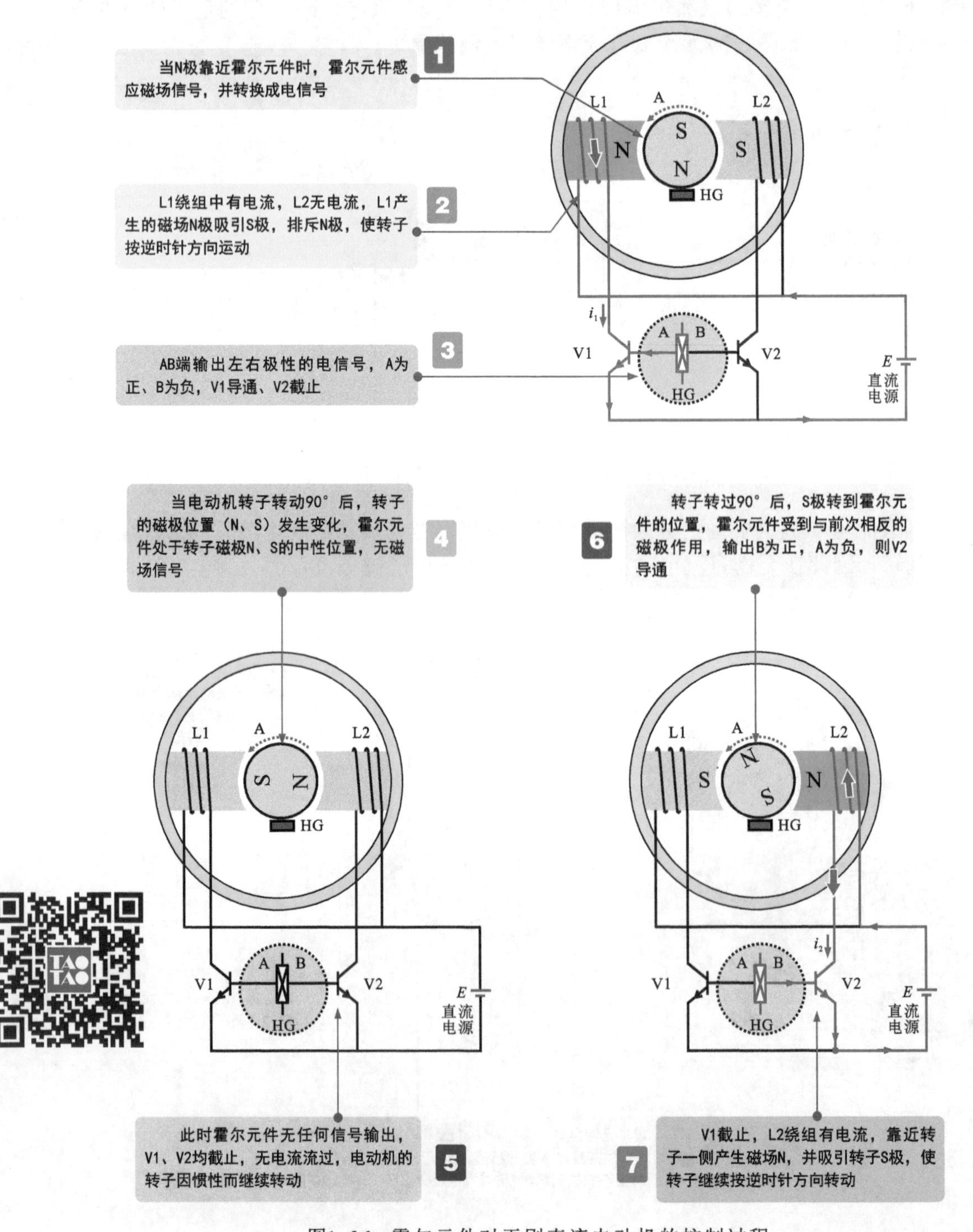

1
当N极靠近霍尔元件时，霍尔元件感应磁场信号，并转换成电信号
2
L1绕组中有电流，L2无电流，L1产生的磁场N极吸引S极，排斥N极，使转子按逆时针方向运动
3
AB端输出左右极性的电信号，A为正、B为负，V1导通、V2截止
4
当电动机转子转动90°后，转子的磁极位置（N、S）发生变化，霍尔元件处于转子磁极N、S的中性位置，无磁场信号
5
此时霍尔元件无任何信号输出，V1、V2均截止，无电流流过，电动机的转子因惯性而继续转动
6
转子转过90°后，S极转到霍尔元件的位置，霍尔元件受到与前次相反的磁极作用，输出B为正，A为负，则V2导通
7
V1截止，L2绕组有电流，靠近转子一侧产生磁场N，并吸引转子S极，使转子继续按逆时针方向转动
L1
L2
A
B
S
N
HG
V1
V2
E
直流
电源

图1-36 霍尔元件对无刷直流电动机的控制过程

无刷直流电动机的结构中有两个死点（区），即当转子N、S极之间的位置为中性点时，霍尔元件感受不到磁场，因而无输出，定子绕组也会无电流，电动机只能靠惯性转动，如果恰巧电动机停在此位置，则会无法启动。为了克服上述问题，在实践中也开发出多种方式。

3 单极性三相半波通电方式

图1-37为无刷直流电动机单极性三相半波通电方式的工作过程。

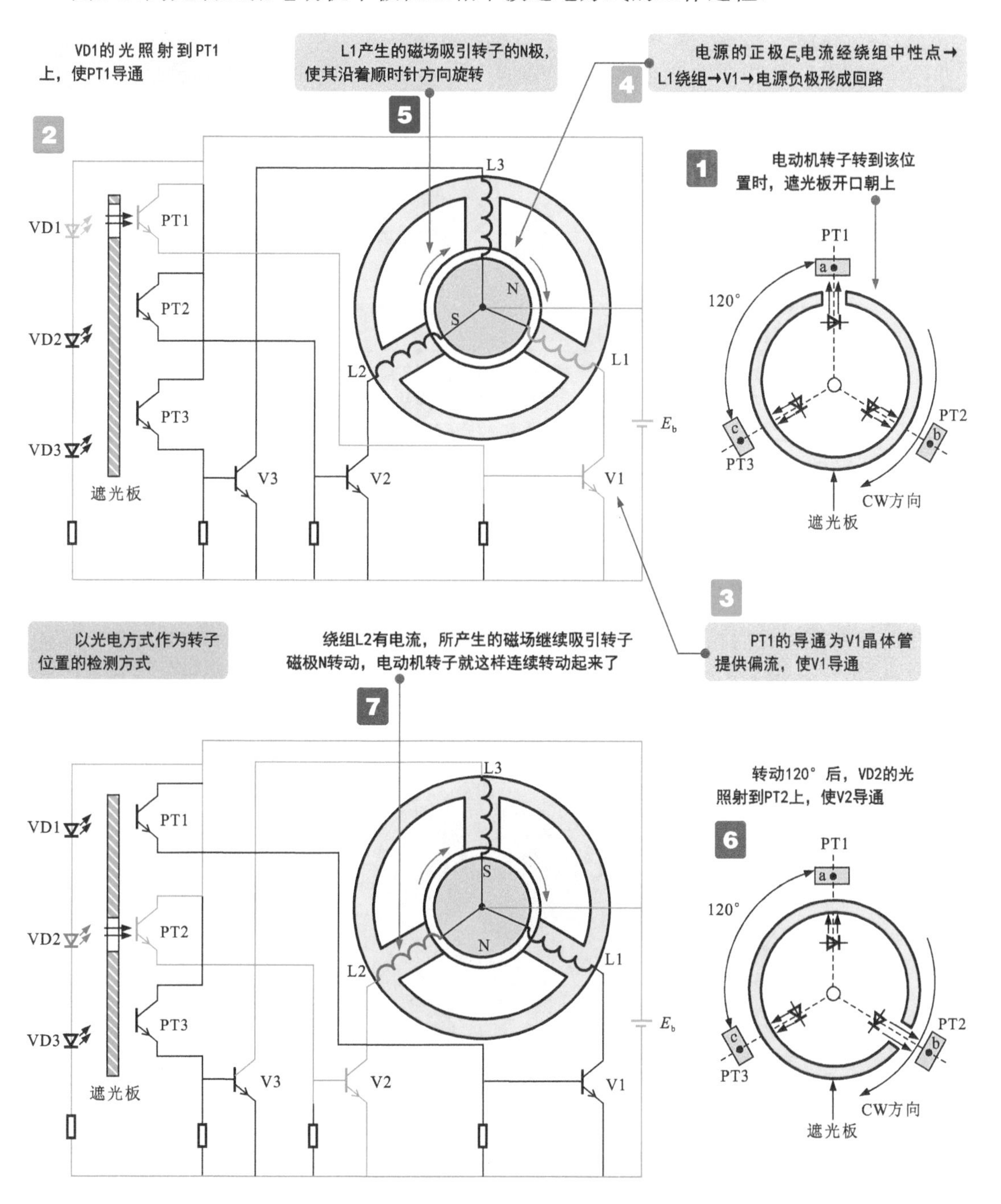

VD1的光照射到PT1上，使PT1导通
L1产生的磁场吸引转子的N极，使其沿着顺时针方向旋转
电源的正极E_b电流经绕组中性点→L1绕组→V1→电源负极形成回路
2
5
4
1
电动机转子转到该位置时，遮光板开口朝上
L3
VD1
PT1
PT2
VD2
PT3
VD3
遮光板
N
S
L2
L1
E_b
V3
V2
V1
120°
a
b
c
CW方向
3
以光电方式作为转子位置的检测方式
绕组L2有电流，所产生的磁场继续吸引转子磁极N转动，电动机转子就这样连续转动起来了
PT1的导通为V1晶体管提供偏流，使V1导通
7
转动120°后，VD2的光照射到PT2上，使V2导通
6

图1-37 无刷直流电动机单极性三相半波通电方式的工作过程

图1-38为单极性三相半波通电方式无刷直流电动机各绕组的电流波形。由此可见，定子绕组的通电时间和顺序与转子的相位有关。

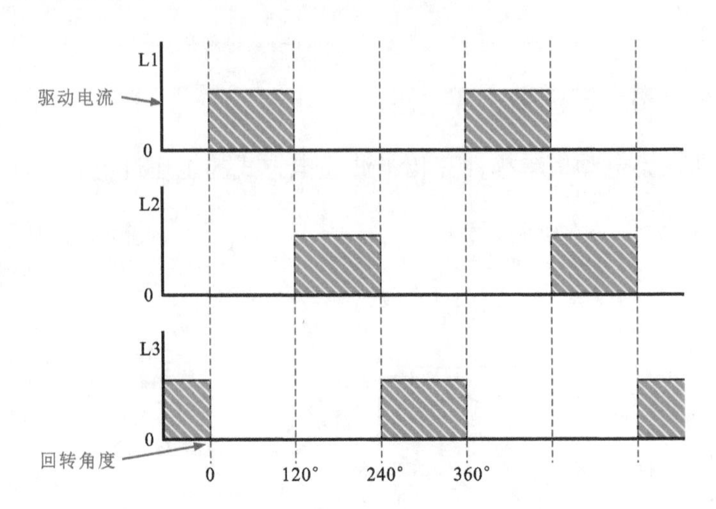

L1
驱动电流
0
L2
0
L3
0
回转角度
0
120°
240°
360°

图1-38　单极性三相半波通电方式无刷直流电动机各绕组的电流波形

单极性三相半波通电方式是无刷直流电动机的控制方式之一。定子采用3相绕组120°分布，转子的检测位置设有三个光电检测器件（三个发光二极管和三个光敏晶体三极管）。发光二极管和光敏晶体三极管分别设置在遮光板的两侧，遮光板与转子一同旋转。遮光板有一个开口，当开口转到某一位置时，发光二极管的光会照射到光敏晶体三极管上，光敏晶体三极管导通，当电动机旋转时，三个光敏晶体三极管会循环导通。

4　单极性两相半波通电方式

图1-39为单极性两相半波通电方式无刷直流电动机的内部结构。

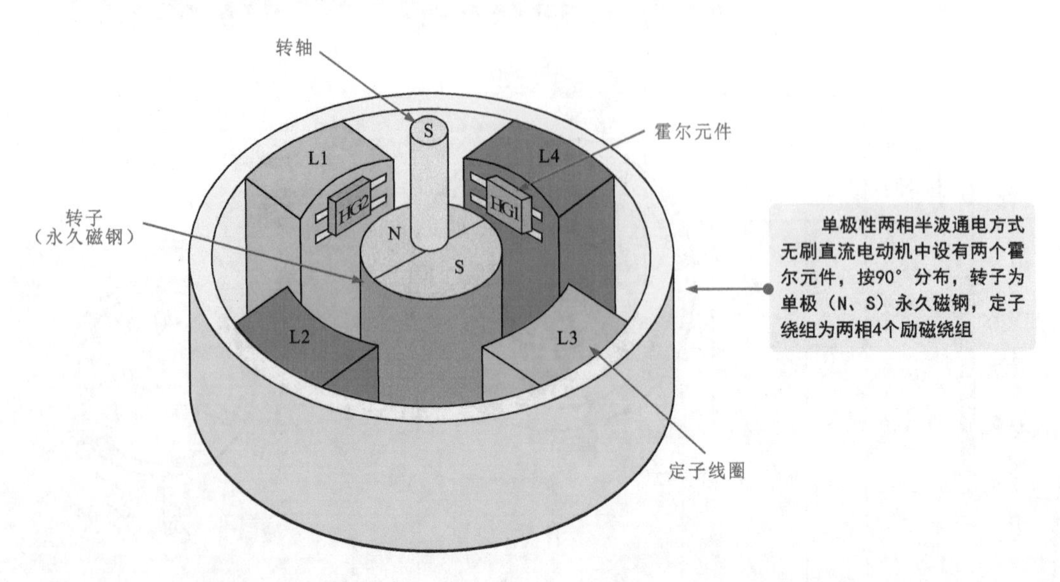

转轴
S
霍尔元件
L1
L4
HG2
HG1
转子
（永久磁钢）
N
S
L2
L3
定子线圈
单极性两相半波通电方式无刷直流电动机中设有两个霍尔元件，按90°分布，转子为单极（N、S）永久磁钢，定子绕组为两相4个励磁绕组

图1-39　单极性两相半波通电方式无刷直流电动机的内部结构

如图1-40所示，该类型的无刷直流电动机为了形成旋转磁场，由4个晶体三极管V1～V4驱动各自的绕组，转子位置的检测由两个霍尔元件担当。

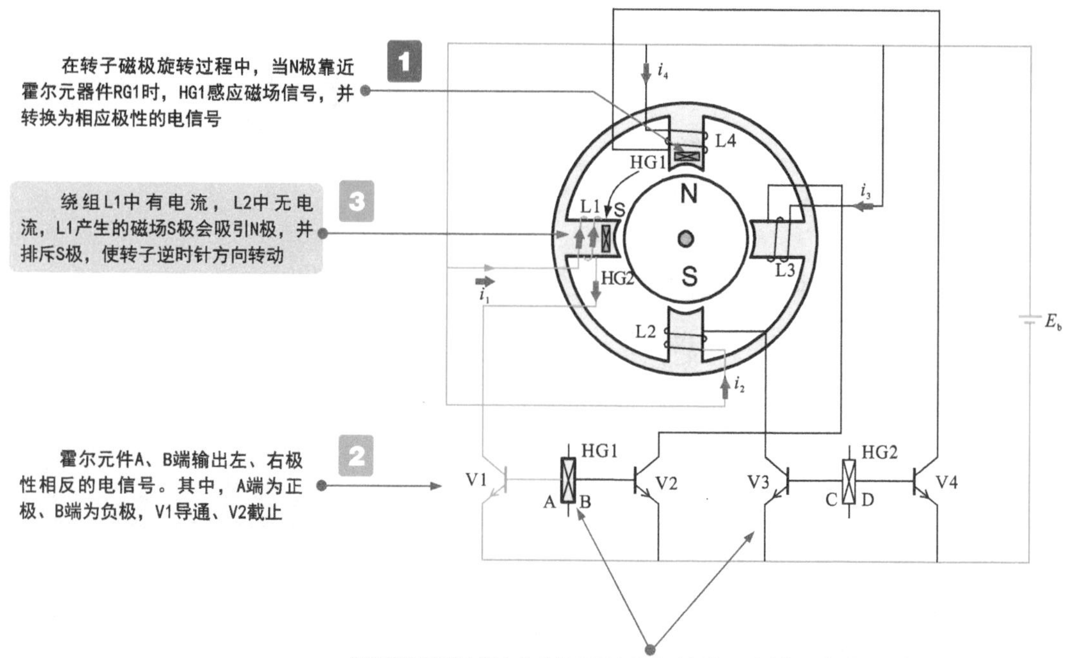

1
在转子磁极旋转过程中，当N极靠近霍尔元器件RG1时，HG1感应磁场信号，并转换为相应极性的电信号
3
绕组L1中有电流，L2中无电流，L1产生的磁场S极会吸引N极，并排斥S极，使转子逆时针方向转动
2
霍尔元件A、B端输出左、右极性相反的电信号。其中，A端为正极、B端为负极，V1导通、V2截止
单极性两相半波通电方式的无刷直流电动机为了形成旋转磁场，由4个晶体管V1～V4分别驱动各自的绕组，由两个霍尔元件对转子位置进行检测
L4
HG1
N
S
L1
L3
HG2
L2
i4
i3
i1
i2
Eb
HG1
HG2
V1
V2
V3
V4
A
B
C
D

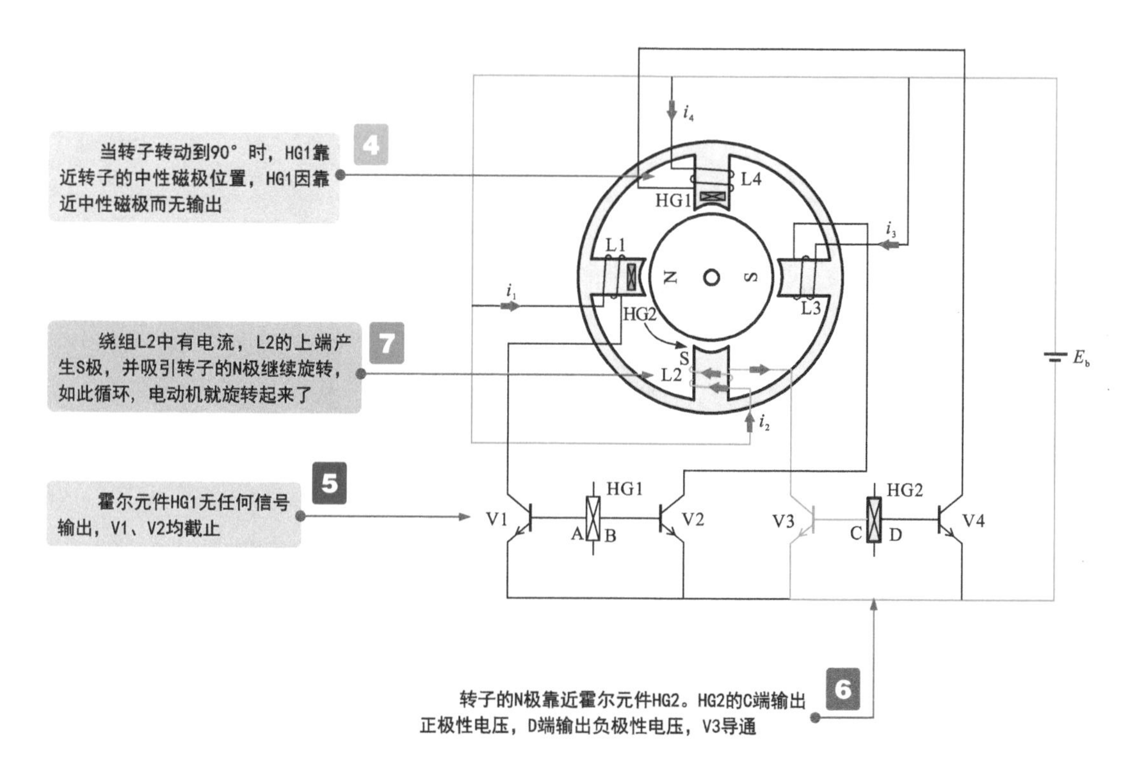

4
当转子转动到90°时，HG1靠近转子的中性磁极位置，HG1因靠近中性磁极而无输出
7
绕组L2中有电流，L2的上端产生S极，并吸引转子的N极继续旋转，如此循环，电动机就旋转起来了
5
霍尔元件HG1无任何信号输出，V1、V2均截止
6
转子的N极靠近霍尔元件HG2。HG2的C端输出正极性电压，D端输出负极性电压，V3导通
L4
HG1
L1
N
S
L3
HG2
S
L2
i4
i3
i1
i2
Eb
HG1
HG2
V1
V2
V3
V4
A
B
C
D

图1-40　单极性两相半波通电方式无刷直流电动机的工作过程

5 双极性三相半波通电方式

如图1-41所示，双极性无刷直流电动机中定子绕组的结构和连接方式有两种，即三角形连接方式和星形连接方式。

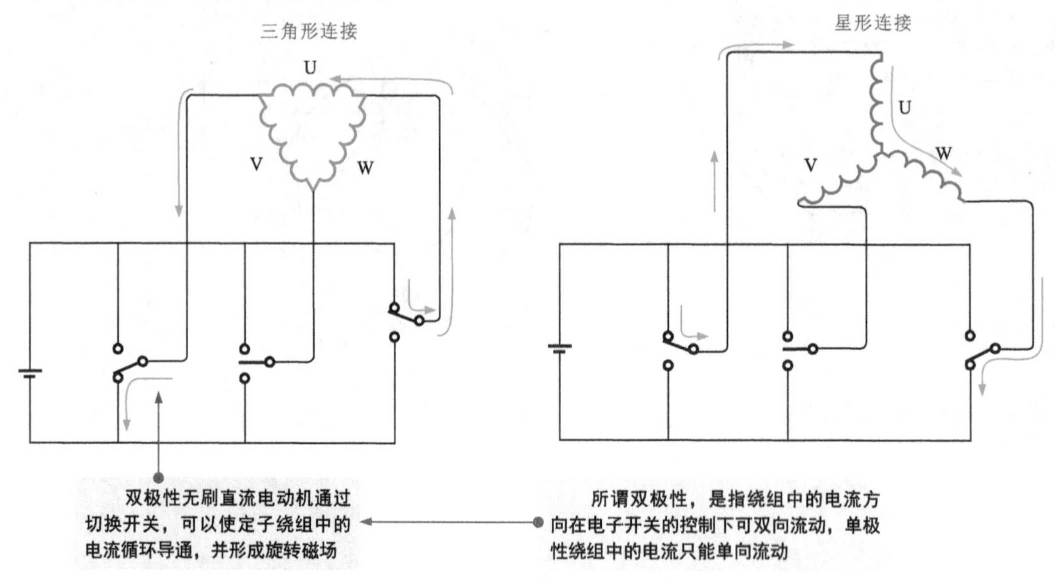

三角形连接
星形连接
U
V
W
双极性无刷直流电动机通过切换开关，可以使定子绕组中的电流循环导通，并形成旋转磁场
所谓双极性，是指绕组中的电流方向在电子开关的控制下可双向流动，单极性绕组中的电流只能单向流动

图1-41　双极性无刷直流电动机定子绕组的结构和连接方式

图1-42为双极性无刷直流电动机三角形连接绕组的工作过程（循环一周的开关状态和电流通路）。

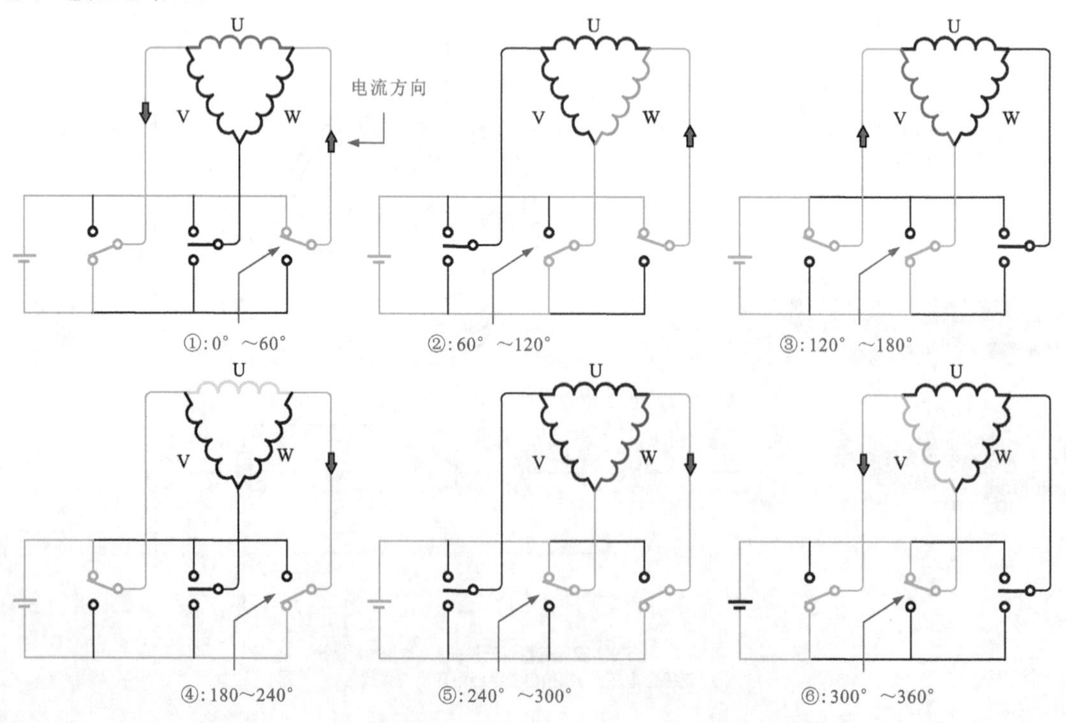

U
V
W
电流方向
①: 0°～60°
②: 60°～120°
③: 120°～180°
④: 180～240°
⑤: 240°～300°
⑥: 300°～360°

图1-42　双极性无刷直流电动机三角形连接绕组的工作过程

第2章 交流电动机的结构原理

2.1 交流电动机的种类和功能特点

交流电动机主要采用交流供电方式（单相220V或三相380V）。因此可以说，所有由交流电源直接供电的电动机都可称为交流电动机。

2.1.1 交流电动机的种类

交流电动机根据供电方式的不同，可分为单相交流电动机和三相交流电动机两大类。

1 单相交流电动机

单相交流电动机利用单相交流电源的供电方式提供电能，多用于家用电子产品中，根据转动速率和电源频率关系的不同，又可以细分为单相交流同步电动机和单相交流异步电动机两种，如图2-1所示。

单相交流同步电动机的转动速度与供电电源的频率保持同步，速度不随负载的变化而变化

单相交流同步电动机多用于对转速有一定要求的自动化仪器和生产设备中

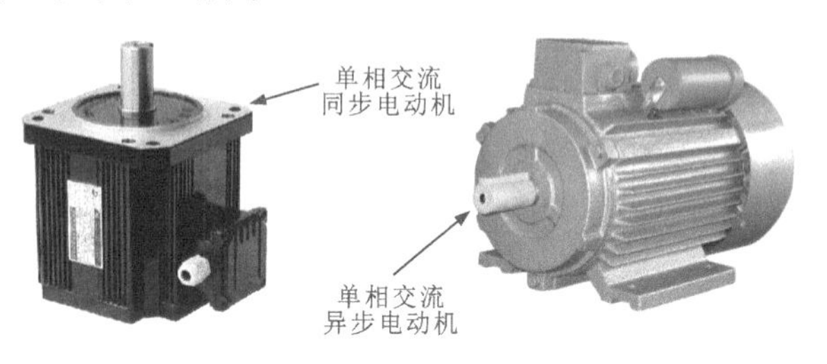
单相交流
同步电动机
单相交流
异步电动机

单相交流异步电动机的转速与电源供电频率不同步，具有输出转矩大、成本低等特点

单相交流异步电动机多用于输出转矩大、转速精度要求不高的家用电子产品中

图2-1　单相交流电动机的实物外形

2 三相交流电动机

三相交流电动机利用三相交流电源的供电方式提供电能，工业生产中的动力设备多采用三相交流电动机，根据转动速率和电源频率关系的不同，又可以细分为三相交流同步电动机和三相交流异步电动机两种，如图2-2所示。

三相交流同步电动机的转速与电源供电频率同步，转速不随负载的变化而变化，功率因数可以调节

三相交流同步电动机多用于转速恒定，且对转速有严格要求的大功率机电设备中

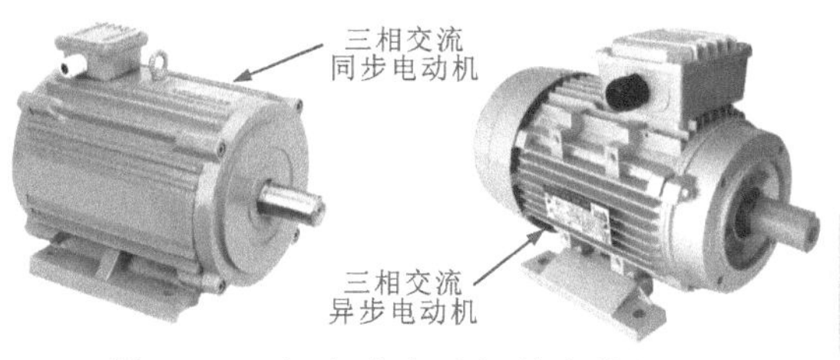
三相交流
同步电动机
三相交流
异步电动机

三相交流异步电动机的转速与电源供电频率不同步，结构简单，价格低廉，应用广泛，运行可靠

三相交流异步电动机广泛应用于工农业机械、运输机械、机床等设备中

图2-2　三相交流电动机的实物外形

2.1.2 交流电动机的功能应用

如图2-3所示，交流电动机具有输出转矩大、运行可靠、负载能力强的特点。

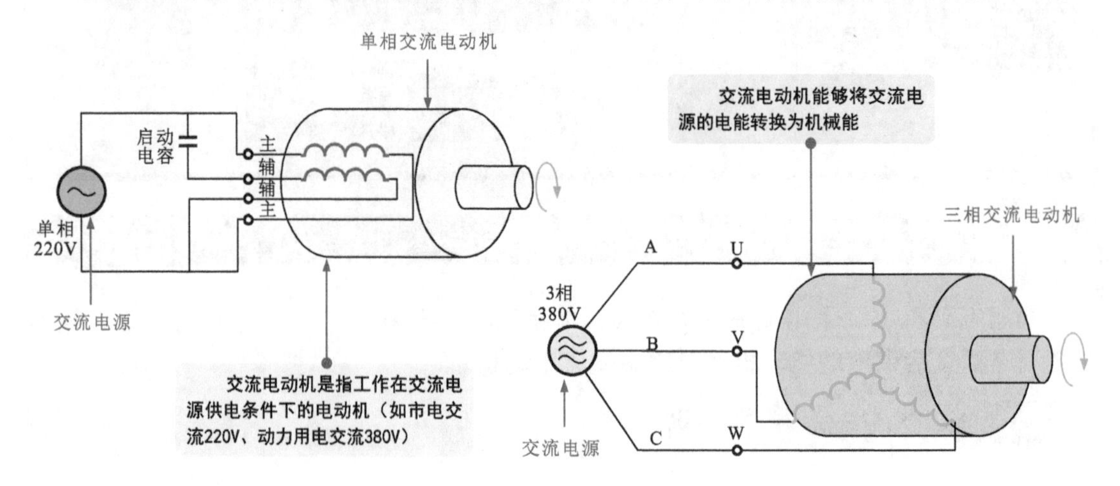
单相交流电动机
启动
电容
主
辅
辅
主
单相
220V
交流电源
交流电动机是指工作在交流电源供电条件下的电动机（如市电交流220V、动力用电交流380V）
交流电动机能够将交流电源的电能转换为机械能
三相交流电动机
A
U
3相
380V
B
V
C
W
交流电源

图2-3 交流电动机的特点

交流电动机的主要功能就是实现电能向机械能的转换，即将供电电源的电能转换为电动机转子转动的机械能，产生转矩带动负载转动，如图2-4所示。

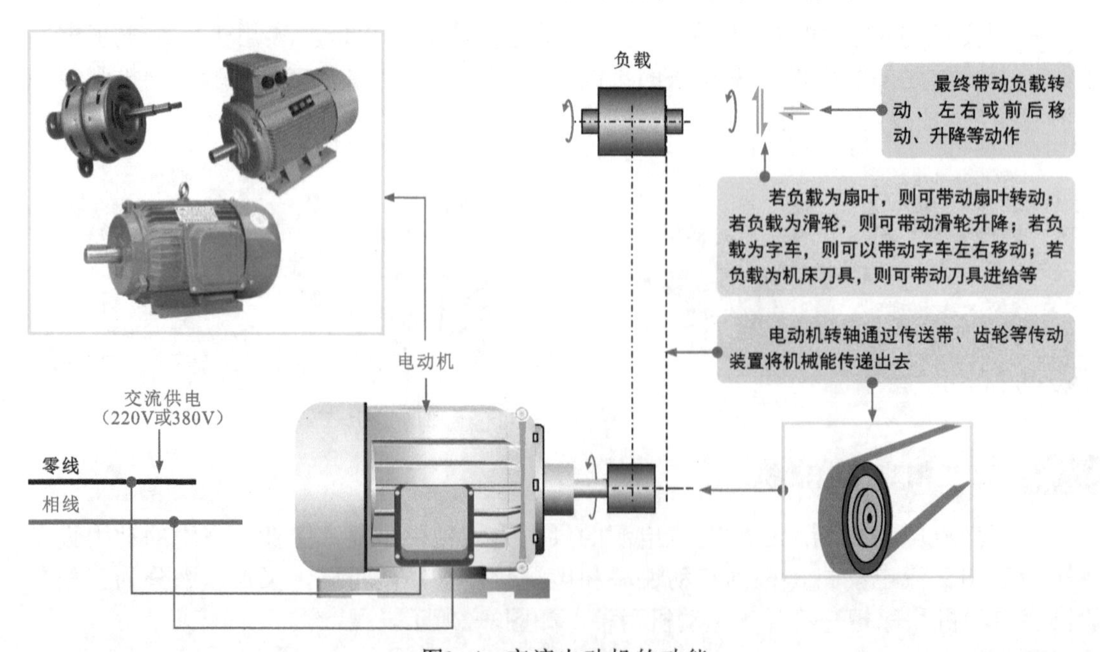
负载
最终带动负载转动、左右或前后移动、升降等动作
若负载为扇叶，则可带动扇叶转动；若负载为滑轮，则可带动滑轮升降；若负载为字车，则可以带动字车左右移动；若负载为机床刀具，则可带动刀具进给等
电动机转轴通过传送带、齿轮等传动装置将机械能传递出去
电动机
交流供电
（220V或380V）
零线
相线

图2-4 交流电动机的功能

交流电动机具有结构简单、工作可靠、工作效率和带负载能力较强等特点，应用十分广泛，在家用电器中、工农业生产机械、交通运输、国防、商业及医疗设备等各方面都有广泛应用。

图2-5、图2-6分别为交流电动机在家用电器、医疗设备及工农业生产机械中的应用实例。

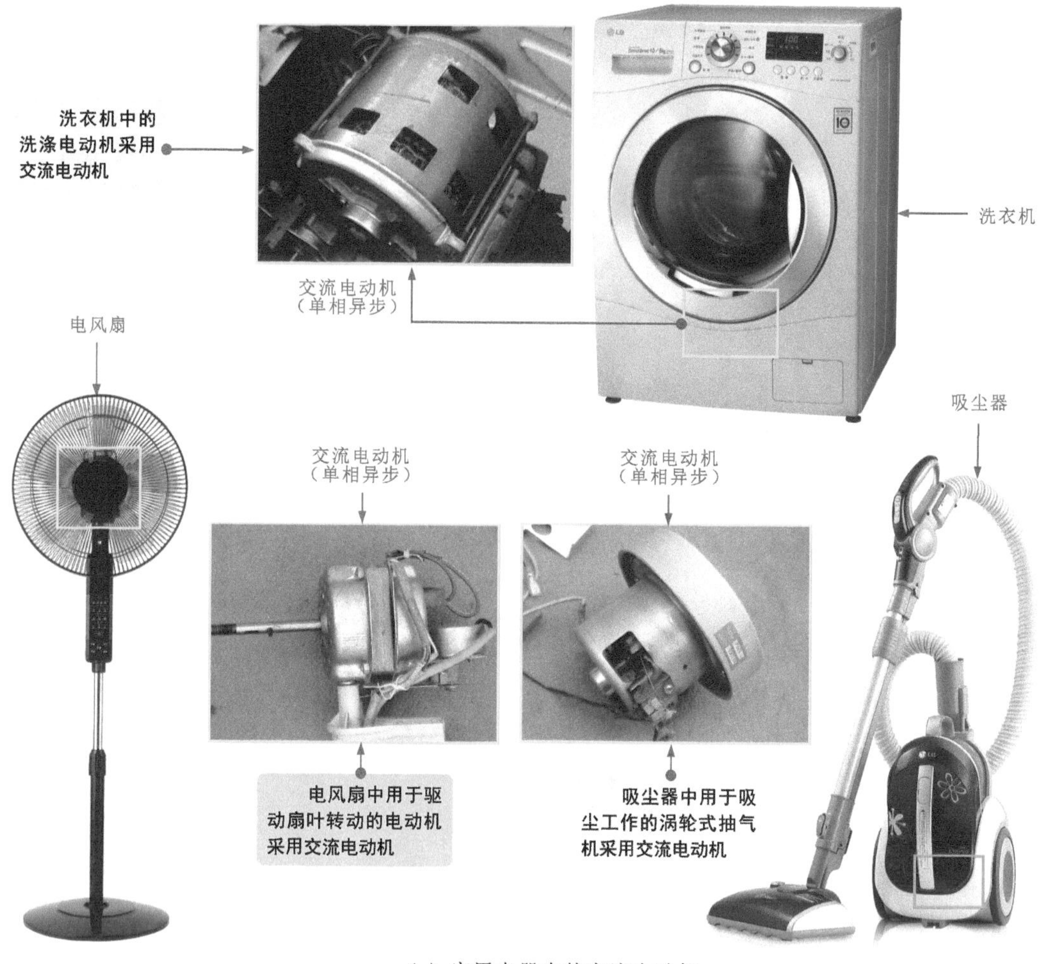
洗衣机中的
洗涤电动机采用
交流电动机
洗衣机
交流电动机
（单相异步）
电风扇
吸尘器
交流电动机
（单相异步）
交流电动机
（单相异步）
电风扇中用于驱动扇叶转动的电动机采用交流电动机
吸尘器中用于吸尘工作的涡轮式抽气机采用交流电动机

（a）家用电器中的交流电动机

医用饮片机
自动化仪表设备
交流电动机
交流电动机
药用粉碎机

（b）医疗设备中的交流电动机

图2-5　交流电动机在家用电器和医疗设备中的应用

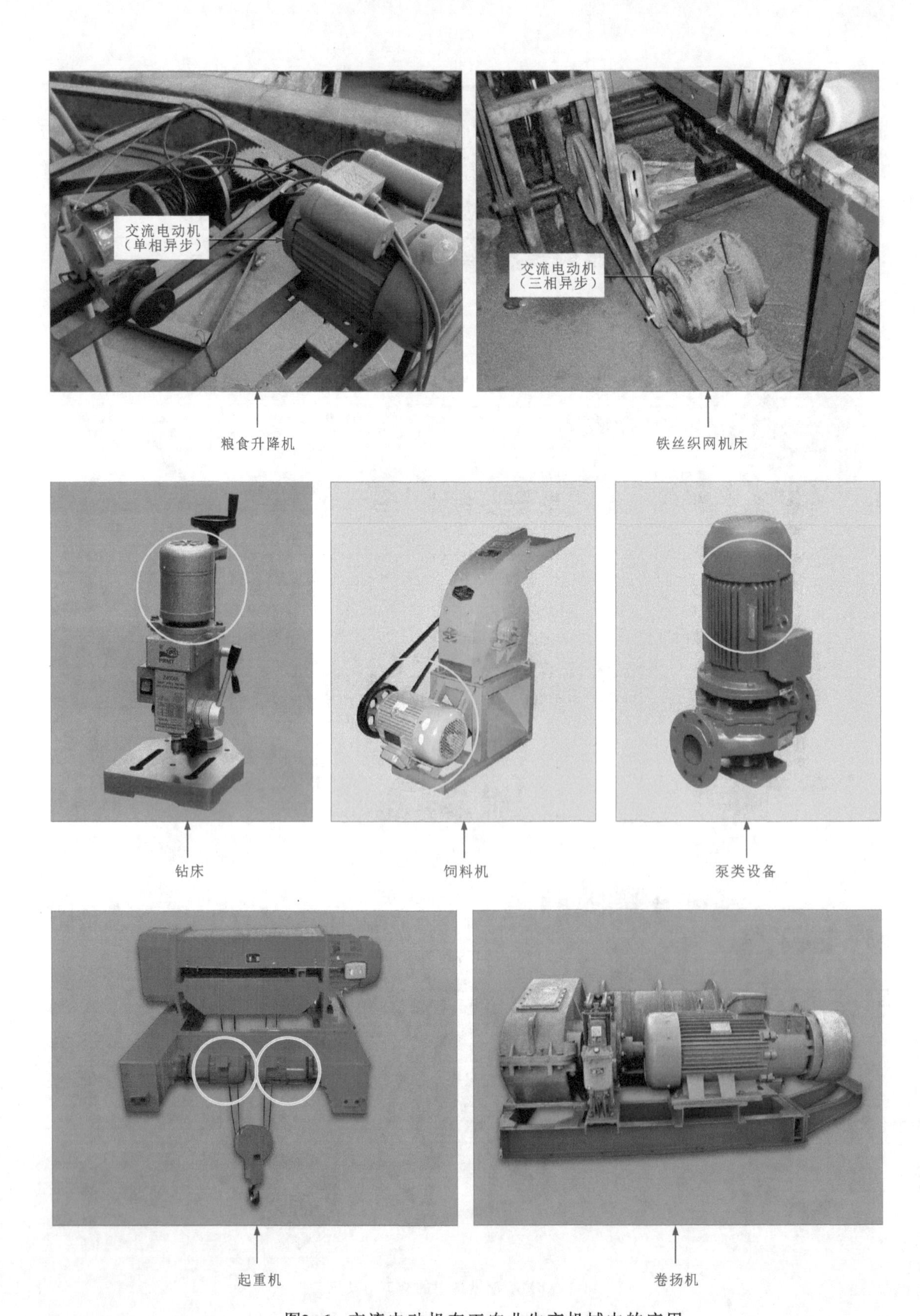
交流电动机
（单相异步）
交流电动机
（三相异步）
粮食升降机
铁丝织网机床
钻床
饲料机
泵类设备
起重机
卷扬机

图2-6　交流电动机在工农业生产机械中的应用

2.2 单相交流电动机的结构和工作原理

2.2.1 单相交流电动机的结构

在一般情况下，单相交流电动机是指采用单相电源（一根相线、一根零线构成的交流220 V电源）供电的交流异步电动机（单相交流同步电动机将在2. 4节中单独介绍）。

如图2-7所示，单相交流电动机的结构与直流电动机基本相同，都是由静止的定子、旋转的转子、转轴、轴承、端盖等部分构成的。

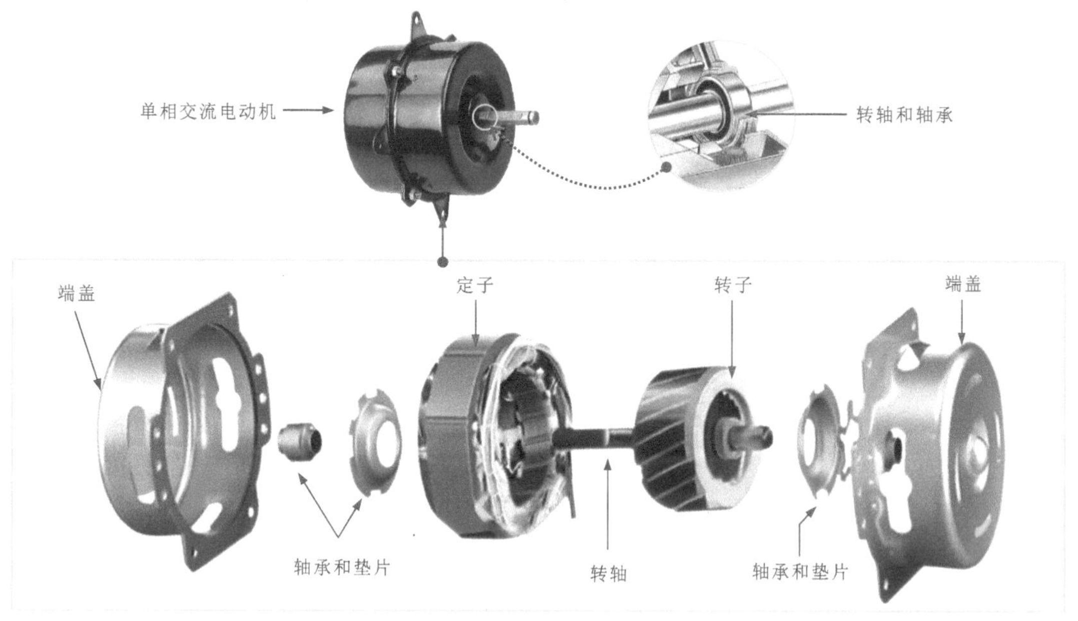
单相交流电动机
转轴和轴承
端盖
定子
转子
端盖
轴承和垫片
转轴
轴承和垫片

图2-7　单相交流电动机的结构

1　单相交流电动机的定子

如图2-8所示，单相交流电动机的定子主要是由定子铁芯、定子绕组和引出线等部分构成的。

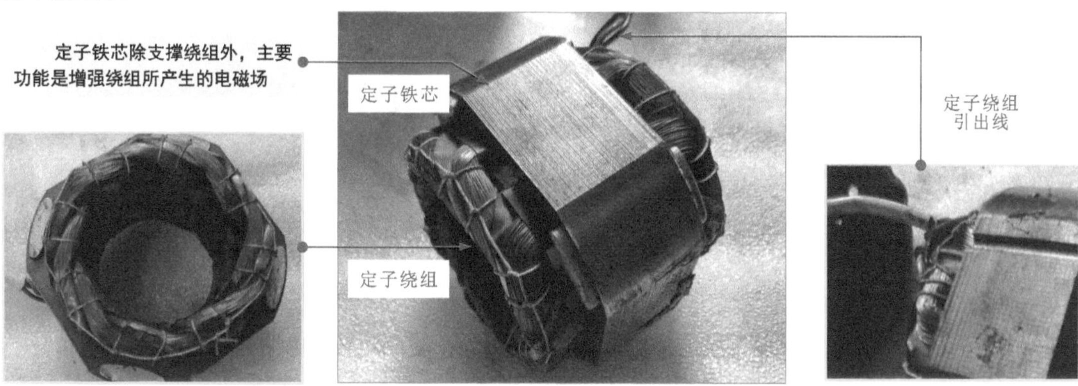
定子铁芯除支撑绕组外，主要功能是增强绕组所产生的电磁场
定子铁芯
定子绕组
定子绕组引出线

图2-8　单相交流电动机定子的结构

如图2-9所示，单相交流异步电动机定子中的绕组部分经引出线后与单相电源连接，当有电流通过时，形成磁场，实现电气性能。

其中，定子绕组的主绕组又称为运行绕组或工作绕组，副绕组又称为启动绕组或辅助绕组。

值得注意的是，在电动机定子绕组中，主绕组与副绕组的匝数、线径是不同的。

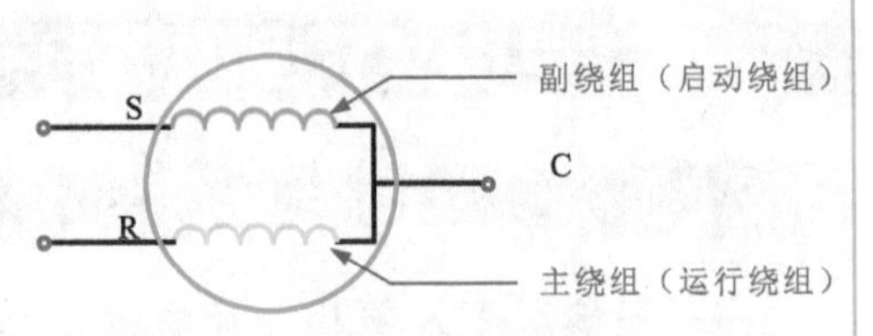

副绕组（启动绕组）
S
C
R
主绕组（运行绕组）

图2-9 单相交流电动机中的定子绕组

如图2-10所示，从结构形式来看，单相交流异步电动机的定子主要有隐极式和显极式（凸极式）两种。

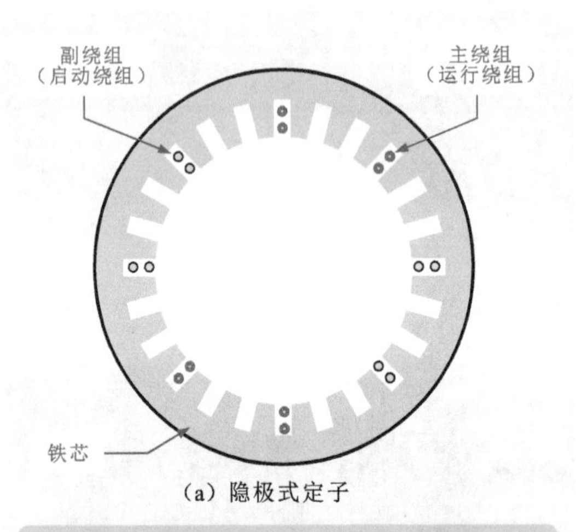

副绕组
（启动绕组）
主绕组
（运行绕组）
铁芯

（a）隐极式定子

隐极式定子由定子铁芯和定子绕组构成。其中，定子铁芯是用硅钢片叠压成的，在铁芯槽内放置两套绕组，一套是主绕组，也称为运行绕组或工作绕组；另一套为副绕组，也称为辅助绕组或启动绕组。两个绕组在空间上相隔90°

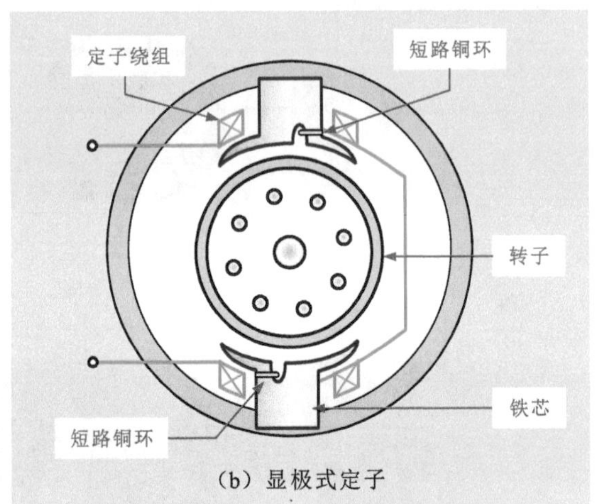

定子绕组
短路铜环
转子
铁芯
短路铜环

（b）显极式定子

显极式（也称凸极式）定子的铁芯由硅钢片叠压制成凸极形状固定在机座内，在铁芯的1/3～1/4处开一个小槽，在槽和短边一侧套装一个短路铜环，如同这部分磁极被罩起来，故称为罩极。定子绕组绕成集中绕组的形式套在铁芯上

图2-10 隐极式和显极式定子绕组

如图2-11所示，电磁感应是电动机旋转的基本原理。电动机的功率越大，线圈中的电流越大，变化的磁场会在铁芯中产生涡流，从而降低效率，因此转子铁芯和定子铁芯必须采用叠层结构，而且层间要采取绝缘措施，以减小涡流损耗。

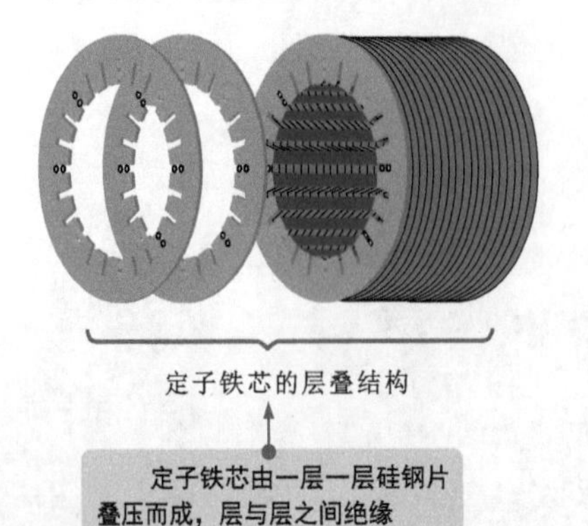

定子铁芯的层叠结构

定子铁芯由一层一层硅钢片叠压而成，层与层之间绝缘

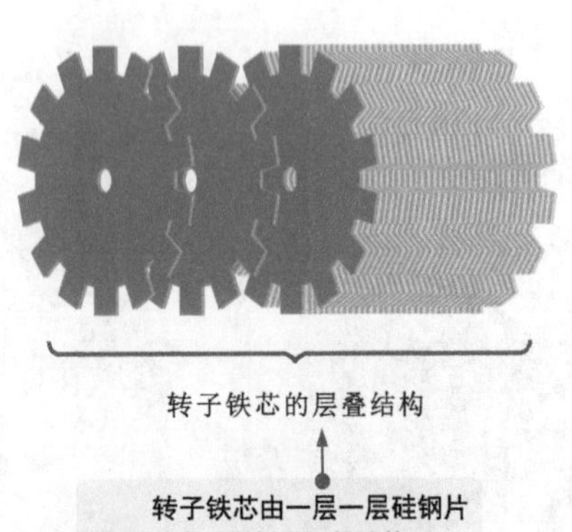

转子铁芯的层叠结构

转子铁芯由一层一层硅钢片叠压而成，层与层之间绝缘

图2-11 单相交流电动机中的定子铁芯

Ⅱ 2 单相交流电动机的转子

单相交流异步电动机的转子指电动机工作时发生转动的部分，主要有鼠笼形转子和绕线形转子（换向器型）两种结构。

图2-12为单相交流电动机鼠笼形转子的结构。

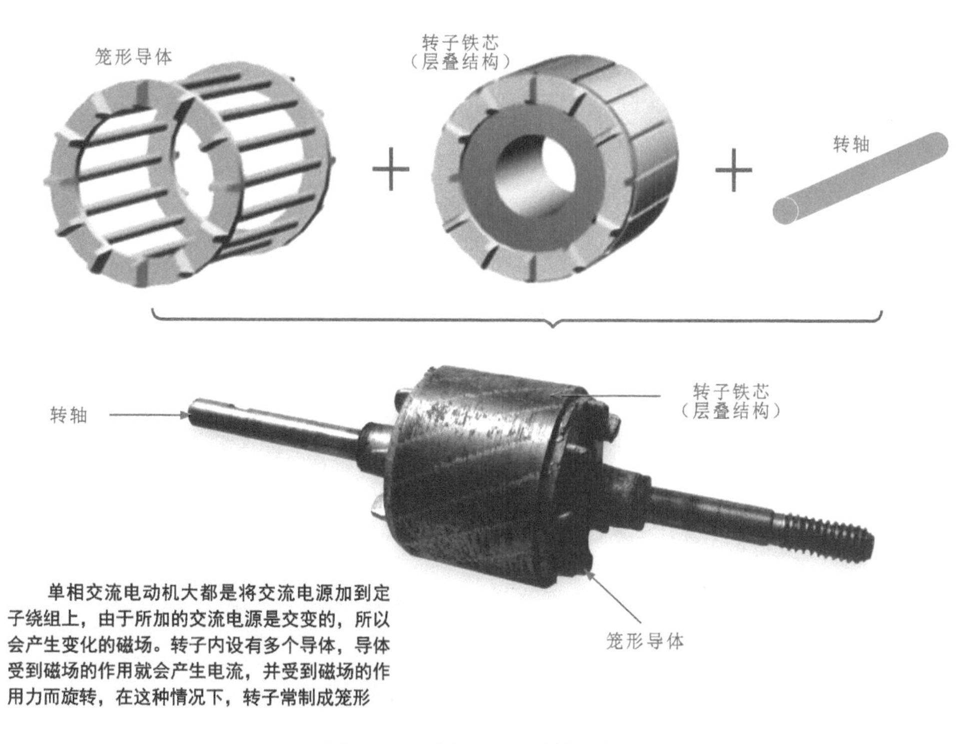

笼形导体
转子铁芯
（层叠结构）
转轴
转轴
转子铁芯
（层叠结构）
单相交流电动机大都是将交流电源加到定子绕组上，由于所加的交流电源是交变的，所以会产生变化的磁场。转子内设有多个导体，导体受到磁场的作用就会产生电流，并受到磁场的作用力而旋转，在这种情况下，转子常制成笼形
笼形导体

图2-12 鼠笼形转子的结构

图2-13为单相交流电动机绕线形（换向器型）转子的结构。

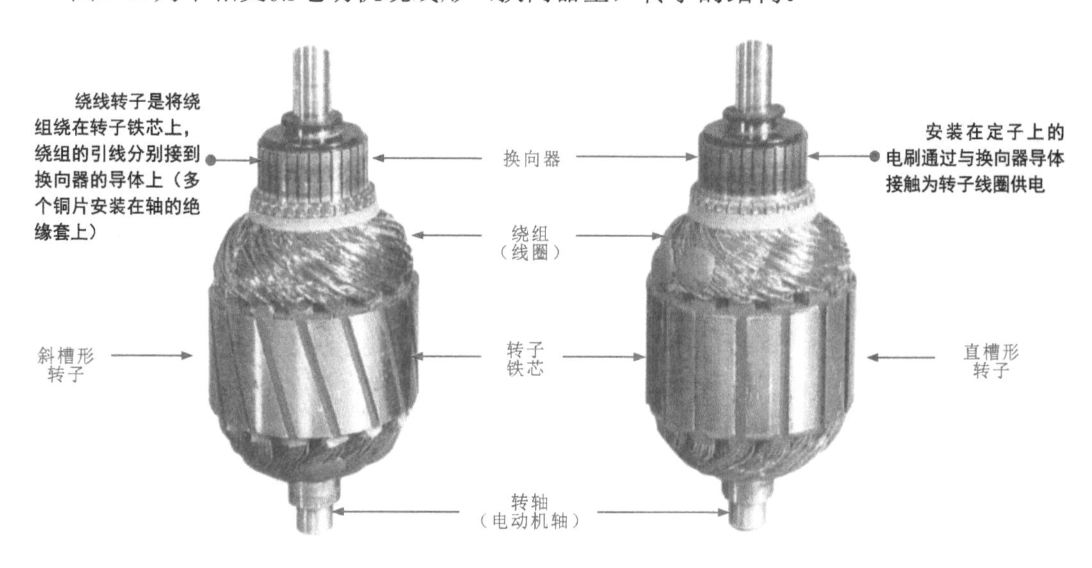

绕线转子是将绕组绕在转子铁芯上，绕组的引线分别接到换向器的导体上（多个铜片安装在轴的绝缘套上）
换向器
安装在定子上的电刷通过与换向器导体接触为转子线圈供电
绕组
（线圈）
斜槽形
转子
转子
铁芯
直槽形
转子
转轴
（电动机轴）

图2-13 绕线形（换向器型）转子的结构

2.2.2 单相交流电动机的工作原理

单相交流电动机是在市电交流供电的条件下，通过转子的转动，最终将电能转换成机械能。

1 单相交流电动机的转动原理

如图2-14所示，将多个闭环的线圈（转子绕组）交错置于磁场中，并安装到转子铁芯中，当定子磁场旋转时，转子绕组受到磁场力也会随之旋转，这就是单相交流电动机的转动原理。

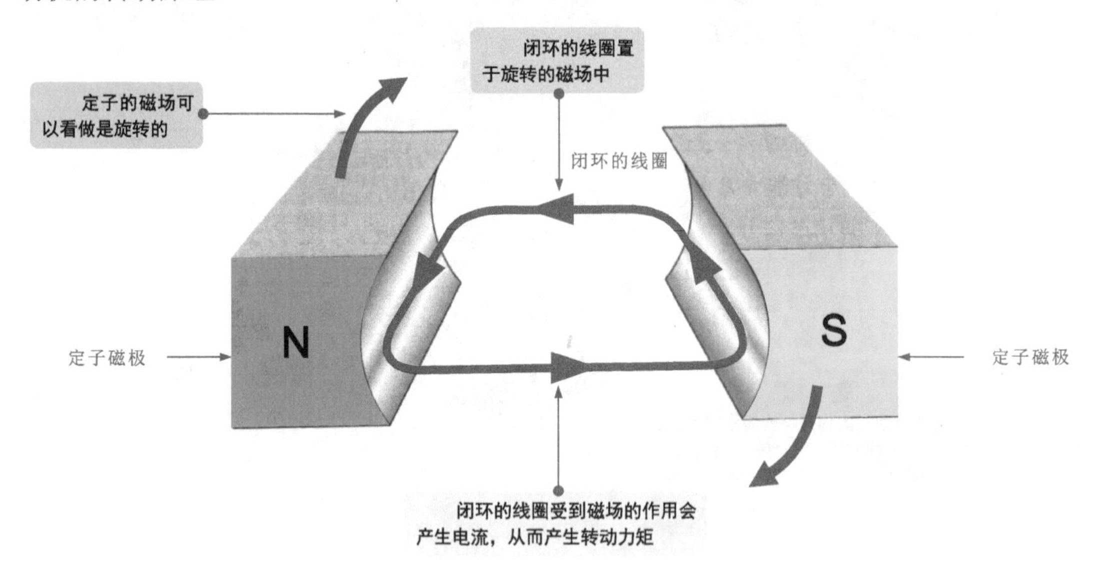

闭环的线圈置于旋转的磁场中
定子的磁场可以看做是旋转的
闭环的线圈
N
S
定子磁极
定子磁极
闭环的线圈受到磁场的作用会产生电流，从而产生转动力矩

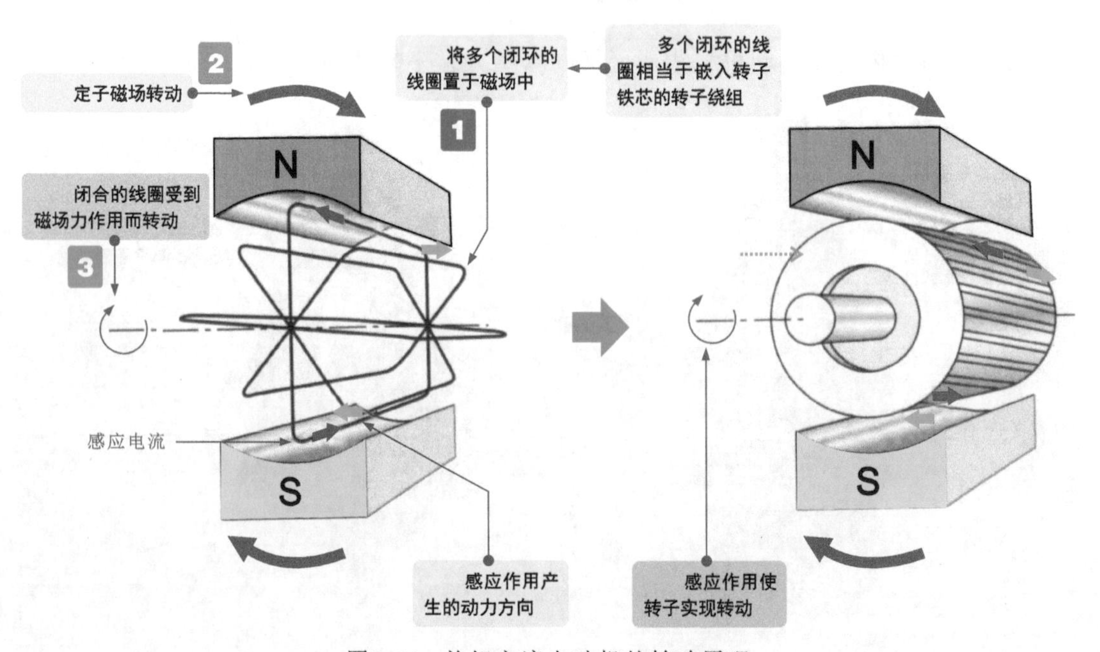

2
定子磁场转动
将多个闭环的线圈置于磁场中
多个闭环的线圈相当于嵌入转子铁芯的转子绕组
1
N
闭合的线圈受到磁场力作用而转动
3
感应电流
S
N
S
感应作用产生的动力方向
感应作用使转子实现转动

图2-14 单相交流电动机的转动原理

2 单相交流电动机的启动原理

如图2-15所示，要使单相交流异步电动机能自动启动，通常在电动机的定子上增加一个启动绕组，启动绕组与运行绕组在空间上相差90°。外加电源经电容或电阻接到启动绕组上，启动绕组的电流与运行绕组相差90°。这样在空间上相差90°的绕组在外电源的作用下形成相差90°的电流，于是空间上就形成两相旋转磁场。

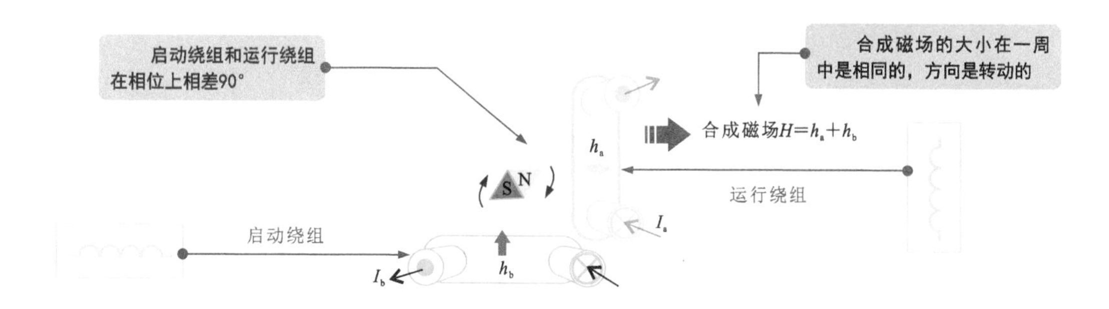
启动绕组和运行绕组
在相位上相差90°
合成磁场的大小在一周
中是相同的，方向是转动的
合成磁场$H=h_a+h_b$
h_a
运行绕组
I_a
启动绕组
I_b
h_b
S N

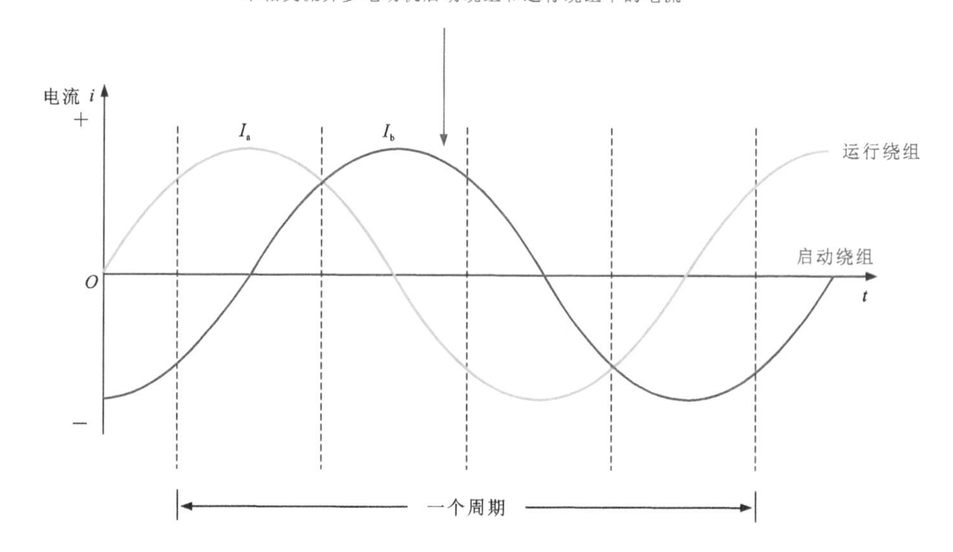
单相交流异步电动机启动绕组和运行绕组中的电流
电流 i
+
−
O
t
I_a
I_b
运行绕组
启动绕组
一个周期

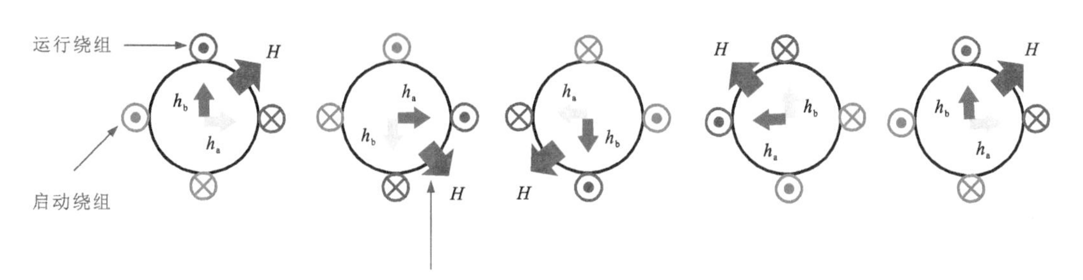
运行绕组
启动绕组
H
h_a
h_b
单相交流异步电动机在转动过程中两相绕组合成磁场的方向

图2-15 单相交流电动机的启动原理

3 单相交流电动机不同启动方式电路的工作原理

单相交流异步电动机启动电路的形式有多种，常用的主要有电阻分相式启动，电容分相式启动，离心开关式启动，运行电容、启动电容、离心开关式启动及正、反转切换式启动等。

图2-16为单相交流异步电动机启动电路的工作原理。

电阻分相式启动电路

启动电阻
R
启动绕组
AC 220V
运行绕组

电阻分相式启动电路是在单相交流异步电动机的启动绕组（辅助绕组）供电电路中设有启动电阻。启动时，电源经电阻为启动绕组供电，在启动绕组与运行绕组的共同作用下产生启动转矩，使电动机旋转起来。

电容分相式启动电路

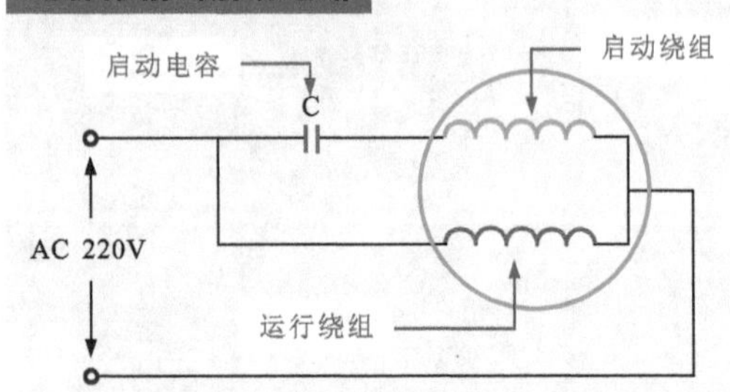

启动电容
C
启动绕组
AC 220V
运行绕组

电容分相式启动电路是在单相交流异步电动机的启动绕组（辅助绕组）供电电路中设有启动电容。启动时，电源经电容为启动绕组供电，在启动绕组与运行绕组的共同作用下产生启动转矩，使电动机旋转起来。

离心开关式启动电路

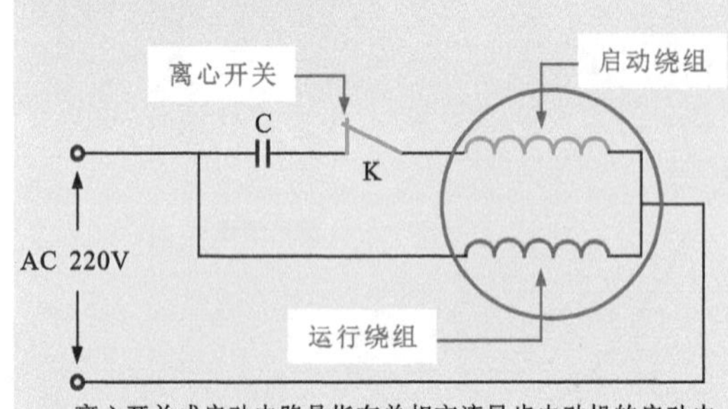

离心开关
C
K
启动绕组
AC 220V
运行绕组

离心开关式启动电路是指在单相交流异步电动机的启动电路中设有离心开关。

1. 接通电源，开始启动时，交流220V电压一路直接加到运行绕组上。
2. 交流220V电压的另一路经启动电容C、离心开关K后，加到启动绕组上。
3. 两相线圈的相位成90°，对转子形成启动转矩，使电动机启动。
4. 当电动机启动达到一定转速时，离心开关受离心力的作用而断开。
5. 启动绕组停止工作。
6. 运行绕组驱动转子旋转。
7. 电动机进入正常的运转状态。

离心开关式启动电路

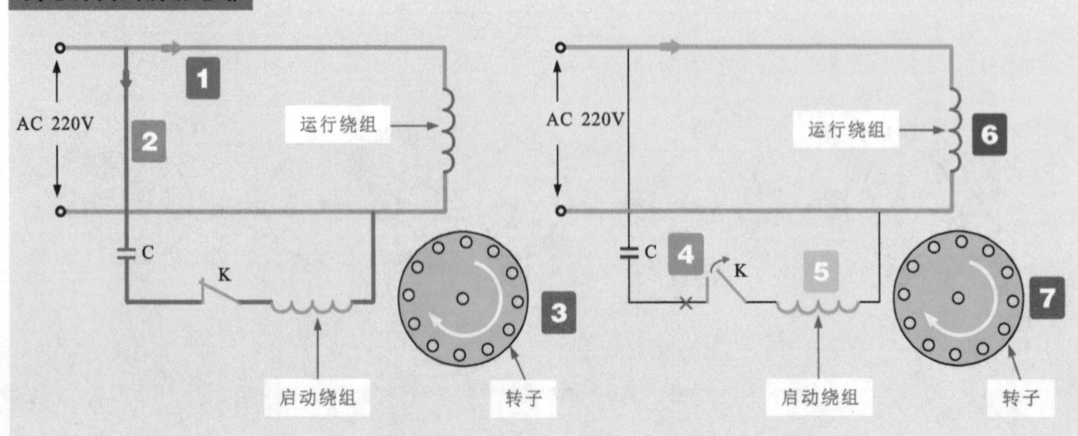

1
2
AC 220V
运行绕组
C
K
3
启动绕组
转子
AC 220V
运行绕组
6
C
4
K
5
7
启动绕组
转子

图2-16 单相交流异步电动机启动电路的工作原理

运行电容、启动电容、离心开关式启动电路

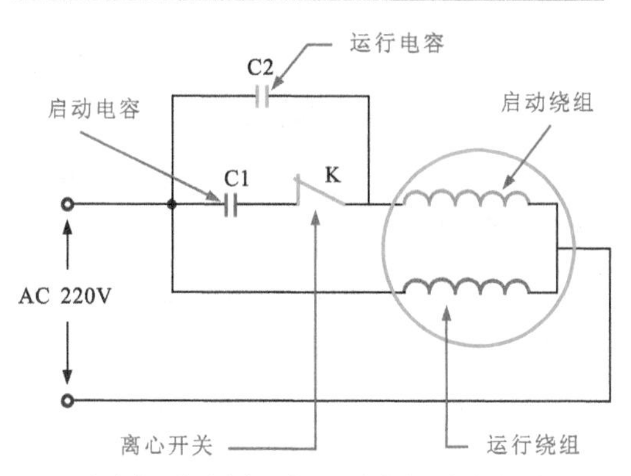

运行电容
C2
启动电容
启动绕组
C1
K
AC 220V
离心开关
运行绕组

运行电容、启动电容、离心开关式启动电路采用离心开关式、启动电容和运行电容相结合的电路。

1 接通电源后，交流220V电压一路经运行电容加到启动绕组上。

2 交流220V电压的另一路经离心开关和启动电容加到启动绕组上。

3 交流220V电压的第三路直接加到运行绕组上。

4 两相绕组的相位成90°，对转子形成启动转矩，使电动机启动。

5 当电动机启动达到一定转速时，离心开关受离心力的作用而断开。

6 启动电容的回路被切断，启动电容不起作用。

7 运行电容仍接入电路中，仍起作用。

8 运行电容和启动绕组都参与电动机的运行。

运行电容、启动电容、离心开关式启动电路工作原理

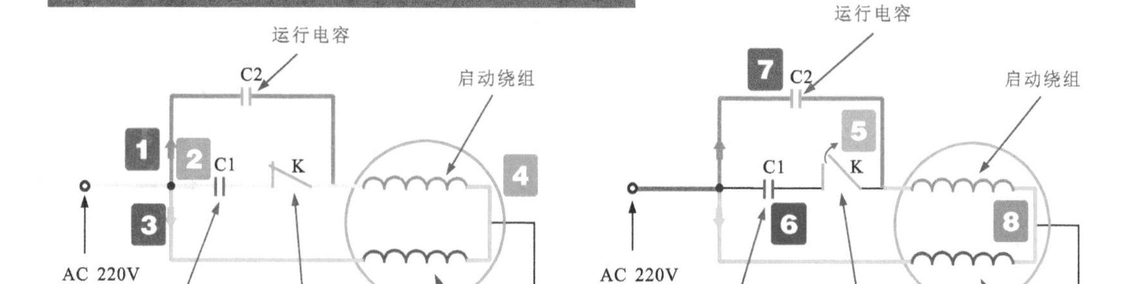

运行电容
C2
启动绕组
1
2
C1
K
4
3
AC 220V
启动电容
离心开关
运行绕组
运行电容
7
C2
启动绕组
5
C1
K
6
8
AC 220V
启动电容
离心开关
运行绕组

当电动机启动时，交流电源经启动电容和离心开关K为启动绕组供电，启动绕组与运行绕组形成旋转磁场使电动机启动。启动后，电动机转速为额定转速的70%～80%时，离心开关断开，启动电容不起作用，但运行电容仍起作用，运行电容和启动绕组都参与电动机的运行。

正、反转切换式启动电路

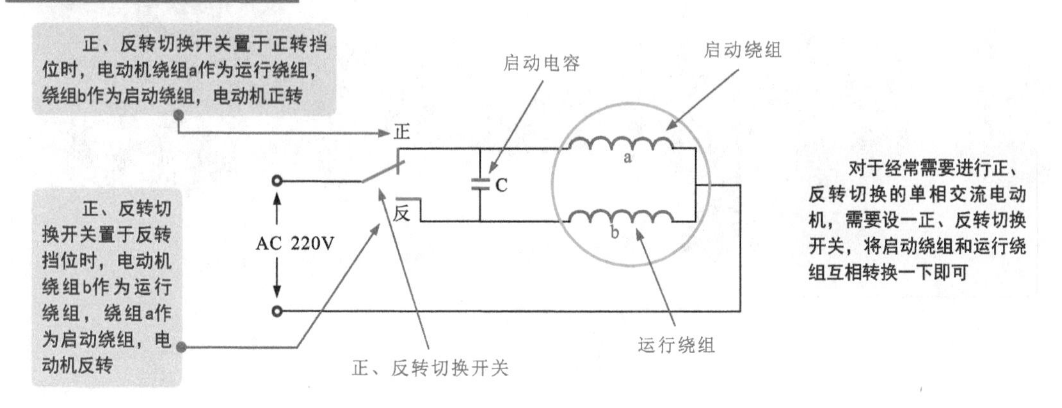

正、反转切换开关置于正转挡位时，电动机绕组a作为运行绕组，绕组b作为启动绕组，电动机正转
启动电容
启动绕组
正
C
a
反
b
AC 220V
正、反转切换开关置于反转挡位时，电动机绕组b作为运行绕组，绕组a作为启动绕组，电动机反转
运行绕组
正、反转切换开关

对于经常需要进行正、反转切换的单相交流电动机，需要设一正、反转切换开关，将启动绕组和运行绕组互相转换一下即可

图2-16 单相交流异步电动机启动电路的工作原理（续）

2.3 三相交流电动机的结构和工作原理

2.3.1 三相交流电动机的结构

三相交流电动机是指具有三相绕组，并由三相交流电源供电的电动机。该电动机的转矩较大、效率较高，多用于大功率动力设备中（本节主要介绍三相交流异步电动机的相关内容，三相交流同步电动机将在2.4节中单独介绍）。

如图2-17所示，三相交流异步电动机与单相交流异步电动机的结构相似，同样是由静止的定子、旋转的转子、转轴、轴承、端盖、外壳等部分构成的。

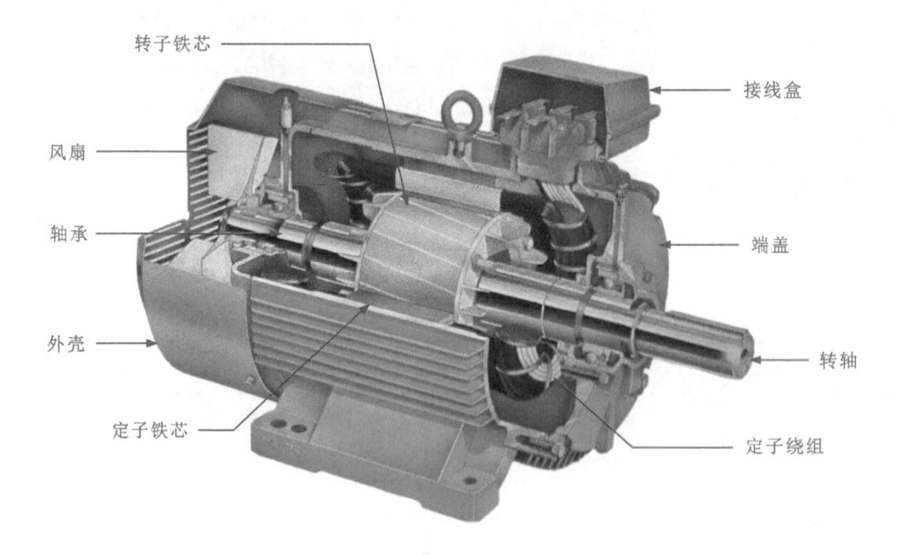
转子铁芯
接线盒
风扇
轴承
端盖
外壳
转轴
定子铁芯
定子绕组

（a） 三相交流电动机的内部结构

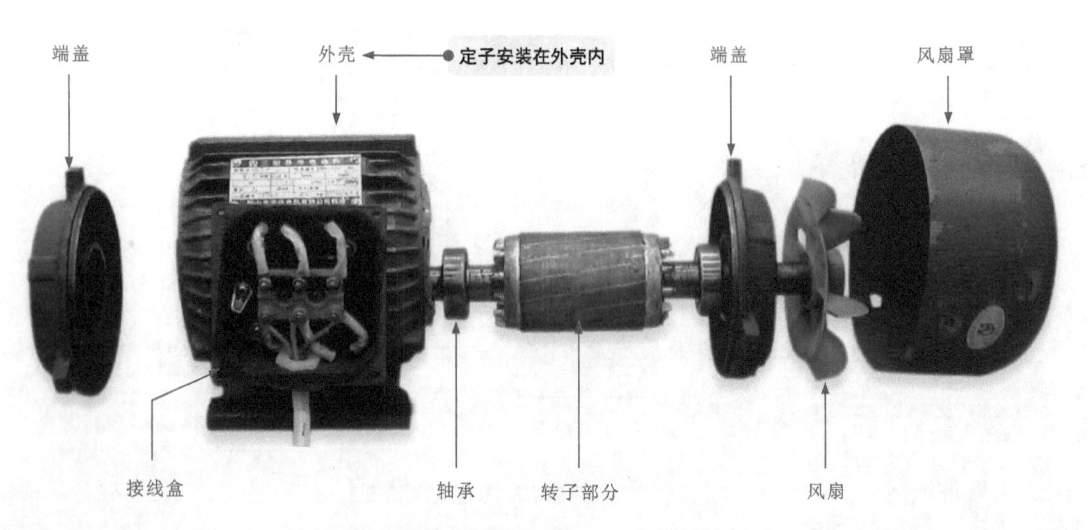
端盖
外壳
定子安装在外壳内
端盖
风扇罩
接线盒
轴承
转子部分
风扇

（b） 三相交流电动机的整机分解图

图2-17 三相交流异步电动机的结构

1 三相交流异步电动机的定子

如图2-18所示，三相交流异步电动机的定子部分通常安装固定在电动机外壳内，与外壳制成一体。在通常情况下，三相交流异步电动机的定子部分主要是由定子绕组和定子的铁芯部分构成的。

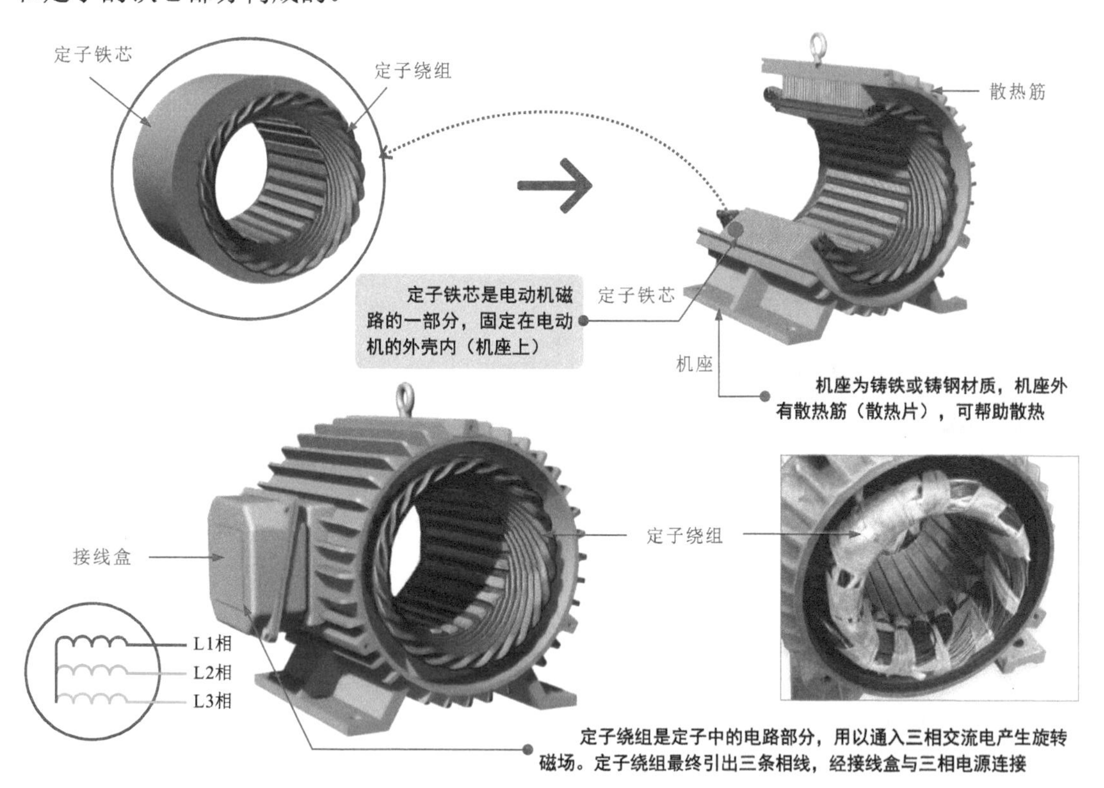

定子铁芯
定子绕组
散热筋
定子铁芯是电动机磁路的一部分，固定在电动机的外壳内（机座上）
定子铁芯
机座
机座为铸铁或铸钢材质，机座外有散热筋（散热片），可帮助散热
接线盒
定子绕组
L1相
L2相
L3相
定子绕组是定子中的电路部分，用以通入三相交流电产生旋转磁场。定子绕组最终引出三条相线，经接线盒与三相电源连接

图2-18 三相交流异步电动机定子的结构

如图2-19所示，三相交流异步电动机的定子绕组引出三条线，经接线盒与三相电源连接。三相定子绕组有两种连接方式：一种是星形连接方式，又称Y形；另一种是三角形连接方式，又称△形。

L1
W2
U1
W1
U2
V2
V1
L2
L3
星形(Y)连接
三相绕组“尾尾”连接，引出三个“首”
三角形(△)连接
三相绕组“首尾”连接，由三个连接点引出

图2-19 三相交流异步电动机定子绕组的连接形式

Ⅱ 2 三相交流异步电动机的转子

转子是三相交流异步电动机的旋转部分，通过感应电动机定子形成的旋转磁场产生感应转矩而转动。三相交流异步电动机的转子有两种结构形式，即鼠笼形和绕线形转子。

图2-20为三相交流异步电动机鼠笼形转子的结构。

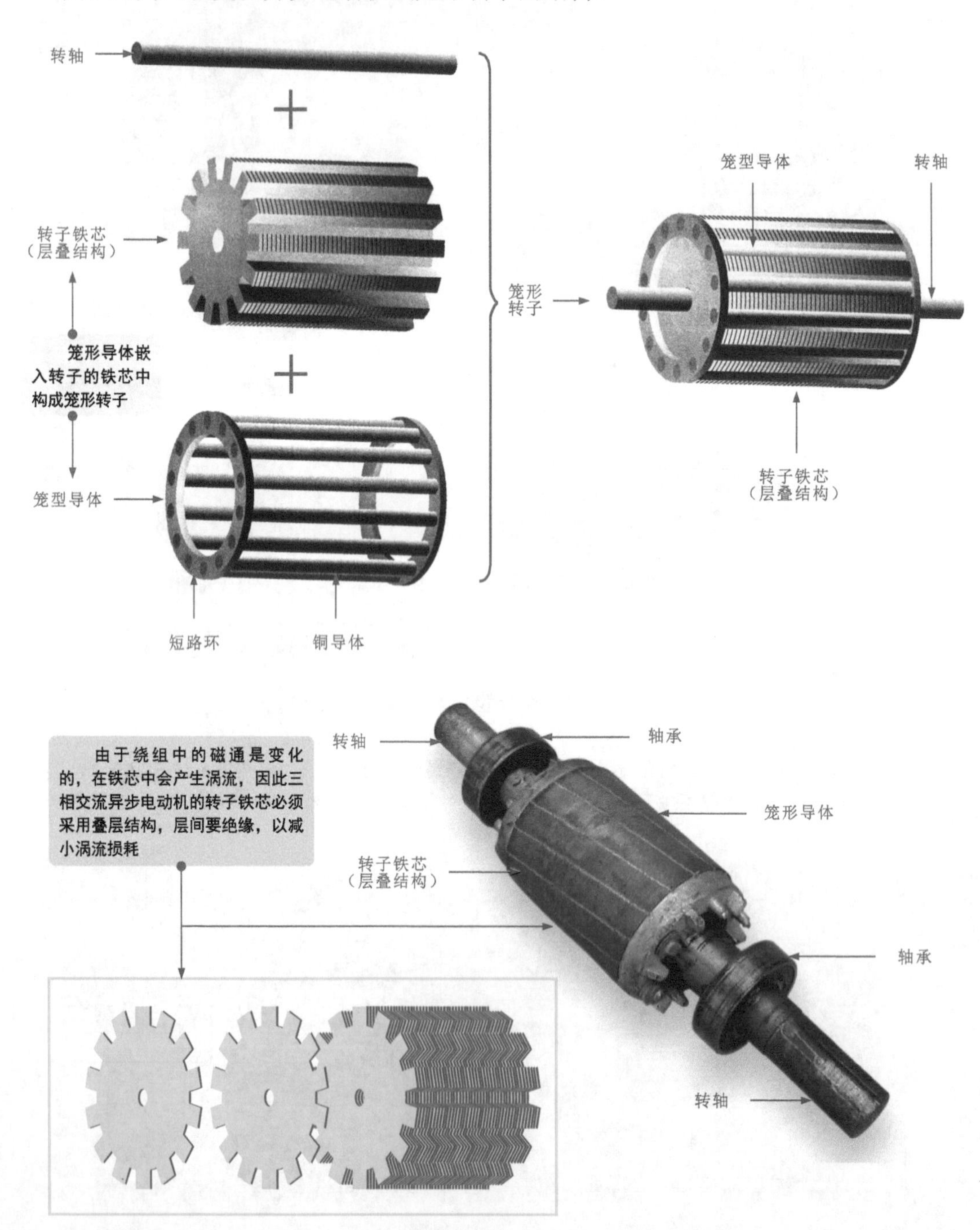

转轴
转子铁芯
（层叠结构）
笼形导体嵌入转子的铁芯中构成笼形转子
笼型导体
短路环
铜导体
笼形转子
笼型导体
转轴
转子铁芯
（层叠结构）
由于绕组中的磁通是变化的，在铁芯中会产生涡流，因此三相交流异步电动机的转子铁芯必须采用叠层结构，层间要绝缘，以减小涡流损耗
转轴
轴承
笼形导体
转子铁芯
（层叠结构）
轴承
转轴

图2-20 三相交流异步电动机鼠笼形转子的结构

图2-21为三相交流异步电动机绕线形转子的结构。

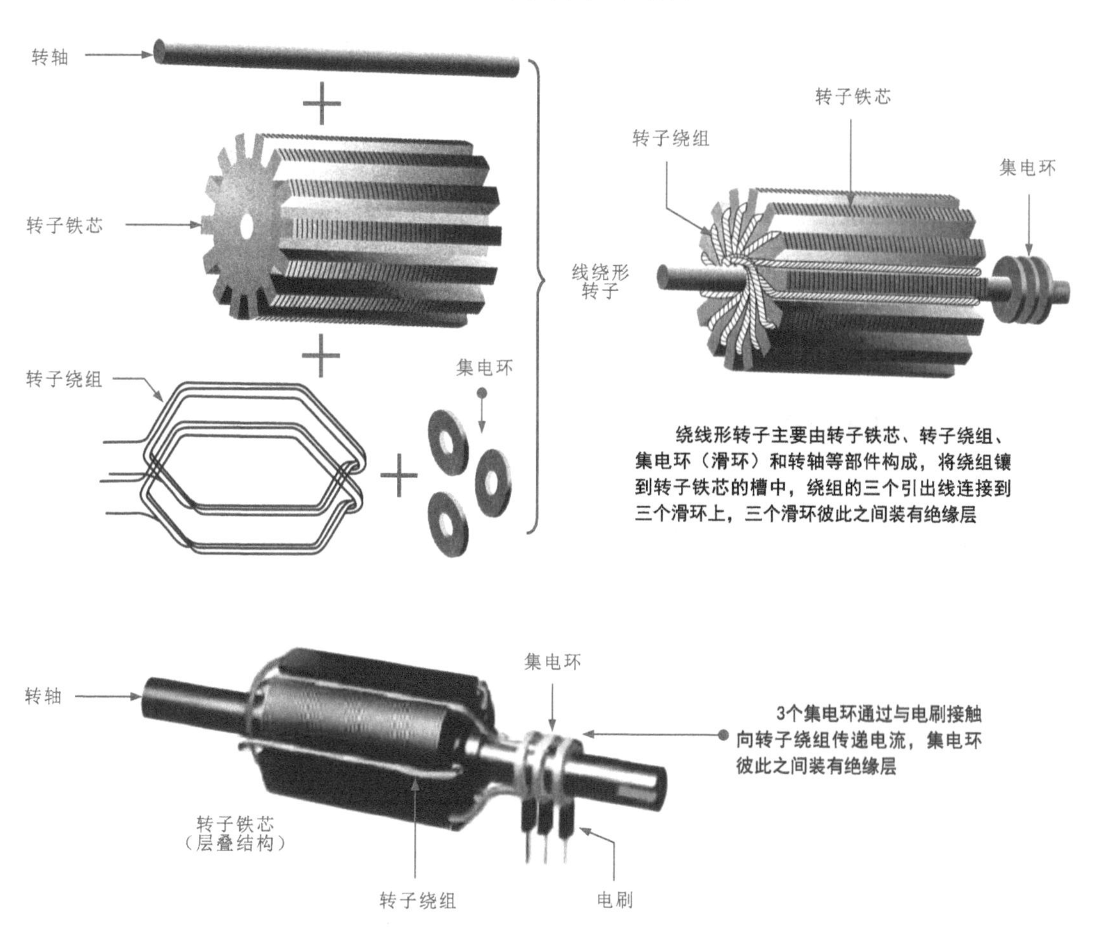
转轴
转子铁芯
转子绕组
集电环
线绕形
转子
转子铁芯
转子绕组
集电环
绕线形转子主要由转子铁芯、转子绕组、集电环（滑环）和转轴等部件构成，将绕组镶到转子铁芯的槽中，绕组的三个引出线连接到三个滑环上，三个滑环彼此之间装有绝缘层
转轴
集电环
3个集电环通过与电刷接触向转子绕组传递电流，集电环彼此之间装有绝缘层
转子铁芯
（层叠结构）
转子绕组
电刷

图2-21　三相交流异步电动机绕线形转子的结构

如图2-22所示，三相交流异步电动机的转子上安装有端盖、转轴、轴承等部分。其中，端盖的作用是支撑转子，把定子和转子连成一个整体，使转子能在定子铁芯内膛中转动；转轴穿在转子铁芯中与转子同时旋转；轴承与端盖连在一起，是支撑电动机转轴及转子部分旋转的关键部件。

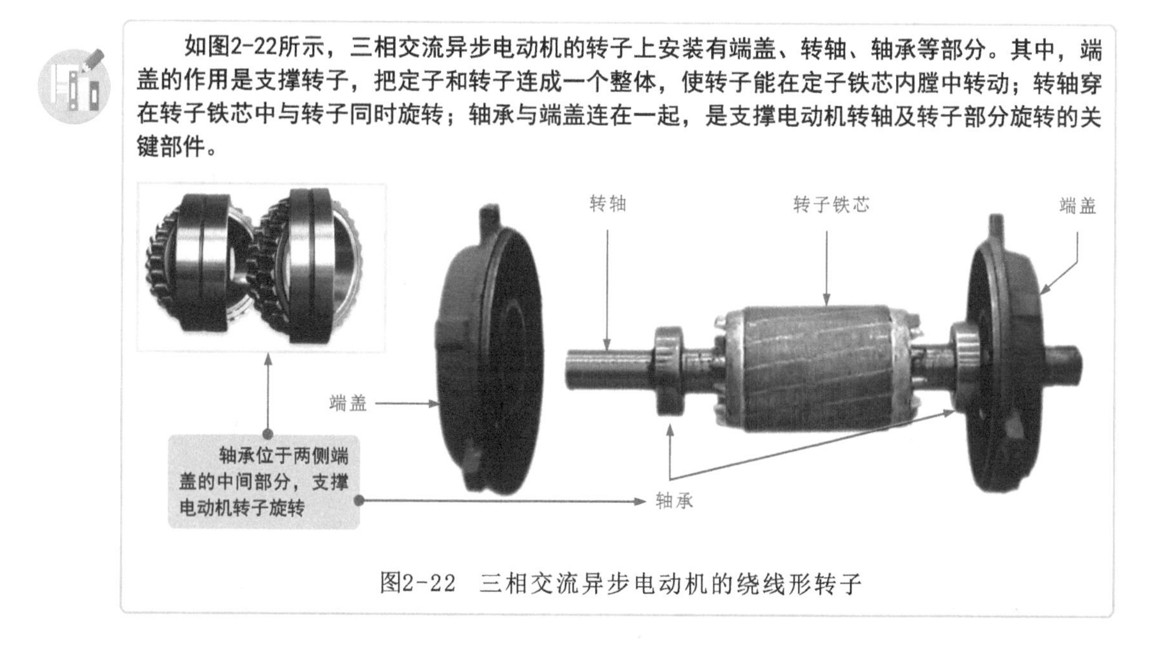
转轴
转子铁芯
端盖
端盖
轴承位于两侧端盖的中间部分，支撑电动机转子旋转
轴承

图2-22　三相交流异步电动机的绕线形转子

2.3.2 三相交流电动机的工作原理

1 三相交流电动机的转动原理

如图2-23所示，三相交流异步电动机在三相交流供电的条件下工作。

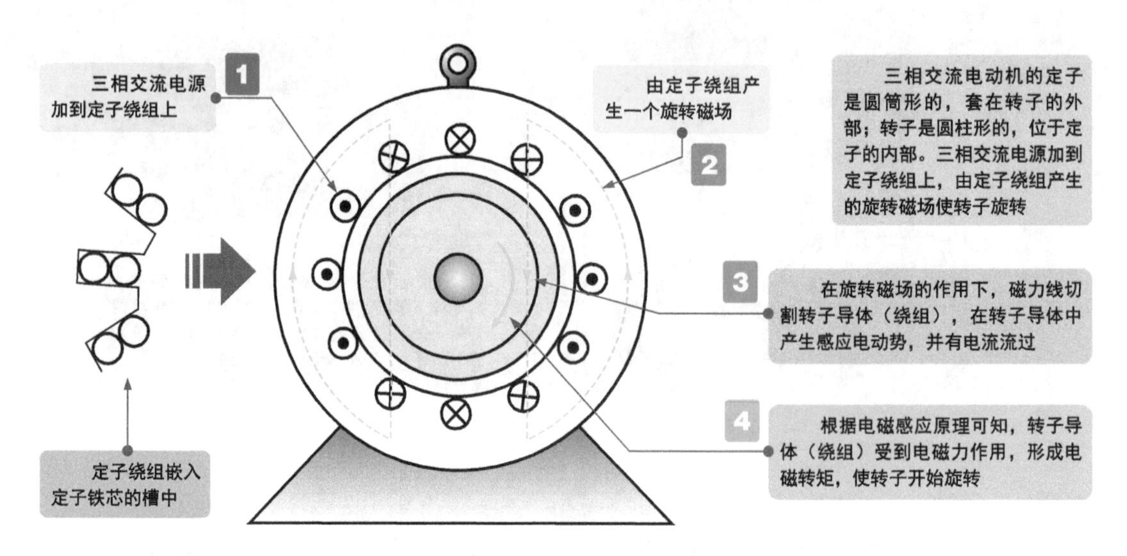
三相交流电源
加到定子绕组上
1
由定子绕组产
生一个旋转磁场
2
三相交流电动机的定子是圆筒形的，套在转子的外部；转子是圆柱形的，位于定子的内部。三相交流电源加到定子绕组上，由定子绕组产生的旋转磁场使转子旋转
3
在旋转磁场的作用下，磁力线切割转子导体（绕组），在转子导体中产生感应电动势，并有电流流过
4
根据电磁感应原理可知，转子导体（绕组）受到电磁力作用，形成电磁转矩，使转子开始旋转
定子绕组嵌入
定子铁芯的槽中

图2-23 三相交流电动机的转动原理

图2-24为三相交流电的相位关系图。

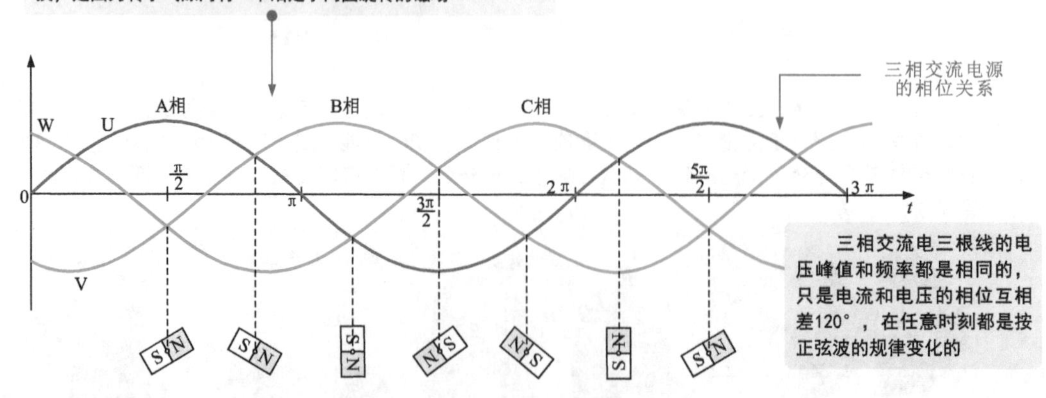
三相交流电动机需要三相交流电源提供工作条件。满足工作条件后，三相交流电动机的转子之所以会旋转且实现能量转换，是因为转子气隙内有一个沿定子内圆旋转的磁场
三相交流电源
的相位关系
A相
B相
C相
W
U
V
0
π/2
π
3π/2
2π
5π/2
3π
t
三相交流电三根线的电压峰值和频率都是相同的，只是电流和电压的相位互相差120°，在任意时刻都是按正弦波的规律变化的

图2-24 三相交流电的相位关系

三相交流异步电动机接通三相电源后，定子绕组有电流流过，产生一个转速为n_0的旋转磁场。在旋转磁场的作用下，电动机转子受电磁力的作用以转速n开始旋转。这里n始终不会加速到n_0，只有这样，转子导体（绕组）与旋转磁场之间才会有相对运动而切割磁力线，转子导体（绕组）中才能产生感应电动势和电流，产生电磁转矩，使转子按照旋转磁场的方向连续旋转。定子磁场对转子的异步转矩是异步电动机工作的必要条件。“异步”的名称也由此而来。

Ⅱ 2 三相交流电动机定子磁场的形成过程

图2-25为三相交流电源加到定子线圈上后，三相交流异步电动机定子磁场的形成过程。三相交流电源变化一个周期，三相交流异步电动机的定子磁场转过1/2转，每一相定子绕组分为两组，每组有两个绕组，相当于两个定子磁极。

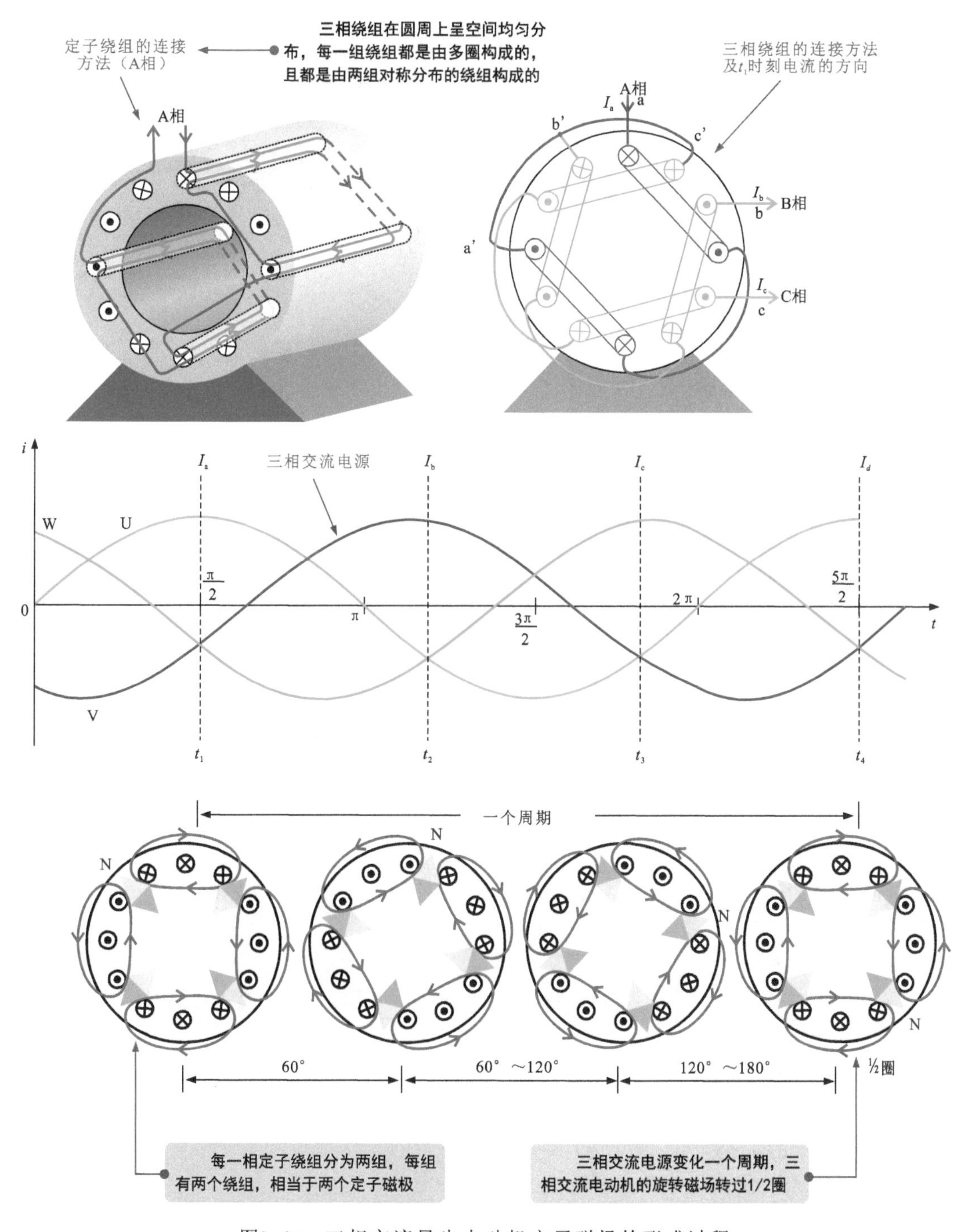

定子绕组的连接方法（A相）
三相绕组在圆周上呈空间均匀分布，每一组绕组都是由多圈构成的，且都是由两组对称分布的绕组构成的
A相
三相绕组的连接方法及t_1时刻电流的方向
A相
I_a
a
b'
c'
I_b
B相
b
a'
I_c
C相
c
i
I_a
三相交流电源
I_b
I_c
I_d
W
U
V
0
$\frac{\pi}{2}$
π
$\frac{3\pi}{2}$
2π
$\frac{5\pi}{2}$
t
t_1
t_2
t_3
t_4
一个周期
N
N
N
N
60°
60°～120°
120°～180°
½圈
每一相定子绕组分为两组，每组有两个绕组，相当于两个定子磁极
三相交流电源变化一个周期，三相交流电动机的旋转磁场转过1/2圈

图2-25　三相交流异步电动机定子磁场的形成过程

如图2-26所示，三相交流异步电动机合成磁场是指三相绕组产生旋转磁场的矢量和。当三相交流异步电动机三相绕组加入交流电源时，由于三相交流电源的相位差为120°，绕组在空间上呈120°对称分布，因而可根据三相绕组的分布位置、接线方式、电流方向及时间判别合成磁场的方向。

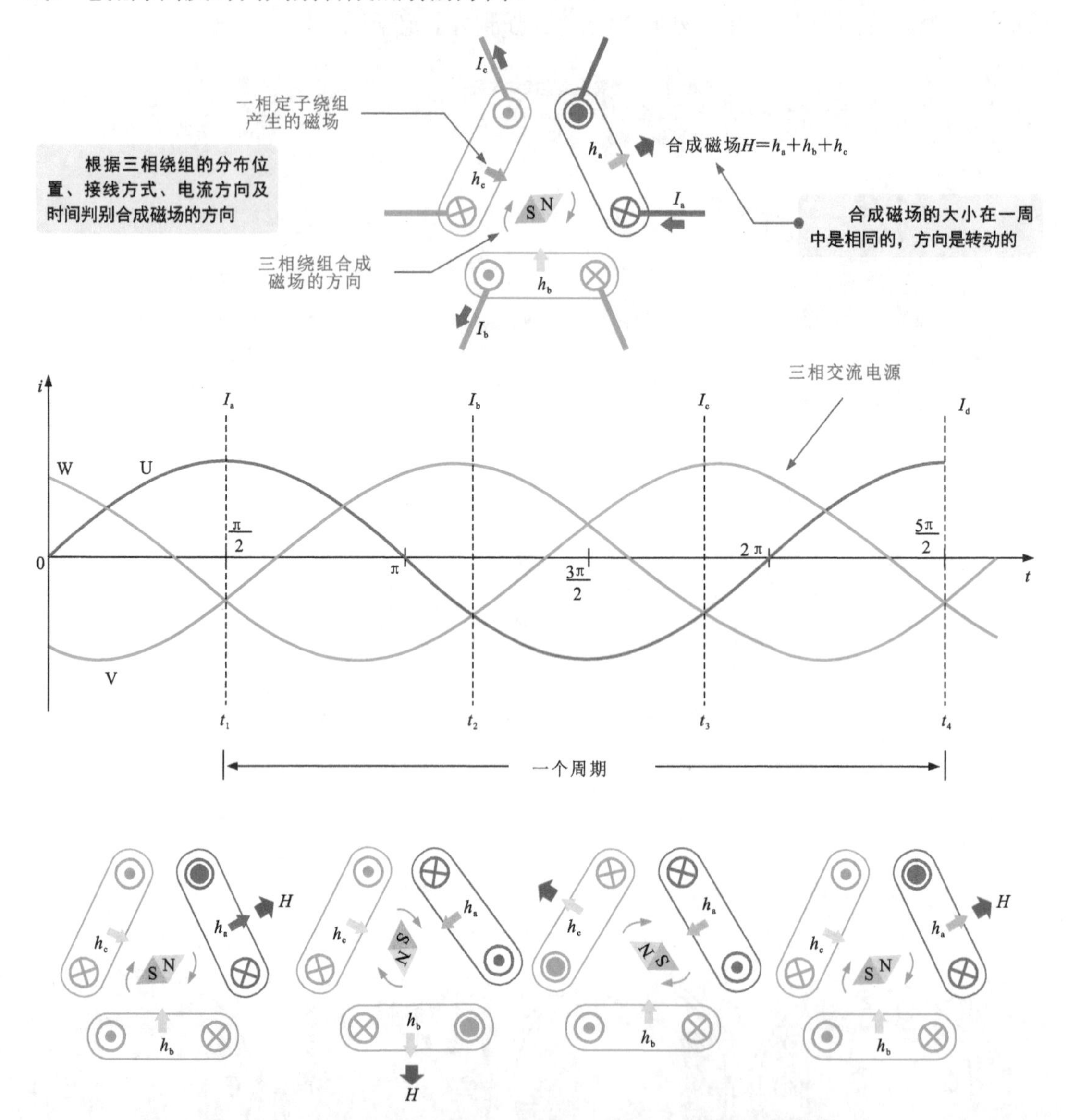
一相定子绕组产生的磁场
根据三相绕组的分布位置、接线方式、电流方向及时间判别合成磁场的方向
三相绕组合成磁场的方向
合成磁场$H=h_a+h_b+h_c$
合成磁场的大小在一周中是相同的，方向是转动的
三相交流电源
一个周期

图2-26　三相交流异步电动机合成磁场在不同时间段的变化过程

在三相交流异步电动机中，由定子绕组所形成的旋转磁场作用于转子，使转子跟随磁场旋转，转子的转速滞后于磁场，因而转速低于磁场的转速。如果转速增加到旋转磁场的转速，则转子导体与旋转磁场间的相对运动消失，转子中的电磁转矩等于0。转子的实际转速n总是小于旋转磁场的同步转速n_0，它们之间有一个转速差，反映了转子导体切割磁感应线的快慢程度，常用的这个转速差n_0-n与旋转磁场同步转速n_0的比值来表示异步电动机的性能，称为转差率，通常用S表示，即$S=(n_0-n)/n_0$。

2.4 交流同步电动机的结构和工作原理

2.4.1 交流同步电动机的结构

交流同步电动机是指转动速度与供电电源频率同步的电动机。这种电动机工作在电源频率恒定的条件下，转速也恒定不变，与负载无关。

交流同步电动机在结构上有两种，即转子用直流电驱动励磁的同步电动机和转子不需要励磁的同步电动机。

1 转子用直流电驱动励磁的同步电动机

如图2-27所示，转子用直流电驱动励磁的同步电动机主要是由显极式转子、定子及磁场绕组、轴套滑环等构成的。

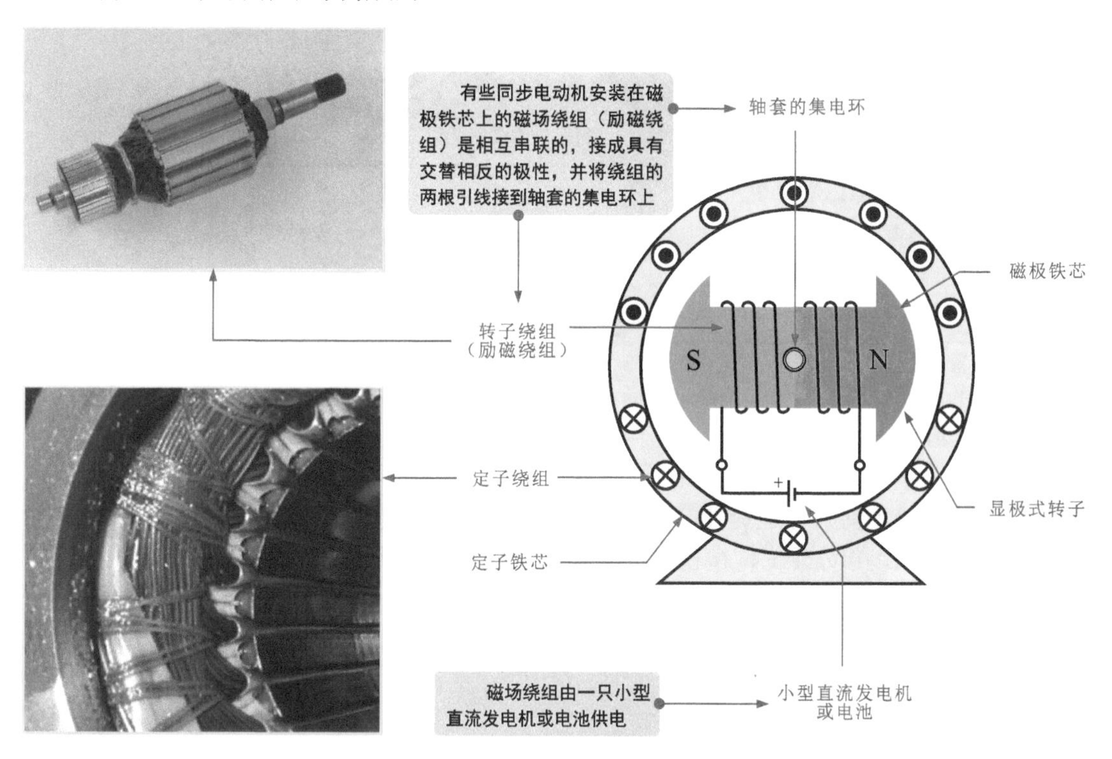

有些同步电动机安装在磁极铁芯上的磁场绕组（励磁绕组）是相互串联的，接成具有交替相反的极性，并将绕组的两根引线接到轴套的集电环上
轴套的集电环
磁极铁芯
转子绕组（励磁绕组）
S
N
定子绕组
显极式转子
定子铁芯
+
磁场绕组由一只小型直流发电机或电池供电
小型直流发电机或电池

图2-27 转子用直流电驱动励磁的同步电动机结构

在很多实用场合，将直流发电机安装在电动机的轴上，用直流发电机为电动机转子提供励磁电流。由于这种同步电动机不能自动启动，因而在转子上还装有笼形绕组用于电动机的启动。笼形绕组放在转子周围，结构与异步电动机的结构相似。

当给定子绕组上输入三相交流电源时，电动机内就产生旋转磁场，笼形绕组切割磁力线产生感应电流，使电动机旋转起来。电动机旋转之后，速度慢慢上升，当接近旋转磁场的速度时，转子绕组开始由直流供电励磁，使转子形成一定的磁极，转子磁极会跟踪定子的旋转磁极，使转子的转速跟踪定子的旋转磁场，达到同步运转。

2 转子不需要励磁的同步电动机

转子不需要励磁的同步电动机也主要由显极式转子和定子构成。显极式的表面切成平面，并装有鼠笼式绕组。转子磁极是由磁钢制成的，具有保持磁性的特点，用来产生启动转矩。

图2-28为转子不需要励磁的同步电动机的结构。

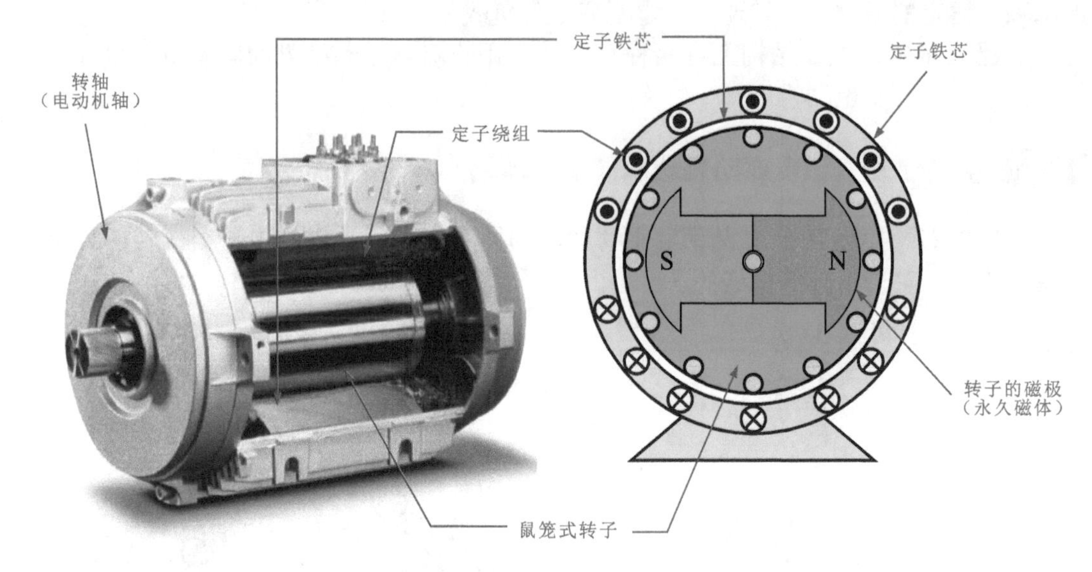

定子铁芯
定子铁芯
转轴
（电动机轴）
定子绕组
S
N
转子的磁极
（永久磁体）
鼠笼式转子

图2-28 转子不需要励磁的同步电动机的结构

鼠笼式转子磁极用来产生启动转矩，当电动机的转速达到一定值时，转子的显极就跟踪定子绕组的电流频率达到同步，显极的极性是由定子感应出来的，极数与定子的极数相等，当转子的速度达到一定值后，转子上的鼠笼式绕组就失去作用，靠转子磁极跟踪定子磁极，使其同步。

交流同步电动机具有运行稳定性高、过载能力强等特点，适用于要求转速稳定的环境，如多机同步传动系统、精密调速和稳速系统及要求转速稳定的电子设备中。

图2-29为单相交流同步电动机在微波炉中的应用。

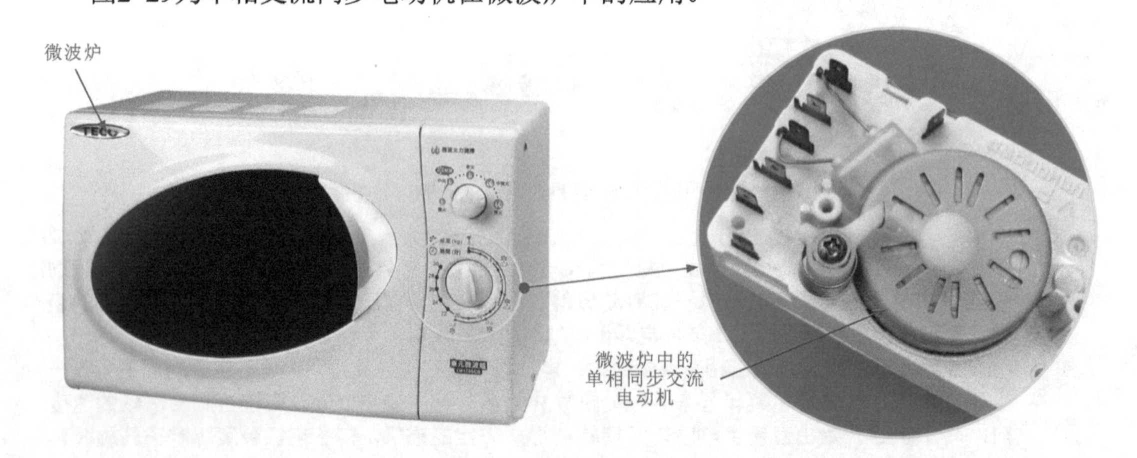

微波炉
微波炉中的
单相同步交流
电动机

图2-29 单相交流同步电动机在微波炉中的应用

2.4.2 交流同步电动机的工作原理

如图2-30所示，如果电动机的转子是一个永磁体，具有N、S磁极，当转子置于定子磁场中时，定子磁场的磁极n吸引转子磁极S，定子磁极s吸引转子磁极N。如果此时使定子磁极转动时，则由于磁力的作用，转子也会随之转动，这就是交流同步电动机的转动原理。

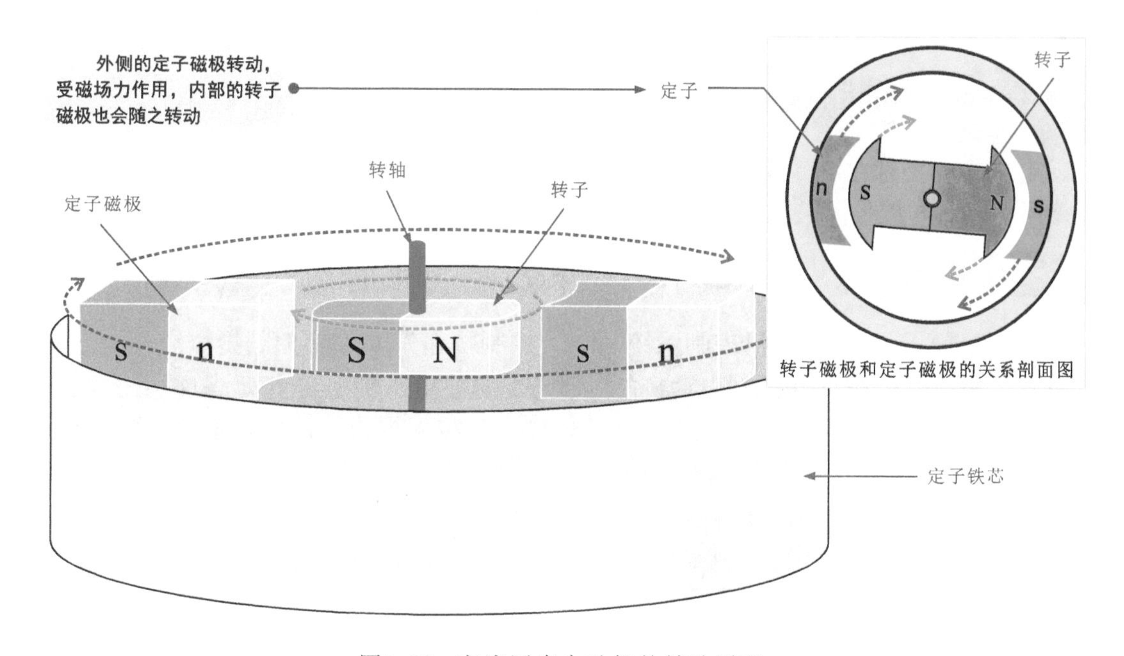

外侧的定子磁极转动，受磁场力作用，内部的转子磁极也会随之转动
定子
转子
转轴
定子磁极
转子
S
n
S
N
s
n
n
S
N
s
转子磁极和定子磁极的关系剖面图
定子铁芯

图2-30　交流同步电动机的转动原理

若三相绕组通三相电源代替永磁磁极，则定子绕组在三相交流电源的作用下会形成旋转磁场，定子本身不需要转动，同样可以使转子跟随磁场旋转，如图2-31所示。

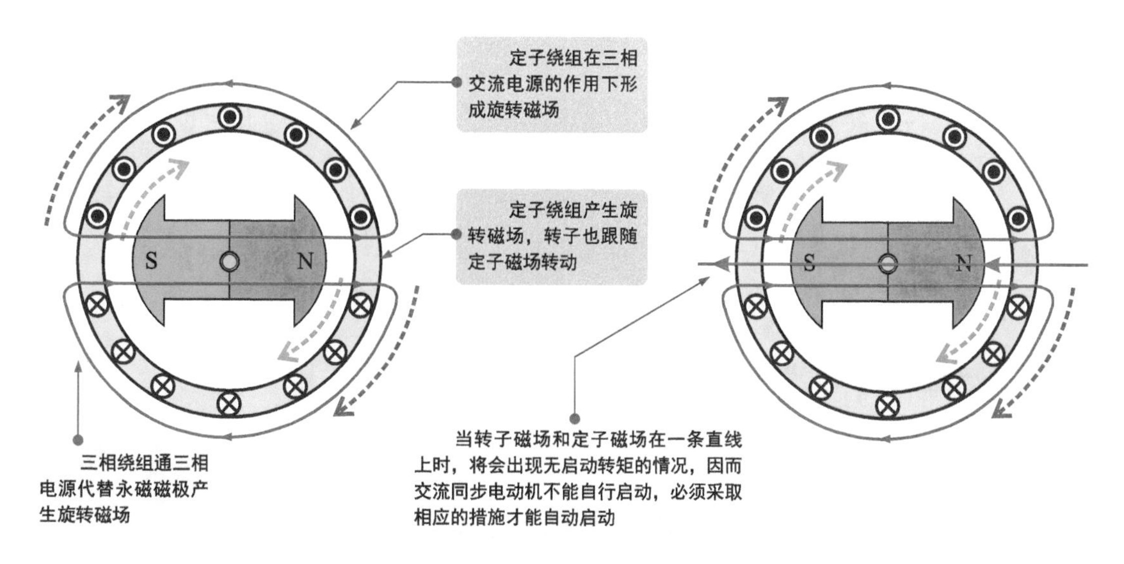

定子绕组在三相交流电源的作用下形成旋转磁场
定子绕组产生旋转磁场，转子也跟随定子磁场转动
S
N
S
N
三相绕组通三相电源代替永磁磁极产生旋转磁场
当转子磁场和定子磁场在一条直线上时，将会出现无启动转矩的情况，因而交流同步电动机不能自行启动，必须采取相应的措施才能自动启动

图2-31　交流同步电动机通三相电源的转动原理

第3章 电动机与电动机控制电路

3.1 电动机与电动机控制电路的关系

电动机是一种在控制电路的控制作用下，驱动机械设备运行的动力设备，与控制电路形成受控与施控的关系。

3.1.1 电动机和电气部件的连接关系

如图3-1所示，在电动机控制系统中，由控制按钮发送人工控制指令，由接触器、继电器及相应的控制部件控制电动机的启、停运转；指示灯用于指示当前系统的工作状态；保护器件负责电路安全；各电气部件与电动机根据设计需要，按照一定的控制关系连接在一起，从而实现相应的功能。

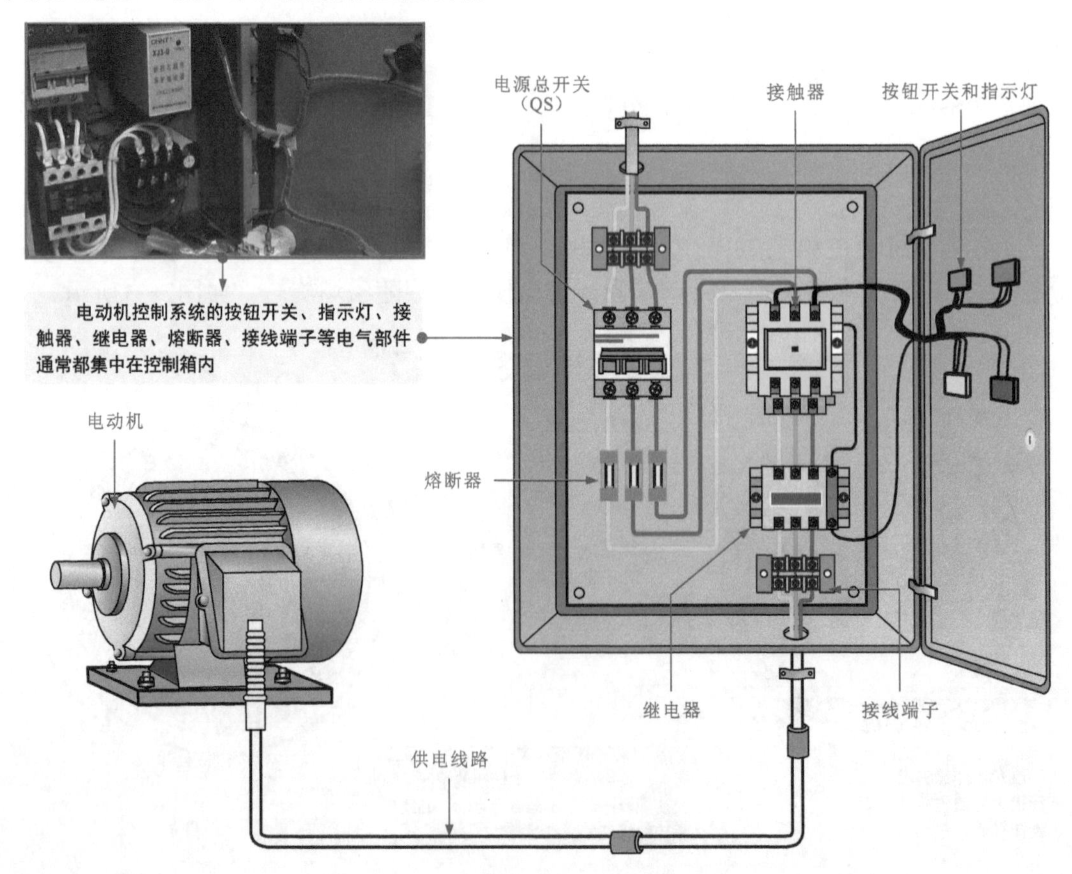
电动机控制系统的按钮开关、指示灯、接触器、继电器、熔断器、接线端子等电气部件通常都集中在控制箱内
电源总开关
（QS）
接触器
按钮开关和指示灯
电动机
熔断器
继电器
接线端子
供电线路

图3-1　典型的电动机控制系统

电动机的控制电路主要通过各种控制部件、功能部件与电动机各电气部件之间不同的连接关系，实现对电动机的启动、运转、变速、制动及停机等的控制。

图3-2为典型电动机控制电路的连接关系。

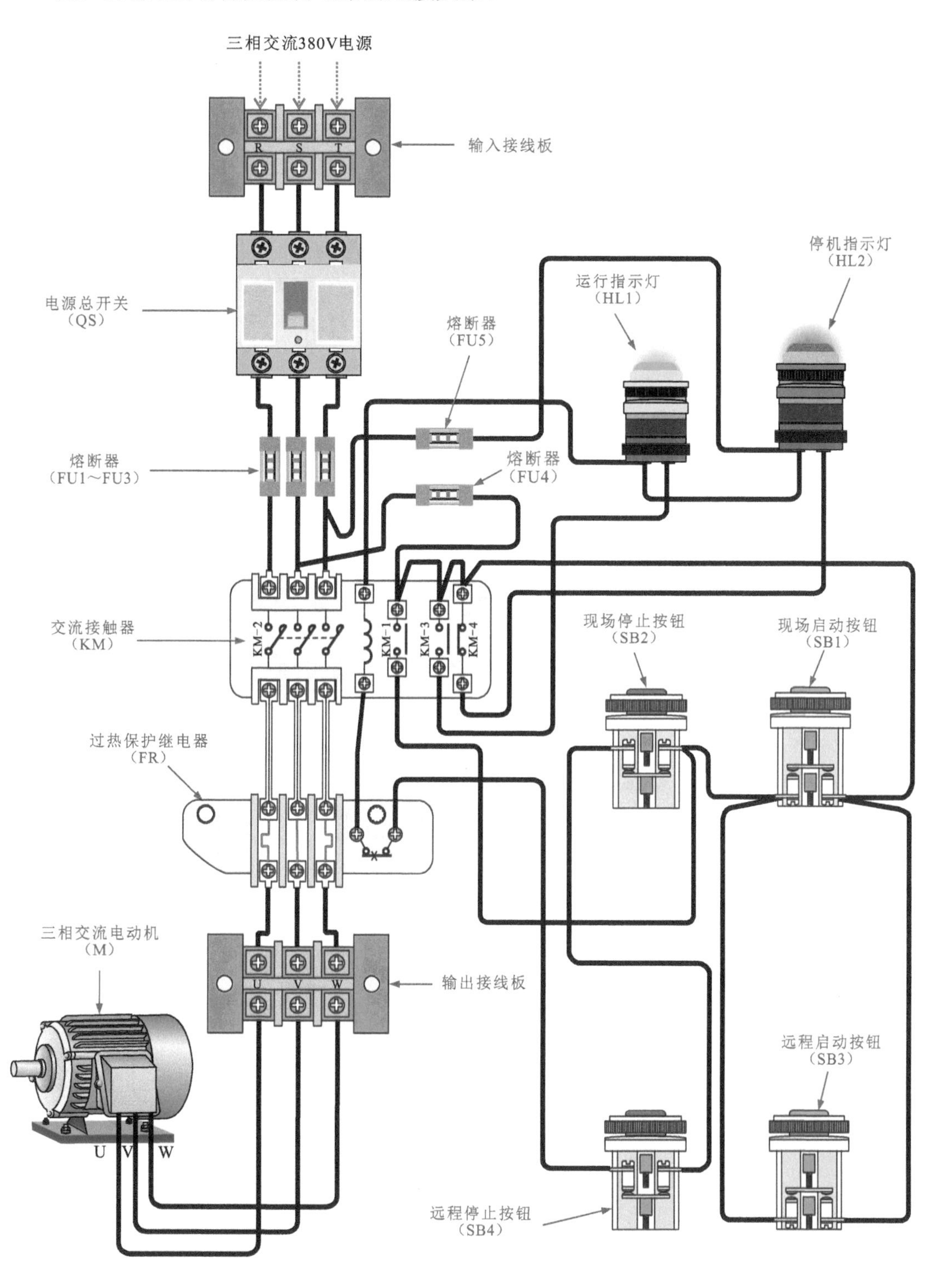
三相交流380V电源
输入接线板
R
S
T
电源总开关
（QS）
停机指示灯
（HL2）
运行指示灯
（HL1）
熔断器
（FU5）
熔断器
（FU1～FU3）
熔断器
（FU4）
交流接触器
（KM）
KM-2
KM-1
KM-3
KM-4
现场停止按钮
（SB2）
现场启动按钮
（SB1）
过热保护继电器
（FR）
三相交流电动机
（M）
输出接线板
U
V
W
远程启动按钮
（SB3）
远程停止按钮
（SB4）

图3-2　典型电动机控制电路的连接关系

在实际应用中，常常采用电动机控制电路原理图（简称控制电路）的形式体现电动机在控制电路中的连接关系。图3-3为典型电动机控制电路原理图。

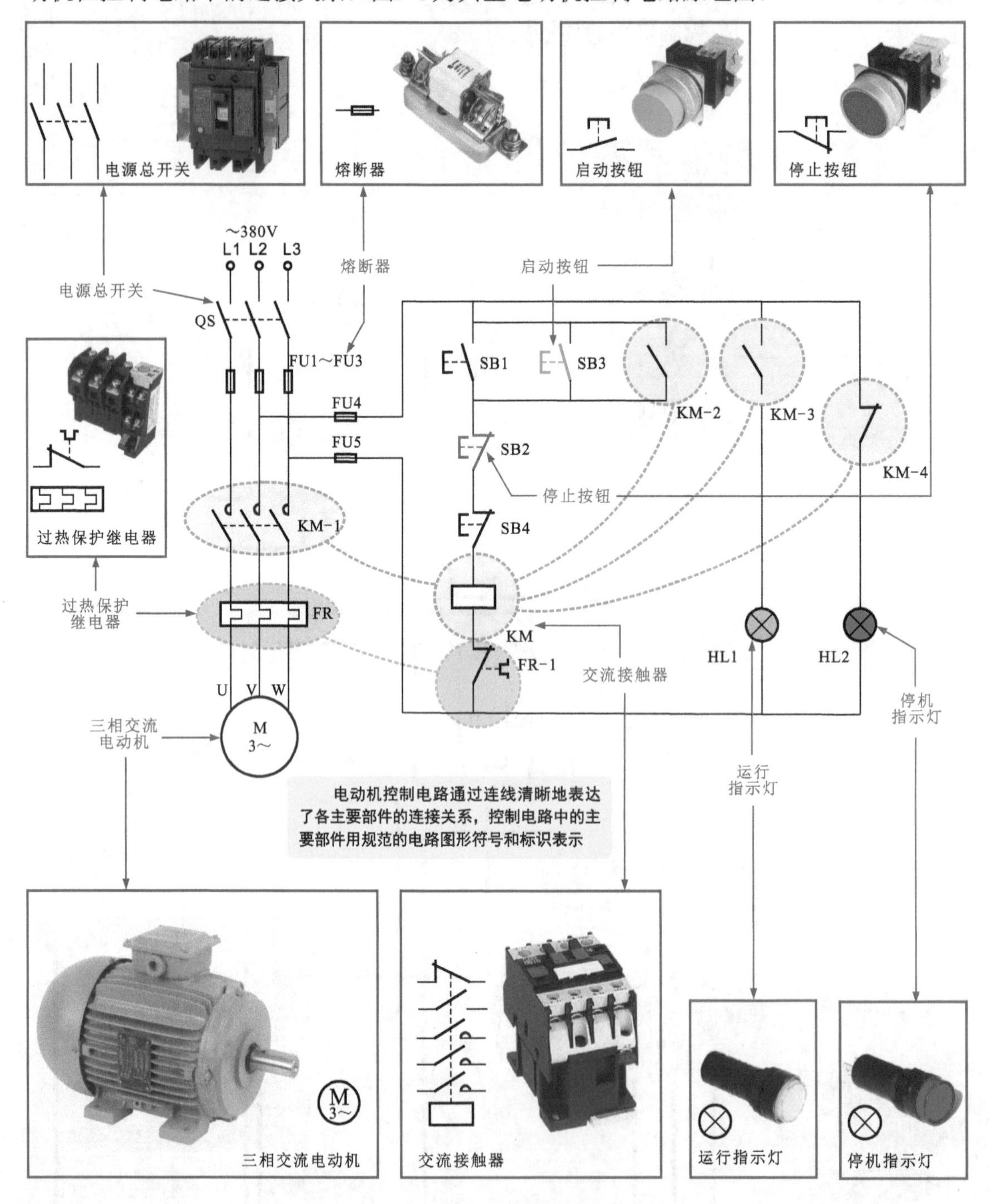

电源总开关
熔断器
启动按钮
停止按钮
~380V
L1 L2 L3
QS
FU1~FU3
FU4
FU5
SB1
SB3
SB2
SB4
KM-1
KM-2
KM-3
KM-4
KM
FR
FR-1
过热保护继电器
过热保护继电器
交流接触器
HL1
HL2
停机指示灯
运行指示灯
U V W
M 3~
三相交流电动机
电动机控制电路通过连线清晰地表达了各主要部件的连接关系，控制电路中的主要部件用规范的电路图形符号和标识表示
三相交流电动机
交流接触器
运行指示灯
停机指示灯

图3-3 典型电动机控制电路原理图

该电动机控制电路通过两组启、停按钮控制交流继电器的闭合与断开，实现在不同位置（现场或远程）控制交流电动机的运行、停机工作状态。

运行指示灯和停机指示灯可分别指示不同的工作状态。

3.1.2 电动机控制电路中的主要部件

在电动机控制电路中，控制开关、熔断器、继电器和接触器是非常重要的电气部件。这些电气部件通过不同的方式组合连接，从而实现对电动机的各种控制功能。

1 控制开关

控制开关是指对电动机控制电路发出操作指令的电气设备，具有接通和断开电路的功能。电动机控制电路中常用的控制开关有按钮开关、组合开关和电源总开关。

图3-4为不同类型按钮开关的结构和功能特点。

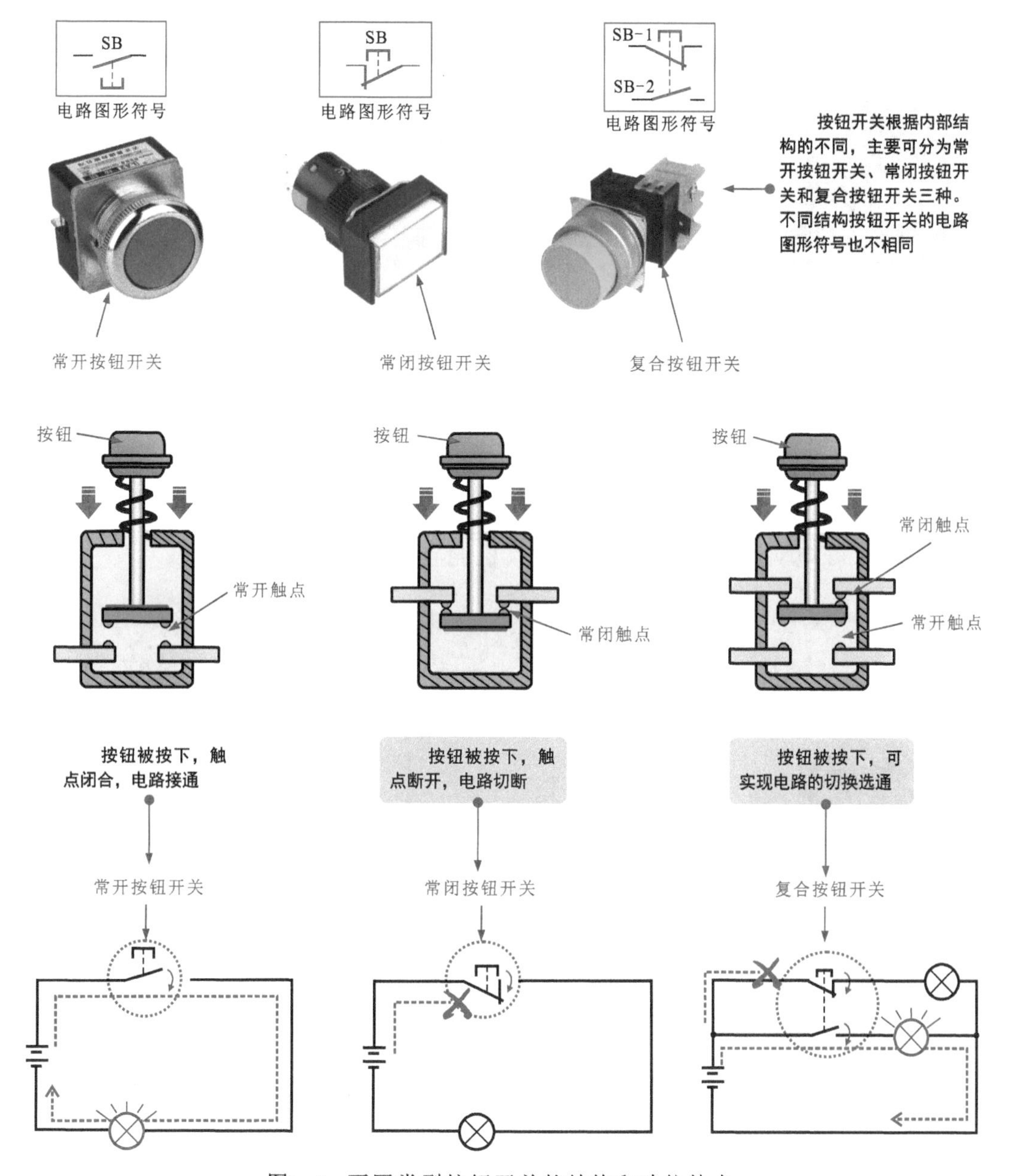

SB
电路图形符号
SB
电路图形符号
SB-1
SB-2
电路图形符号
按钮开关根据内部结构的不同，主要可分为常开按钮开关、常闭按钮开关和复合按钮开关三种。不同结构按钮开关的电路图形符号也不相同
常开按钮开关
常闭按钮开关
复合按钮开关
按钮
常开触点
按钮
常闭触点
按钮
常闭触点
常开触点
按钮被按下，触点闭合，电路接通
常开按钮开关
按钮被按下，触点断开，电路切断
常闭按钮开关
按钮被按下，可实现电路的切换选通
复合按钮开关

图3-4 不同类型按钮开关的结构和功能特点

电源总开关是指控制电动机整个电路供电电源接通与断开的总开关，通常由具备自动切断电路功能的断路器（具有过载、短路、欠压保护功能）实现。

如图3-5所示，在电动机控制电路中，电源总开关（即断路器）主要用于手动或自动接通或切断总供电线路。

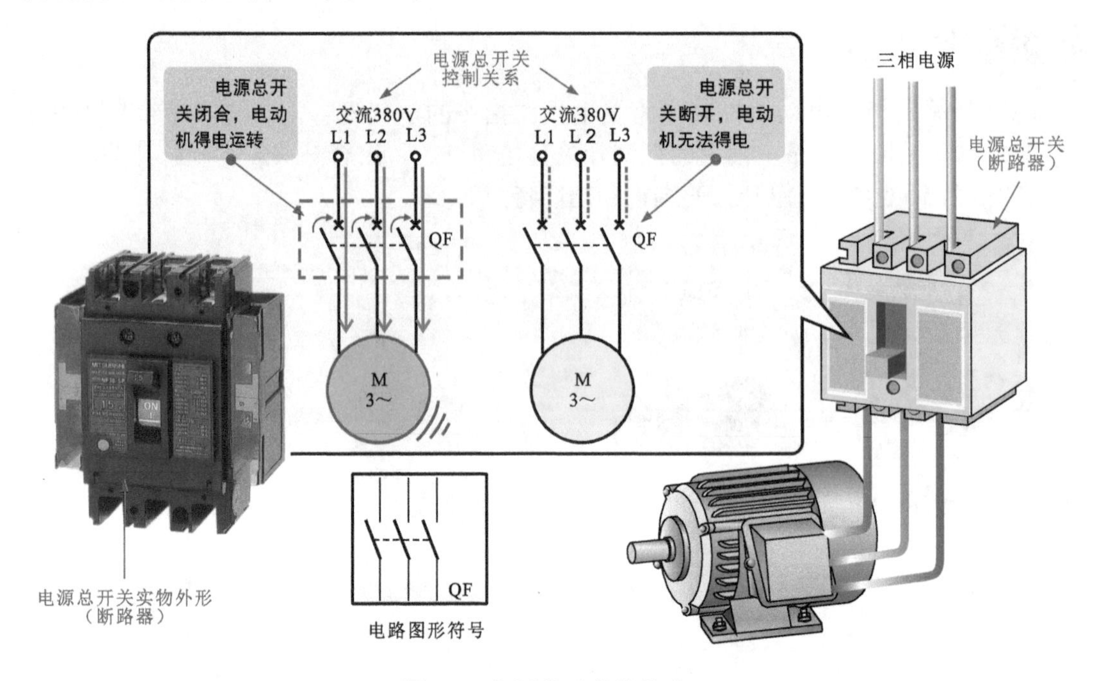
电源总开关
控制关系
电源总开关闭合，电动机得电运转
交流380V
L1 L2 L3
QF
M
3～
交流380V
L1 L2 L3
电源总开关断开，电动机无法得电
QF
M
3～
三相电源
电源总开关
（断路器）
电源总开关实物外形
（断路器）
QF
电路图形符号

图3-5 电源总开关的特点

如图3-6所示，组合开关又称转换开关，是由多组开关构成的，是一种转动式的闸刀开关，主要在电动机控制电路中用于电动机的启动控制。

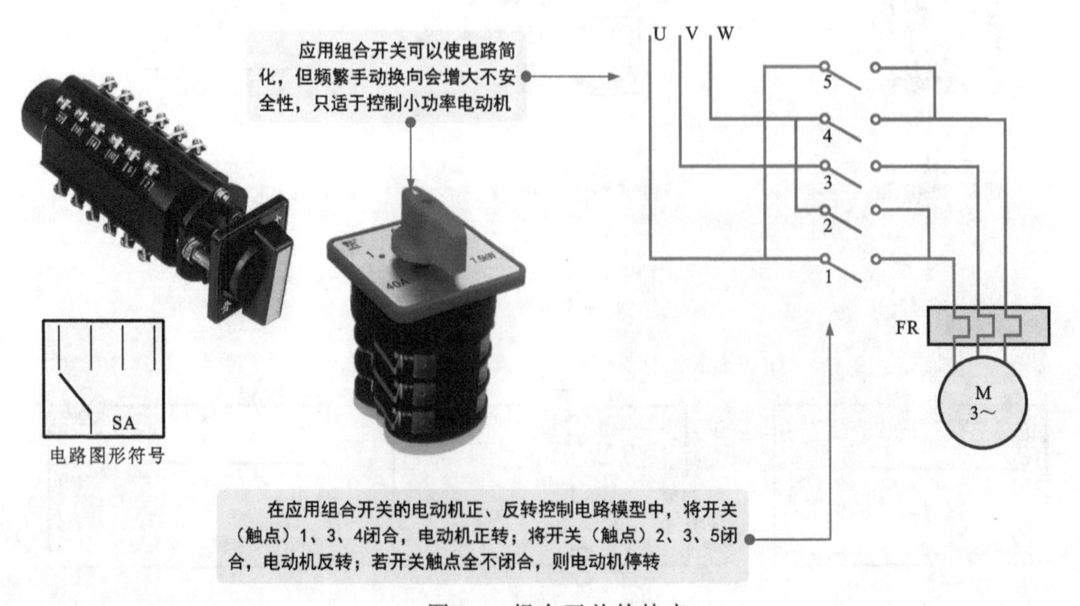
应用组合开关可以使电路简化，但频繁手动换向会增大不安全性，只适于控制小功率电动机
U V W
5
4
3
2
1
FR
M
3～
SA
电路图形符号
在应用组合开关的电动机正、反转控制电路模型中，将开关（触点）1、3、4闭合，电动机正转；将开关（触点）2、3、5闭合，电动机反转；若开关触点全不闭合，则电动机停转

图3-6 组合开关的特点

2 熔断器

如图3-7所示，熔断器是在电流超过规定值一段时间后，自身产生的热量使熔体熔化，从而使电路断开，起到短路、过载保护的作用。

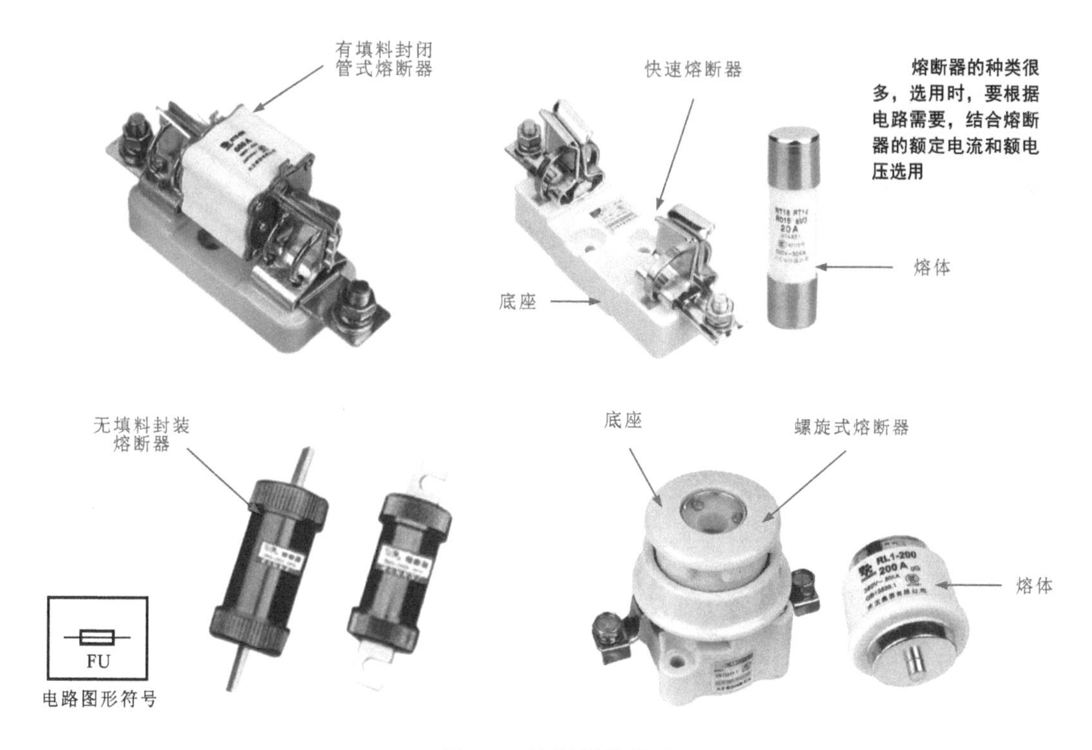

有填料封闭管式熔断器
快速熔断器
熔断器的种类很多，选用时，要根据电路需要，结合熔断器的额定电流和额定电压选用
熔体
底座
无填料封装熔断器
底座
螺旋式熔断器
熔体
FU
电路图形符号

图3-7 熔断器的特点

3 继电器

如图3-8所示，继电器是根据信号（电压、电流、时间等）接通或切断电路的控制部件。该部件在电工电子行业中应用较为广泛，在许多机械控制及电子电路中都采用这种器件。

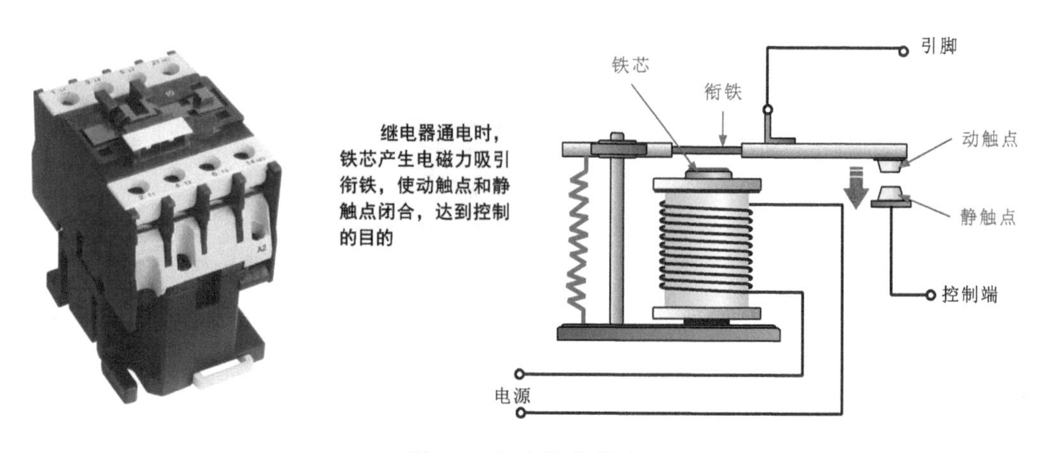

继电器通电时，铁芯产生电磁力吸引衔铁，使动触点和静触点闭合，达到控制的目的
铁芯
衔铁
引脚
动触点
静触点
控制端
电源

图3-8 继电器的特点

如图3-9所示，继电器种类多样，结构功能各不相同，电路图形符号也有所区别。常见的继电器有中间继电器、时间继电器、过热保护继电器及速度继电器等。

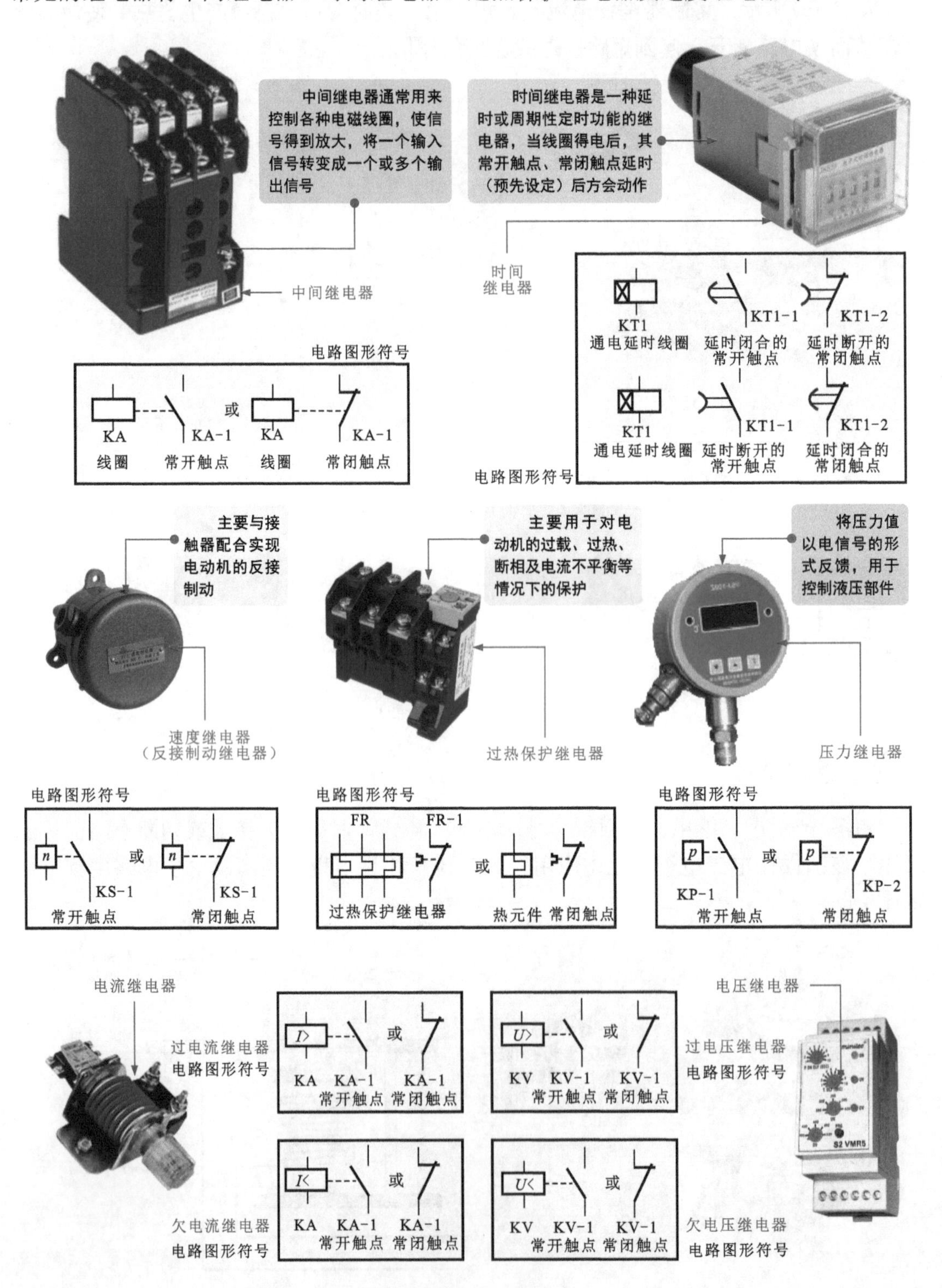

中间继电器通常用来控制各种电磁线圈，使信号得到放大，将一个输入信号转变成一个或多个输出信号
中间继电器
电路图形符号
KA
线圈
KA-1
常开触点
或
KA
线圈
KA-1
常闭触点
时间继电器是一种延时或周期性定时功能的继电器，当线圈得电后，其常开触点、常闭触点延时（预先设定）后方会动作
时间继电器
KT1
通电延时线圈
KT1-1
延时闭合的常开触点
KT1-2
延时断开的常闭触点
KT1
通电延时线圈
KT1-1
延时断开的常开触点
KT1-2
延时闭合的常闭触点
电路图形符号
主要与接触器配合实现电动机的反接制动
速度继电器（反接制动继电器）
主要用于对电动机的过载、过热、断相及电流不平衡等情况下的保护
过热保护继电器
将压力值以电信号的形式反馈，用于控制液压部件
压力继电器
电路图形符号
n
KS-1
常开触点
或
n
KS-1
常闭触点
电路图形符号
FR
FR-1
过热保护继电器
或
热元件 常闭触点
电路图形符号
p
KP-1
常开触点
或
p
KP-2
常闭触点
电流继电器
过电流继电器电路图形符号
I>
KA KA-1 KA-1
常开触点 常闭触点
或
欠电流继电器电路图形符号
I<
KA KA-1 KA-1
常开触点 常闭触点
或
U>
KV KV-1 KV-1
常开触点 常闭触点
或
U<
KV KV-1 KV-1
常开触点 常闭触点
或
电压继电器
过电压继电器电路图形符号
欠电压继电器电路图形符号
S2 VMR5

图3-9　不同类型的继电器

4 接触器

如图3-9所示，接触器也称电磁开关，是通过电磁机构的动作频繁接通和断开电路供电的装置。按照电源类型的不同，接触器可分为交流接触器和直流接触器两种。

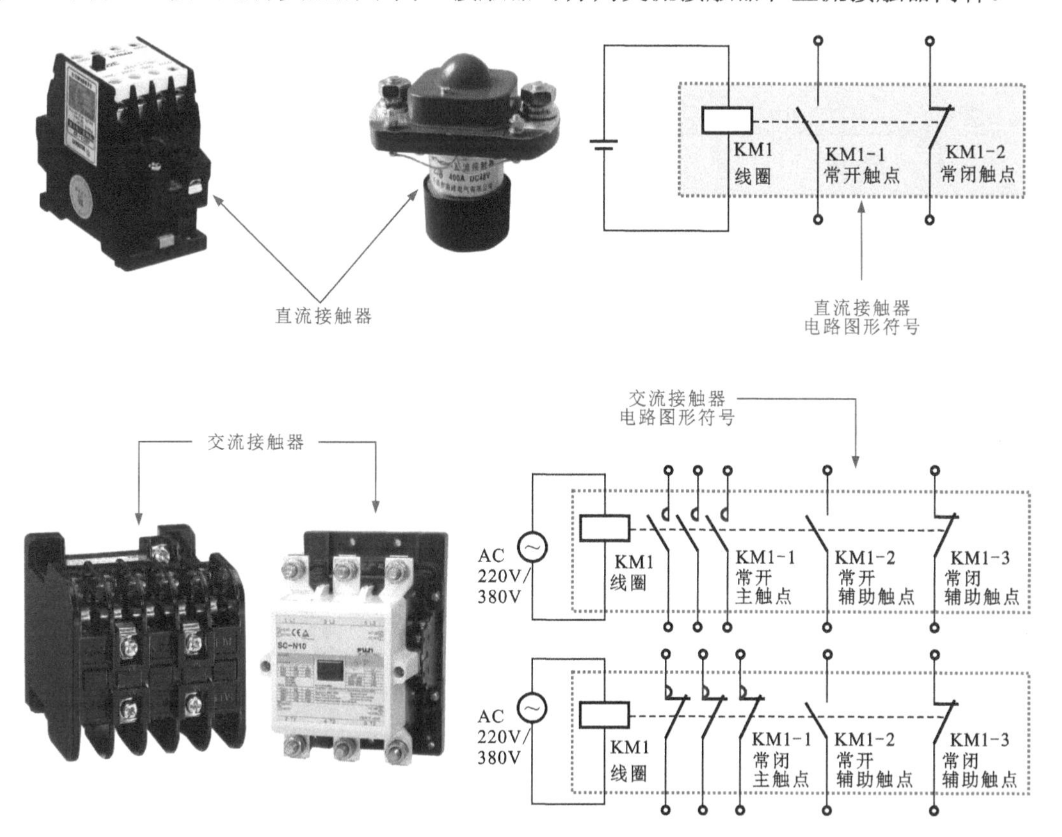

KM1
线圈
KM1-1
常开触点
KM1-2
常闭触点
直流接触器
直流接触器
电路图形符号
交流接触器
电路图形符号
交流接触器
AC
220V/
380V
KM1
线圈
KM1-1
常开
主触点
KM1-2
常开
辅助触点
KM1-3
常闭
辅助触点
AC
220V/
380V
KM1
线圈
KM1-1
常闭
主触点
KM1-2
常开
辅助触点
KM1-3
常闭
辅助触点

图3-9 接触器的特点

如图3-10所示，在电动机控制电路中，接触器通常分开来使用，即主触点连接在电动机供电线路中，辅助触点和线圈连接在控制电路中，通过控制电路中线圈的得电与失电变化，自动控制电动机供电线路的接通、断开。

通常，交流接触器KM分为KM-1（主触点）、KM-2～KM-4（辅助触点）和用矩形框标识的KM（线圈）等部分。

其中，主触点KM-1位于电动机供电线路中，KM-1闭合与否是由电动机控制电路中接触器的线圈部分KM控制的，即接触器线圈得电，接触器主触点和辅助触点才会相应动作（常开触点会闭合，常闭触点会断开）

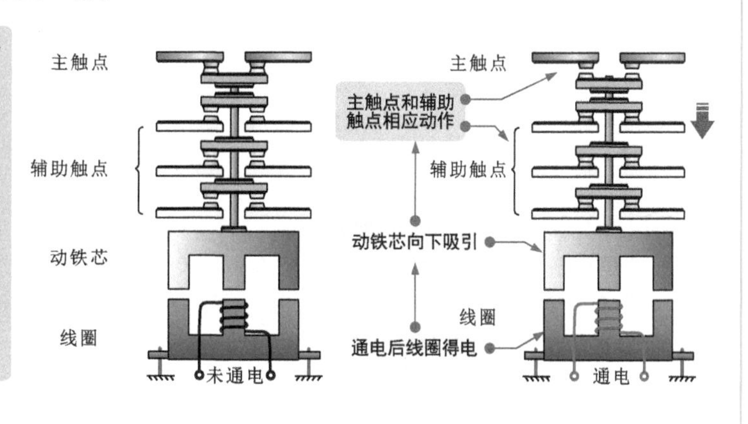

主触点
辅助触点
动铁芯
线圈
未通电
主触点
主触点和辅助
触点相应动作
辅助触点
动铁芯向下吸引
线圈
通电后线圈得电
通电

图3-10 接触器的结构特点

3.2 电动机控制电路的特点

3.2.1 直流电动机控制电路的特点

图3-11、图3-12分别为直流电动机启、停控制电路的结构和实物接线关系图。

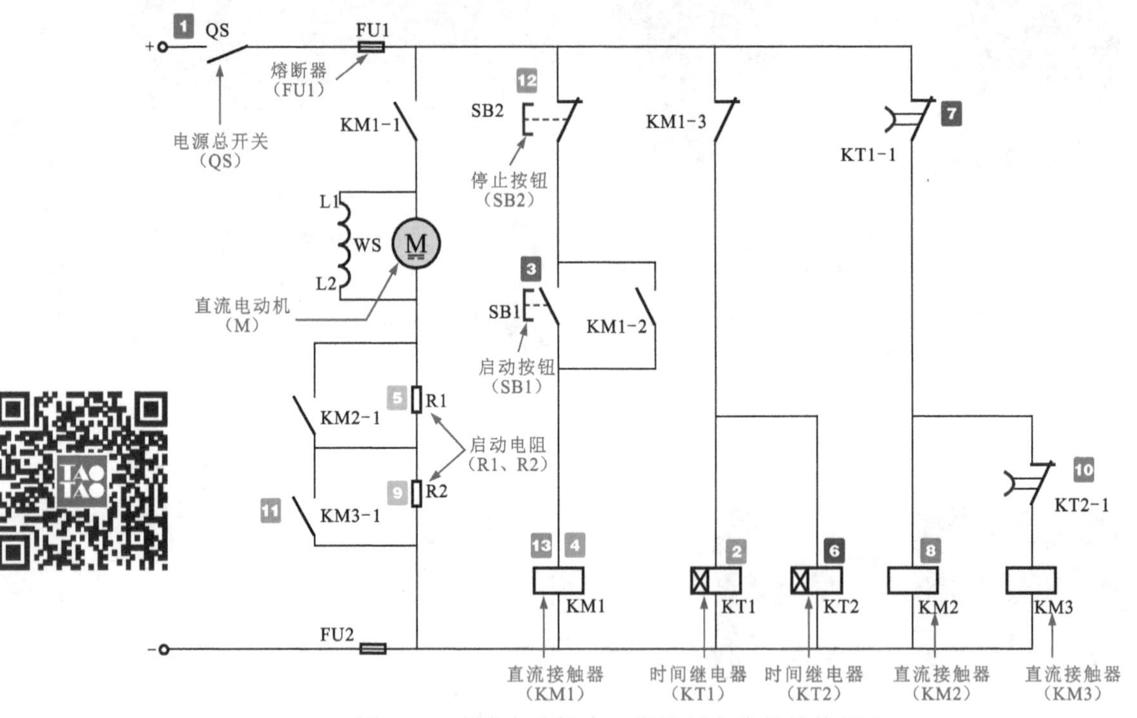

1 QS
FU1
熔断器（FU1）
电源总开关（QS）
KM1-1
12 SB2
停止按钮（SB2）
KM1-3
7 KT1-1
L1
WS
M
L2
直流电动机（M）
3 SB1
KM1-2
启动按钮（SB1）
5 R1
KM2-1
启动电阻（R1、R2）
9 R2
11 KM3-1
10 KT2-1
13 4 KM1
2 KT1
6 KT2
8 KM2
KM3
FU2
直流接触器（KM1）
时间继电器（KT1）
时间继电器（KT2）
直流接触器（KM2）
直流接触器（KM3）

图3-11 直流电动机启、停控制电路的结构组成

1 合上电源总开关QS1接通直流电源。

1→2 时间继电器KT1、KT2线圈得电。KT1、KT2的常闭触点KT1-1、KT2-1瞬间断开，防止直流接触器KM2、KM3线圈得电。

3 按下启动按钮SB1。

3→4 直流接触器KM1线圈得电。

4-1 常开触点KM1-2闭合自锁。

4-2 常开触点KM1-1闭合，直流电动机接通直流电源。

4-3 常闭触点KM1-3断开。

4-2→5 直流电动机M串联启动电阻器R1、R2低速启动运转。

4-3→6 时间继电器KT1、KT2失电，进入延时复位计时状态（时间继电器KT2的延时复位时间要长于时间继电器KT1的延时复位时间）。

7 当达到时间继电器KT1预先设定的复位时间时，常闭触点KT1-1复位闭合。

8 直流接触器KM2线圈得电，常开触点KM2-1闭合，短接启动电阻器R1。

9 直流电动机串联启动电阻R2运转，转速提升。

10 当达到时间继电器KT2预先设定的复位时间时，常闭触点KT2-1复位闭合。

11 直流接触器KM3线圈得电，常开触点KM3-1闭合，短接启动电阻器R2，直流电动机工作在额定电压下，进入正常运转状态。

12当需要直流电动机停机时，按下停止按钮SB2。

12→13直流接触器KM1线圈失电。

13-1常开触点KM1-1复位断开，切断直流电动机的供电电源，直流电动机停止运转。

13-2常开触点KM1-2复位断开，解除自锁功能。

13-3常闭触点KM1-3复位闭合，为直流电动机下一次启动做好准备。

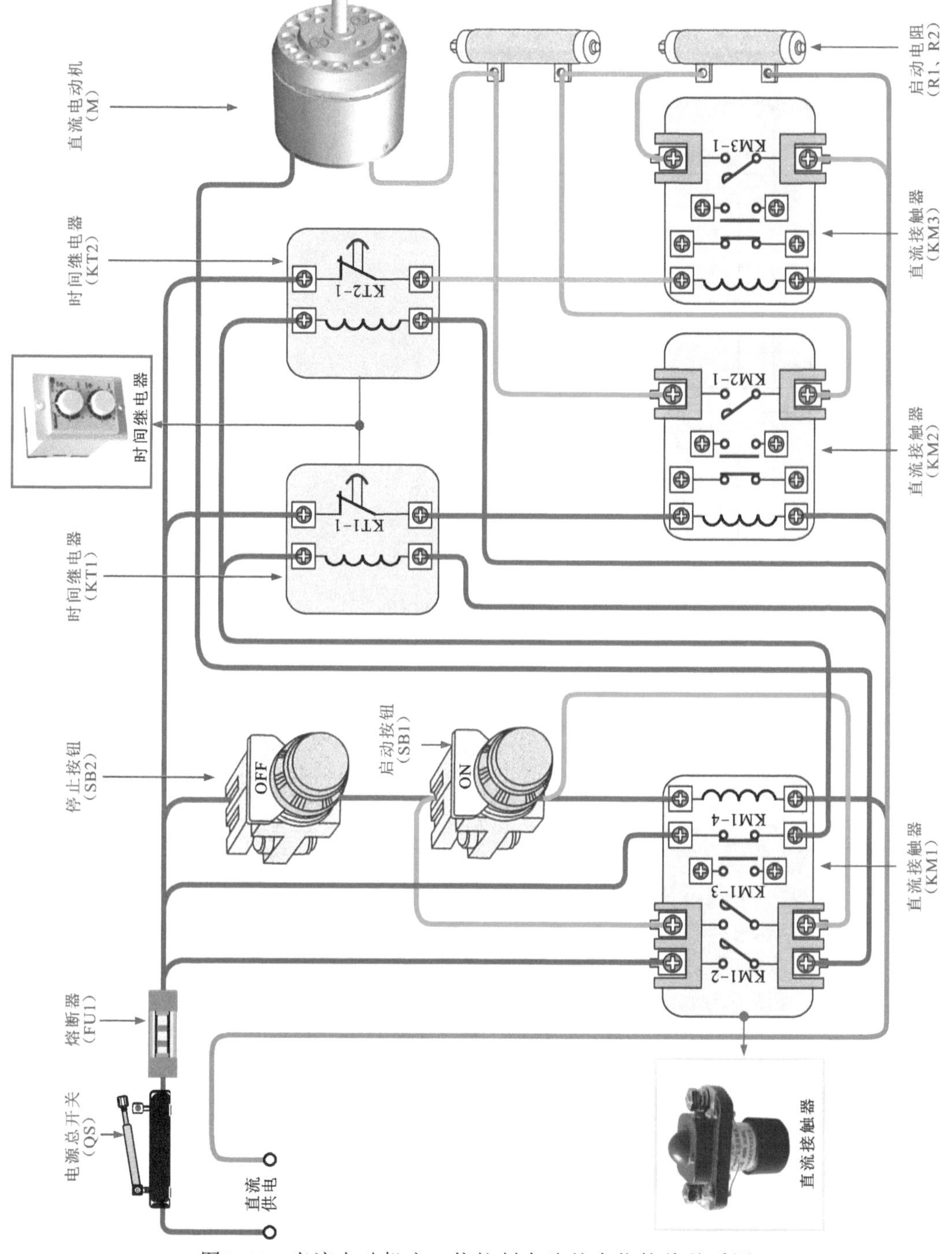

直流电动机（M）
启动电阻（R1、R2）
KM3-1
直流接触器（KM3）
时间继电器（KT2）
KT2-1
时间继电器
KM2-1
直流接触器（KM2）
KT1-1
时间继电器（KT1）
启动按钮（SB1）
停止按钮（SB2）
OFF
ON
KM1-4
KM1-3
KM1-2
直流接触器（KM1）
熔断器（FU1）
电源总开关（QS）
直流供电
直流接触器

图3-12 直流电动机启、停控制电路的实物接线关系图

3.2.2 单相交流电动机控制电路的特点

图3-13、图3-14为单相交流电动机启、停控制电路的结构特点和实物对照关系。

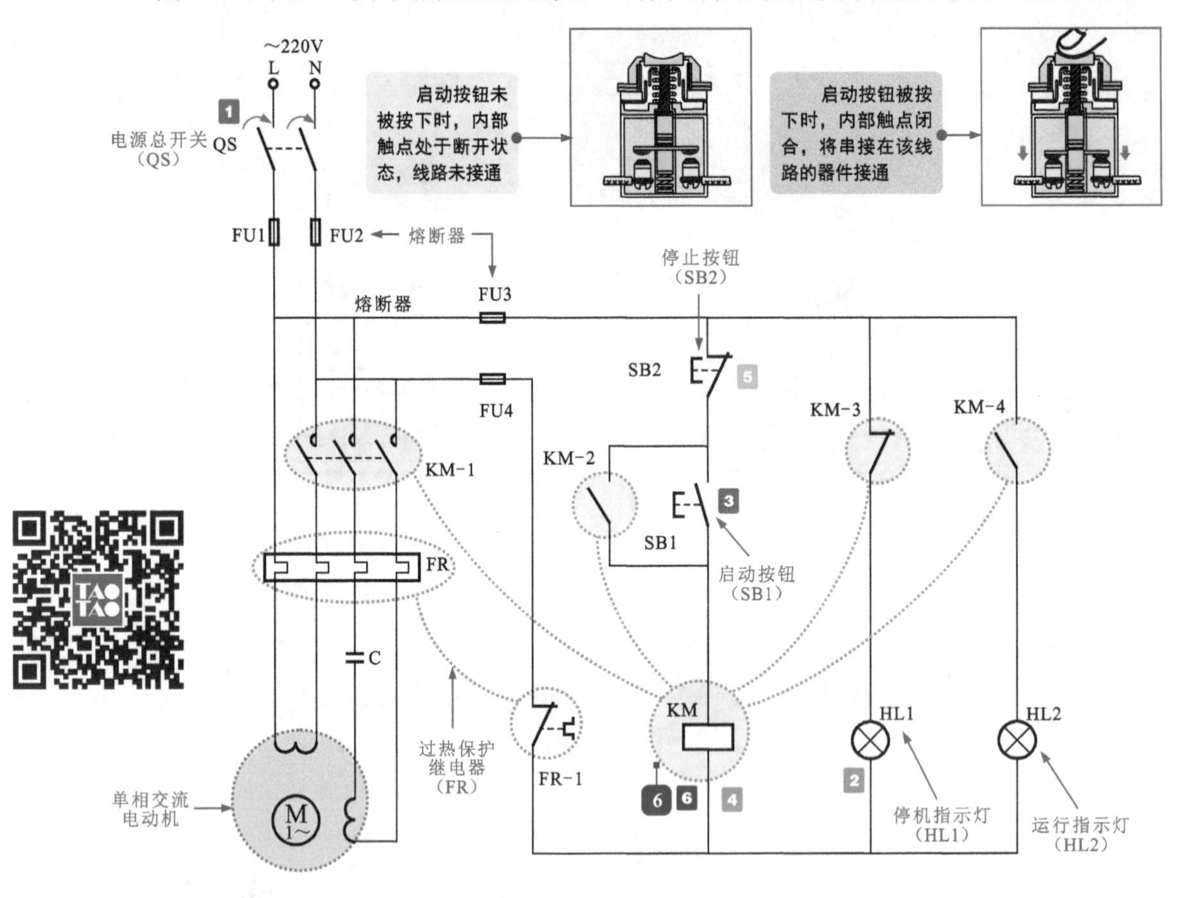
~220V
L N
1
电源总开关（QS） QS
启动按钮未被按下时，内部触点处于断开状态，线路未接通
启动按钮被按下时，内部触点闭合，将串接在该线路的器件接通
FU1 FU2 熔断器
停止按钮（SB2）
FU3
熔断器
SB2 5
FU4
KM-3 KM-4
KM-1
KM-2
3
SB1
FR
启动按钮（SB1）
C
KM
HL1 HL2
过热保护继电器（FR）
FR-1
单相交流电动机
M 1~
6 6 4 2
停机指示灯（HL1）
运行指示灯（HL2）

图3-13 单相交流电动机启、停控制电路的结构特点

1 合上电源总开关QS，接通单相电源。

1 → 2 电源经常闭触点KM-3为停机指示灯HL1供电，HL1点亮。

3 按下启动按钮SB1。

3 → 4 交流接触器KM线圈得电。

4-1 KM的常开辅助触点KM-2闭合，实现自锁功能。

4-2 常开主触点KM-1闭合，电动机接通单相电源，开始启动运转。

4-3 常闭辅助触点KM-3断开，切断停机指示灯HL1的供电电源，HL1熄灭。

4-4 常开辅助触点KM-4闭合，运行指示灯HL2点亮，指示电动机处于工作状态。

5 当需要电动机停机时，按下停止按钮SB2。

5 → 6 交流接触器KM线圈失电。

6-1 常开辅助触点KM-2复位断开，解除自锁功能。

6-2 常开主触点KM-1复位断开，切断电动机的供电电源，电动机停止运转。

6-3 常闭辅助触点KM-3复位闭合，停机指示灯HL1点亮，指示电动机处于停机状态。

6-4 常开辅助触点KM-4复位断开，切断运行指示灯HL2的电源供电，HL2熄灭。

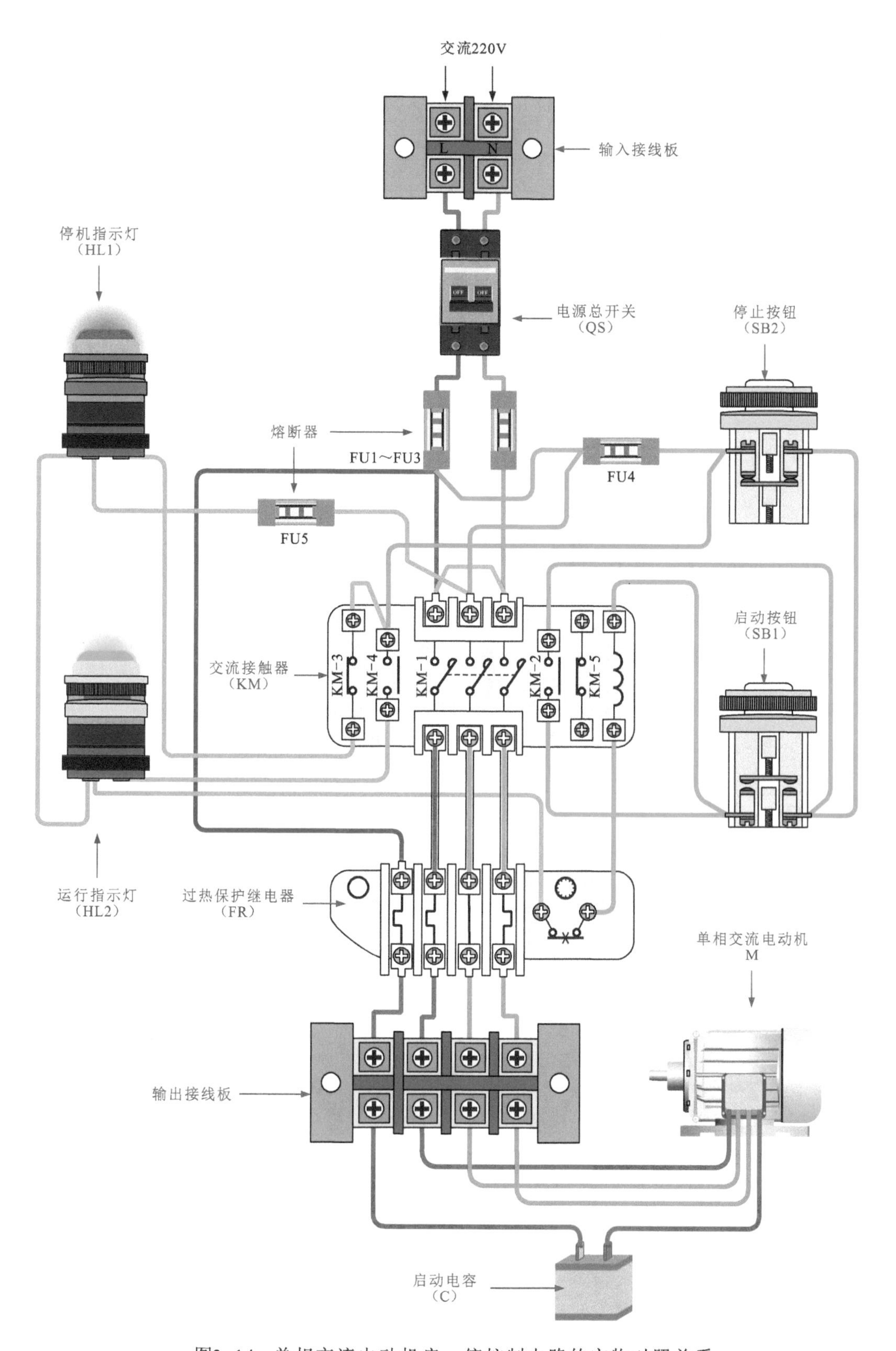
交流220V
L
N
输入接线板
停机指示灯
（HL1）
电源总开关
（QS）
停止按钮
（SB2）
熔断器
FU1～FU3
FU4
FU5
启动按钮
（SB1）
交流接触器
（KM）
KM-3
KM-4
KM-1
KM-2
KM-5
运行指示灯
（HL2）
过热保护继电器
（FR）
单相交流电动机
M
输出接线板
启动电容
（C）

图3-14　单相交流电动机启、停控制电路的实物对照关系

3.2.3 三相交流电动机控制电路的特点

图3-15、图3-16分别为三相交流电动机反接制动控制电路的结构和实物接线关系图。

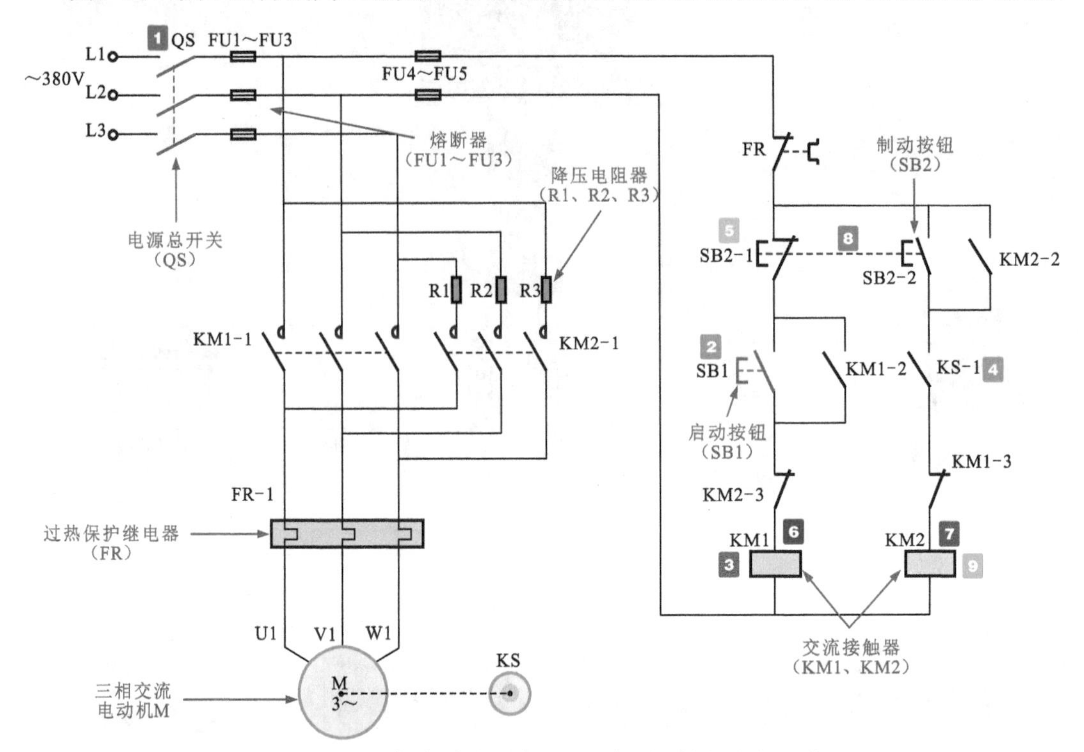

1 QS FU1~FU3
L1
~380V
L2
L3
FU4~FU5
熔断器
(FU1~FU3)
降压电阻器
(R1、R2、R3)
电源总开关
(QS)
R1 R2 R3
KM1-1
KM2-1
FR-1
过热保护继电器
(FR)
U1 V1 W1
三相交流
电动机M
M
3~
KS
FR
制动按钮
(SB2)
5
SB2-1
8
SB2-2
KM2-2
2
SB1
KM1-2
KS-1 4
启动按钮
(SB1)
KM1-3
KM2-3
KM1 6
KM2 7
3
9
交流接触器
(KM1、KM2)

图3-15 三相交流电动机反接制动控制电路的结构

1 合上电源总开关QS，接通三相交流电源。

2 按下启动按钮SB1。

2 → 3 交流接触器KM1线圈得电。

3-1 常开辅助触点KM1-2接通，实现自锁功能。

3-2 常闭辅助触点KM1-3断开，防止接触器KM2线圈得电，实现联锁功能。

3-3 常开主触点KM1-1接通，电动机接通交流380V电源开始运转。

3-3 → 4 速度继电器KS与电动机连轴同速度运转，KS-1接通。

5 当电动机需要停机时，按下停止按钮SB2。

5-1 SB2内部的常闭触点SB2-1断开。

5-2 SB2内部的常开触点SB2-2接通。

5-1 → 6 接触器KM1线圈失电，常开辅助触点KM1-2断开，解除自锁功能；常闭辅助触点KM1-3接通，解除联锁功能；常开主触点KM1-1断开，电动机断电做惯性运转。

5-2 → 7 交流接触器KM2线圈得电，常开触点KM2-2接通自锁；常闭触点KM2-3断开，防止接触器KM1线圈得电，实现连锁功能；常开主触点KM2-1接通，电动机串联降压电阻器R1～R3反接制动。

8 按下停止按钮SB2后，由于制动作用使电动机和速度继电器转速减小到零，速度继电器KS常开触点KS-1断开，切断电源。

8 → 9 接触器KM2线圈失电，常开辅助触点KM2-2断开，解除自锁功能；常开辅助触KM2-3接通复位；KM2-1断开，电动机切断电源，制动结束，电动机停止运转。

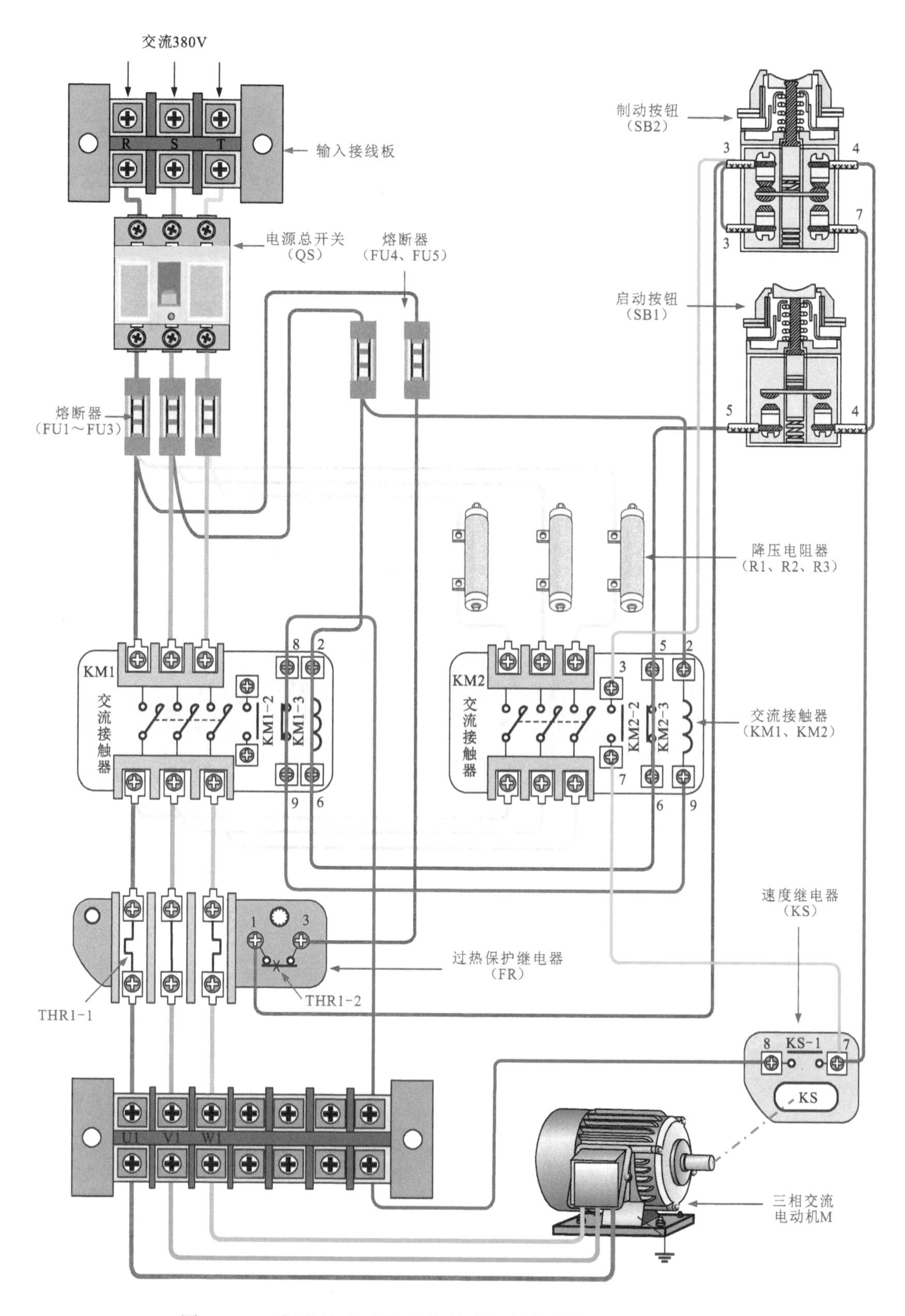
交流380V
R
S
T
输入接线板
电源总开关
（QS）
熔断器
（FU4、FU5）
熔断器
（FU1～FU3）
制动按钮
（SB2）
启动按钮
（SB1）
降压电阻器
（R1、R2、R3）
KM1
交流接触器
KM1-2
KM1-3
KM2
交流接触器
KM2-2
KM2-3
交流接触器
（KM1、KM2）
速度继电器
（KS）
过热保护继电器
（FR）
THR1-1
THR1-2
KS-1
KS
U1
V1
W1
三相交流
电动机M

图3-16　三相交流电动机反接制动控制电路的实物接线关系图

3.3 常用电动机控制电路的分析

3.3.1 直流电动机正、反转控制电路的分析

图3-17为典型直流电动机的正、反转控制电路，通过启动按钮控制直流电动机进行长时间正向或反向运转。

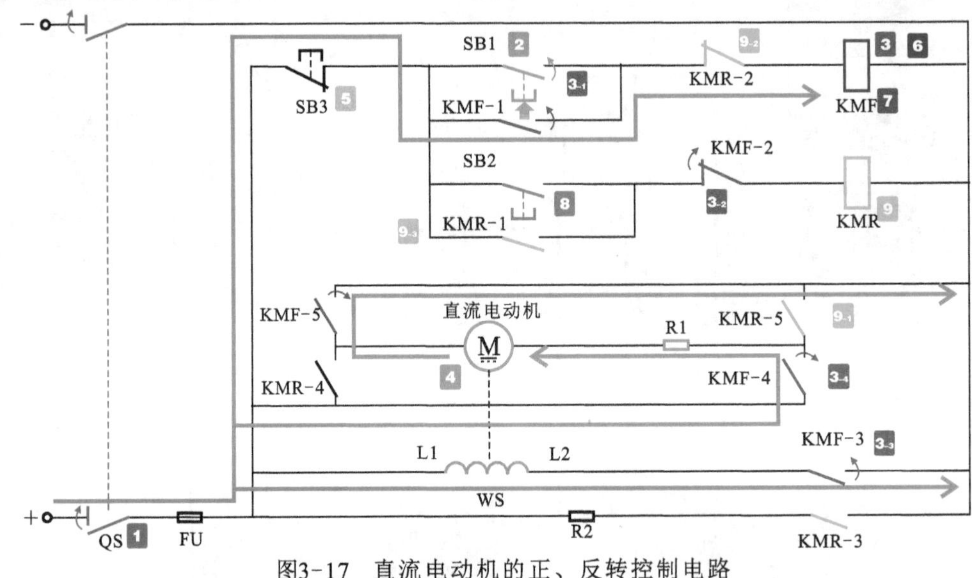

SB1
KMR-2
KMF-1
SB3
KMF
SB2
KMF-2
KMR-1
KMR
KMF-5
直流电动机
M
R1
KMR-5
KMR-4
KMF-4
KMF-3
L1
L2
WS
QS
FU
R2
KMR-3

图3-17　直流电动机的正、反转控制电路

1 合上总电源开关QS，接通直流电源。

2 按下正转启动按钮SB1，正转直流接触器线圈得电。

2 → 3 正转直流接触器KMF的线圈得电，触点全部动作。

- 3-1 接触器KMF常开触点KMF-1闭合实现自锁功能。
- 3-2 触点KMF-2断开，防止反转直流接触器KMR的线圈得电。
- 3-3 KMF常开触点KMF-3闭合，直流电动机励磁绕组WS得电。
- 3-4 触点KMF-4、KMF-5闭合，直流电动机得电。

3-4 → 4 电动机串联启动电阻器R1正向启动运转。

5 需要电动机正转停机时，按下停止按钮SB3。

5 → 6 直流接触器KMF的线圈失电，触点全部复位。

6 → 7 切断直流电动机供电电源，直流电动机停止正向运转。

8 需要直流电动机反转启动时，按下反转启动按钮SB2。

8 → 9 反转直流接触器KMR的线圈得电，其触点全部动作。

- 9-1 触点KMR-3、KMR-4、KMR-5闭合，电动机得电，反向运转。
- 9-2 触点KMR-2断开，防止正转直流接触器线圈得电。
- 9-3 KMR常开触点KMR-1闭合，实现自锁功能。

当需要直流电动机反转停机时，按下停止按钮SB3，反转直流接触器KMR线圈失电，常开触点KMR-1复位断开，解除自锁功能；常闭触点KMR-2复位闭合，为直流电动机正转启动做好准备；常开触点KMR-3复位断开，直流电动机励磁绕组WS失电；常开触点KMR-4、KMR-5复位断开，切断直流电动机供电电源，直流电动机停止反向运转。

3.3.2 单相交流电动机正、反转控制电路的分析

如图3-18所示，由限位开关控制的单相交流电动机正、反转控制电路，通过限位开关对电动机驱动对应位置的测定自动控制单相交流电动机绕组的相序，从而实现电动机正、反转自动控制。

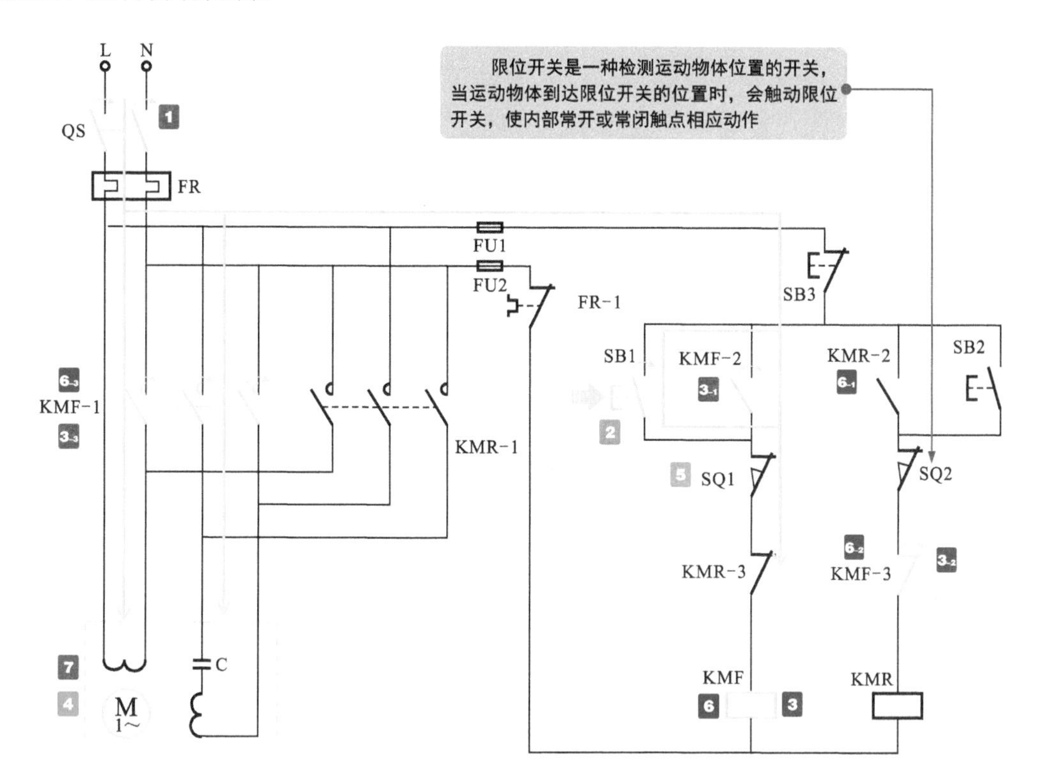

L
N
QS
FR
FU1
FU2
FR-1
SB3
SB1
KMF-2
KMR-2
SB2
KMF-1
KMR-1
SQ1
SQ2
KMR-3
KMF-3
C
KMF
KMR
M
1~
限位开关是一种检测运动物体位置的开关，当运动物体到达限位开关的位置时，会触动限位开关，使内部常开或常闭触点相应动作

图3-18 采用限位开关的单相交流电动机正、反转控制电路

1 合上总电源开关QS，接通单相电源。

2 按下正转启动按钮SB1。

2 → 3 正转交流接触器KMF线圈得电。

3-1 常开辅助触点KMF-2闭合，实现自锁功能。

3-2 常闭辅助触点KMF-3断开，防止KMR得电。

3-3 常开主触点KMF-1闭合。

3-3 → 4 电动机主绕组接通电源相序L、N，电流经启动电容C和辅助绕组形成回路，电动机正向启动运转。

5 当电动机驱动对象到达正转限位开关SQ1限定的位置时，触动正转限位开关SQ1，常闭触点断开。

5 → 6 正转交流接触器KMF线圈失电。

6-1 常开辅助触点KMF-2复位断开，解除自锁。

6-2 KMF-3复位闭合，为反转启动做好准备。

6-3 常开主触点KMF-1复位断开。

6-3 → 7 切断电动机供电电源，电动机停止正向运转。同样，按下反转启动按钮，工作过程与上述过程相似。

3.3.3 三相交流电动机点动/连续控制电路的分析

图3-19为三相交流电动机的点动/连续控制电路。

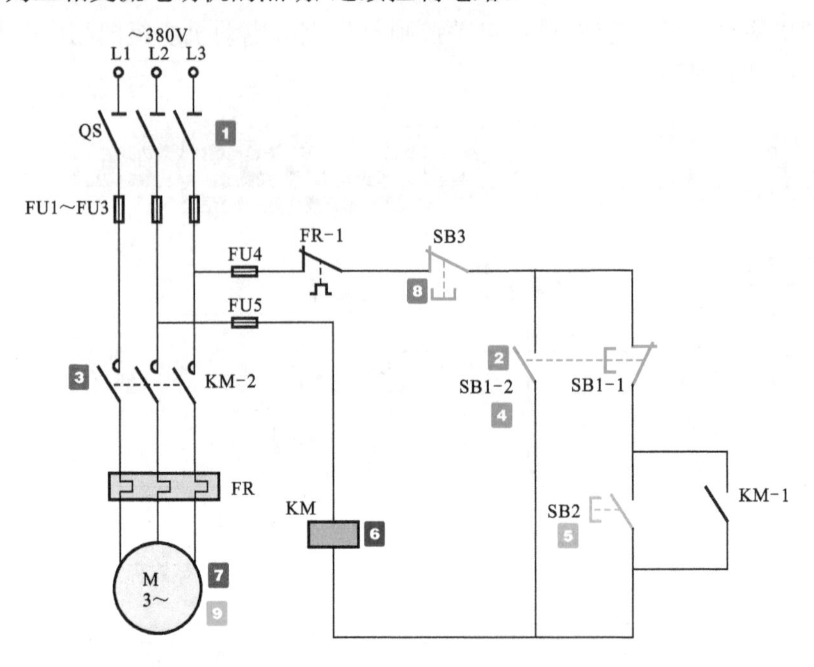
~380V
L1 L2 L3
QS
FU1~FU3
FU4
FR-1
SB3
FU5
KM-2
SB1-2
SB1-1
FR
KM
SB2
KM-1
M
3~

图3-19 三相交流电动机的点动/连续控制电路

1 合上总电源开关QS，接通三相电源。

2 按下点动控制按钮SB1。

2-1 常闭触点SB1-1断开，切断SB2供电，此时SB2不起作用。

2-2 常开触点SB1-2闭合，交流接触器KM1线圈得电。

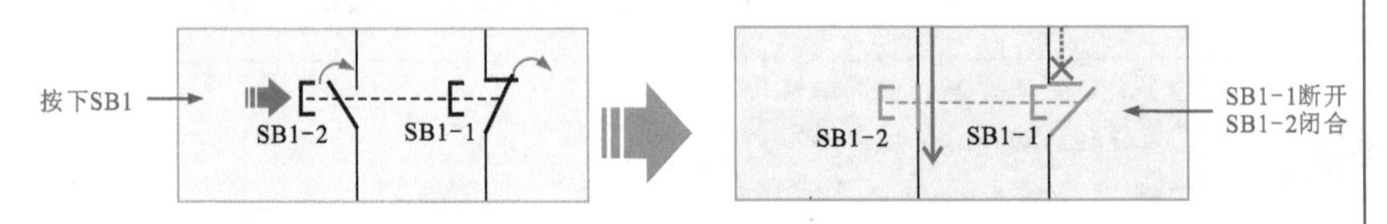
按下SB1
SB1-2
SB1-1
SB1-2
SB1-1
SB1-1断开
SB1-2闭合

2-2 → 3 KM常开主触点KM-2闭合，电源为三相交流电动机供电，电动机M启动运转。

4 抬起SB1，触点复位，交流接触器KM线圈失电，电动机M电源断开，电动机停转。由此反复按动、抬起控制，即可实现点动控制。

5 按下连续控制按钮SB2，触点闭合。

5 → 6 交流接触器KM的线圈得电。

6-1 常开辅助触点KM-1闭合自锁。

6-2 常开主触点KM-2闭合。

6-2 → 7 接通三相交流电动机电源，电动机M启动运转。松开按钮后，由于KM-1闭合自锁，电动机仍保持得电运转状态。

8 当需要电动机停机时，按下停止按钮SB3。

8 → 9 交流接触器KM线圈失电，内部触点全部释放复位，即KM-1断开解除自锁；KM-2断开，电动机停转。松开按钮SB3后，由于电路中未形成通路，因此电动机仍处于失电状态。

3.3.4 两台三相交流电动机间歇交替工作控制电路的分析

如图3-20所示，在两台电动机交替控制间歇控制电路中，利用时间继电器延时动作的特点，可间歇控制两台电动机的工作，达到电动机交替工作的目的。

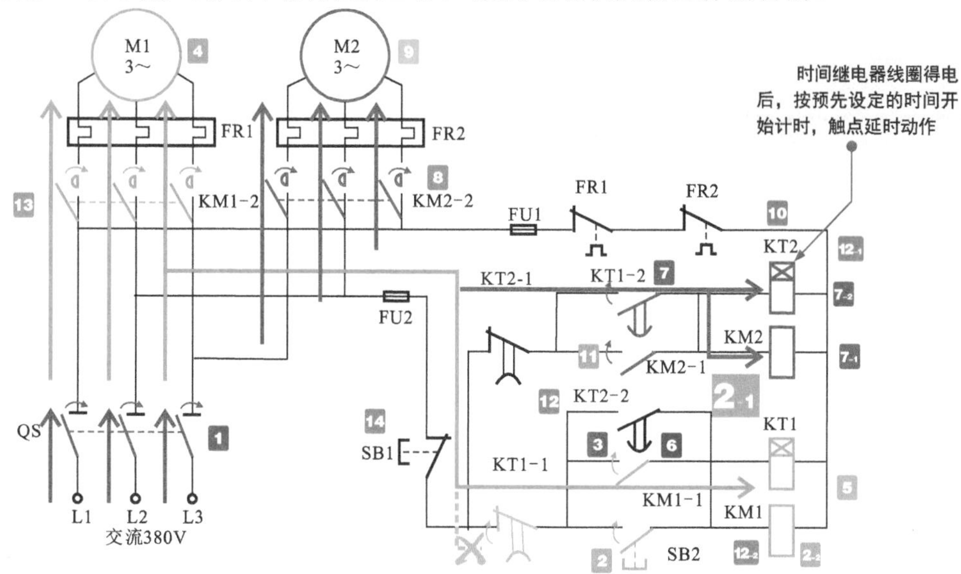

M1
3～
M2
3～
时间继电器线圈得电后，按预先设定的时间开始计时，触点延时动作
FR1
FR2
KM1-2
KM2-2
FU1
KT2
KT2-1
KT1-2
FU2
KM2
KM2-1
KT2-2
KT1
QS
SB1
KT1-1
KM1-1
KM1
SB2
L1
L2
L3
交流380V

图3-20 两台三相交流电动机间歇交替工作控制电路的分析

1 合上总电源开关QS，接通三相电源。

2 按下启动按钮SB2，触点闭合。

2-1 时间继电器KT1的线圈得电，开始计时。

2-2 交流接触器KM1的线圈得电。

2-2 → 3 KM1常开触点KM1-1闭合，实现自锁功能。KM1常开主触点KM1-2闭合，接通电动机M1的三相电源。

4 电动机M1得电开始启动运转。

继电器KT1达到设定时间后，触点动作。

6 延时常闭触点KT1-1断开，交流接触器KM1的线圈失电，触点复位，电动机M1停止运转。

5 → 7 延时常开触点KT1-2闭合。

7-1 交流接触器KM2的线圈得电。

7-2 时间继电器KT2的线圈得电，开始计时。

7-1 → 8 KM2常开触点KM2-1闭合，实现自锁功能。KM2常开主触点KM2-2闭合，接通电动机M2的三相电源。

9 电动机M2得电开始启动运转。

10 时间继电器KT2达到设定时间后，触点动作。

11 KT2-1断开，接触器KM2线圈失电，触点复位，电动机M2停止。

12 一段时间后，延时常开触点KT2-2闭合。

12-1 时间继电器KT2的线圈得电，开始计时。

12-2 交流接触器KM1的线圈再次得电，触点全部动作。

12-2 → 13 电动机M1再次接通交流380V电源启动运转。

14 需要电动机停机时，按下停止按钮SB1，接触器线圈断电。

第4章 电动机检修的器材工具

4.1 电动机常用拆装工具的特点和用法

在电动机检修操作中，经常需要借助一些拆装工具对电动机进行拆卸和安装操作，其中最常使用的拆装工具有螺钉旋具、扳手、钳子、锤子、顶拔器和喷灯等。

4.1.1 螺钉旋具的特点和用法

在电动机检修操作中，螺钉旋具是用来紧固和拆卸螺钉的工具。它主要是由螺钉旋具刀头与手柄构成的。常用的螺钉旋具主要有一字槽螺钉旋具和十字槽螺钉旋具两种，如图4-1所示。

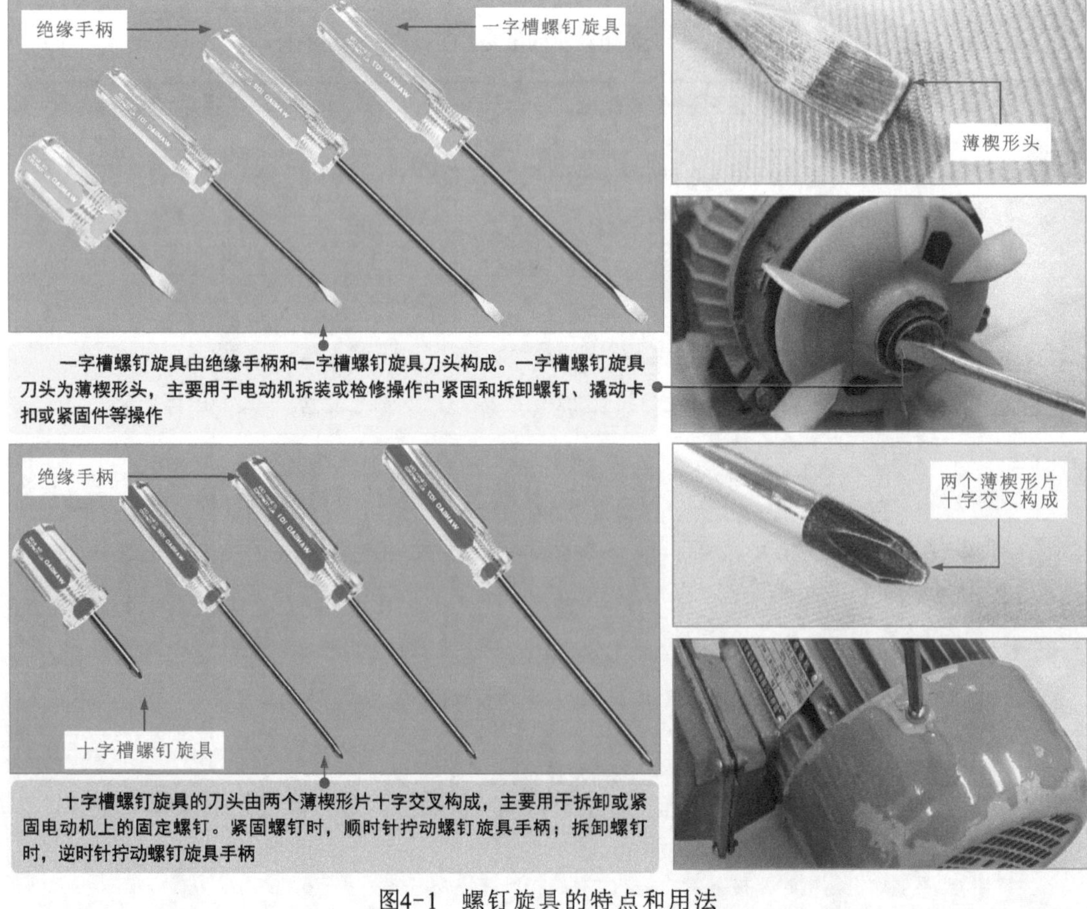
绝缘手柄
一字槽螺钉旋具
薄楔形头
一字槽螺钉旋具由绝缘手柄和一字槽螺钉旋具刀头构成。一字槽螺钉旋具刀头为薄楔形头，主要用于电动机拆装或检修操作中紧固和拆卸螺钉、撬动卡扣或紧固件等操作
绝缘手柄
两个薄楔形片十字交叉构成
十字槽螺钉旋具
十字槽螺钉旋具的刀头由两个薄楔形片十字交叉构成，主要用于拆卸或紧固电动机上的固定螺钉。紧固螺钉时，顺时针拧动螺钉旋具手柄；拆卸螺钉时，逆时针拧动螺钉旋具手柄

图4-1 螺钉旋具的特点和用法

4.1.2 扳手的特点和用法

在电动机检修中，扳手是用于紧固和拆卸螺栓或螺母的工具。常用的扳手主要有活扳手、呆扳手和梅花棘轮扳手。图4-2为扳手的实物外形。

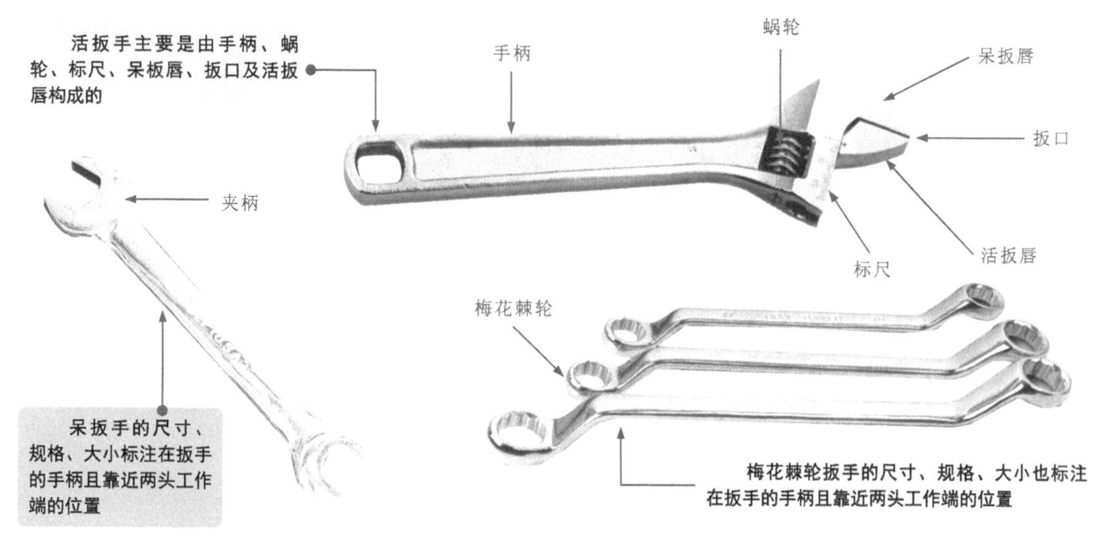

活扳手主要是由手柄、蜗轮、标尺、呆板唇、扳口及活扳唇构成的
手柄
蜗轮
呆扳唇
扳口
活扳唇
标尺
夹柄
梅花棘轮
呆扳手的尺寸、规格、大小标注在扳手的手柄且靠近两头工作端的位置
梅花棘轮扳手的尺寸、规格、大小也标注在扳手的手柄且靠近两头工作端的位置

图4-2　扳手的实物外形

不同类型扳手的使用方法也不相同。例如，活扳手的开口宽度可在一定尺寸范围内随意自行调节，以适应不同规格的螺栓或螺母；呆扳手只能用于与卡口相对应的螺栓或螺母；梅花棘轮扳手的两端通常带有环形的六角孔或十二角孔的工作端，适于工作空间狭小的场合，使用较为灵敏。

图4-3为扳手在电动机拆装操作中的用法。

活扳手
螺母
螺母
呆扳手
螺母
梅花棘轮扳手

图4-3　扳手的使用方法

4.1.3 钳子的特点和用法

在电动机检修过程中，钳子在电动机引线或绕组的连接、弯制、剪切及紧固件的夹持等场合都有广泛的应用。钳子主要由钳头和钳柄两部分构成。根据设计和功能上的区别，钳子主要有钢丝钳、偏口钳、尖嘴钳、剥线钳等。

图4-4为电动机拆装和检修操作中常用钳子的实物外形。

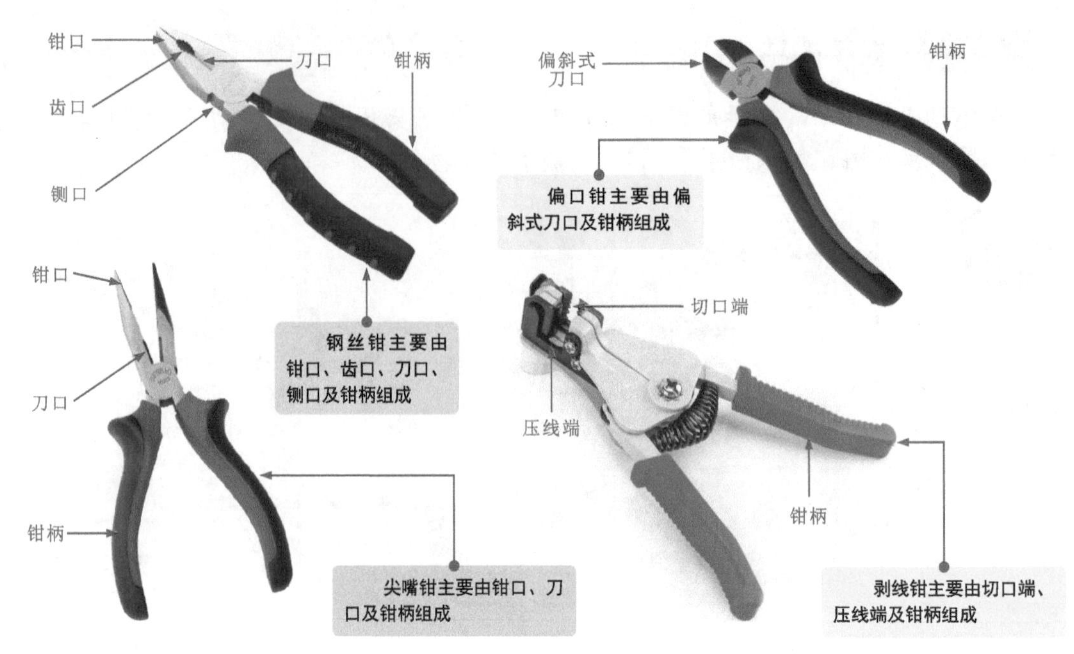
钳口
刀口
钳柄
齿口
铡口
钢丝钳主要由钳口、齿口、刀口、铡口及钳柄组成
偏斜式刀口
钳柄
偏口钳主要由偏斜式刀口及钳柄组成
钳口
刀口
钳柄
尖嘴钳主要由钳口、刀口及钳柄组成
切口端
压线端
钳柄
剥线钳主要由切口端、压线端及钳柄组成

图4-4　电动机拆装和检修操作中常用钳子的实物外形

不同类型的钳子有特定的适用场合和使用特点。例如，钢丝钳一般用于弯绞、修剪导线；偏口钳主要用于线缆绝缘皮的剥削或线缆的剪切等操作；尖嘴钳可以在较小的空间中进行夹持、弯制导线等操作；剥线钳多用来剥除电线、电缆的绝缘层等操作。

图4-5为钳子的使用方法。

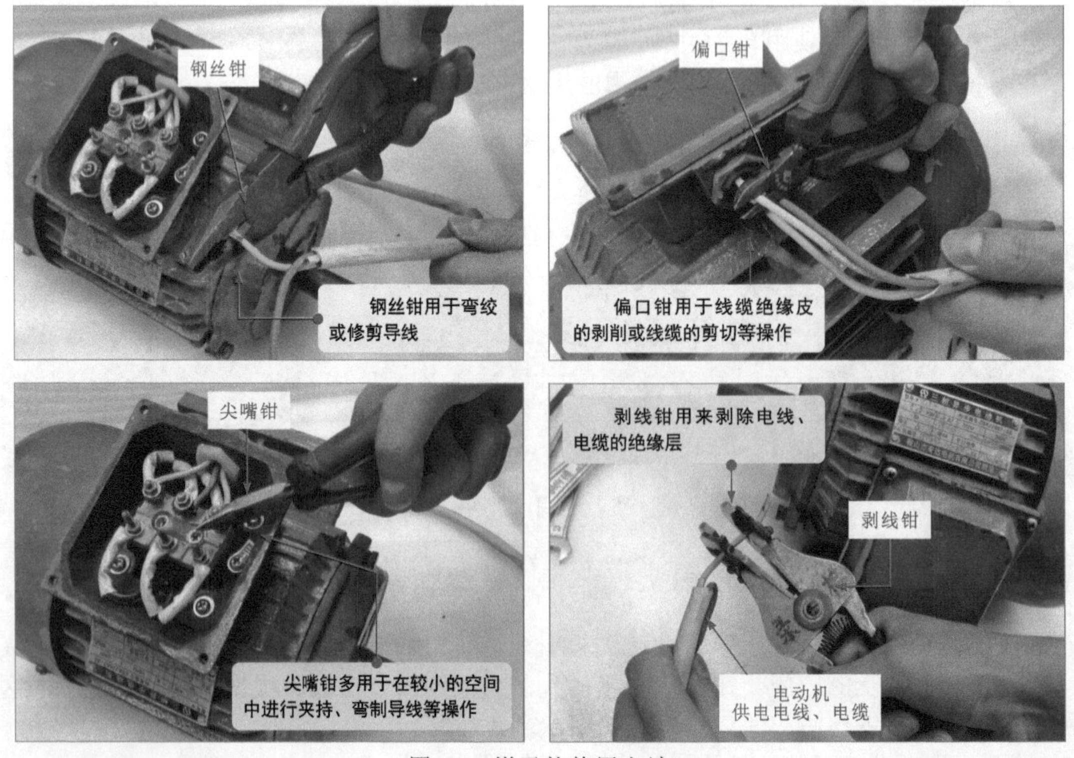
钢丝钳
钢丝钳用于弯绞或修剪导线
偏口钳
偏口钳用于线缆绝缘皮的剥削或线缆的剪切等操作
尖嘴钳
尖嘴钳多用于在较小的空间中进行夹持、弯制导线等操作
剥线钳用来剥除电线、电缆的绝缘层
剥线钳
电动机供电电线、电缆

图4-5　钳子的使用方法

4.1.4 锤子和錾子的特点和用法

锤子和錾子在电动机检修过程中是较为常用的手工拆卸工具，一般配合使用。为适应不同的需求，锤子和錾子都有很多种规格，具体应用时可根据实际需要自行选择适合的工具。图4-6为锤子和錾子的实物外形。

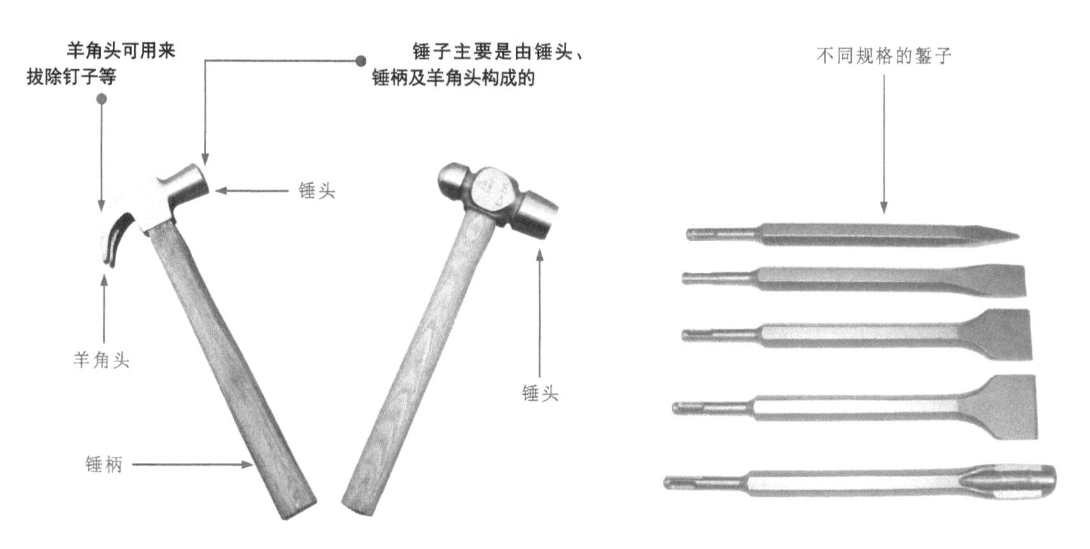

羊角头可用来拔除钉子等
锤子主要是由锤头、锤柄及羊角头构成的
锤头
羊角头
锤柄
锤头
不同规格的錾子

图4-6 锤子和錾子的实物外形

拆卸电动机紧固程度较高的部位时，多使用锤子和錾子作为辅助工具。例如，在拆卸电动机端盖时，由于端盖与轴承之间连接紧密，无法直接用手的力量分离，此时可借助锤子和錾子进行操作。图4-7为锤子和錾子的使用方法。

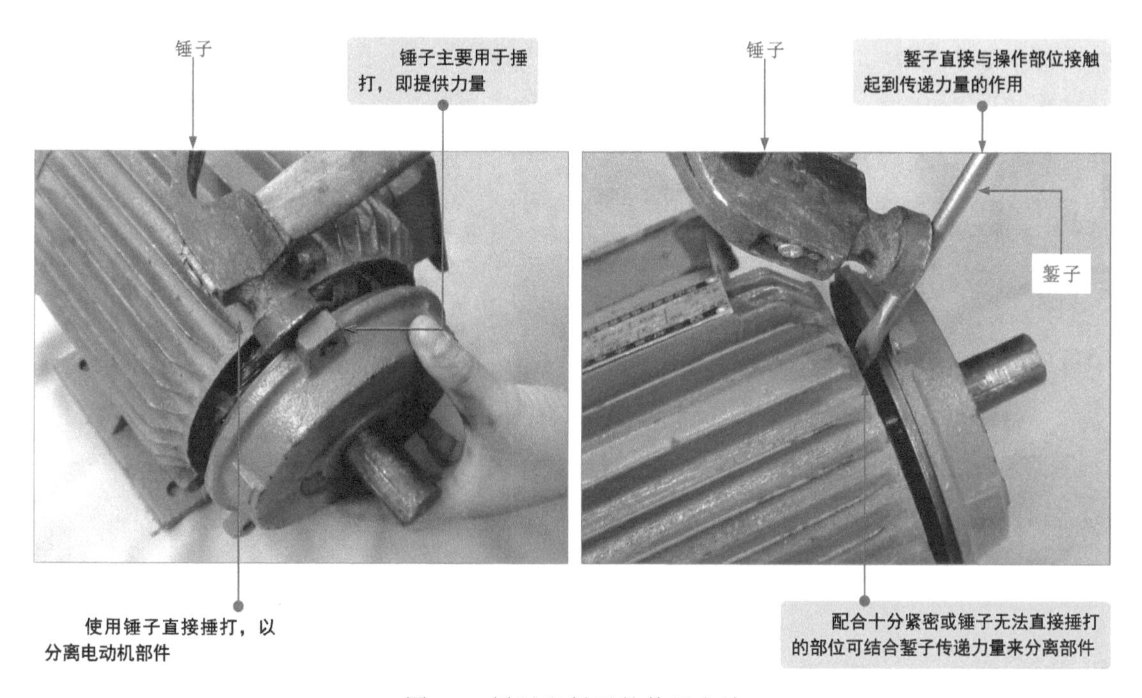

锤子
锤子主要用于捶打，即提供力量
锤子
錾子直接与操作部位接触起到传递力量的作用
錾子
使用锤子直接捶打，以分离电动机部件
配合十分紧密或锤子无法直接捶打的部位可结合錾子传递力量来分离部件

图4-7 锤子和錾子的使用方法

4.1.5 顶拔器和喷灯的特点和用法

在电动机检修操作中，顶拔器是经常用到的拆卸工具，一般用于拆卸电动机轴承、轴承联轴器和带轮等部件；喷灯是一种利用汽油或煤油做燃料的加热工具，常用于对部件进行局部加热，可辅助顶拔器拆卸电动机中配合很紧的联轴器或轴承。

图4-8为顶拔器和喷灯的实物外形。

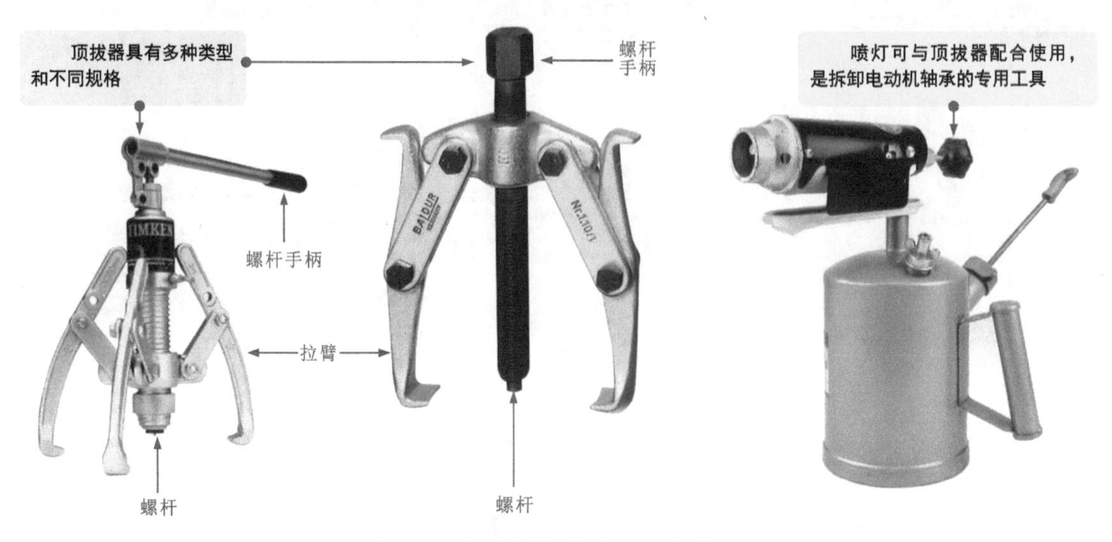

顶拔器具有多种类型和不同规格
螺杆手柄
喷灯可与顶拔器配合使用，是拆卸电动机轴承的专用工具
螺杆手柄
拉臂
螺杆
螺杆

图4-8 顶拔器和喷灯的实物外形

在检修电动机的过程中，轴承部分的拆卸和检修是十分重要的环节，为确保轴承拆下后还能够使用，需要借助专用的顶拔器进行拆卸。使用时，首先将顶拔器的拉臂放到待拆的轴承处，调整好拉臂的位置，旋转顶拔器的螺杆手柄，使螺杆顶住电动机轴中心后，继续旋转螺杆手柄即可将轴承拆下。若拆卸过程过于费力，可借助喷灯加热轴承，使其膨胀，再用顶拔器拆卸。

图4-9为顶拔器和喷灯的使用方法。

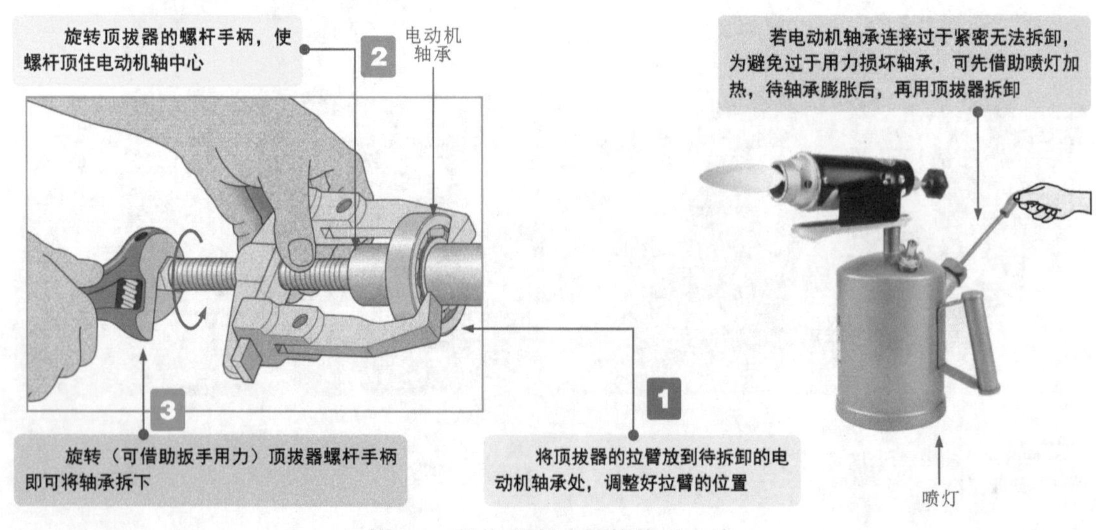

旋转顶拔器的螺杆手柄，使螺杆顶住电动机轴中心
2
电动机轴承
若电动机轴承连接过于紧密无法拆卸，为避免过于用力损坏轴承，可先借助喷灯加热，待轴承膨胀后，再用顶拔器拆卸
3
1
旋转（可借助扳手用力）顶拔器螺杆手柄即可将轴承拆下
将顶拔器的拉臂放到待拆卸的电动机轴承处，调整好拉臂的位置
喷灯

图4-9 顶拔器和喷灯的使用方法

4.2 电动机绕组绕制、嵌线和钎焊工具的特点和用法

4.2.1 绕线机的特点和用法

绕线机是绕制电动机绕组的设备。当电动机定子或转子绕组损坏且需要重新绕制和装配时，就需要借助绕线机完成。目前，常见的电动机绕线机主要有手摇式和数控自动式两种。图4-10为绕线机的实物外形。

手摇式绕线机主要由转轴、传动齿轮、计数盘、底座及摇柄构成

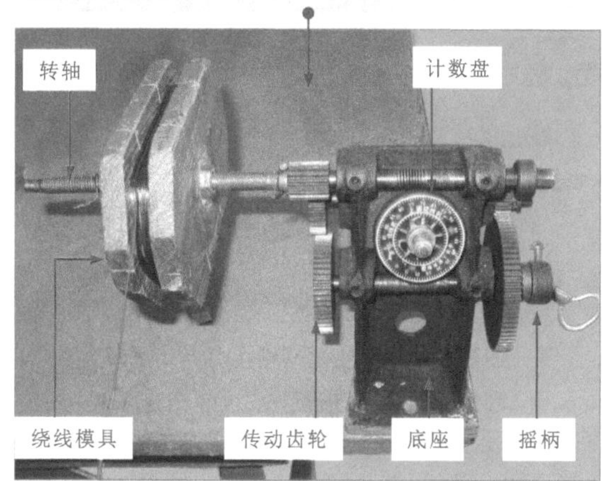

转轴
计数盘
绕线模具
传动齿轮
底座
摇柄

数控自动式绕线机主要由电动机、转轴、计数盘、匝数设定旋钮、传动齿轮及底座构成

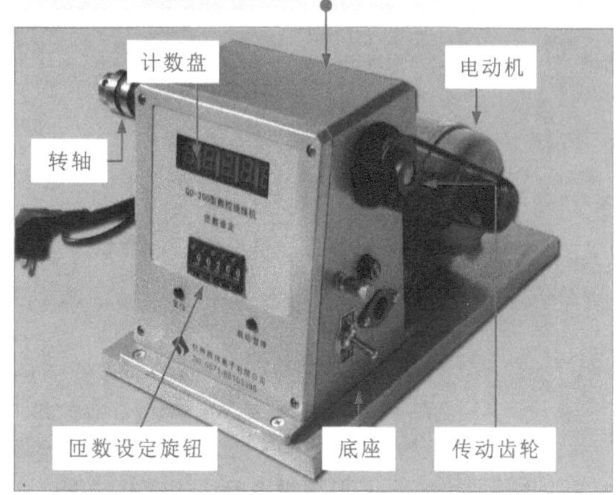

计数盘
电动机
转轴
匝数设定旋钮
底座
传动齿轮

图4-10 绕线机的实物外形

4.2.2 绕线模具的制作方法

绕线机需要配合尺寸符合要求的绕线模才能绕制绕组。常见的绕线模主要由椭圆形绕线模和菱形绕线模。

绕线模的尺寸可通过测量旧绕组尺寸确定，也可通过准确计算来确定。

1 通过测量旧绕组尺寸确定绕线模的尺寸

如图4-11所示，拆除绕组时，留一个较完整的线圈，取其中较小的一匝作为绕线模的模板。根据原始绕组线圈，在干净的纸上描出绕线模的尺寸，根据描出的尺寸自制绕线模具。

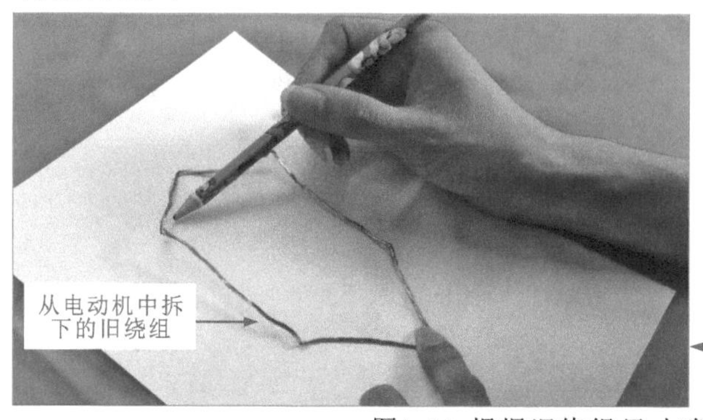

从电动机中拆下的旧绕组

线圈的大小直接决定嵌线的质量和电动机的性能。一般绕制的绕组尺寸过大，不仅浪费材料，还会使绕组端部过大，顶住端盖，影响绝缘，且会导致绕组电阻增大，铜损耗增加，影响电动机的运行性能；尺寸过小，将绕组嵌入定子铁芯槽内会比较困难，甚至不能嵌入槽内，因此正确、合理确定绕线模的尺寸十分关键

图4-11 根据旧绕组尺寸确定绕线模的尺寸

2 椭圆形绕线模尺寸的计算

借助所拆除的旧绕组确定绕线模尺寸的方法只能粗略确定绕线模的尺寸，若要更加精确地确定绕线模的尺寸，可通过测量电动机的一些数据计算绕线模的尺寸。

图4-12为椭圆形绕线模尺寸的精确计算方法。

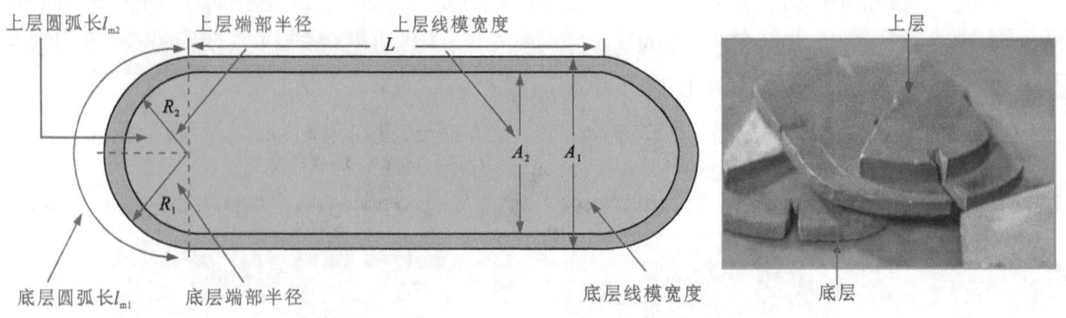

上层圆弧长l_{m2}
上层端部半径
上层线模宽度
L
R_2
R_1
A_2
A_1
底层圆弧长l_{m1}
底层端部半径
底层线模宽度
上层
底层

图4-12 椭圆形绕线模尺寸的精确计算方法

◆ 椭圆形绕线模宽度的计算公式为

$$A_1=\frac{(\pi D_{i1}+h_s)}{Q_1}(y_1-k) \qquad A_2=\frac{(\pi D_{i1}+h_s)}{Q_1}(y_2-k)$$

式中，A_1、A_2分别代表绕线模的宽度，D_{i1}是定子铁芯内径；h_s是定子槽高度；Q_1是定子槽数；y_1、y_2是绕组节距；k是修正系数。在一般情况下，电动机极数为2，修正系数可取2～3，4极的修正系数可取0.5～0.7，6极的修正系数可取0.5，8极以上可取0。

◆ 椭圆形绕线模直线长度的计算公式为$L=L_{Fe}+2d$。

式中，L_{Fe}代表定子铁芯的长度；d代表绕组伸出铁芯的长度，具体数字可参考表4-1。

表4-1 线圈伸出铁芯的长度

电动机极数	2极	4极	6、8、10极
小型电动机线圈伸出铁芯的长度	12～18mm	10～15mm	10～13mm
大型电动机线圈伸出铁芯的长度	20～25mm	18～20mm	12～15mm

◆ 椭圆形绕线模底层端部半径和上层端部半径计算公式为

$$R_1=A_1/2+(5\sim8) \qquad R_2=A_2/2+(5\sim8)$$

◆ 椭圆形绕线模模芯板厚度计算公式为$l_{m1}=KA_1$， $l_{m2}=KA_2$。

◆ 绕线模模芯板厚度计算公式为$b=(\sqrt{N_e}+1.5)d_m$。

模芯厚度是指绕线模模板的厚度，通常用b表示。式中，N_e表示绕组的匝数，d_m表示绝缘导线的外径（mm）。

3 菱形绕线模尺寸的计算

图4-13为菱形绕线模尺寸的精确计算方法。

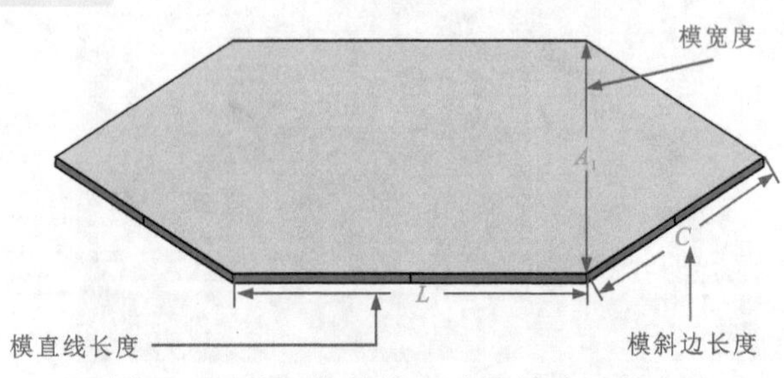

模宽度
A_1
C
L
模直线长度
模斜边长度

图4-13 菱形绕线模尺寸的精确计算方法

◆ 菱形绕线模宽度的计算公式为

$$A_1=\frac{\pi(D_i+h)}{Z}y$$

式中，D_i为定子铁芯的内径（单位：mm）；y为绕组节距（单位：槽）；Z为定子总槽数（单位：槽）；h为定子槽深度（单位：mm）。

◆ 菱形绕线模直线长度公式为$L = l + 2a$。

式中，a为绕组直线部分伸出铁芯的单边长度，通常a的值为10～20mm，l为定子铁芯的长度。

◆ 菱形绕线模斜边长公式为

$$C=\frac{A}{t}$$

式中，t为经验因数，一般2极电动机，t≈1.49；4极电动机，t≈1.53；6极电动机t≈1.58。

◆ 绕线模模心厚度的计算公式为

单层绕组b =（0.40～0.58）h；双层绕组b =（0.37～0.41）h

4.2.3 压线板的特点和用法

如图4-14所示，压线板可用来压紧嵌入电动机定子铁芯槽内的绕组边缘，平整定子绕组，有利于槽绝缘封口和打入槽楔。

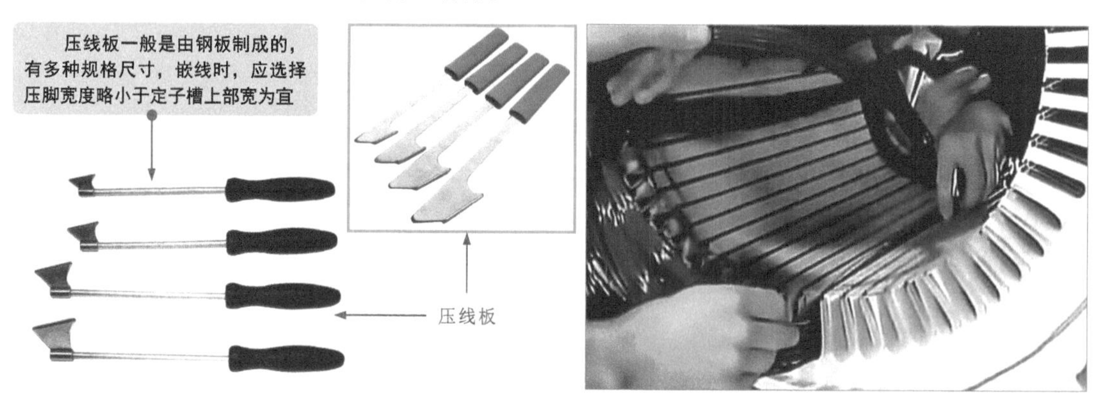

压线板一般是由钢板制成的，有多种规格尺寸，嵌线时，应选择压脚宽度略小于定子槽上部宽为宜
压线板

图4-14　压线板的实物外形及使用方法

4.2.4 划线板的特点和用法

如图4-15所示，划线板也称刮板、理线板，主要用于在绕组嵌线时整理绕组线圈并将绕组线圈划入定子铁芯槽内。另外，嵌线时，也可用划线板劈开槽口的绝缘纸（槽绝缘），将槽口绕组线圈整理整齐，将槽内线圈理顺，避免交叉。

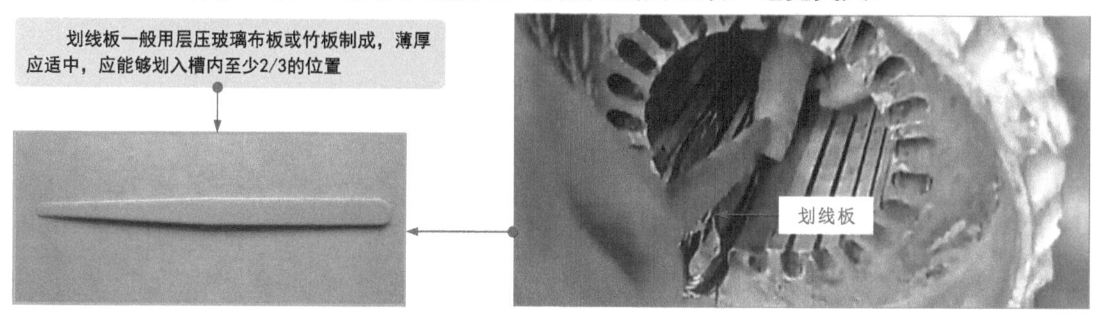

划线板一般用层压玻璃布板或竹板制成，薄厚应适中，应能够划入槽内至少2/3的位置
划线板

图4-15　划线板的实物外形及使用方法

4.2.5 嵌线材料的特点和用法

如图4-16所示，电动机绕组嵌线常用的材料主要包括槽绝缘、相间绝缘和层间绝缘所用的复合绝缘材料（以下称为绝缘纸）和绕组引出头连接时所用的绝缘管等。

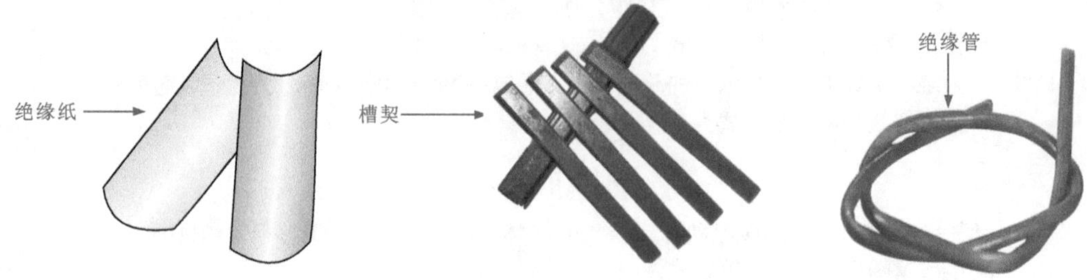
绝缘纸
槽契
绝缘管

图4-16 电动机绕组嵌线的常用材料

1 绝缘纸的裁剪

绝缘纸用于在电动机绕组嵌线时，实现电动机定子槽绝缘、层间绝缘和端部绝缘，可根据实际需要裁剪出不同的尺寸，以备使用。目前，常用作绝缘纸的材料为复合绝缘材料。如图4-17所示，以槽绝缘为例，测量定子槽的长度和深度，以此作为绝缘纸的宽度和长度参考数据，裁剪与定子槽数量相同的绝缘纸。

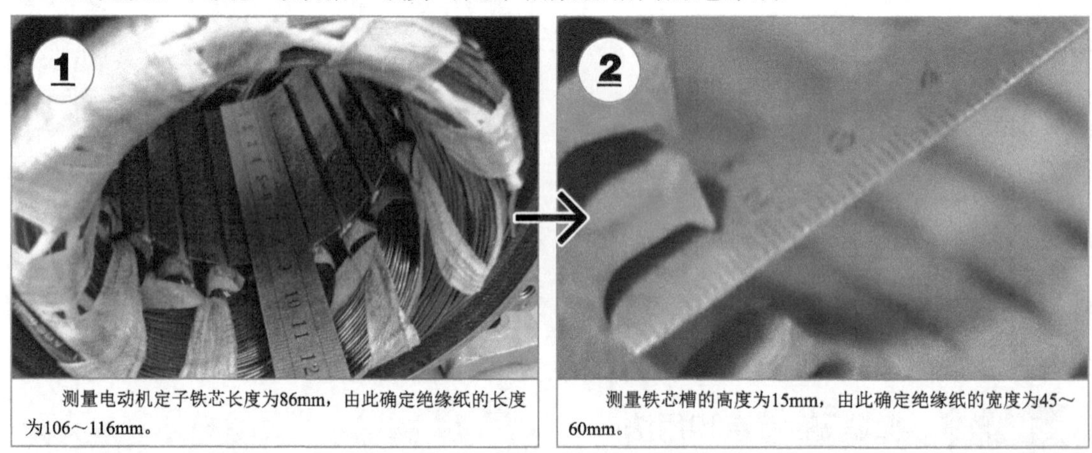
1
2

测量电动机定子铁芯长度为86mm，由此确定绝缘纸的长度为106～116mm。

测量铁芯槽的高度为15mm，由此确定绝缘纸的宽度为45～60mm。

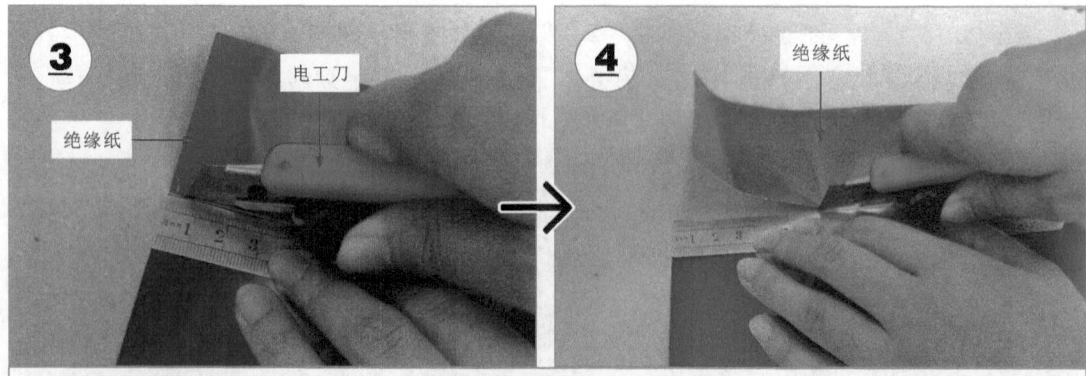
3
电工刀
绝缘纸
4
绝缘纸

用电工刀在绝缘纸上截取长度为106～116mm的一条长带（取110mm），再以45～60mm（取50mm）为单位截取等宽度的绝缘纸*n*个，作为槽绝缘材料。

图4-17 绝缘纸的裁剪

如图4-18所示，为节省材料，一般可先在一个较大面积的绝缘纸上画好裁剪线，然后根据画好的裁剪线，将绝缘纸裁剪成符合长度的矩形长条，根据宽度截取为一片一片相应数量的槽绝缘纸。

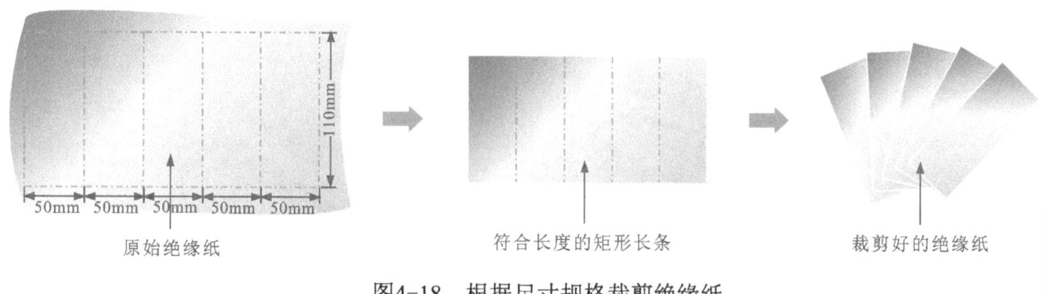
110mm
50mm
50mm
50mm
50mm
50mm
原始绝缘纸
符合长度的矩形长条
裁剪好的绝缘纸

图4-18　根据尺寸规格裁剪绝缘纸

2　槽楔的制作

槽楔是用来压住槽内导线，防止绝缘和绕组线圈松动的材料。若槽楔过大，则无法嵌入槽中。若过小，将起不到压紧的作用。因此制作槽楔时，规格和形状应符合定子铁芯槽的要求。

如图4-19所示，槽楔一般可购买成品。若使用竹板自制槽楔，则需要注意打磨端部为梯形或圆角，再根据定子槽的长度数据截取适当的长度即可。

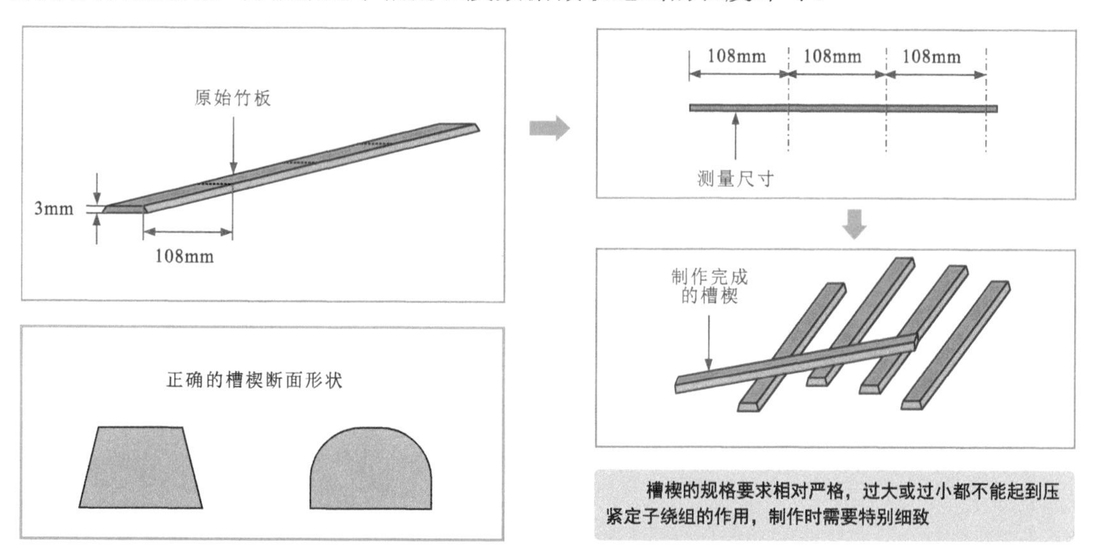
原始竹板
3mm
108mm
108mm
108mm
108mm
测量尺寸
制作完成
的槽楔
正确的槽楔断面形状
槽楔的规格要求相对严格，过大或过小都不能起到压紧定子绕组的作用，制作时需要特别细致

图4-19　槽楔的制作方法

值得注意的是，不论是嵌线工具还是材料，只要是需要与绕组线圈接触的工具或材料必须保证圆角、表面光滑，以免损伤绕组线圈的匝间绝缘（漆包线的外层绝缘漆）。

4.2.6　钎焊工具的特点和用法

钎焊即借助焊接用电烙铁，将焊料熔化在电动机绕组的接头处，使接头处均匀覆盖一层焊料，实现绕组绕制和嵌线完成后，绕组线圈之间的电气连接。

1 电烙铁的特点和使用方法

如图4-20所示，电烙铁是电动机绕组钎焊过程中必不可少的工具，正确使用电烙铁是保证焊接质量的重要环节。因此，学习电动机绕组钎焊，首先要掌握电烙铁的使用方法。

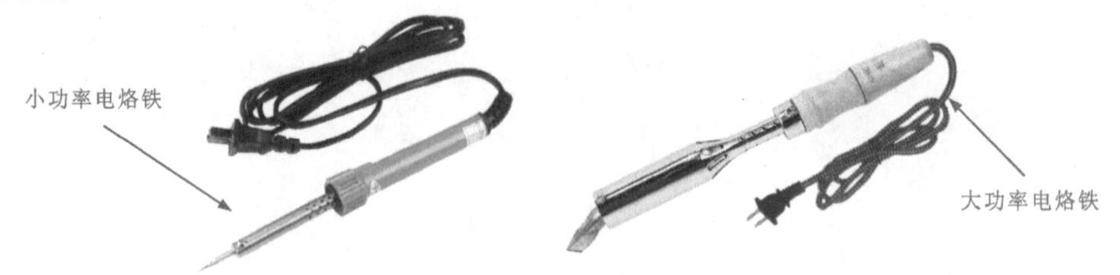
小功率电烙铁
大功率电烙铁

图4-20 电动机钎焊操作中常用电烙铁的实物外形

如图4-21所示，使用电烙铁前，掌握电烙铁的正确握持方式是很重要的。一般电烙铁的握持方式有握笔式、反握式、正握法三种。

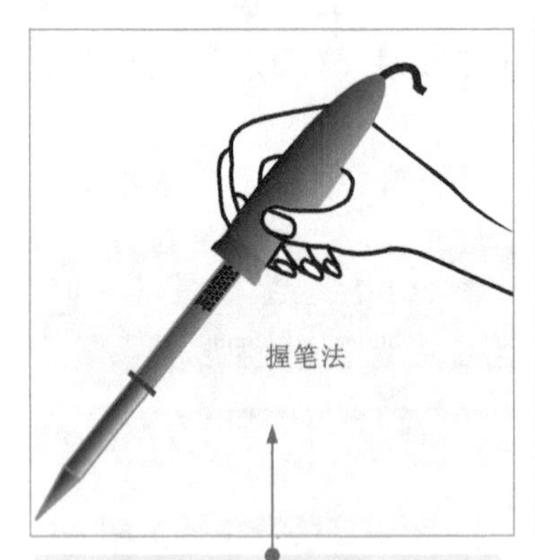
握笔法

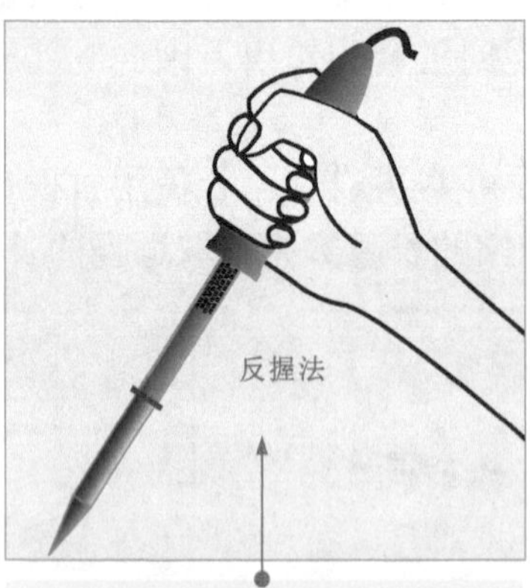
反握法

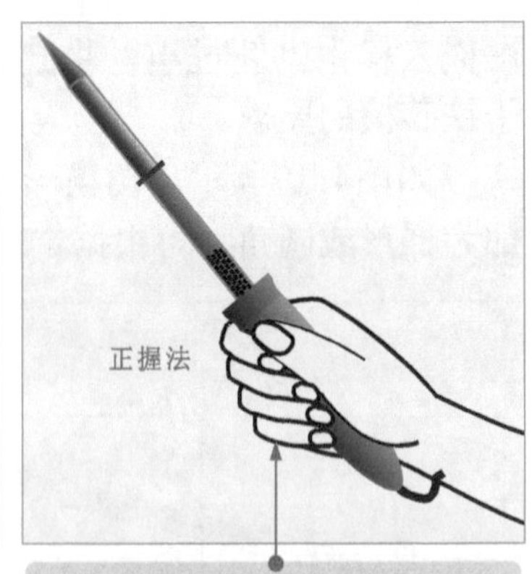
正握法

握笔法的握拿方式比较容易掌握，但长时间操作比较容易疲劳，容易抖动，影响焊接效果，一般适用于小功率电烙铁和热容量小的被焊零件

反握法的握拿方式是用反握法把电烙铁柄置于手掌内，电烙铁头在小指侧，比较稳定，长时间操作不易疲劳，适用于较大功率的电烙铁

正握法的握拿方式是把电烙铁柄握在手掌内，与反握法不同的是，拇指靠近电烙铁头部，适于中等功率电烙铁或采用弯形电烙铁头的操作

图4-21 电烙铁的握持方式

如图4-22所示，使用电烙铁前，应先将电烙铁置于电烙铁架上，通电预热。

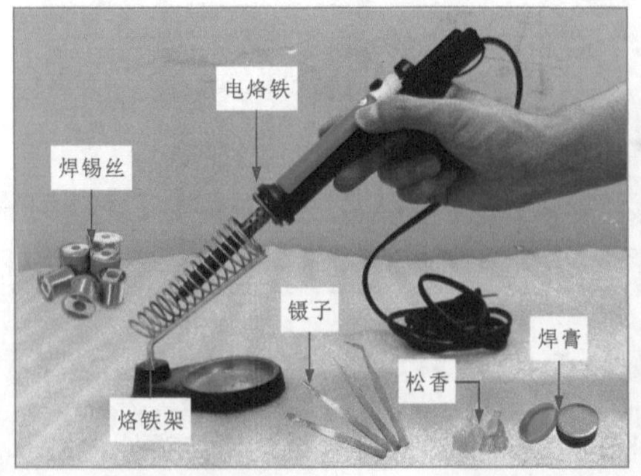
电烙铁
焊锡丝
镊子
焊膏
松香
烙铁架

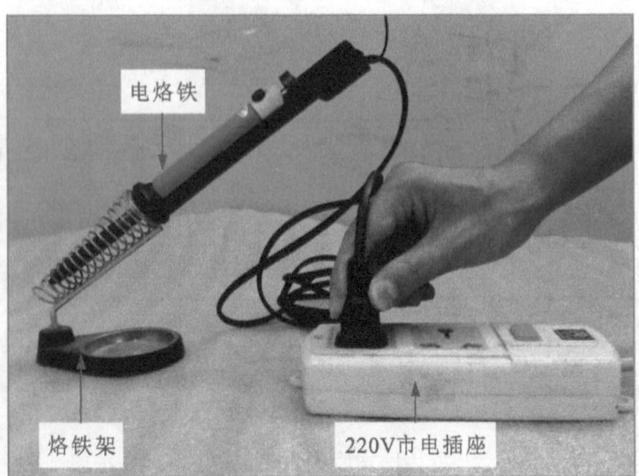
电烙铁
烙铁架
220V市电插座

图4-22 电烙铁使用前的预热

电烙铁的使用方法如图4-23所示。

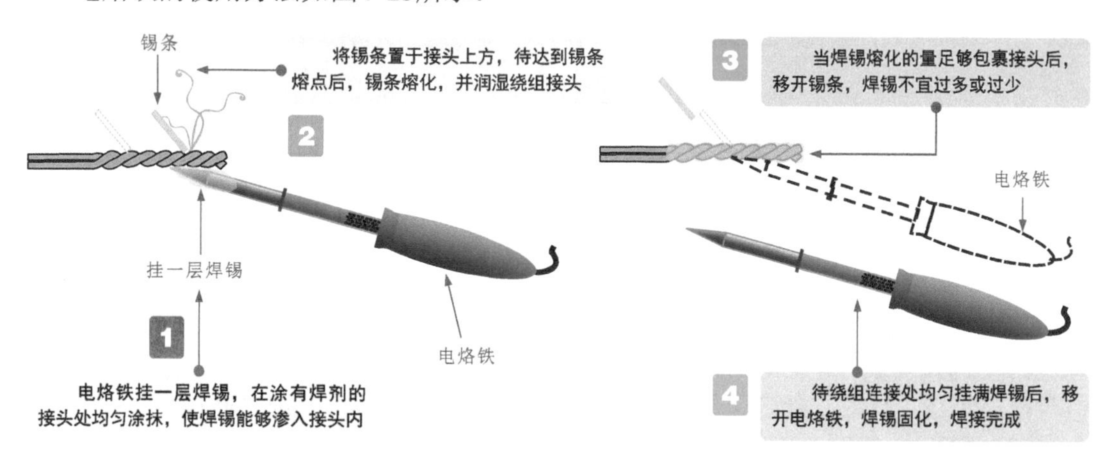
锡条
将锡条置于接头上方，待达到锡条熔点后，锡条熔化，并润湿绕组接头
2
挂一层焊锡
1
电烙铁挂一层焊锡，在涂有焊剂的接头处均匀涂抹，使焊锡能够渗入接头内
电烙铁
3
当焊锡熔化的量足够包裹接头后，移开锡条，焊锡不宜过多或过少
电烙铁
4
待绕组连接处均匀挂满焊锡后，移开电烙铁，焊锡固化，焊接完成

图4-23 电烙铁的使用方法

2 焊接辅助材料的特点

如图4-24所示，电动机绕组焊接除了基本的焊接设备外，辅助的焊接材料，如焊料、焊剂的正确选择也是保证焊接质量的一个重要因素。

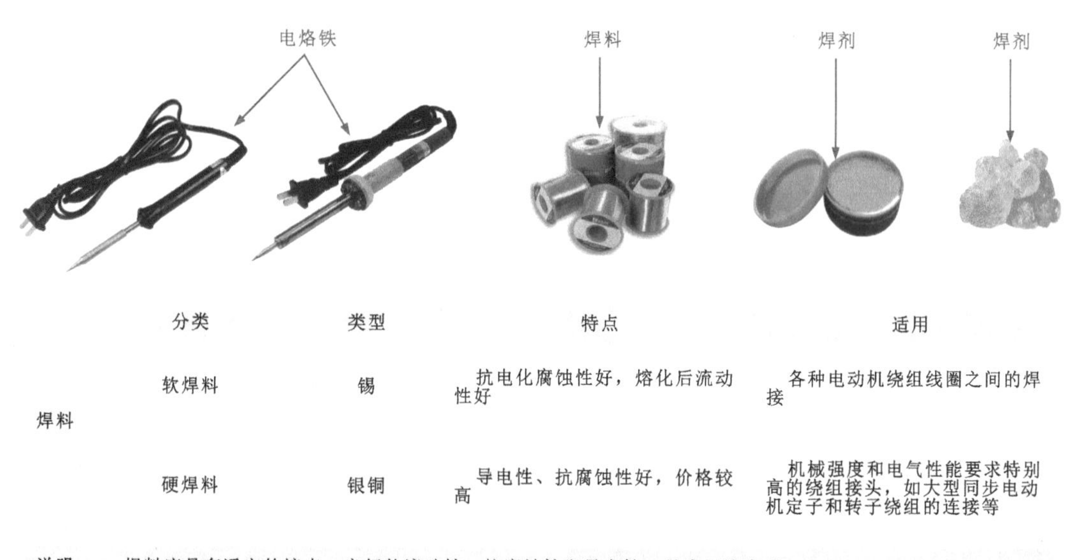
电烙铁
焊料
焊剂
焊剂

	分类	类型	特点	适用
焊料	软焊料	锡	抗电化腐蚀性好，熔化后流动性好	各种电动机绕组线圈之间的焊接
	硬焊料	银铜	导电性、抗腐蚀性好，价格较高	机械强度和电气性能要求特别高的绕组接头，如大型同步电动机定子和转子绕组的连接等
说明	焊料应具有适宜的熔点，良好的流动性、抗腐蚀性和导电性，且应经济实用			
	分类	类型	特点	适用
焊剂	有机焊剂（中性焊剂）	松香、松香酒精溶剂	无腐蚀性，可形成坚硬的薄膜，保护焊接处不受氧化和腐蚀	铜线绕组焊接中普遍采用
	无机焊剂（酸性焊剂）	氯化锌、硼砂、焊药膏	能有效清除焊件的氧化物，改善焊料流动性，对铜和绝缘有腐蚀性	绕组焊接中一般不使用。若必须使用这类焊剂时，焊后必须彻底清除焊剂残余和焊渣
说明	焊剂应能够溶解和除去氧化物，使焊接容易进行，能改善焊料对焊件的润湿性，低于焊料的熔点，具有一定的流动性，容易脱渣			

图4-24 焊接辅助材料的特点

4.3 电动机常用检测仪表的特点和用法

在电动机检修操作中，电动机各项电气性能都需要借助一些检测仪表进行测量和判断。最常使用的检测仪表主要有万用表、钳形电流表、绝缘电阻表、转速表、相序仪、万用电桥、指示表、测微仪等。

4.3.1 万用表的特点和用法

万用表是电动机检修操作中最常使用的检测仪表之一。万用表是一种多功能、多量程的便携式仪表，可以用来检测直流电流、交流电流、直流电压、交流电压及电阻值等电气参数。目前，常用的万用表主要有指针万用表和数字万用表两种。

图4-25为万用表的实物外形。

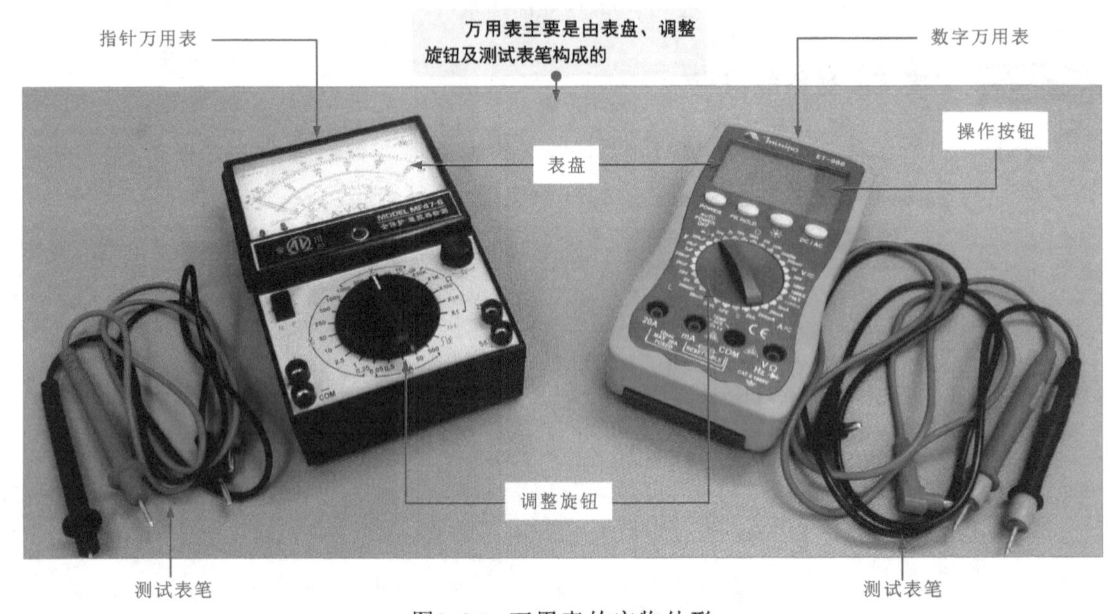

指针万用表
万用表主要是由表盘、调整旋钮及测试表笔构成的
数字万用表
操作按钮
表盘
调整旋钮
测试表笔
测试表笔

图4-25 万用表的实物外形

在检修电动机时，可根据使用环境选用适当的万用表，使用指针万用表检测时，可通过指针万用表的指针指向读取检测数值；使用数字万用表检测时，可直接读取显示屏显示的数值，如图4-26所示。

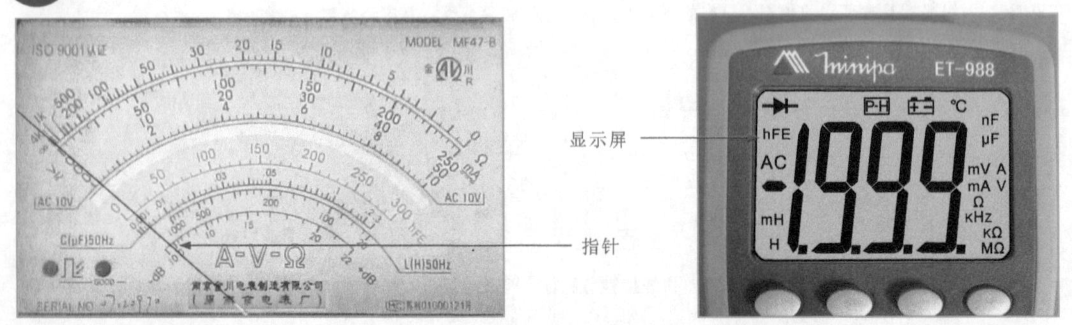

显示屏
指针

图4-26 指针万用表和数字万用表的数值读取

使用指针万用表检测电动机时，应先根据被测的参数调整相应的挡位和量程，然后通过表盘读取所测数据，并通过所测的数值判断电动机是否正常。

图4-27为指针万用表的使用方法。

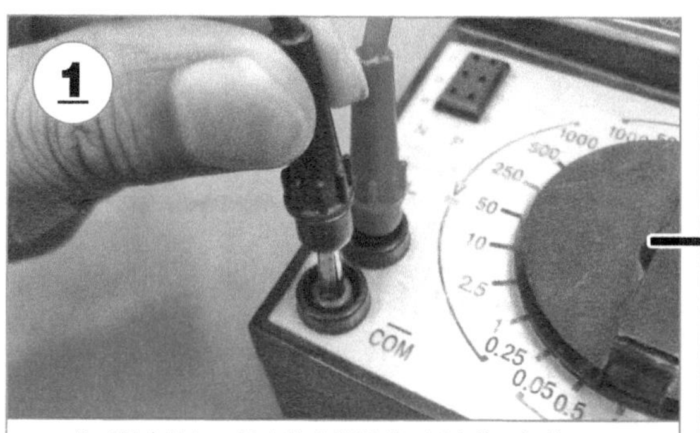
1
COM

将万用表的红、黑表笔分别插到万用表的正极性“+”和负极性“−”插孔中。

2
MODEL MF47-8
全保护·遥控器检测
A-V-Ω

使用螺钉旋具微调表头校正钮，使指针指向左侧“0”标度位。

3
C.L.dB
x10k
x1k
x100
x10
x1
hFE
2500V

根据测量目的，调整旋钮指向适当的位置，如指向电阻测量挡，由于电动机绕组阻值较小，所以选择“×1”欧姆挡。

4
MODEL MF47-8

选择好挡位及量程后，将红、黑两表笔短接，调整调零旋钮，使万用表的指针指在0Ω的位置。

5

将红、黑表笔分别搭接在待测电动机绕组引出线的两端，可根据指针指示的位置读出当前的测量结果。

6
A-V-Ω
MODEL MF47-8
全保护·遥控器检测

测量参数值为电阻值，因此选择电阻刻度读数，即选择最上一行的标度线，从右向左开始读数，数值为“4”，结合万用表量程旋钮位置，实测结果为4×1Ω=4Ω。

在使用指针万用表检测时，若所测参数为电阻值，则除了读取表盘数值外，还要结合调整旋钮的位置。例如，若量程旋钮置于“×10”欧姆挡，实测时指针指示数值为5.6，则实际结果5.6×10Ω=56Ω；若量程旋钮置于“×100”欧姆挡，则实际结果为5.6×100Ω=560Ω，依次类推。若所测对象参数为电流或电压，则直接读取表盘相应标度线上的数值即可，无需再乘以倍数

图4-27　指针万用表的使用方法

4.3.2 钳形表的特点和用法

钳形电流表是主要用于测量大功率或高压设备交流电流的检测仪表，通常附有检测电压和电阻等功能，可以用于检测电动机或控制电路工作时的电压与电流。

图4-28为钳形电流表的实物外形。

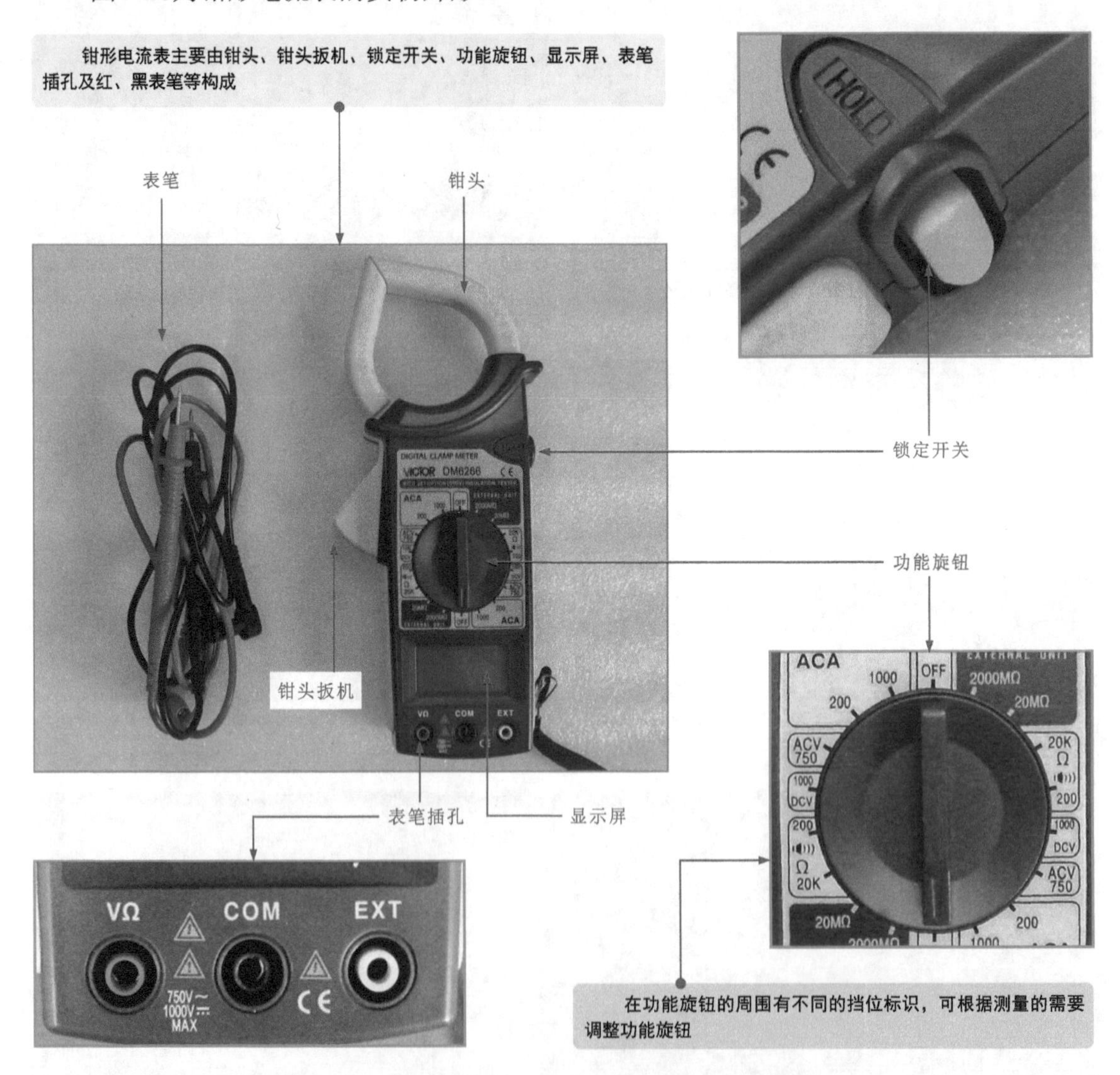

钳形电流表主要由钳头、钳头扳机、锁定开关、功能旋钮、显示屏、表笔插孔及红、黑表笔等构成
表笔
钳头
锁定开关
功能旋钮
钳头扳机
表笔插孔
显示屏
在功能旋钮的周围有不同的挡位标识，可根据测量的需要调整功能旋钮
HOLD
DIGITAL CLAMP METER
VICTOR DM6266
ACA
OFF
1000
200
2000MΩ
20MΩ
ACV 750
DCV
20K
Ω
VΩ
COM
EXT
750V～
1000V⎓
MAX

图4-28 钳形电流表的实物外形

（1）钳头和钳头扳机：用于控制钳头部分开启和闭合的工具。钳头是一个电流互感器的二次绕组，被测导线穿入钳头时，导线的电流会感应钳头的绕组电流，绕组输出的电压与导线的电流成正比，经表内电路的处理，即可显示被测电流。

（2）锁定开关：用于锁定显示屏上显示的数据，方便在空间较小或黑暗的地方锁定检测数值，便于识读；若需要继续检测，则再次按下锁定开关即可解除锁定功能。

（3）功能旋钮：用于控制钳形电流表的测量挡位。当需要检测的数据不同时，只需要将功能旋钮旋转至对应的挡位即可。

（4）表笔和插孔的配合可用于普通电压、电阻等的测量。

钳形电流表的使用方法比较简单，特别是在用钳形电流表检测电流时，不需要断开电路，即可通过钳形电流表对导线的感应电流进行测量。图4-29为钳形电流表的使用方法

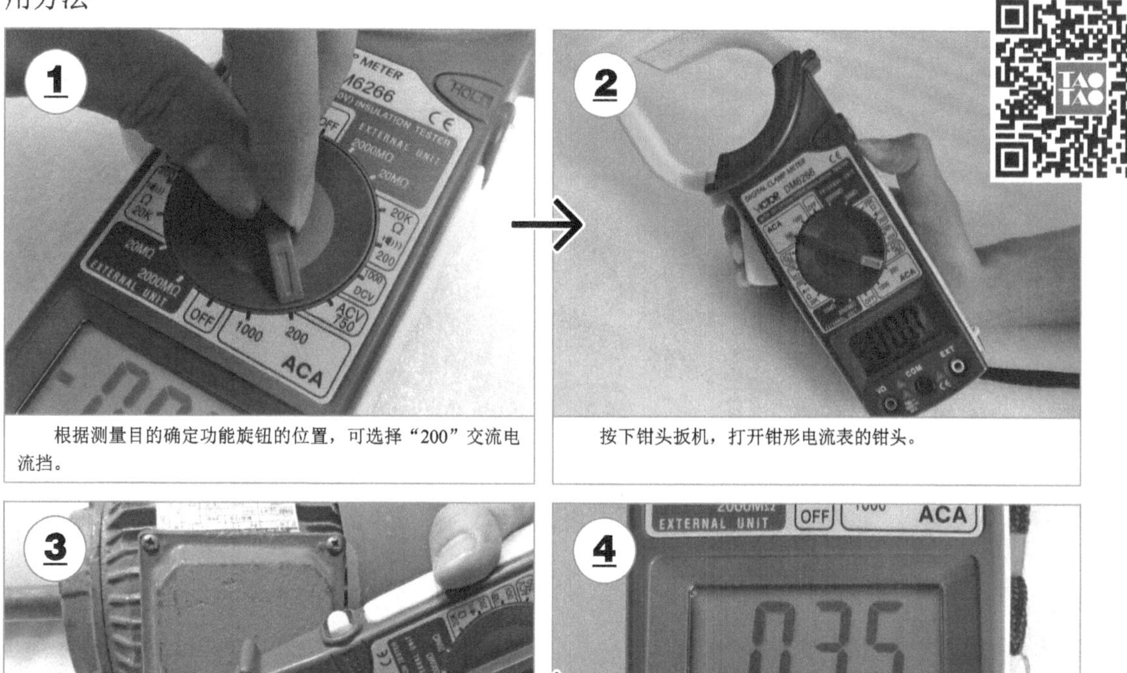

根据测量目的确定功能旋钮的位置，可选择“200”交流电流挡。

按下钳头扳机，打开钳形电流表的钳头。

将钳口套在所测线路其中的一根供电导线上，这里要测量电动机的供电电流，钳住其中一根供电引线即可。

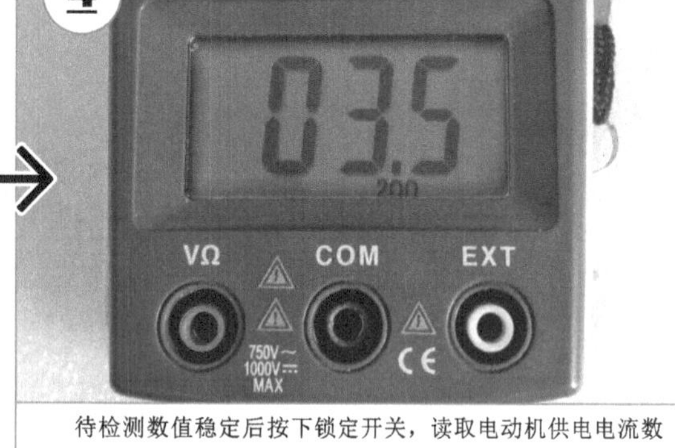
4
03.5
VΩ
COM
EXT

待检测数值稳定后按下锁定开关，读取电动机供电电流数值为3. 5A。

图4-29　钳形电流表的使用方法

钳形电流表在检测电流时，可直接通过钳头进行测量，主要是因为钳形电流表检测交流电流的原理建立在电流互感器工作原理的基础上。当按下钳形电流表钳头扳机时，钳头铁芯张开，被测导线进入钳口内作为电流互感器的一次绕组，钳头内部的二次绕组均匀缠绕在圆形铁芯上，导线通过交流电时产生交变磁通，使二次绕组感应，产生按比例减小的感应电流。值得注意的是，在使用钳形电流表带电测量时不可转换量程，否则会损坏钳形电流表。另外，测量电流时，钳口内只能有一根导线，如果钳口中同时有多根导线，将无法得到准确的结果。如图4-30所示。

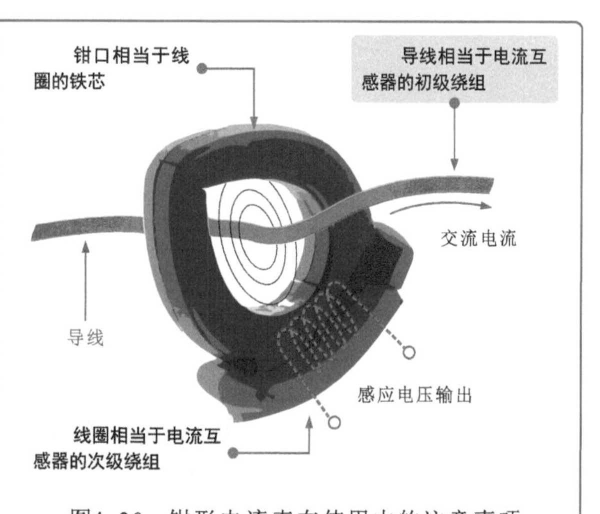
钳口相当于线圈的铁芯
导线相当于电流互感器的初级绕组
交流电流
导线
感应电压输出
线圈相当于电流互感器的次级绕组

图4-30　钳形电流表在使用中的注意事项

4.3.3 绝缘电阻表的特点和用法

绝缘电阻表主要用于检测电动机的绝缘电阻，以判断电动机电气部分的绝缘性能，从而判断电动机的状态，有效地避免发生触电伤亡及设备损坏等事故，是检修电动机过程中不可缺少的测量仪表之一。图4-31为绝缘电阻表的实物外形。

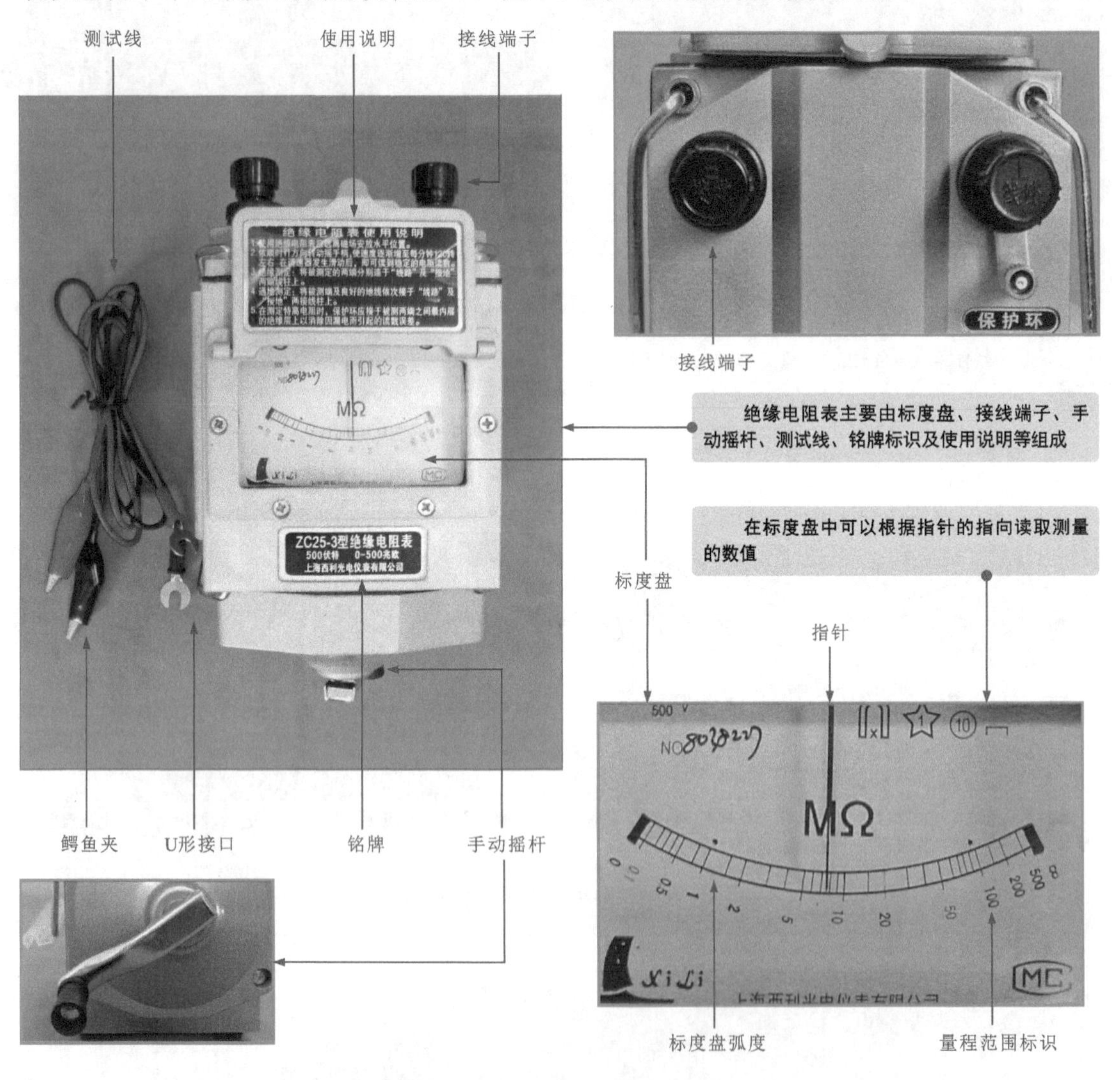

测试线
使用说明
接线端子
接线端子
保护环
绝缘电阻表主要由标度盘、接线端子、手动摇杆、测试线、铭牌标识及使用说明等组成
在标度盘中可以根据指针的指向读取测量的数值
标度盘
指针
ZC25-3型绝缘电阻表
MΩ
鳄鱼夹
U形接口
铭牌
手动摇杆
标度盘弧度
量程范围标识

图4-31　绝缘电阻表的实物外形

（1）标度盘：绝缘电阻表以指针指示的方式指示出测量结果，测量者可根据指针在标度线上的指示位置读出当前测量的具体数值。

（2）接线端子：用于与测试线连接，通过测试线与待测设备连接，检测绝缘电阻。

（3）手动摇杆：手动摇杆与内部的发电机相连，当顺时针摇动摇杆时，绝缘电阻表中的小型发电机开始发电，为检测电路提供高压。

（4）测试线：分为红色测试线和黑色测试线，用于连接手摇式绝缘电阻表和待测设备。

（5）铭牌标识和使用说明：位于上盖处，可以通过铭牌标识和使用说明对手摇式绝缘电阻表有所了解。

使用绝缘电阻表检测绝缘电阻的方法相对比较简单。首先连接好测试线后，将测试线端头的鳄鱼夹夹在待测设备上即可。图4-32为绝缘电阻表的使用方法。

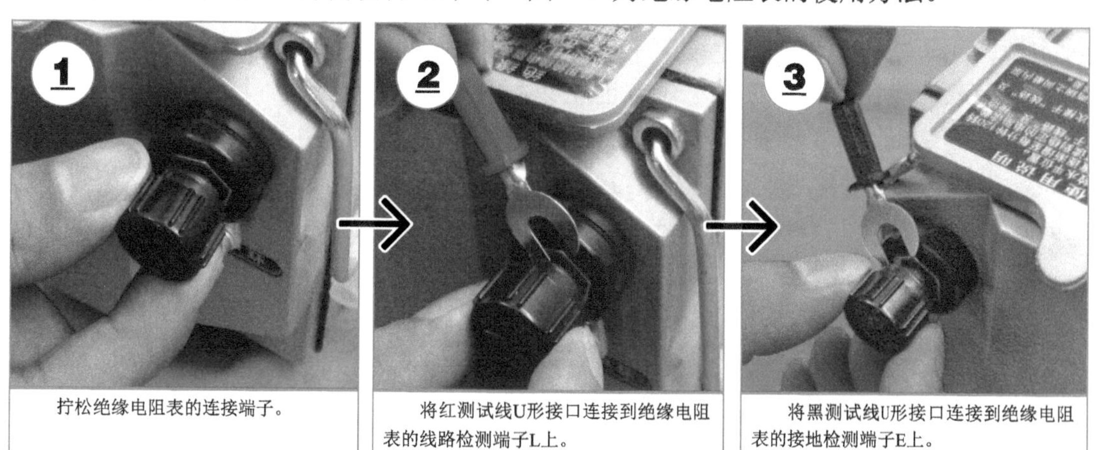
1
2
3

拧松绝缘电阻表的连接端子。

将红测试线U形接口连接到绝缘电阻表的线路检测端子L上。

将黑测试线U形接口连接到绝缘电阻表的接地检测端子E上。

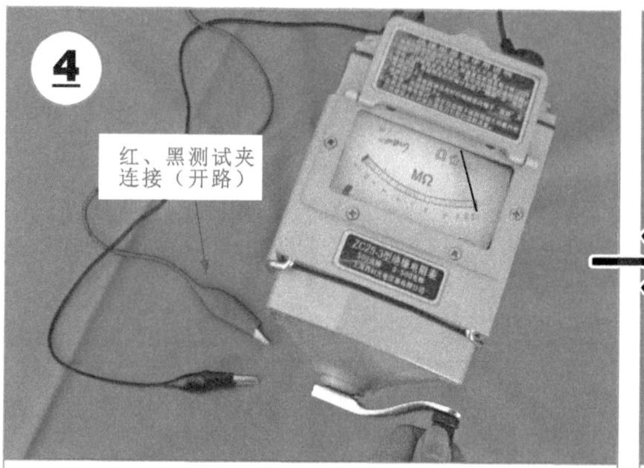
4
红、黑测试夹
连接（开路）
MΩ

测量前，需对绝缘电阻表进行开路测试，顺时针摇动摇杆，指针应指示无穷大。

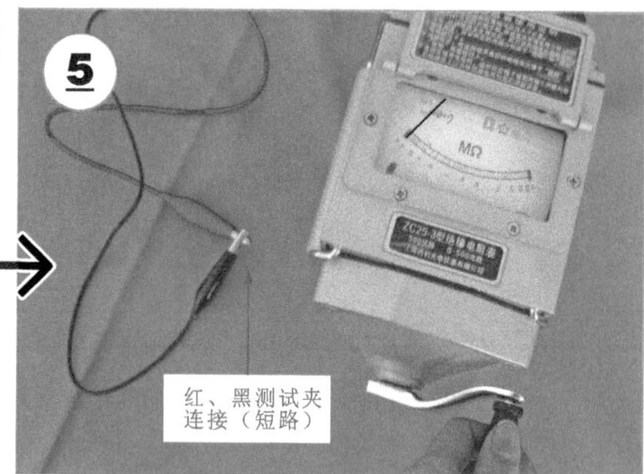
5
红、黑测试夹
连接（短路）
MΩ

测量前，需对绝缘电阻表进行短路测试，顺时针摇动摇杆，指针应指示0的位置。

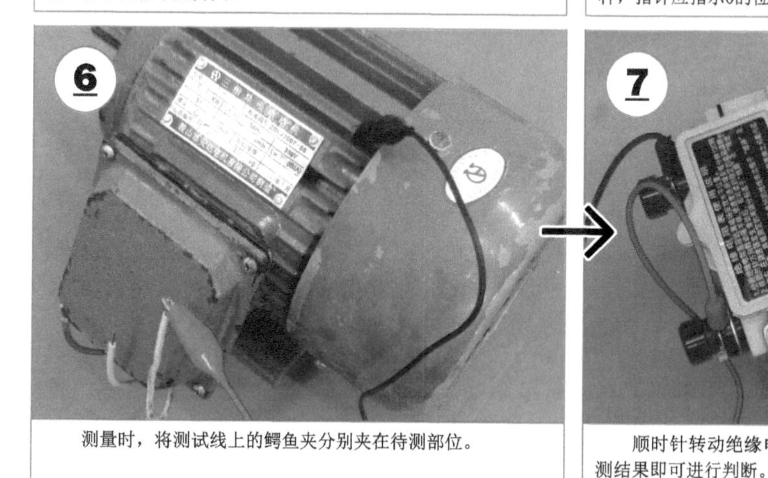
6
7

测量时，将测试线上的鳄鱼夹分别夹在待测部位。

顺时针转动绝缘电阻表手动摇杆，观察表盘读数，根据检测结果即可进行判断。

图4-32　绝缘电阻表的使用方法

使用绝缘电阻表测量时，应保持手持式绝缘电阻表稳定，在转动手动摇杆时，应当由慢至快，若发现指针指向0时，则应当立即停止摇动，以防绝缘电阻表损坏。

4.3.4 万能电桥的特点和用法

万能电桥是一种精密的测量仪表，可用于精确测量电容量、电感量和电阻值等电气参数，在电动机检修中，主要用于测量电动机绕组的直流电阻，可以精确测量出每组绕组的直流电阻值，即使微小偏差也能够发现，是判断电动机制造工艺和性能是否良好的专用检测仪表。图4-33为万能电桥的实物外形。

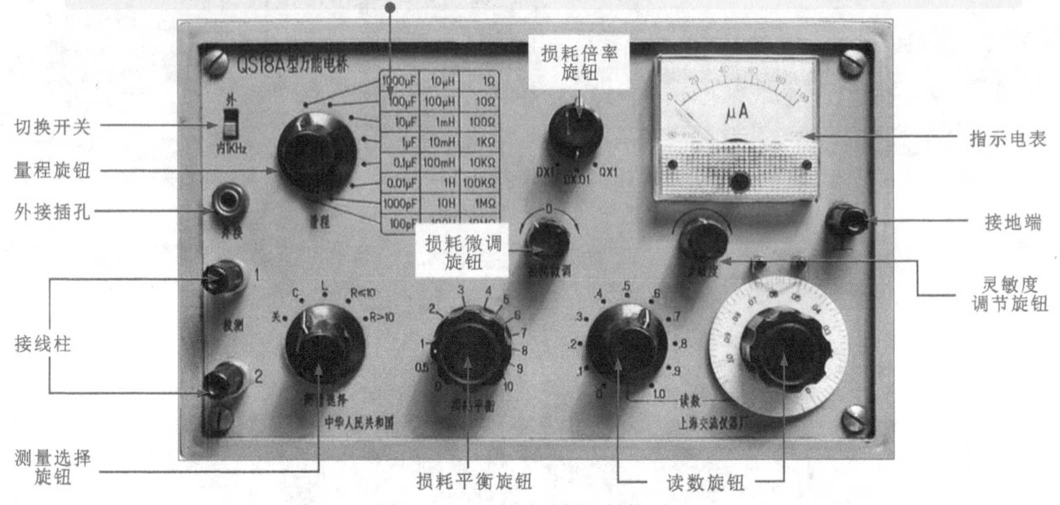

万能电桥主要由切换开关、量程旋钮、外接插孔、接线柱、测量选择旋钮、损耗平衡旋钮、损耗微调旋钮、损耗倍率旋钮、指示电表、接地端、灵敏度调节旋钮、读数旋钮等部分构成
QS18A型万能电桥
损耗倍率旋钮
切换开关
量程旋钮
外接插孔
损耗微调旋钮
指示电表
接地端
灵敏度调节旋钮
接线柱
测量选择旋钮
损耗平衡旋钮
读数旋钮
μA
DX1
DX.01
QX1

图4-33　万能电桥的实物外形

- 切换开关：可以选择内振荡或外振荡的模式。
- 量程旋钮：用于选择测量范围。上面所表示的刻度均为万能电桥在满度时的最大值，每一个挡位均分为电容量、电感量和电阻值三个数值。
- 外接插孔：有两个用途：一个用途为在测量有极性的电容和铁芯电感时，若需要外部叠加直流电压，则可通过该插孔连接；另一个用途为外接振荡器信号时，通过外接导线连接到该插孔（此时，拨动开关应置于“外”上）。
- 接线柱：用于连接被测元器件。接线柱“1”表示高电位接口，接线柱“2”表示低电位接口，在一般情况下，连接时不必考虑。
- 测量选择旋钮：用来选择被测元器件的类型。检测电容器时，将旋钮调至“C”处；检测电感器时，调至“L”处；检测10Ω以下的电阻器时，应置于R＜10处；检测10Ω以上的电阻器时，应置于R＞10处。
- 损耗平衡旋钮：在检测电容器或电感器的损耗时需调整此旋钮，该旋钮的数值乘以损耗倍率的数值，即为被测元器件的损耗值。
- 损耗微调旋钮：用来选择被测元器件的损耗精度，一般应置于“0”处。
- 损耗倍率旋钮：用来扩展损耗平衡旋钮的测量范围，在检测空芯电感器时，应将此开关置于“QX1”处；检测一般电容器时，置于“DX.01”处；检测大容量电解电容时，置于“DX1”处。
- 指示电表：万能电桥平衡时，指示电表的指针应指向“0”位。
- 接地端：与机壳连接，用来接地。
- 灵敏度调节旋钮：用来调节内部放大器的倍数，在最初调节万能电桥平衡时应降低灵敏度，在使用时应逐步增大灵敏度，使万能电桥平衡。
- 读数旋钮：调整这两个旋钮可以使万能电桥平衡，读数为这两个值相加。

万能电桥的灵敏度和精确度非常高，检测方法也相对复杂，很多功能旋钮需要配合使用才能完成测量。图4-34为万能电桥的使用方法。

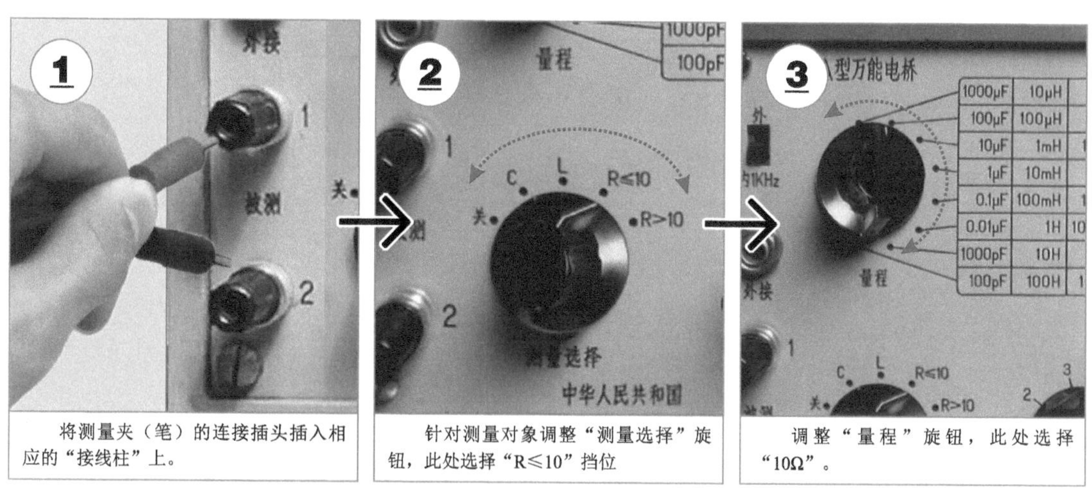
1
外接
被测
2
量程
1000pF
100pF
关
C
L
R≤10
R>10
测量选择
中华人民共和国
3
型万能电桥
1000μF
10μH
100μF
100μH
10μF
1mH
1μF
10mH
0.1μF
100mH
0.01μF
1H
1000pF
10H
100pF
100H
外接

将测量夹（笔）的连接插头插入相应的“接线柱”上。

针对测量对象调整“测量选择”旋钮，此处选择“R≤10”挡位

调整“量程”旋钮，此处选择“10Ω”。

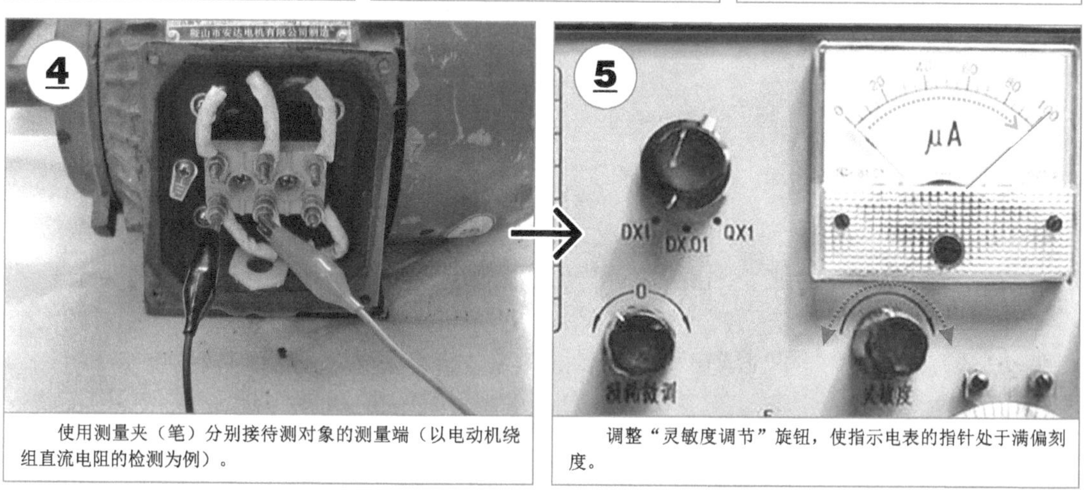
4
5
μA
DX1
DX.01
QX1
0

使用测量夹（笔）分别接待测对象的测量端（以电动机绕组直流电阻的检测为例）。

调整“灵敏度调节”旋钮，使指示电表的指针处于满偏刻度。

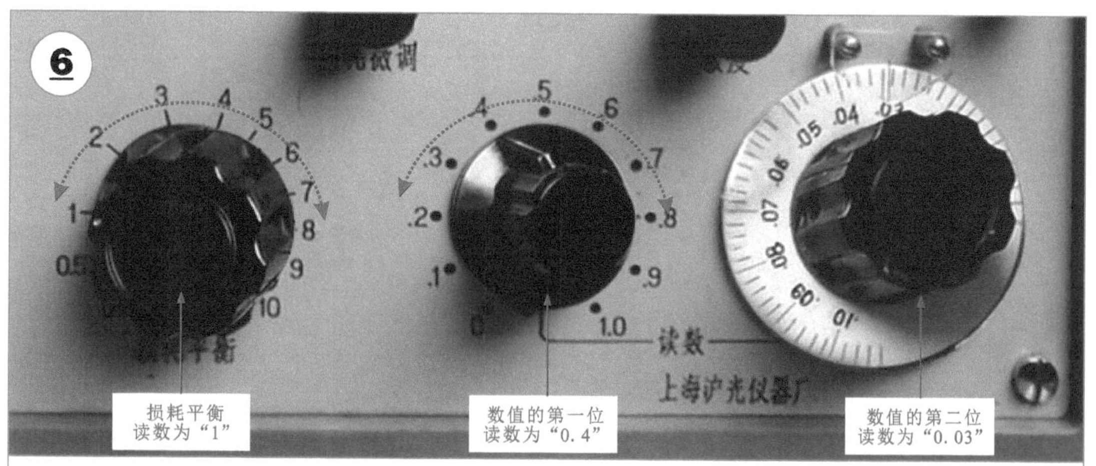
6
读数
上海沪光仪器厂
损耗平衡
读数为“1”
数值的第一位
读数为“0.4”
数值的第二位
读数为“0.03”

反复调整损耗平衡旋钮和读数旋钮，直至指示电表的指针接近“0”位（平衡位置）后，即可对调整值进行识读，R=10×0.43Ω=4.3Ω。使用万能电桥测量时，测量电阻的最终数值=量程读数×旋钮读数。

图4-34 万能电桥的使用方法

4.3.5 转速表的特点和用法

转速表通常用于在电动机工作状态下，检测旋转速度、线速度或频率等，根据电动机在工作状态下的电气参数，判断电动机工作是否正常，是电动机检修操作中的必备测量仪表之一。图4-35为转速表的实物外形。

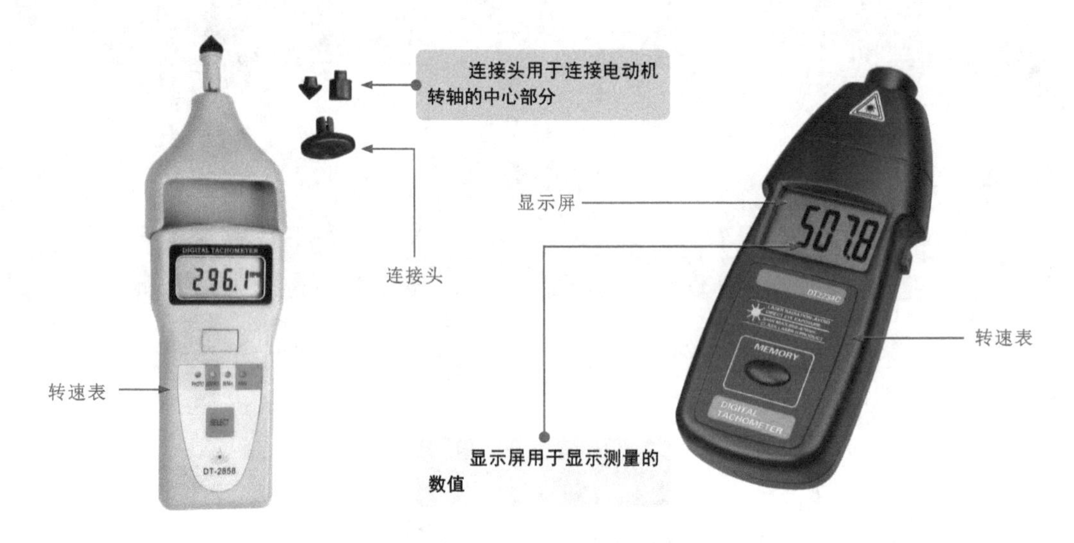

连接头用于连接电动机转轴的中心部分
连接头
转速表
DIGITAL TACHOMETER
296.1
DT-2858
显示屏
5078
转速表
MEMORY
DIGITAL TACHOMETER
显示屏用于显示测量的数值

图4-35 转速表的实物外形

在一般情况下，转速表都配备有不同规格的连接头等配件，以供测量使用。检测时，先将连接头与转速表连接，然后将连接头顶住电动机转轴的中心部分，使转速表与电动机轴同步旋转即可完成电动机的转速测量。图4-36为转速表的使用方法。

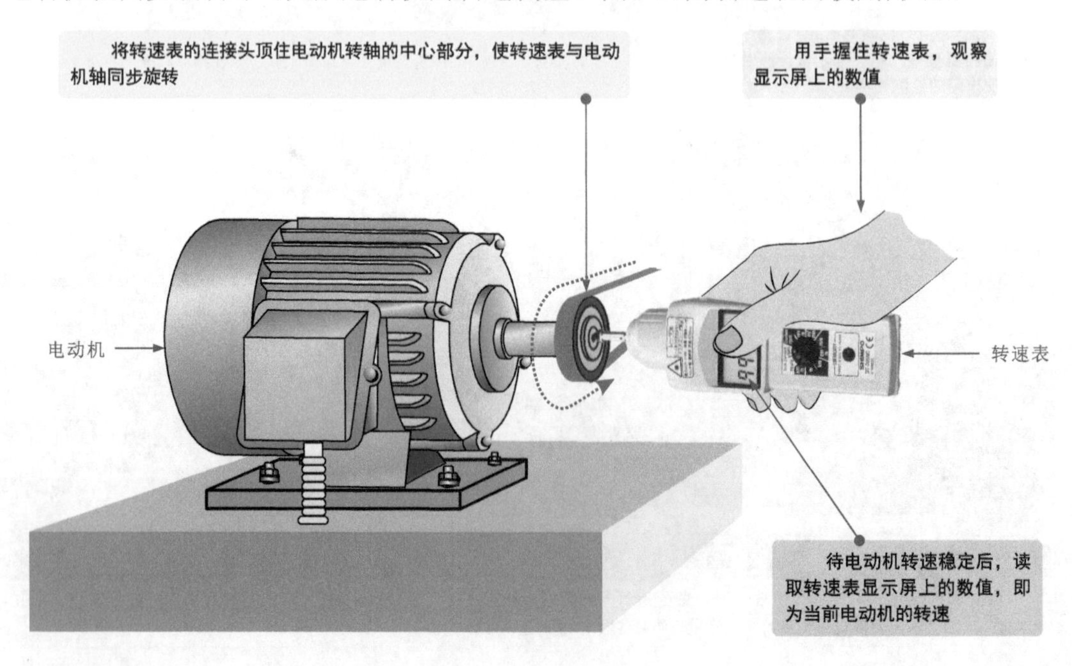

将转速表的连接头顶住电动机转轴的中心部分，使转速表与电动机轴同步旋转
用手握住转速表，观察显示屏上的数值
电动机
转速表
待电动机转速稳定后，读取转速表显示屏上的数值，即为当前电动机的转速

图4-36 转速表的使用方法

4.3.6 相序仪的特点和用法

相序仪是电动机维修操作中较为常用的测量仪表之一，通常用来判断三相交流电动机的三相供电线与电源的连接是否正常、相位顺序是否正确等。图4-37为相序仪的实物外形。

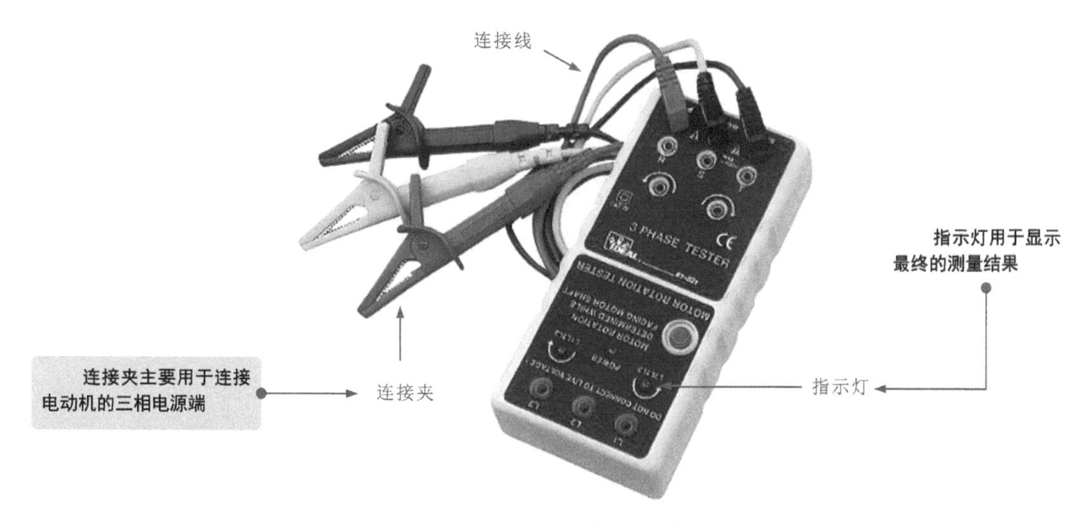

连接线
指示灯用于显示
最终的测量结果
3 PHASE TESTER
MOTOR ROTATION TESTER
连接夹主要用于连接
电动机的三相电源端
连接夹
指示灯

图4-37 相序仪的实物外形

相序仪的使用方法相对比较简单，将相序仪的三个连接夹分别与电动机的三相电源线连接即可检测出电源相序。该操作是电动机控制电路连接操作中的重要环节，是确保三相电源与电动机三相绕组连接相序正确的关键步骤。图4-38为相序仪的使用方法。

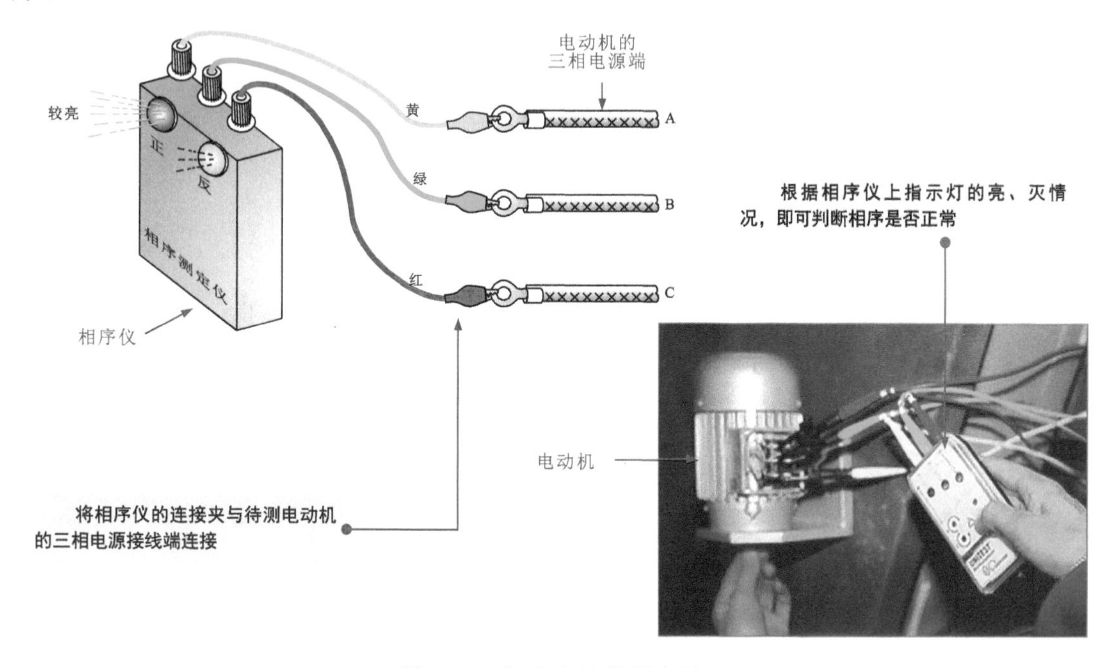

电动机的
三相电源端
较亮
正
反
相序测定仪
黄
绿
红
A
B
C
相序仪
根据相序仪上指示灯的亮、灭情况，即可判断相序是否正常
电动机
将相序仪的连接夹与待测电动机的三相电源接线端连接

图4-38 相序仪的使用方法

4.3.7 指示表的特点和用法

指示表是一种精确度非常高的测量仪表，通过齿轮或杠杆可将微小的直线移动经过传动放大，变为指针在标度盘上的转动，读取标度盘上的读数即可测量出被测尺寸的大小。图4-39为指示表的实物外形。

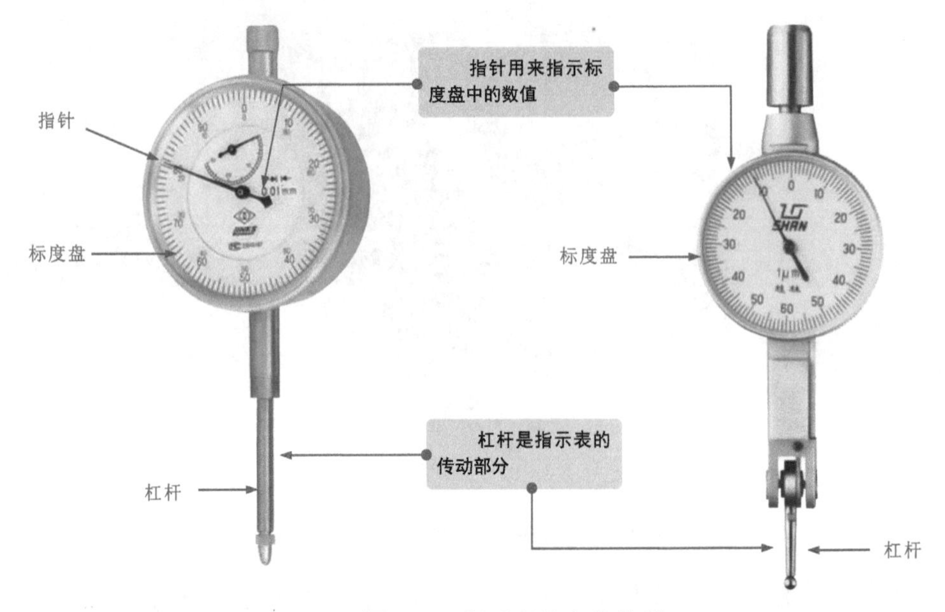

指针用来指示标度盘中的数值
指针
标度盘
标度盘
杠杆是指示表的传动部分
杠杆
杠杆

图4-39 指示表的实物外形

在电动机检修中，常借助指示表测定电动机转轴的弯曲程度，并在转轴校直过程中辅助监测校直效果，如图4-40所示。

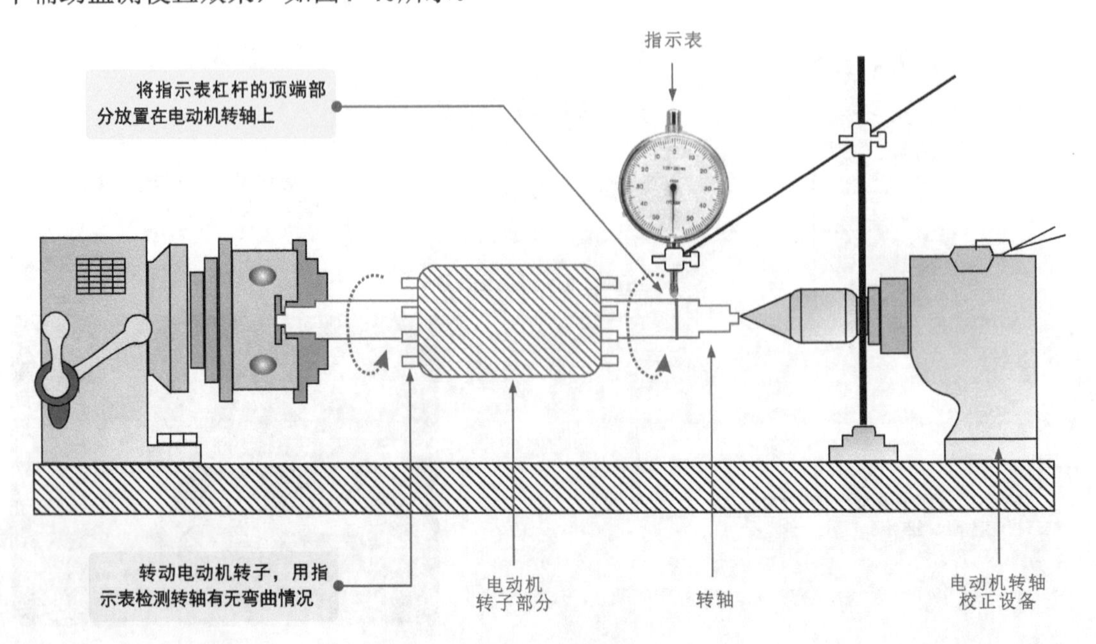

指示表
将指示表杠杆的顶端部分放置在电动机转轴上
转动电动机转子，用指示表检测转轴有无弯曲情况
电动机转子部分
转轴
电动机转轴校正设备

图4-40 指示表的使用方法

第5章 电动机的拆卸与安装

电动机的结构功能各不相同。在不同的电气设备或控制系统中，电动机的安装位置、安装固定方式各不相同。要检测或检修电动机，掌握电动机的拆卸技能尤为重要。

下面通过典型案例，分别演示直流电动机和交流电动机的拆装方法。

5.1 直流电动机的拆卸

直流电动机在很多家用电子产品及电动产品中应用广泛。其中，电动自行车中的主要动力部件就是直流电动机。下面以典型电动自行车中的有刷直流电动机和无刷直流电动机为例进行介绍。

5.1.1 有刷直流电动机的拆卸

有刷直流电动机以内部电刷为主要结构特点，拆卸前，应先根据直流电动机的安装固定特点做好拆卸规划，进而确保直流电动机拆卸的顺利进行，如图5-1所示，拆卸时，根据检修要求拆卸电刷和换向器。

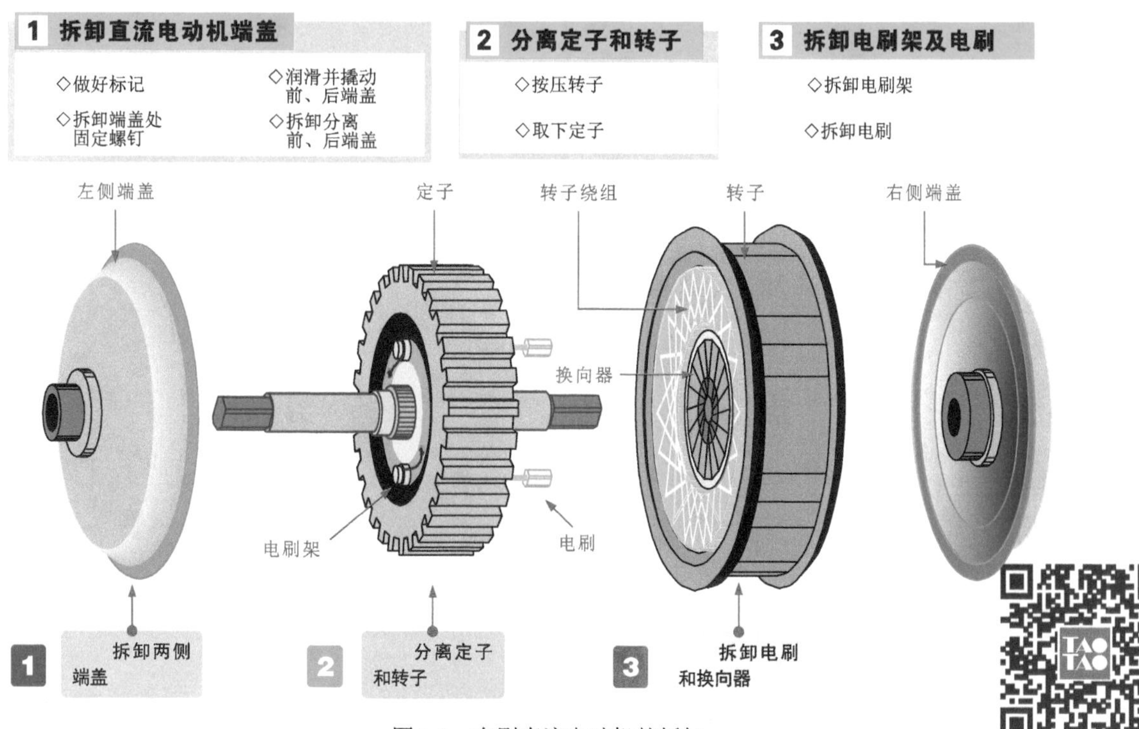

1 拆卸直流电动机端盖
◇做好标记
◇润滑并撬动前、后端盖
◇拆卸端盖处固定螺钉
◇拆卸分离前、后端盖
2 分离定子和转子
◇按压转子
◇取下定子
3 拆卸电刷架及电刷
◇拆卸电刷架
◇拆卸电刷
左侧端盖
定子
转子绕组
转子
右侧端盖
换向器
电刷架
电刷
1 拆卸两侧端盖
2 分离定子和转子
3 拆卸电刷和换向器

图5-1　有刷直流电动机的拆卸

1 有刷直流电动机端盖的拆卸

拆卸直流电动机的端盖，首先要做好标记，然后拆卸固定螺钉，最后通过润滑和撬动的方式即可将直流电动机的端盖分离，如图5-2所示。

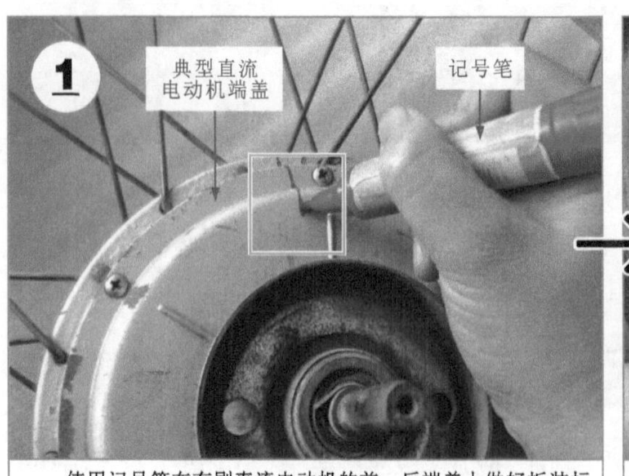
1
典型直流
电动机端盖
记号笔

使用记号笔在有刷直流电动机的前、后端盖上做好拆装标记。

2
固定螺钉

使用螺钉旋具将有刷直流电动机前、后端盖的固定螺钉按对角顺序分别拧下。

3
一字槽
螺钉旋具
可在端盖与轴承的衔接处滴加适量的润滑油，使端盖较容易拆下

将一字螺钉旋具放在端盖与齿轮组之前，轻轻撬动使其松动。

4
一字槽
螺钉旋具

在后端盖与有刷直流电动机的缝隙处分别插入一字槽螺钉旋具，轻轻向外侧撬动。

5

从直流电动机上取下松动的后端盖。

6
端盖

此时，另外一侧的端盖也可以与电动机分离了，取下后，即可完成端盖部分的拆卸。

图5-2 直流电动机端盖的拆卸方法

2 分离电动机的定子和转子部分

打开端盖后，即可看到有刷直流电动机的定子和转子部分，由于有刷直流电动机的定子与转子之间是通过磁场相互作用的，因此可直接分离，用力向下按压转子部分即可分离。有刷直流电动机定子及转子部分的分离操作如图5-3所示。

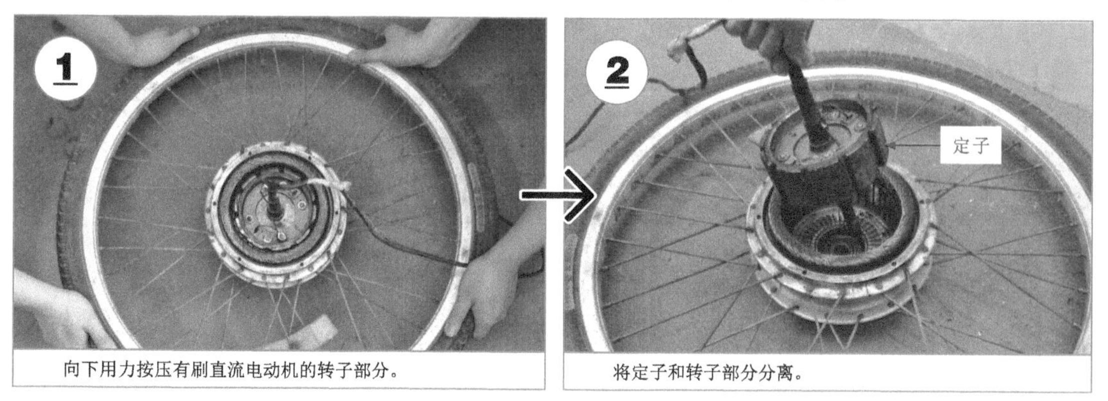

1
向下用力按压有刷直流电动机的转子部分。
2
定子
将定子和转子部分分离。

图5-3 有刷直流电动机定子及转子部分的分离操作

3 拆卸电刷和电刷架

有刷直流电动机的定子和转子分离后，可以看到电刷是固定在定子上的，接下来需要将电刷从定子上取下，如图5-4所示。

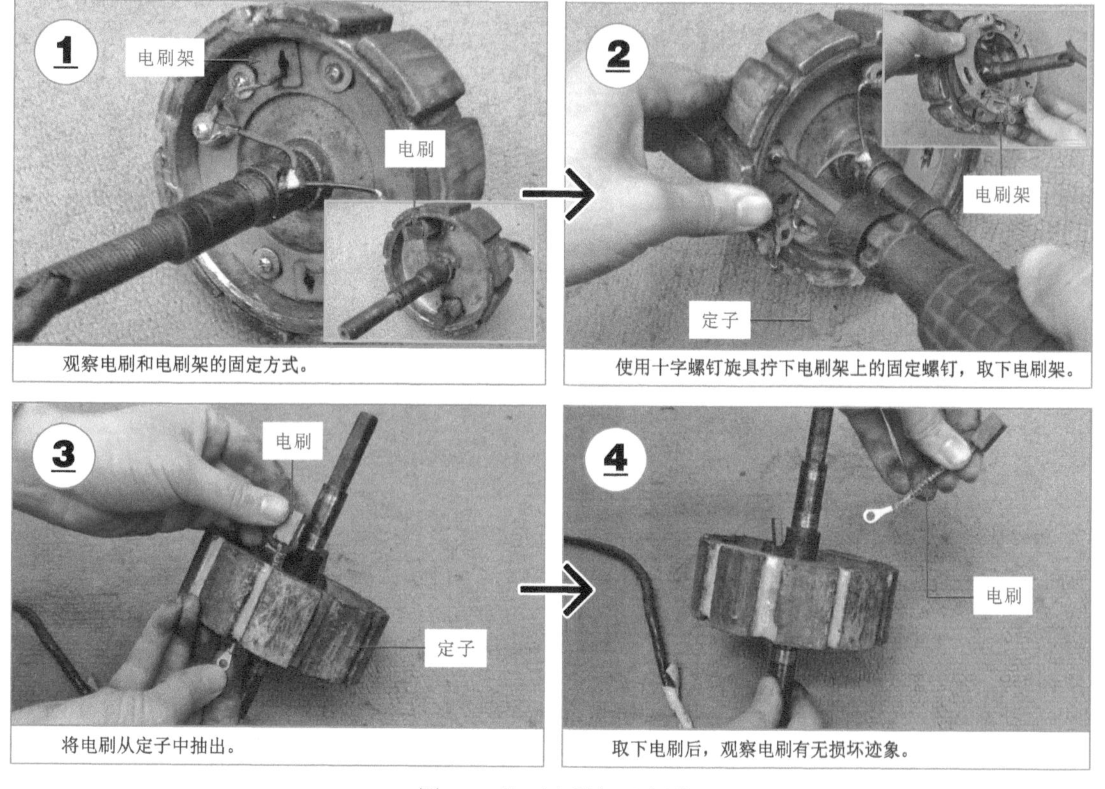

1
电刷架
电刷
观察电刷和电刷架的固定方式。
2
电刷架
定子
使用十字螺钉旋具拧下电刷架上的固定螺钉，取下电刷架。
3
电刷
定子
将电刷从定子中抽出。
4
电刷
取下电刷后，观察电刷有无损坏迹象。

图5-4 取下电刷架及电刷

5.1.2 无刷直流电动机的拆卸

如图5-5所示，无刷直流电动机的拆卸可大致划分为两侧端盖的拆卸、定子与转子分离两个环节。

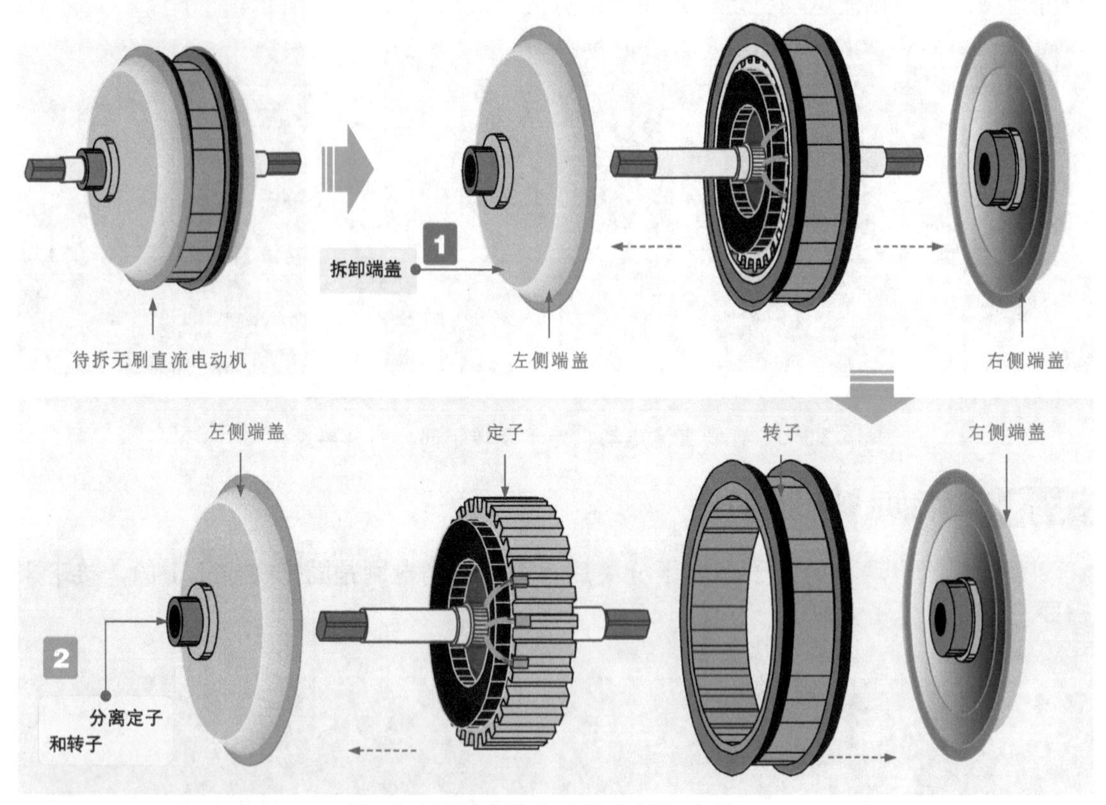

1
拆卸端盖
待拆无刷直流电动机
左侧端盖
右侧端盖
左侧端盖
定子
转子
右侧端盖
2
分离定子
和转子

图5-5 无刷直流电动机的拆卸步骤

1 拆卸后盖

如图5-6所示，在拆卸无刷直流电动机前，首先应清洁操作场地，防止杂物吸附到电动机内的磁钢上，影响电动机的性能，然后按操作规范分离出端盖部分。

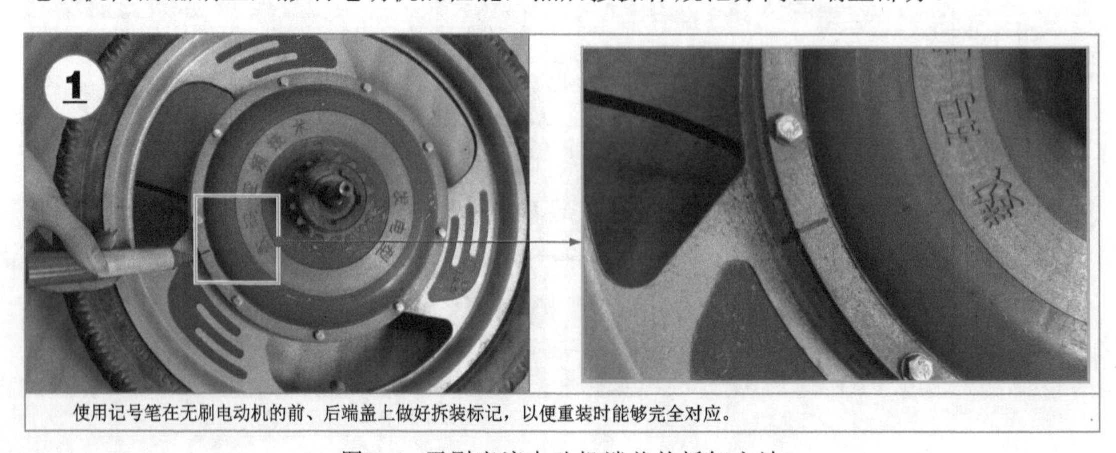

1

使用记号笔在无刷电动机的前、后端盖上做好拆装标记，以便重装时能够完全对应。

图5-6 无刷直流电动机端盖的拆卸方法

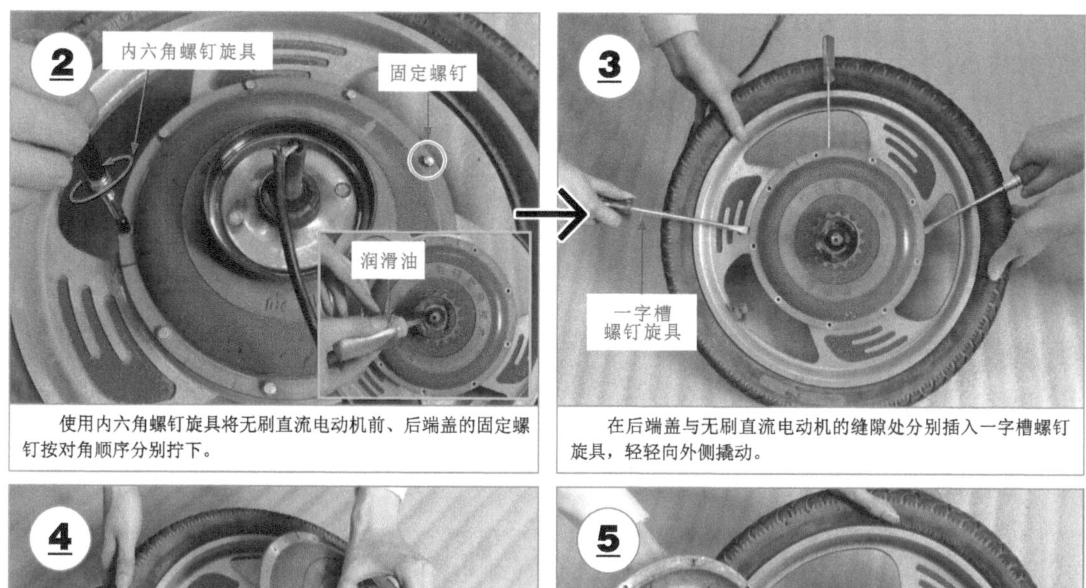
2
内六角螺钉旋具
固定螺钉
润滑油
3
一字槽
螺钉旋具

使用内六角螺钉旋具将无刷直流电动机前、后端盖的固定螺钉按对角顺序分别拧下。

在后端盖与无刷直流电动机的缝隙处分别插入一字槽螺钉旋具，轻轻向外侧撬动。

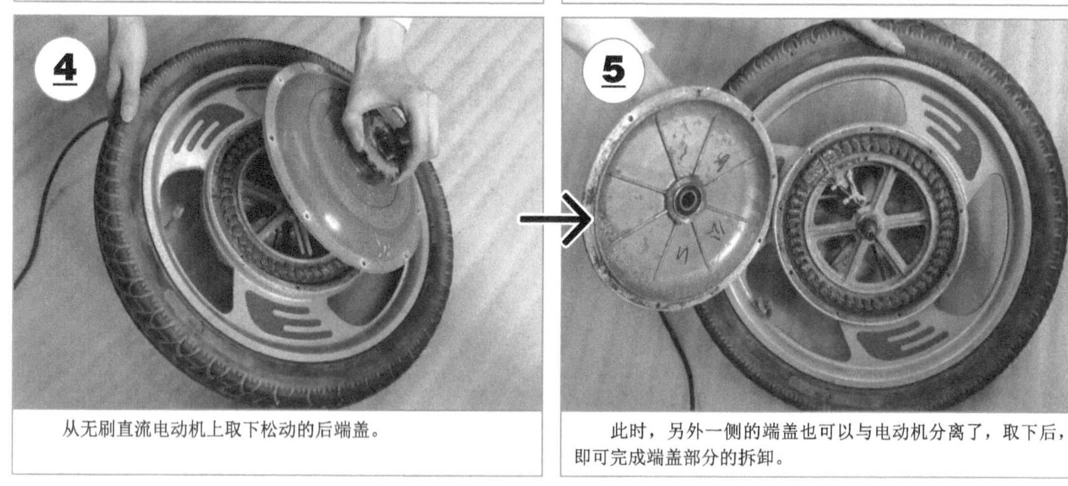
4
5

从无刷直流电动机上取下松动的后端盖。

此时，另外一侧的端盖也可以与电动机分离了，取下后，即可完成端盖部分的拆卸。

图5-6　无刷直流电动机端盖的拆卸方法（续）

2 分离无刷直流电动机的定子与转子

如图5-7所示，打开端盖后，即可看到无刷直流电动机的定子和转子部分，由于无刷直流电动机的定子与转子之间是通过磁场相互作用的，因此可直接分离，适当用力向下按压转子部分即可分离。

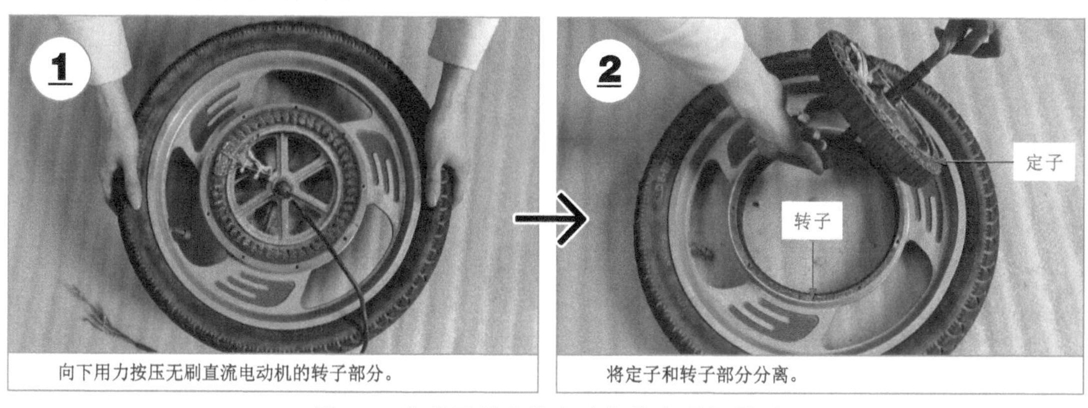
1
2
定子
转子

向下用力按压无刷直流电动机的转子部分。

将定子和转子部分分离。

图5-7　分离无刷直流电动机的定子与转子

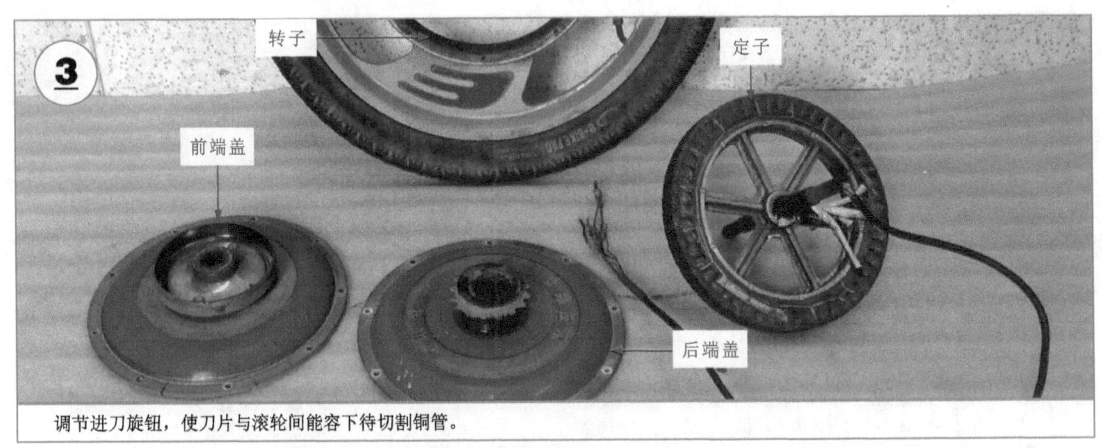
3
转子
定子
前端盖
后端盖

调节进刀旋钮，使刀片与滚轮间能容下待切割铜管。

图5-7　分离无刷直流电动机的定子与转子（续）

5.2 交流电动机的拆卸

交流电动机的类型和结构也是多种多样的，在检修交流电动机中，拆卸是不可避免的操作环节。下面分别以典型单相交流电动机和三相交流电动机为例进行介绍。

5.2.1 单相交流电动机的拆卸

如图5-8所示，单相交流电动机的结构多种多样，基本拆卸方法大致相同，这里以常见电风扇中的单相交流电动机为例进行介绍。

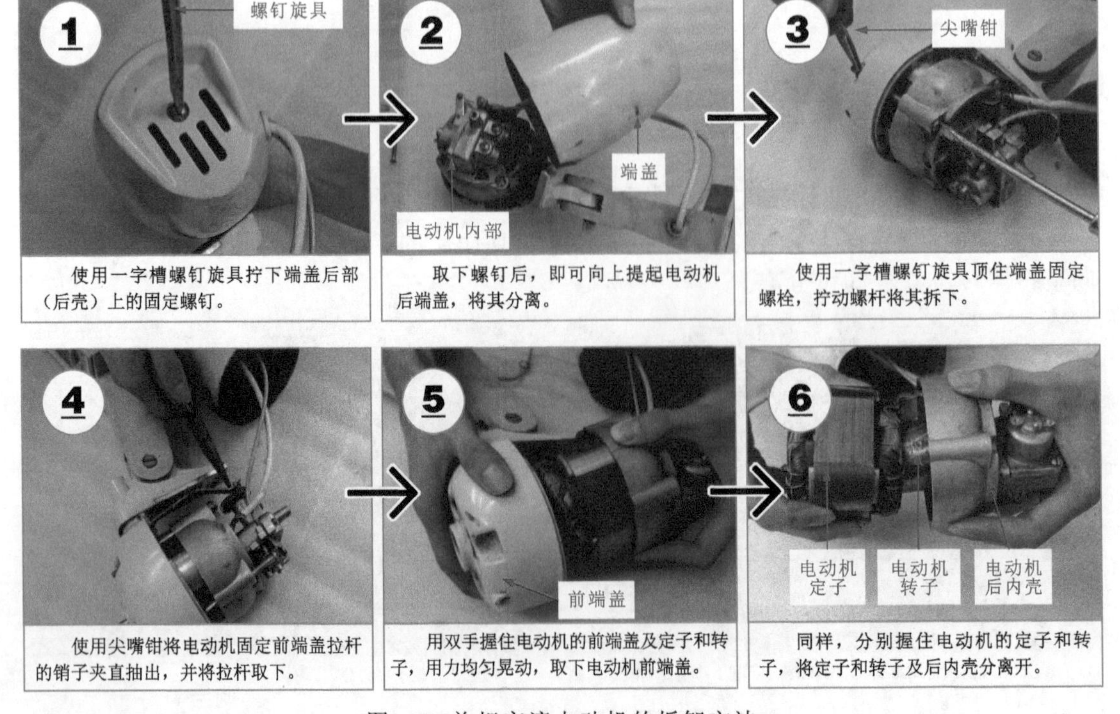
1
螺钉旋具
2
端盖
电动机内部
3
尖嘴钳
4
5
前端盖
6
电动机定子
电动机转子
电动机后内壳

使用一字槽螺钉旋具拧下端盖后部（后壳）上的固定螺钉。

取下螺钉后，即可向上提起电动机后端盖，将其分离。

使用一字槽螺钉旋具顶住端盖固定螺栓，拧动螺杆将其拆下。

使用尖嘴钳将电动机固定前端盖拉杆的销子夹直抽出，并将拉杆取下。

用双手握住电动机的前端盖及定子和转子，用力均匀晃动，取下电动机前端盖。

同样，分别握住电动机的定子和转子，将定子和转子及后内壳分离开。

图5-8　单相交流电动机的拆卸方法

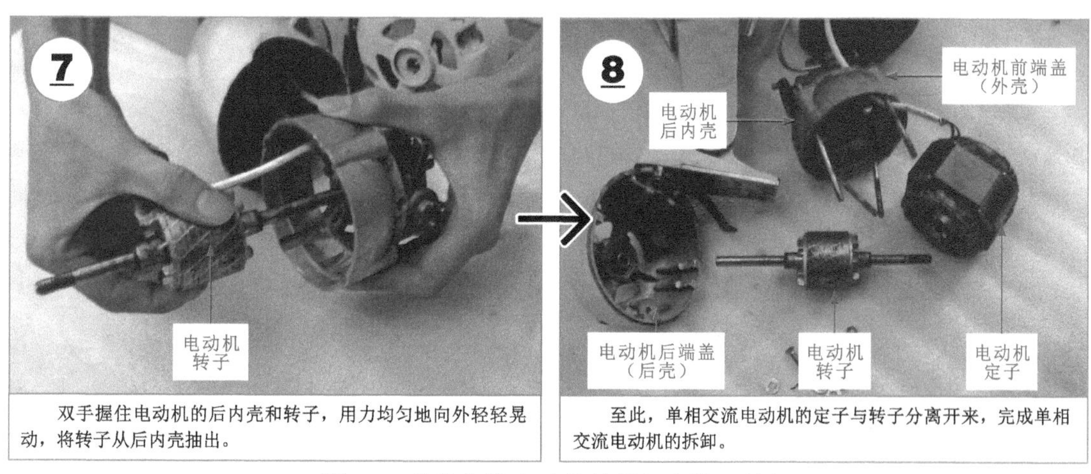
7
电动机
转子
8
电动机前端盖
（外壳）
电动机
后内壳
电动机后端盖
（后壳）
电动机
转子
电动机
定子

双手握住电动机的后内壳和转子，用力均匀地向外轻轻晃动，将转子从后内壳抽出。

至此，单相交流电动机的定子与转子分离开来，完成单相交流电动机的拆卸。

图5-8　单相交流电动机的拆卸方法（续）

5.2.2 三相交流电动机的拆卸

三相交流电动机的结构是多种多样的，但基本的拆卸方法大致相同。如图5-9所示，一般可将三相交流电动机的拆卸划分为接线盒的拆卸、散热风扇的拆卸、端盖的拆卸、定子与转子分离、轴承的拆卸5个环节。

值得注意的是，根据三相交流电动机类型和内部结构的不同，拆卸的顺序也略有区别。

在实际拆卸之前，要充分了解电动机的构造，制定拆卸方案，确保拆卸的顺利进行

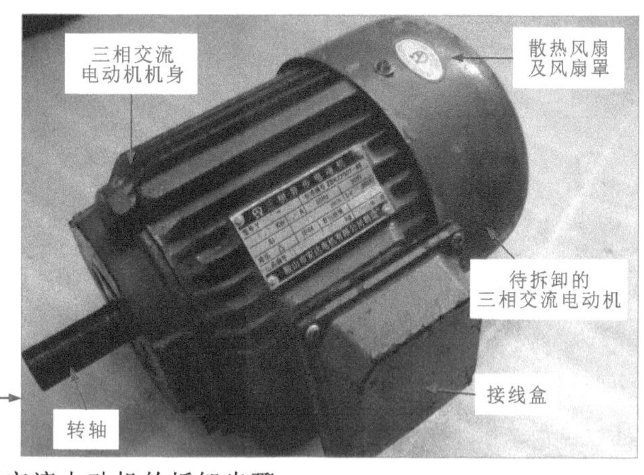
三相交流
电动机机身
散热风扇
及风扇罩
待拆卸的
三相交流电动机
接线盒
转轴

图5-9　三相交流电动机的拆卸步骤

1 拆卸交流电动机的接线盒

如图5-10所示，三相交流电动机的接线盒安装在电动机的侧端，由四个固定螺钉固定，拆卸时，将固定螺钉拧下即可将接线盒外壳取下。

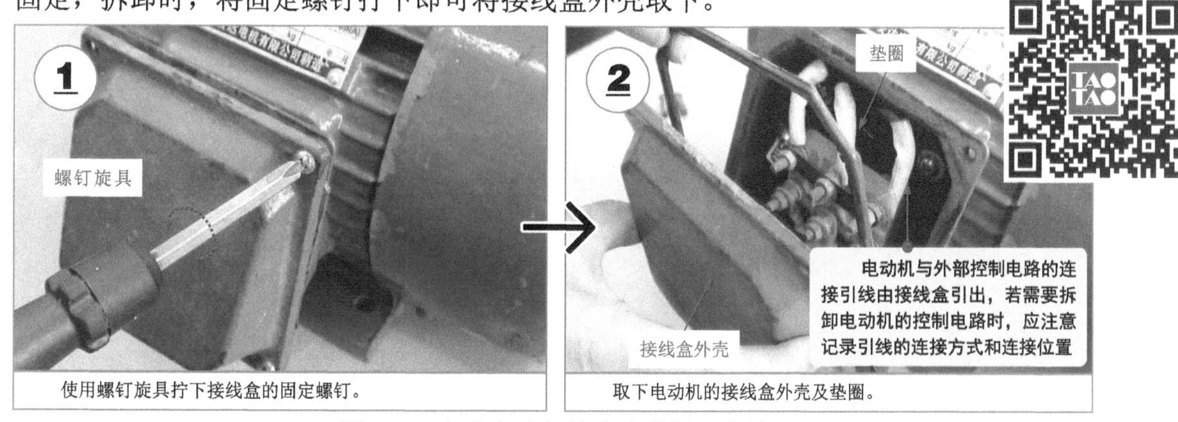
1
螺钉旋具
2
垫圈
电动机与外部控制电路的连接引线由接线盒引出，若需要拆卸电动机的控制电路时，应注意记录引线的连接方式和连接位置
接线盒外壳

使用螺钉旋具拧下接线盒的固定螺钉。

取下电动机的接线盒外壳及垫圈。

图5-10　交流电动机接线盒的拆卸方法

2 拆卸交流电动机的散热风扇

如图5-11所示，典型交流电动机的散热叶片安装在电动机的后端叶片护罩中，拆卸时，需先将叶片护罩取下后，再拆下散热叶片。

1
叶片护罩
使用螺钉旋具拧下叶片护罩的固定螺钉。
2
叶片护罩
散热叶片
将叶片护罩从电动机上取下。
3
散热叶片
弹簧卡圈
用螺钉旋具撬动弹簧卡圈。
4
轴伸端卡槽
环绕弹簧卡圈卡紧的方向撬动，将其撬下。
5
一字螺钉旋具
将螺钉旋具插入散热叶片与电动机后端盖的缝隙中，撬动散热叶片。
6
后端盖
前端盖
散热叶片
散热风扇被松动后，将其从电动机的转轴上取下。

图5-11 典型交流电动机散热风扇的拆卸方法

3 拆卸交流电动机的端盖

如图5-12所示，典型交流电动机端盖由前端盖和后端盖构成，由固定螺钉固定在电动机外壳上。拆卸时，拧下固定螺钉，然后撬开端盖，注意不要损伤配合部分。

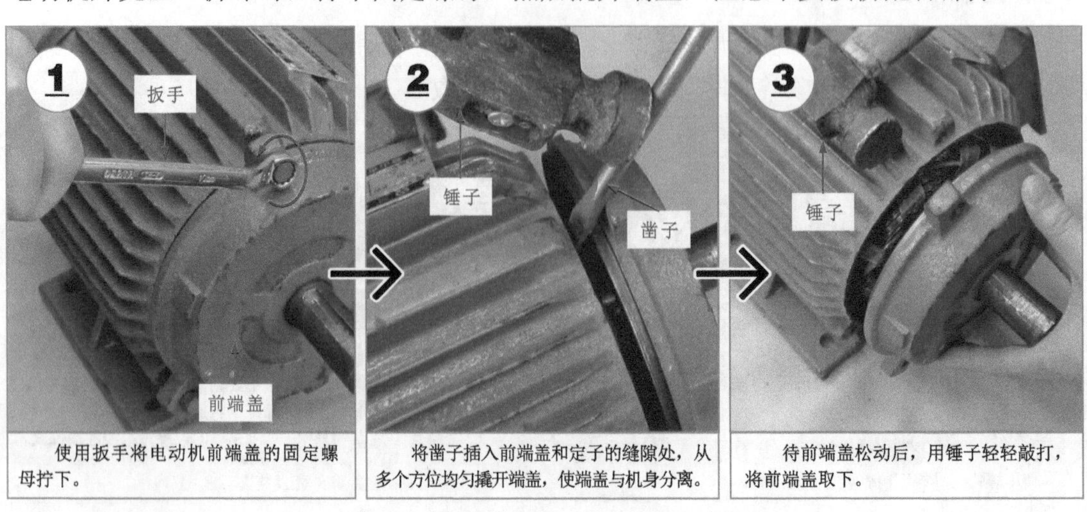

1
扳手
前端盖
使用扳手将电动机前端盖的固定螺母拧下。
2
锤子
凿子
将凿子插入前端盖和定子的缝隙处，从多个方位均匀撬开端盖，使端盖与机身分离。
3
锤子
待前端盖松动后，用锤子轻轻敲打，将前端盖取下。

图5-12 交流电动机端盖的拆卸方法

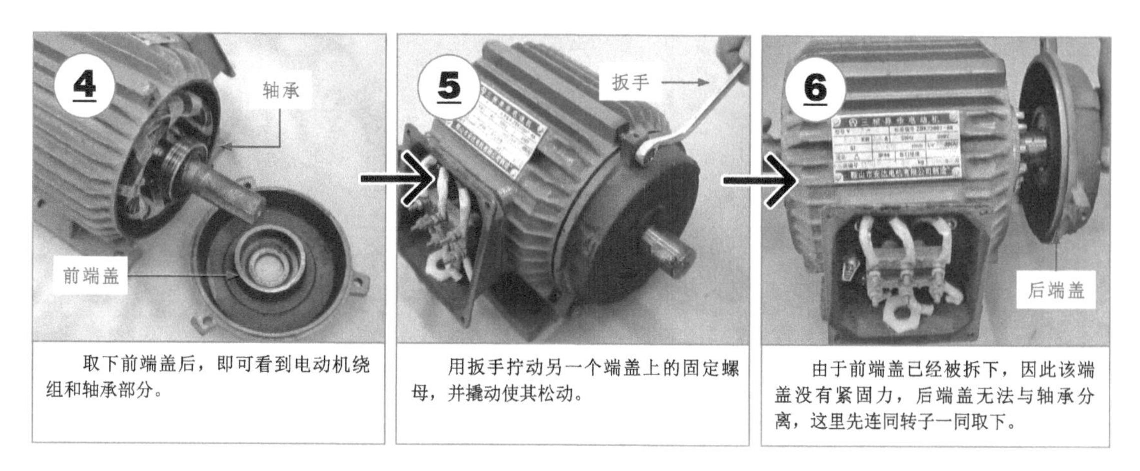
4
轴承
前端盖
取下前端盖后，即可看到电动机绕组和轴承部分。
5
扳手
用扳手拧动另一个端盖上的固定螺母，并撬动使其松动。
6
后端盖
由于前端盖已经被拆下，因此该端盖没有紧固力，后端盖无法与轴承分离，这里先连同转子一同取下。

图5-12 交流电动机端盖的拆卸方法（续）

典型交流电动机后端盖通过轴承与转子紧固在一起，拆卸时，需要先将转子从定子中分离出来后再拆卸，与轴承分离，因此这部分内容的讲解将融入轴承的拆卸操作中。

4 分离交流电动机的定子和转子

如图5-13所示，典型交流电动机的转子部分插装在定子中心部分，从一侧稍用力即可将转子抽出，完成三相交流电动机定子和转子部分的分离操作。

1
轴承
转子
后端盖
将电动机转子连同后端盖、轴承部分从定子中抽出。
2
定子
转子
轴承
后端盖
三相交流电动机定子和转子分离完成。

图5-13 典型交流电动机定子和转子的分离操作

5 拆卸交流电动机的轴承

拆卸交流电动机的轴承也是检修操作中的重要环节，因此这里特别介绍一下轴承部分的拆卸操作。

拆卸交流电动机的轴承时，应先将后端盖从轴承上取下后，再分别对转轴两端的轴承进行拆卸。在拆卸前，首先记录轴承在转轴上的位置，为安装做好准备。

图5-14为典型交流电动机轴承的拆卸方法。

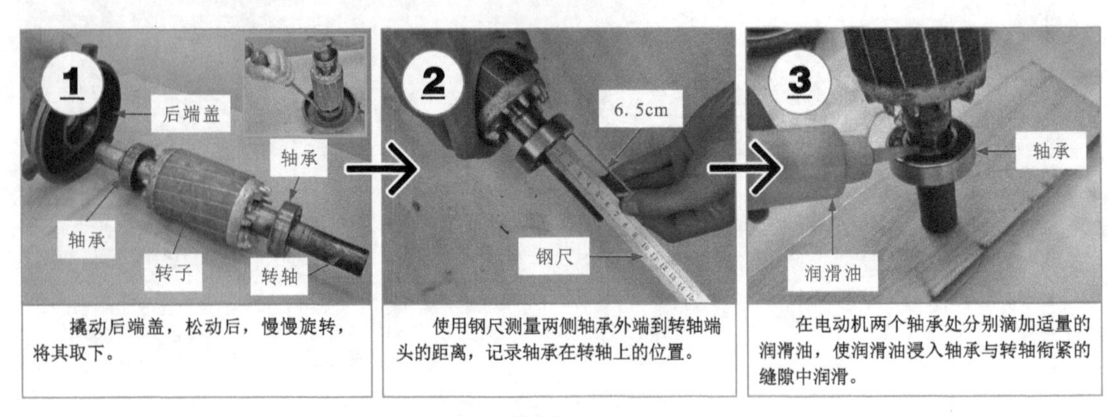
1
后端盖
轴承
轴承
转子
转轴
2
6. 5cm
钢尺
3
轴承
润滑油

撬动后端盖，松动后，慢慢旋转，将其取下。

使用钢尺测量两侧轴承外端到转轴端头的距离，记录轴承在转轴上的位置。

在电动机两个轴承处分别滴加适量的润滑油，使润滑油浸入轴承与转轴衔紧的缝隙中润滑。

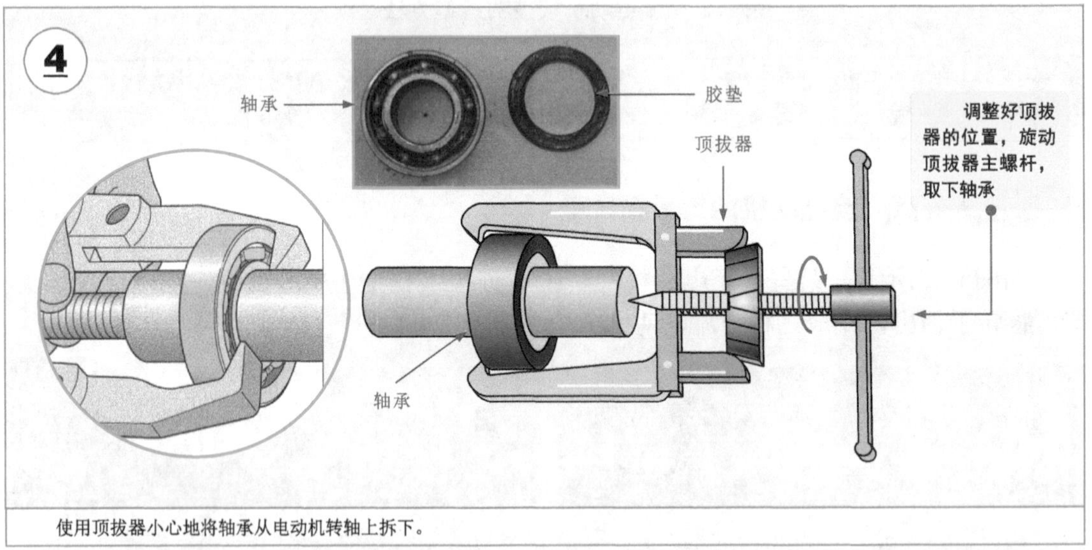
4
轴承
胶垫
顶拔器
调整好顶拔器的位置，旋动顶拔器主螺杆，取下轴承
轴承

使用顶拔器小心地将轴承从电动机转轴上拆下。

5
定子
风扇
轴承
轴承
转子铁芯
前端盖
接线盒
电源相线
后端盖
风扇罩

至此，典型交流电动机拆卸完成。

图5-14 典型交流电动机轴承的拆卸方法

5.3 电动机的安装

电动机的安装一般分为机械安装和电气安装两个环节。

5.3.1 电动机的机械安装

电动机的机械安装实际上是指电动机的安装固定及与被驱动机构的连接操作。下面从电动机的安装要求入手，对电动机安装前、安装过程中及安装后的要求进行系统的介绍，使读者对电动机的各种安装要求有深刻的理解。

在此基础上，以典型电动机的机械安装操作为实训案例，结合实际电动机展开演示教学，让读者在学习电动机的机械安装过程中，了解电动机的安装步骤、注意事项及调整方法，最终掌握电动机的机械安装技能。

1 电动机的安装要求

不同电动机的性能和结构形式不同，安装方式各异，因此各自的安装要求也略有不同，下面以三相交流电动机为例对安装要求进行简单介绍。

在安装电动机之前，需要根据安装环境和安装需求选择合适的安装方式。电动机安装前的外观检查如图5-15所示。

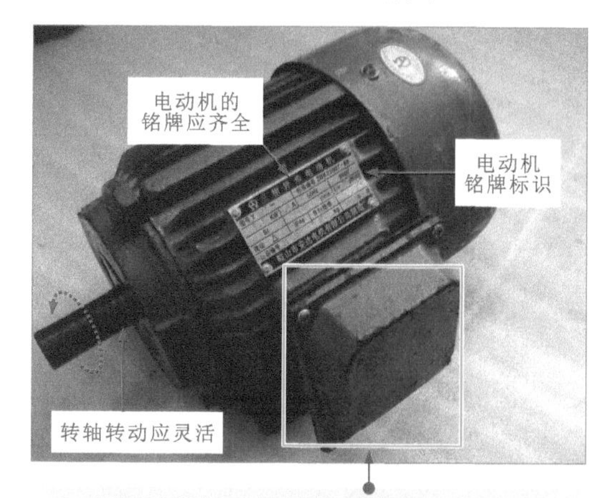

电动机的
铭牌应齐全
电动机
铭牌标识
转轴转动应灵活

三相异步电动机
型号 Y100L－2
编号
2.2 KW
380 V
6.4 A
接法 Y
2870 r/min
LW 79 dB (A)
B级绝缘
防护等级IP44
50 Hz
工作制 S1
kg
标准编号 ZBK22007－88
2001 年 月 日
杰飞机电制造有限公司

安装电动机前，应检查电动机的外观，如检查电动机的铭牌应齐全、电动机的引出线焊接或压接应牢固、转轴转动应灵活等

电动机
铭牌标识

安装前，根据电动机铭牌上标识的参数进行核对，如电动机的型号、额定功率、额定电压、额定电流、额定频率、防护等级、绝缘等级、噪声等级、接法、额定转速、工作制、重量、标准编号及出厂日期等，这些标识是安装及日后维修电动机的重要依据

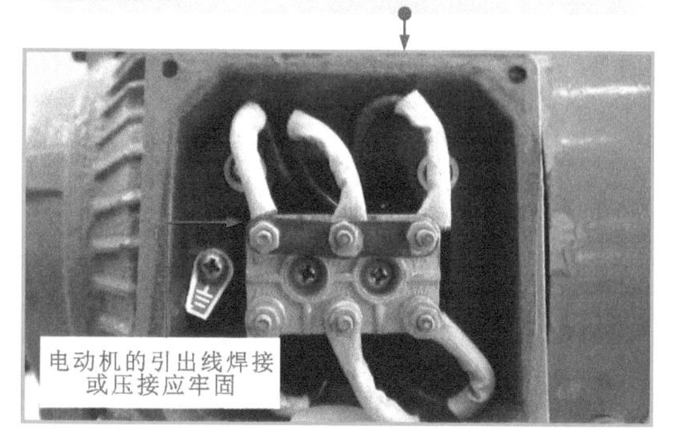

电动机的引出线焊接
或压接应牢固

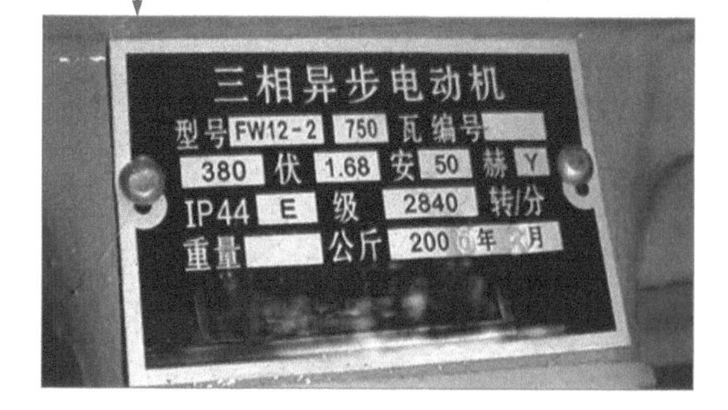

三相异步电动机
型号 FW12-2 750 瓦 编号
380 伏 1.68 安 50 赫 Y
IP44 E 级 2840 转/分
重量 公斤 200 年 月

图5-15 电动机安装前的外观检查

选择需要安装的电动机后，应使用绝缘电阻表检测电动机的绝缘电阻，这是安装前的重要一环，可排除电动机是否有漏电问题，如图5-16所示。

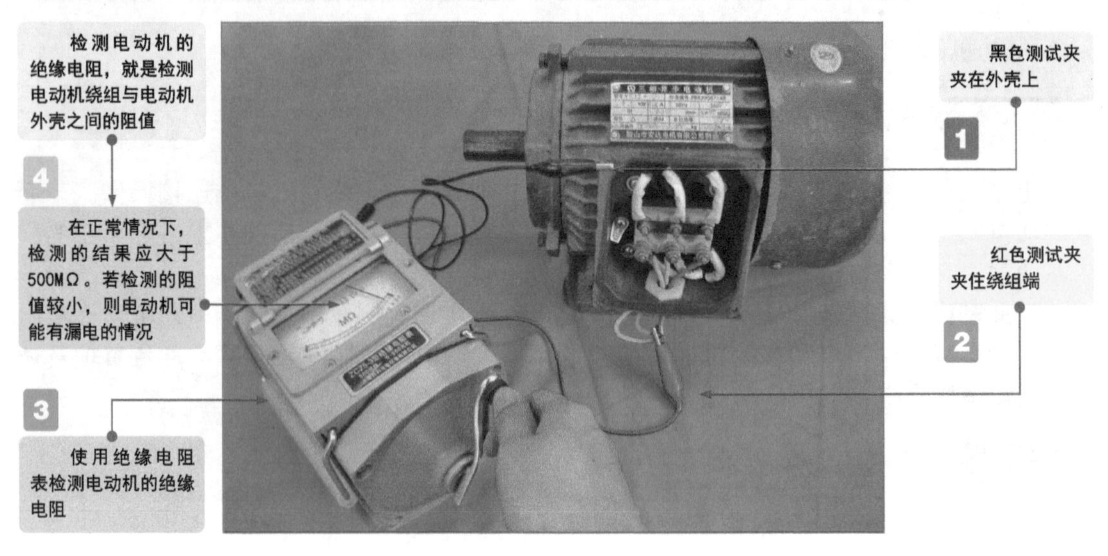

检测电动机的绝缘电阻，就是检测电动机绕组与电动机外壳之间的阻值
4
在正常情况下，检测的结果应大于500MΩ。若检测的阻值较小，则电动机可能有漏电的情况
3
使用绝缘电阻表检测电动机的绝缘电阻
黑色测试夹夹在外壳上
1
红色测试夹夹住绕组端
2

图5-16 电动机安装前绝缘电阻的检测

电动机安装前应按照设计要求选择传动方式，如使用联轴器、齿轮或带轮进行传动，如图5-17所示。

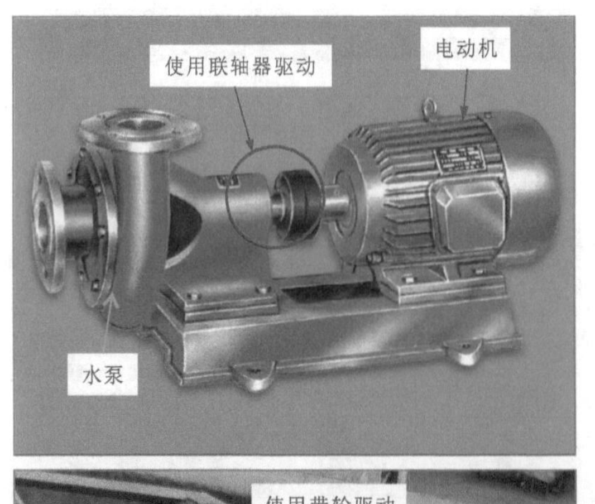

使用联轴器驱动
电动机
水泵

使用带轮驱动
升降机
电动机

值得注意的是，若电动机为功率在4kW以上的2极电动机或30kW以上的4极电动机时不宜采用带轮传动
使用齿轮驱动
电动机安装前应将电动机的安装位置设置在检修操作方便，且通风冷却良好的环境下，不可设置在过晒或雨淋的环境中。电动机在运输或受潮后，绝缘电阻达不到规范要求，此时应对电动机进行干燥处理

图5-17 电动机安装前应按照设计要求选择传动方式

2 电动机安装过程中的注意事项

电动机在安装过程中，针对不同的部件及安装部位，应注意各种要求及注意事项。图5-18为电动机安装过程中的注意事项。

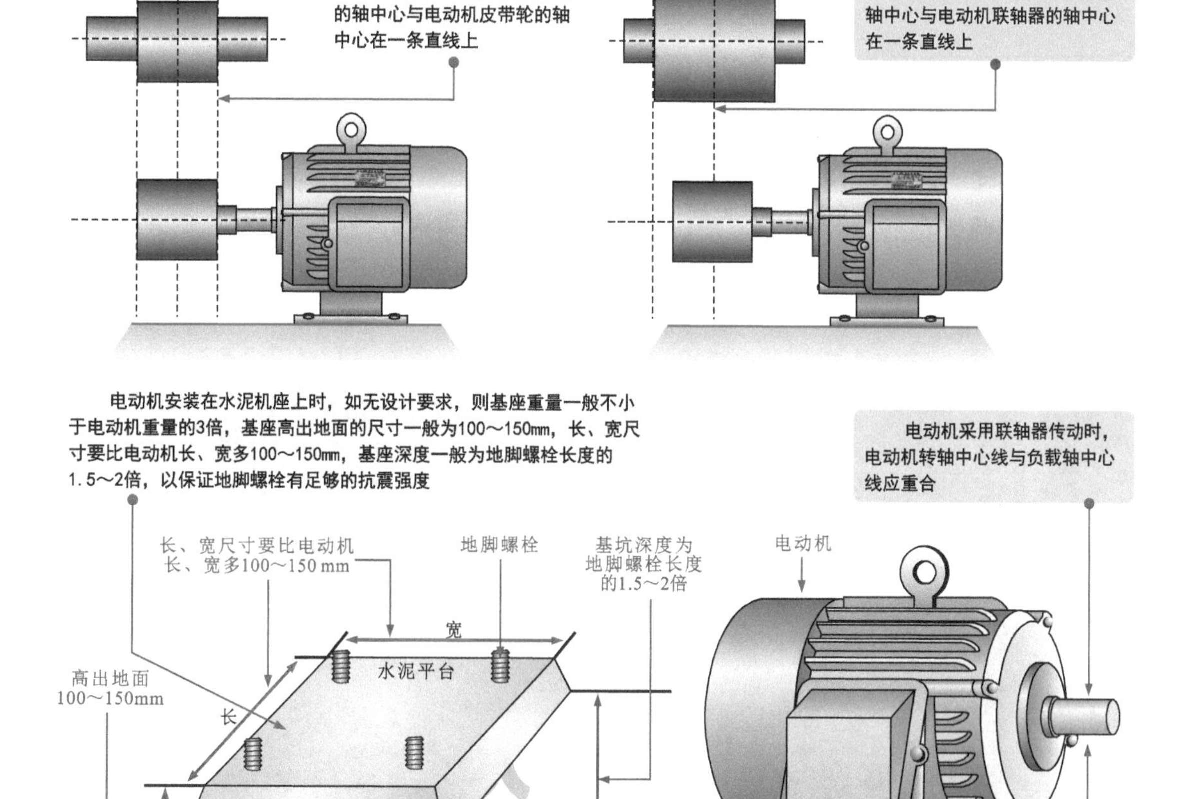

宽度相等负载设备皮带轮的轴中心与电动机皮带轮的轴中心在一条直线上
宽度不等负载设备联轴器的轴中心与电动机联轴器的轴中心在一条直线上
电动机安装在水泥机座上时，如无设计要求，则基座重量一般不小于电动机重量的3倍，基座高出地面的尺寸一般为100～150mm，长、宽尺寸要比电动机长、宽多100～150mm，基座深度一般为地脚螺栓长度的1.5～2倍，以保证地脚螺栓有足够的抗震强度
电动机采用联轴器传动时，电动机转轴中心线与负载轴中心线应重合
长、宽尺寸要比电动机长、宽多100～150 mm
地脚螺栓
基坑深度为地脚螺栓长度的1.5～2倍
电动机
宽
水泥平台
高出地面100～150mm
长
水泥基坑
基坑
固定电动机的地脚螺栓应与混凝土结合牢固，不能出现歪斜，应具有足够的机械强度
一定不要忘记在电动机机壳上安装导电良好的接地线，否则在电动机运行时，易因电动机外壳带电引发触电事故
电动机采用齿轮传动时，圆齿轮中心线应平行，接触部分不应小于齿宽的 2/3；伞形齿轮中心线应按规定角度交叉，咬合程度应一致

图5-18 电动机安装过程中的注意事项

电动机的重量较重，在搬运、提吊时，一定要细致检查吊绳、吊链或撬板等设施，确保安全。在提吊电动机时，不要将绳索栓套在轴承、机盖等不承重的位置，否则极易造成电动机的损坏。安装到位的电动机一定要确保安装得牢固和平稳。电动机的机座应保证水平，偏差应小于0.10 mm/m。

电动机采用皮带轮传动时，电动机的皮带轮与负载设备皮带轮的中心线必须在同一直线上。安装皮带时，皮带的宽度中心线也在同一直线上。若未在同一条直线上，则需及时校正，可以确保皮带在传动动力的过程中不会跑偏。

电动机安装后，应检查安装情况，确保安装后的电动机能正常运行，具体检查项目：

◇ 电动机安装检查合格后，空载试运行，运行时间一般为2h，运行期间记录电动机的空载电流。

◇ 检查电动机的旋转方向是否符合设计要求。

◇ 检查电动机的温度（无过热现象）、轴承温升（滑动轴承温升不应超过55℃，滚动轴承温升不应超过65℃）及声音（无杂音）是否正常。

◇ 检查电动机的振动情况，应复合规范要求。

3 电动机的机械安装方法

三相交流电动机较重，工作时会产生振动，因此不能将电动机直接放置在地面上，应安装固定在混凝土基座或木板上。图5-19为电动机机座的安装方法。

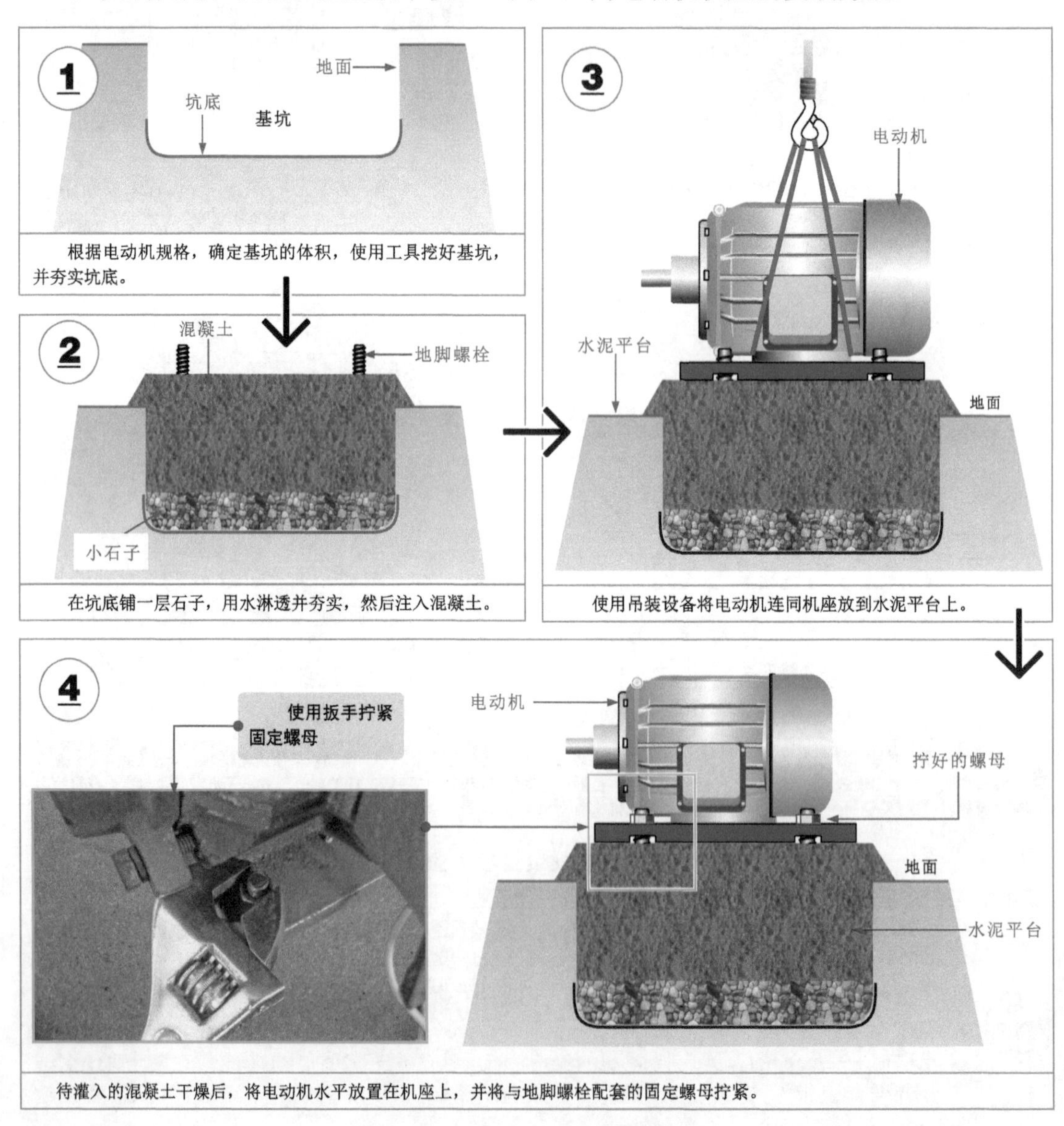
1
地面
坑底
基坑
根据电动机规格，确定基坑的体积，使用工具挖好基坑，并夯实坑底。
2
混凝土
地脚螺栓
小石子
在坑底铺一层石子，用水淋透并夯实，然后注入混凝土。
3
电动机
水泥平台
地面
使用吊装设备将电动机连同机座放到水泥平台上。
4
使用扳手拧紧固定螺母
电动机
拧好的螺母
地面
水泥平台
待灌入的混凝土干燥后，将电动机水平放置在机座上，并将与地脚螺栓配套的固定螺母拧紧。

图5-19 电动机机座的安装方法

联轴器是电动机与被驱动机构相连使其同步运转的部件，如水泵。电动机通过联轴器与水泵轴相连，电动机转动时带动水泵旋转。

如图5-20所示，联轴器是由两个法兰盘构成的，一个法兰盘与电动机轴固定，另一个法兰盘与水泵轴固定，将电动机与水泵轴调整到轴线位于同一条直线后，再将两个法兰盘用螺栓固定为一体实现动力的传动。

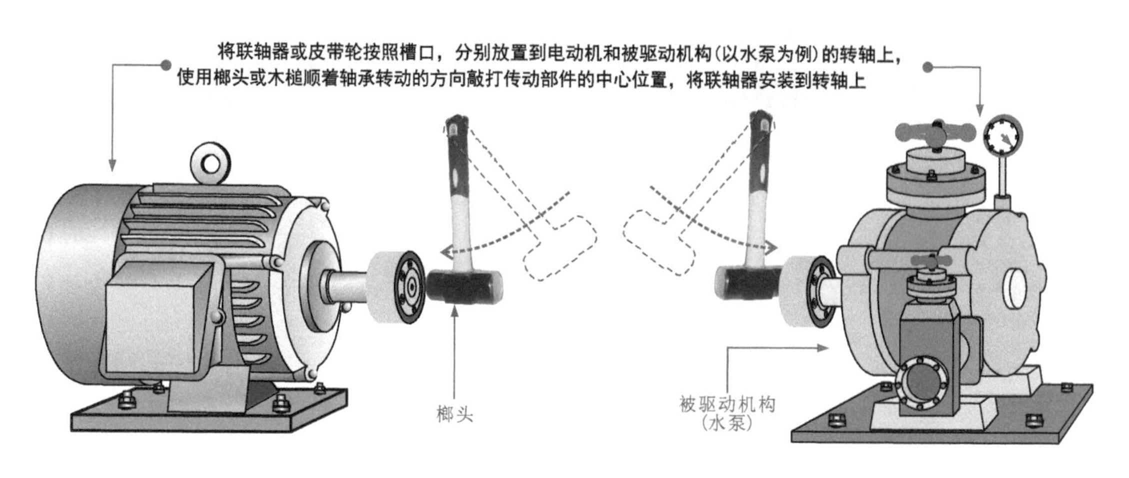
将联轴器或皮带轮按照槽口，分别放置到电动机和被驱动机构（以水泵为例）的转轴上，
使用榔头或木槌顺着轴承转动的方向敲打传动部件的中心位置，将联轴器安装到转轴上
榔头
被驱动机构
（水泵）

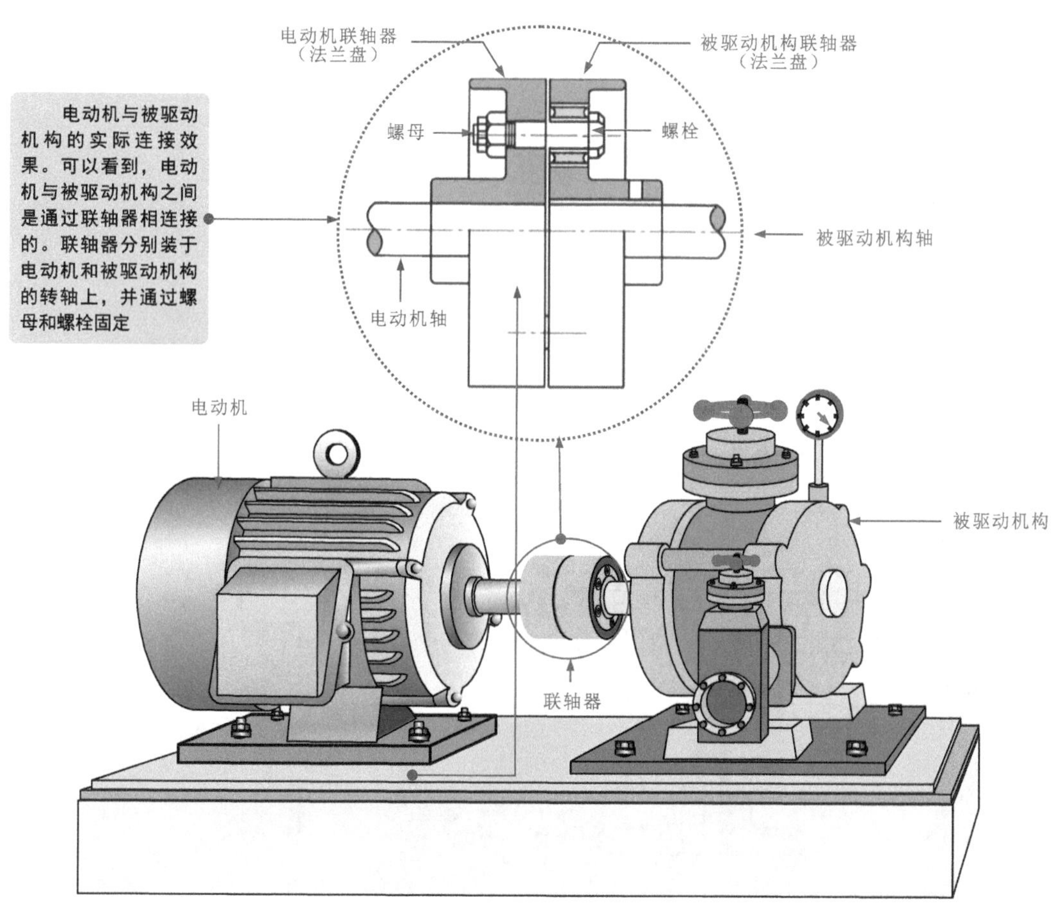
电动机联轴器
（法兰盘）
被驱动机构联轴器
（法兰盘）
螺母
螺栓
电动机与被驱动机构的实际连接效果。可以看到，电动机与被驱动机构之间是通过联轴器相连接的。联轴器分别装于电动机和被驱动机构的转轴上，并通过螺母和螺栓固定
被驱动机构轴
电动机轴
电动机
被驱动机构
联轴器

图5-20　电动机联轴器的安装方法

如图5-21所示，联轴器是连接电动机和被驱动机构的关键机械部件，必须要求电动机的轴心与被驱动机构（水泵）的转轴保持同心、同轴。如果偏心过大，则会对电动机或水泵有较大的损害，引起机械振动。因此,在安装联轴器时,必须同时调整电动机的位置，使偏心度和平行度符合设计要求。

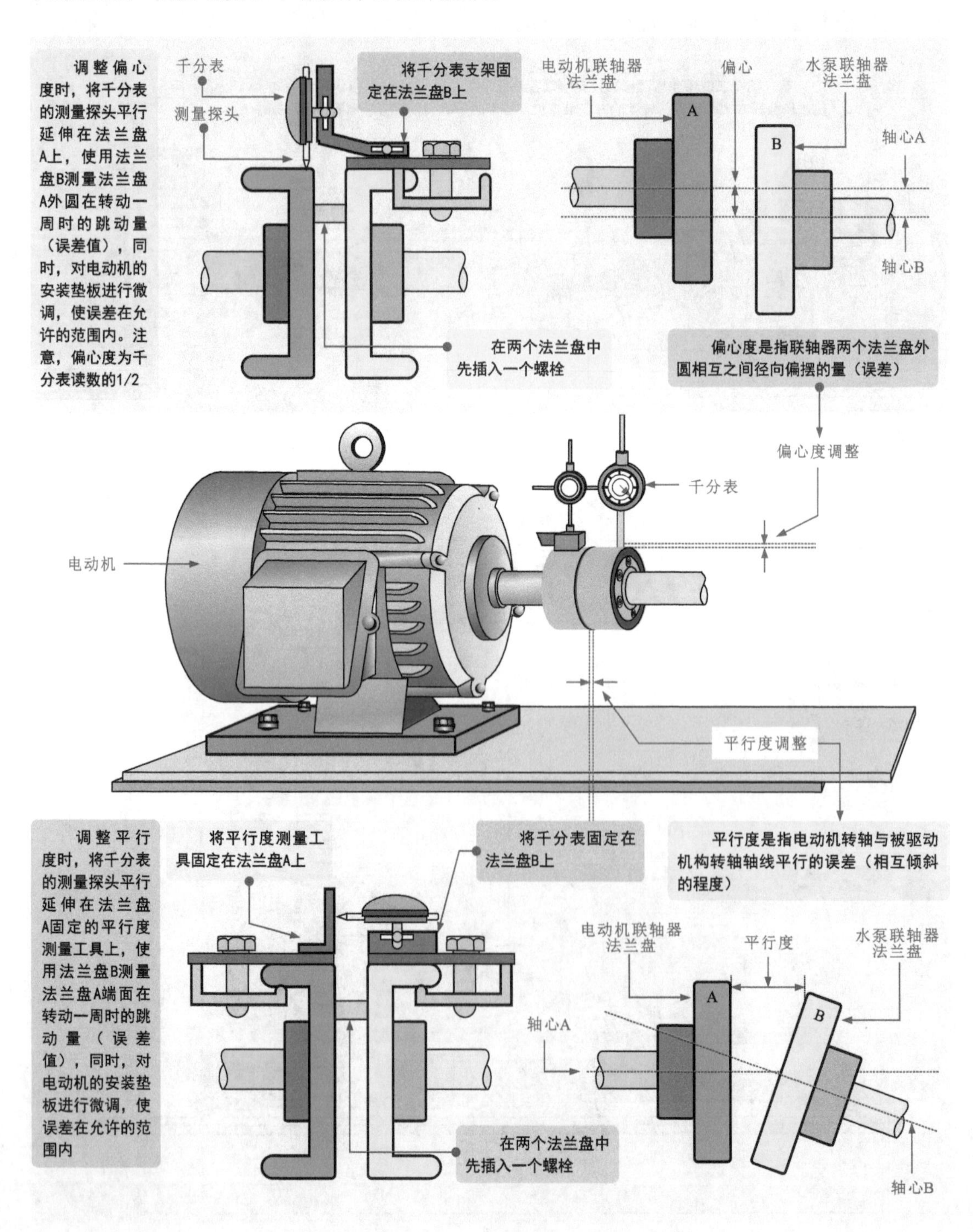

调整偏心度时，将千分表的测量探头平行延伸在法兰盘A上，使用法兰盘B测量法兰盘A外圆在转动一周时的跳动量（误差值），同时，对电动机的安装垫板进行微调，使误差在允许的范围内。注意，偏心度为千分表读数的1/2
千分表
测量探头
将千分表支架固定在法兰盘B上
电动机联轴器法兰盘
偏心
水泵联轴器法兰盘
A
B
轴心A
轴心B
在两个法兰盘中先插入一个螺栓
偏心度是指联轴器两个法兰盘外圆相互之间径向偏摆的量（误差）
偏心度调整
千分表
电动机
平行度调整
调整平行度时，将千分表的测量探头平行延伸在法兰盘A固定的平行度测量工具上，使用法兰盘B测量法兰盘A端面在转动一周时的跳动量（误差值），同时，对电动机的安装垫板进行微调，使误差在允许的范围内
将平行度测量工具固定在法兰盘A上
将千分表固定在法兰盘B上
平行度是指电动机转轴与被驱动机构转轴轴线平行的误差（相互倾斜的程度）
电动机联轴器法兰盘
平行度
水泵联轴器法兰盘
A
B
轴心A
在两个法兰盘中先插入一个螺栓
轴心B

图5-21　电动机联轴器的调整

如图5-22所示，千分表是通过齿轮或杠杆将直线运动产生的位移通过指针或数字的方式显示出来，在电动机联轴器的安装过程中，主要用于测量电动机与联轴器的偏心度和平行度，确保联轴器轴心与电动机保持同心、同轴。

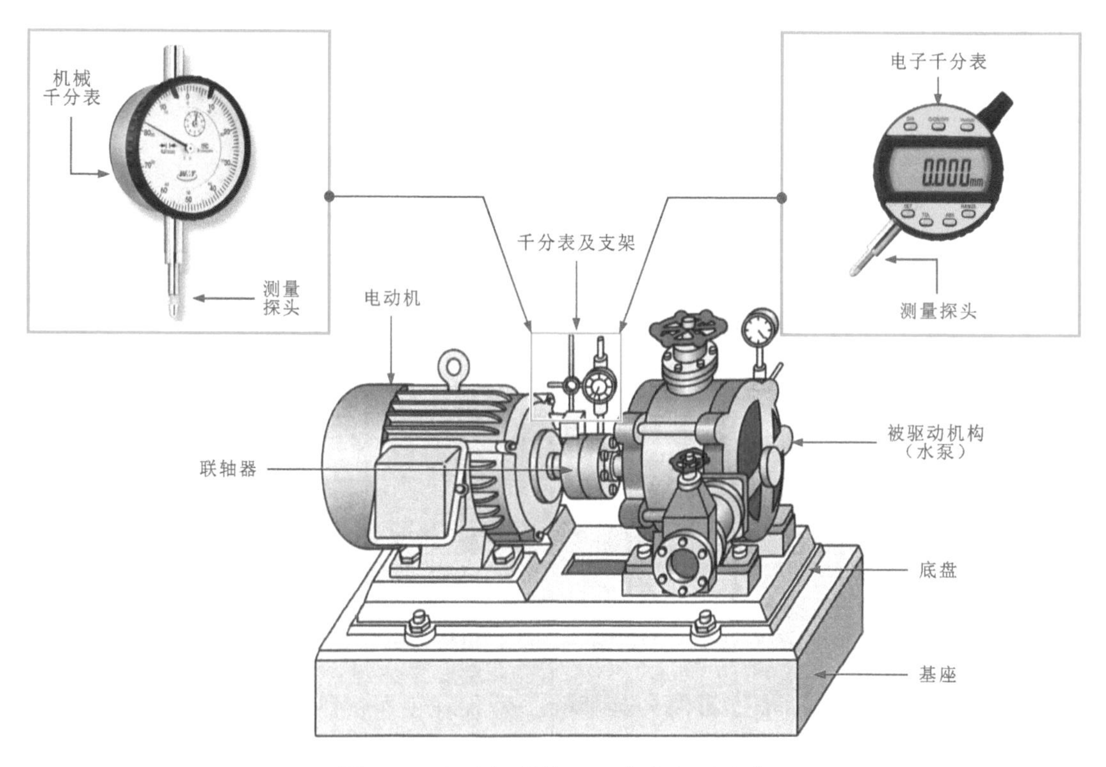

机械
千分表
测量
探头
电子千分表
0.000mm
测量探头
千分表及支架
电动机
联轴器
被驱动机构
（水泵）
底盘
基座

图5-22　电动机联轴器调整中的千分表

如图5-23所示，若在安装联轴器过程中没有千分表等精密测量工具，则可通过量规和测量板对两个法兰盘的偏心度和平行度进行简易的调整，使其符合联轴器的安装要求。

平板型量规

偏心

轴心A

轴心B

电动机联轴器法兰盘

水泵联轴器法兰盘

插入测量板

水泵联轴器法兰盘

轴心A

电动机联轴器法兰盘

轴心B

b_1　b_2

偏心度误差的简易调整方法是指在电动机静止状态，用平板型量规与法兰盘A外圆平贴，然后轻转法兰盘B，观察量规与B盘的空隙

平行度误差的简易调整方法是指用测量板测量两个法兰盘端面之间最大缝隙与最小缝隙之差，即b_1-b_2的值

图5-23　联轴器的简易调整方法

5.3.2 电动机的电气安装

电动机的电气安装实际上是指电动机的接线操作。下面从电动机的铭牌标识入手，结合实际不同类型的电动机对命名、标注及连接方式进行系统的介绍，然后以典型电动机的电气安装作为实训案例。

1 认识电动机的铭牌标识

如图5-24所示，电动机的铭牌是电动机的主要标识，一般位于外壳比较明显的位置，标识电动机的主要技术参数，为选择、安装、使用和维修提供重要依据。

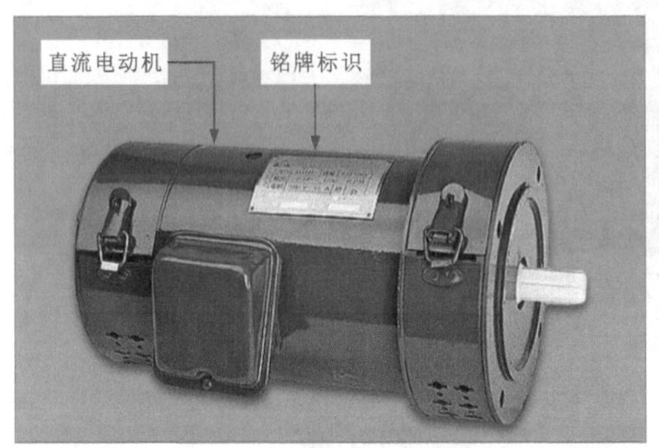

直流电动机
铭牌标识

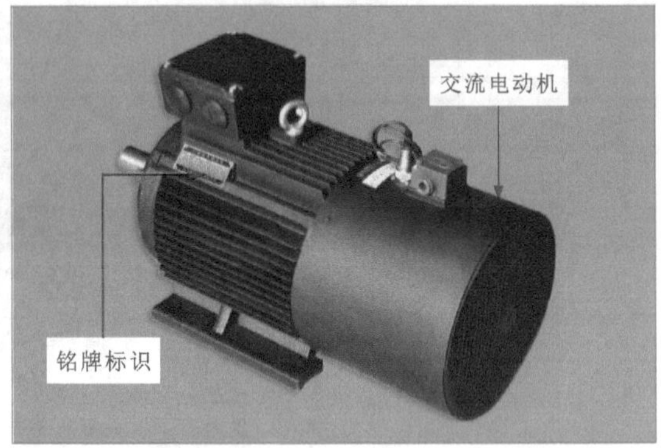

交流电动机
铭牌标识

图5-24 电动机铭牌标识的位置

如图5-25所示，直流电动机的各种参数一般都标识在铭牌上，包括直流电动机的型号、额定电压、额定电流、额定转速等相关规格参数。

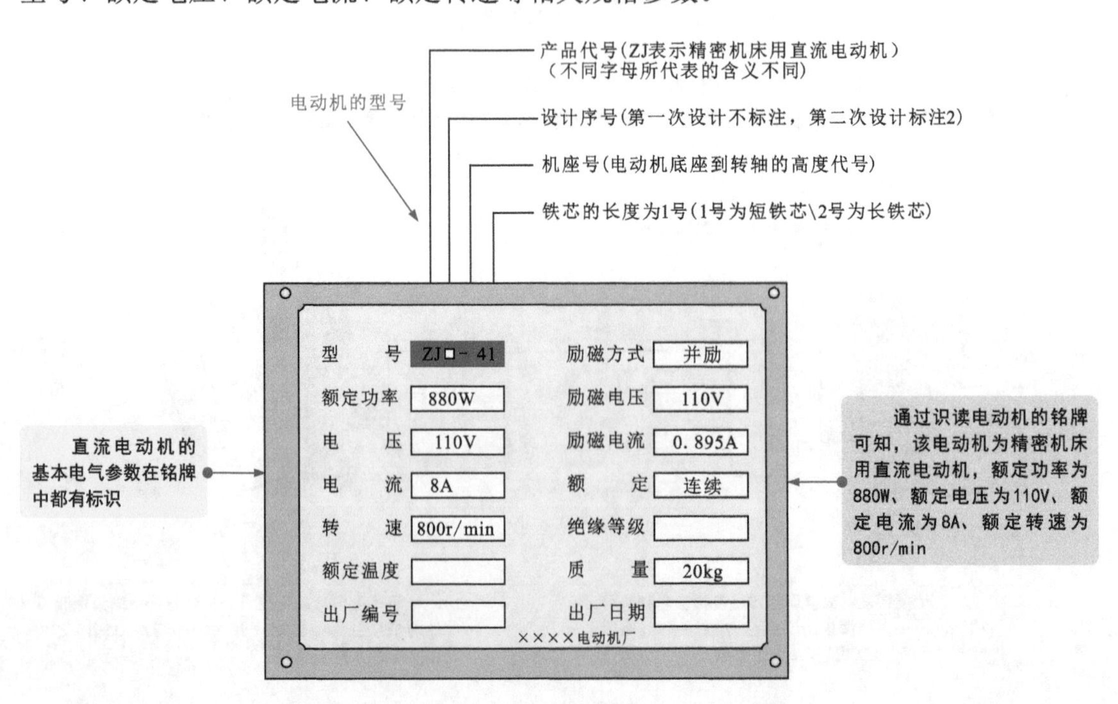

产品代号(ZJ表示精密机床用直流电动机)
（不同字母所代表的含义不同）
电动机的型号
设计序号(第一次设计不标注，第二次设计标注2)
机座号(电动机底座到转轴的高度代号)
铁芯的长度为1号(1号为短铁芯\2号为长铁芯)
型 号 ZJ□-41
励磁方式 并励
额定功率 880W
励磁电压 110V
电 压 110V
励磁电流 0.895A
电 流 8A
额 定 连续
转 速 800r/min
绝缘等级
额定温度
质 量 20kg
出厂编号
出厂日期
××××电动机厂
直流电动机的基本电气参数在铭牌中都有标识
通过识读电动机的铭牌可知，该电动机为精密机床用直流电动机，额定功率为880W、额定电压为110V、额定电流为8A、额定转速为800r/min

图5-25 直流电动机的铭牌及识读方法

电动机有多种类型，铭牌标识也是各式各样的。在实际应用中会遇到各种各样的电动机，除了标识型号外，其他的基本电气参数信息也都直接标识，识读比较简单。如果型号不符合基本的命名规则，则可以找到该电动机的生产厂家资料，根据不同生产厂家自身的一些命名方式进行识读。另外，如果知道电动机的应用场合，也可以从功能入手，查阅相关资料获取型号的命名规则。

例如，从一台很旧的录音机上拆下一只微型电动机，型号为“36L52”，经查阅资料可知，在一些录音机等电子产品中，型号包含如下四个部分。

第一部分为机座号，表示电动机外壳的直径，主要有20㎜、28㎜、34㎜、36㎜几种。

第二部分为产品名称，用字母标识，表示电动机适用的场合。

第三部分为电动机的性能参数，用数字标识。其中，01～49表示机械稳速电动机；51～99表示电子稳速电动机。

第四部分为电动机结构派生代号，用字母标识，可省略。

可知该电动机型号“36L52”表示的含义为：“36”表示电动机外壳直径为36㎜；“L”表示录音机用直流电动机；“52”表示该电动机为电子稳速式直流电动机。

另外，从电动机的外观上一般无法直接判断属于哪种类型，但如果这种电动机工作时采用的是直流电源供电，则一定是直流电动机，这是从大范围内先确定它的主要类型，然后可以从电动机铭牌标识或应用场合再进一步细分。

在通常情况下，在直流电动机外壳铭牌上会有些明显的标识，如直流电动机的型号、额定电压、额定电流、转速等相关规格参数。

表5-1为在直流电动机铭牌中常用字母代号的含义。

表5-1　在直流电动机铭牌中常用字母代号的含义

常用字母代号	含义	常用字母代号	含义	常用字母代号	含义
Z	直流电动机	ZHW	无换向器式	ZZF	轧机辅传动用
ZK	高速直流电动机	ZX	空芯杯式	ZDC	电铲起重用
ZYF	幅压直流电动机	ZN	印刷绕组式	ZZJ	冶金起重用
ZY	永磁（铝镍钴）式	ZYJ	减速永磁式	ZZT	轴流式通风用
ZYT	永磁（铁氧体）式	ZYY	石油井下用永磁式	ZDZY	正压型
ZYW	稳速永磁（铝镍钴）式	ZJZ	静止整流电源供电用	ZA	增安型
ZTW	稳速永磁（铁氧体）式	ZJ	精密机床用	ZB	防爆型
ZW	无槽直流电动机	ZTD	电梯用	ZM	脉冲直流电动机
ZZ	轧机主传动直流电动机	ZU	龙门刨床用	ZS	试验用
ZLT	他励直流电动机	ZKY	空气压缩机用	ZL	录音机用永磁式
ZLB	并励直流电动机	ZWJ	挖掘机用	ZCL	电唱机永磁式
ZLC	串励直流电动机	ZKJ	矿场卷扬机用	ZW	玩具用
ZLF	复励直流电动机	ZG	辊道用	FZ	纺织用

如图5-26所示，不同的单相交流电动机的规格参数有所不同，各参数均标识在单相交流电动机的铭牌上，并贴在电动机较明显的部位，便于使用者了解该电动机的相关参数。

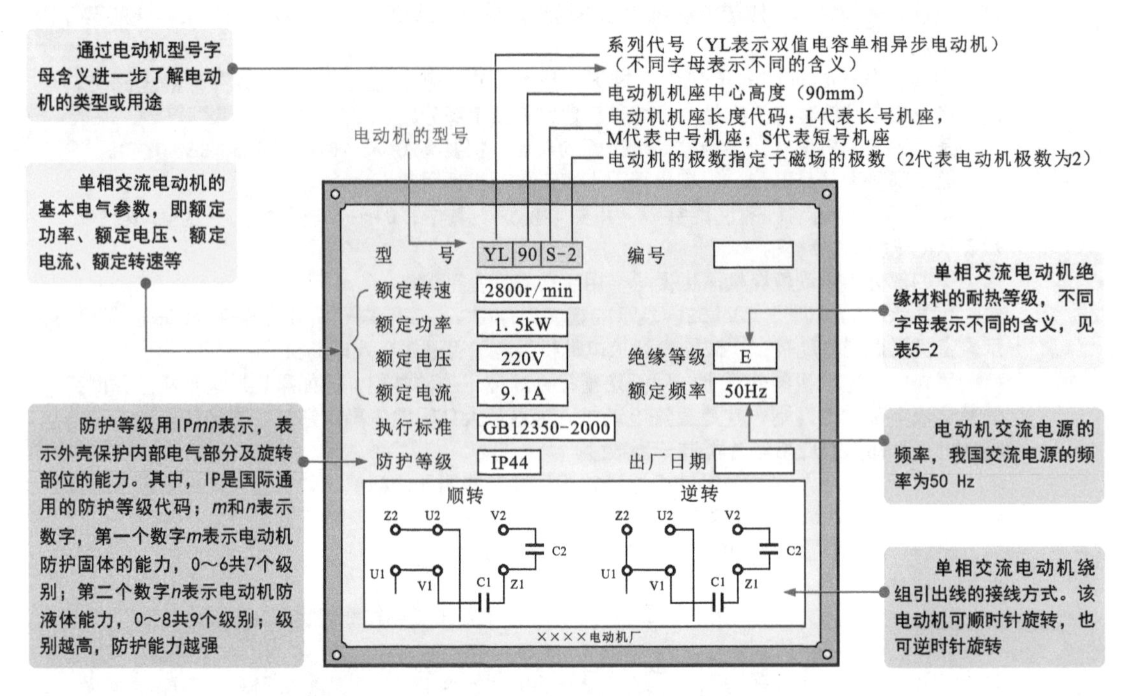

通过电动机型号字母含义进一步了解电动机的类型或用途
系列代号（YL表示双值电容单相异步电动机）（不同字母表示不同的含义）
电动机机座中心高度（90mm）
电动机机座长度代码：L代表长号机座，M代表中号机座；S代表短号机座
电动机的极数指定子磁场的极数（2代表电动机极数为2）
电动机的型号
单相交流电动机的基本电气参数，即额定功率、额定电压、额定电流、额定转速等
型 号
YL
90
S-2
编号
额定转速
2800r/min
额定功率
1. 5kW
额定电压
220V
额定电流
9. 1A
绝缘等级
E
额定频率
50Hz
执行标准
GB12350-2000
防护等级
IP44
出厂日期
单相交流电动机绝缘材料的耐热等级，不同字母表示不同的含义，见表5-2
电动机交流电源的频率，我国交流电源的频率为50 Hz
防护等级用IPmn表示，表示外壳保护内部电气部分及旋转部位的能力。其中，IP是国际通用的防护等级代码；m和n表示数字，第一个数字m表示电动机防护固体的能力，0～6共7个级别；第二个数字n表示电动机防液体能力，0～8共9个级别；级别越高，防护能力越强
顺转
逆转
Z2
U2
V2
C2
U1
V1
C1
Z1
××××电动机厂
单相交流电动机绕组引出线的接线方式。该电动机可顺时针旋转，也可逆时针旋转

图5-26 单相交流电动机的铭牌及识读方法

单相交流电动机铭牌标识信息中不同字母或数字的不同含义见表5-2。

表5-2 单相交流电动机铭牌标识信息中不同字母或数字的不同含义

系列代号含义		防护等级（IP*mn*）			
字母	含义	*m*值	防护固体能力	*n*值	防护液体能力
YL	双值电容单相异步电动机	0	没有防护措施	0	没有专门的防护措施
YY	单相电容运转异步电动机	1	防护物体直径为50mm	1	可防护滴水
YC	单相电容启动异步电动机	2	防护物体直径为12mm	2	水平方向夹角15° 滴水
绝缘等级		3	防护物体直径为2. 5mm	3	60° 方向内的淋水
代码	耐热温度	4	防护物体直径为1mm	4	可任何方向溅水
E	120℃	5	防尘	5	可防护一定压力的喷水
B	130℃	6	严密防尘	6	可防护一定强度的喷水
F	155℃			7	可防护一定压力的浸水
H	180℃			8	可防护长期浸在水里

图5-27为三相交流电动机铭牌的识读方法。

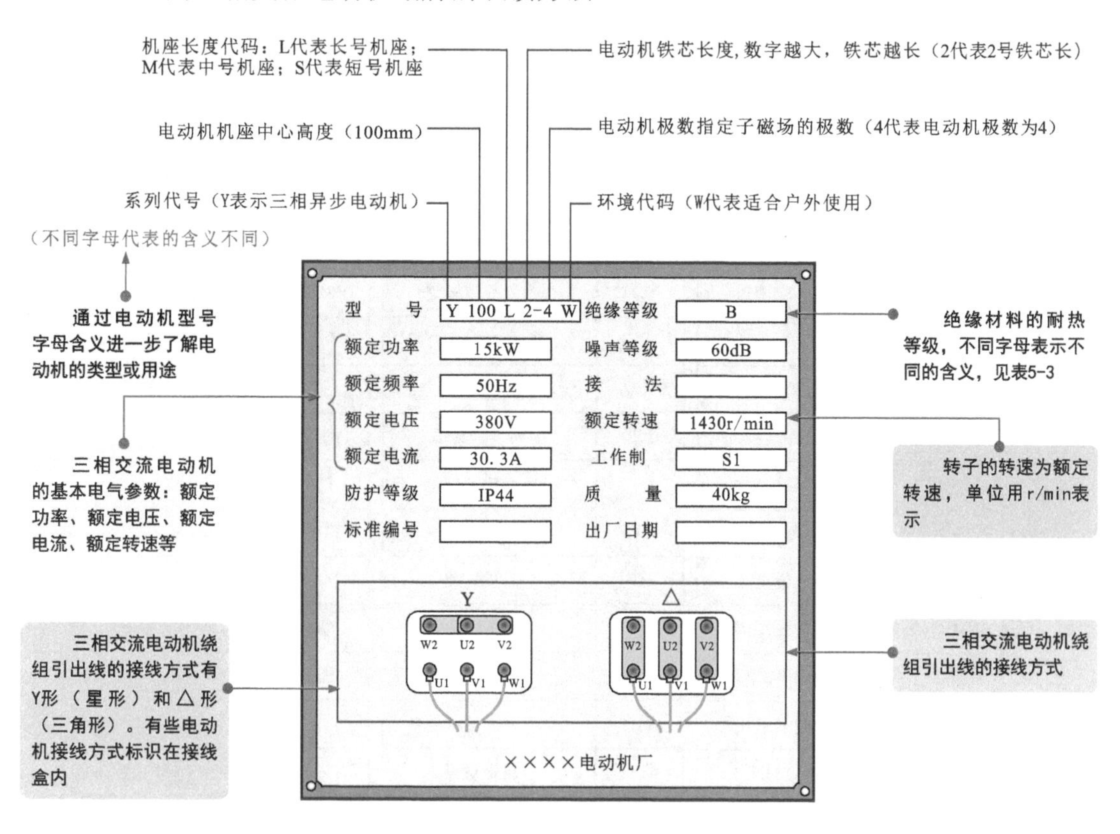

机座长度代码：L代表长号机座；
M代表中号机座；S代表短号机座
电动机铁芯长度，数字越大，铁芯越长（2代表2号铁芯长）
电动机机座中心高度（100mm）
电动机极数指定子磁场的极数（4代表电动机极数为4）
系列代号（Y表示三相异步电动机）
环境代码（W代表适合户外使用）
（不同字母代表的含义不同）
通过电动机型号字母含义进一步了解电动机的类型或用途
三相交流电动机的基本电气参数：额定功率、额定电压、额定电流、额定转速等
三相交流电动机绕组引出线的接线方式有Y形（星形）和△形（三角形）。有些电动机接线方式标识在接线盒内
型 号
Y 100 L 2-4 W
绝缘等级
B
额定功率
15kW
噪声等级
60dB
额定频率
50Hz
接 法
额定电压
380V
额定转速
1430r/min
额定电流
30.3A
工作制
S1
防护等级
IP44
质 量
40kg
标准编号
出厂日期
Y
△
W2
U2
V2
U1
V1
W1
××××电动机厂
绝缘材料的耐热等级，不同字母表示不同的含义，见表5-3
转子的转速为额定转速，单位用r/min表示
三相交流电动机绕组引出线的接线方式

图5-27　三相交流电动机铭牌的识读方法

三相交流电动机铭牌标识中不同字母所代表的含义见表5-3。

表5-3　三相交流电动机铭牌标识中不同字母所代表的含义

字母	含义	字母	含义	字母	含义
Y	基本系列	YBS	隔爆型运输机用	YPC	基本系列
YA	增安型	YBT	隔爆型轴流局部扇风机	YPJ	增安型
YACG	增安型齿轮减速	YBTD	隔爆型电梯用	YPL	增安型齿轮减速
YACT	增安型电磁调整	YBY	隔爆型链式运输用	YPT	增安型电磁调整
YDA	增安型多速	YBZ	隔爆型起重用	YQ	高启动转矩
YADF	增安型电动阀门用	YBZD	隔爆型起重用多速	YQL	井用潜卤
YAH	增安型高滑差率	YBZS	隔爆型起重用双速	YQS	井用（充水式）潜水
YAQ	增安型高启动转矩	YBU	隔爆型掘进机用	YQSG	井用（充水式）高压潜水
YAR	增安型绕线转子	YBUS	隔爆型掘进机用冷水	YQSY	井用（充油式）高压潜水
YATD	增安型电梯用	YBXJ	隔爆型摆线针轮减速	YQY	井用潜油

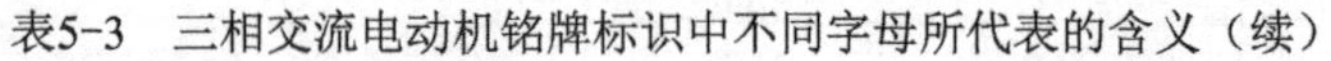

表5-3　三相交流电动机铭牌标识中不同字母所代表的含义（续）

字母	含义	字母	含义	字母	含义
YB	隔爆型	YCJ	齿轮减速	YR	绕线转子
YBB	耙斗式装岩机用隔爆型	YCT	电磁调速	YRL	绕线转子立式
YBCJ	隔爆型齿轮减速	YD	多速	YS	分马力
YBCS	隔爆型采煤机用	YDF	电动阀门用	YSB	电泵（机床用）
YBCT	隔爆型电磁调速	YDT	通风机用多速	YSDL	冷却塔用多速
YBD	隔爆型多速	YEG	制动（杠杆式）	YSL	离合器用
YBDF	隔爆型电动阀门用	YEJ	制动（附加制动器式）	YSR	制冷机用耐氟
YBEG	隔爆型杠杆式制动	YEP	制动（旁磁式）	YTD	电梯用
YBEJ	隔爆型旁磁式制动	YEZ	锥形转子制动	YTTD	电梯用多速
YBEP	隔爆型旁磁式制动	YG	辊道用	YUL	装入式
YBGB	隔爆型管道泵用	YGB	管道泵用	YX	高效率
YBH	隔爆型高转差率	YGT	滚筒用	YXJ	摆线针轮减速
YBHJ	隔爆型回柱绞车用	YH	高滑差	YZ	冶金及起重
YBI	隔爆型装岩机用	YHJ	行星齿轮减速	YZC	低振动、低噪声
YBJ	隔爆型绞车用	YI	装煤机用	YZD	冶金及起重用多速
YBK	隔爆型矿用	YJI	谐波齿轮减速	YZE	冶金及起重用制动
YBLB	隔爆型立交深井泵用	YK	大型高速	YZJ	冶金及起重减速
YBPG	隔爆型高压屏蔽式	YLB	立式深井泵用	YZR	冶金及起重用绕线转子
YBPJ	隔爆型泥浆屏蔽式	YLJ	力矩	YZRF	冶金及起重用绕线转子（自带风机式）
YBPL	隔爆型制冷屏蔽式	YLS	立式	YZRG	冶金及起重用绕线转子（管道通风式）
YBPT	隔爆型特殊屏蔽式	YM	木工用	YZRW	冶金及起重用涡流制动绕线转子
YBQ	隔爆型高起动转矩	YNZ	耐振用	YZS	低振动精密机床用
YBR	隔爆型绕线转子	YOJ	石油井下用	YZW	冶金及起重用涡流制动
		YP	屏蔽式		

三相交流电动机工作制代号的含义见表5-4。

表5-4　三相交流电动机工作制代号的含义

代号	含义	字母	含义
S1	长期工作制：在额定负载下连续动作	S9	非周期工作制
S2	短时工作制：短时间运行到标准时间	S10	离散恒定负载工作制
S3～S8	不同情况断续周期工作制		

2 电动机的电气安装方法

电动机的电气安装方法实际上是指电动机绕组与电源线的连接。不同供电方式的电动机，其接线方法有所不同，接线时，可根据电动机说明书中所示的接线方法进行接线。下面以典型三相交流电动机为例介绍电气安装方法。

掌握正确电动机的电气安装方法，对于准确、高效地安装电动机及提高工作效率十分关键。在进行电动机的电气安装操作之前，应首先了解并熟悉基本的安装流程，如图5-28所示。根据产品型号、规格及性能的不同，电动机的内部结构虽然存在细微差异，但基本的电气安装流程十分相似。这里从维修角度将电动机的电气安装划分为5个环节。

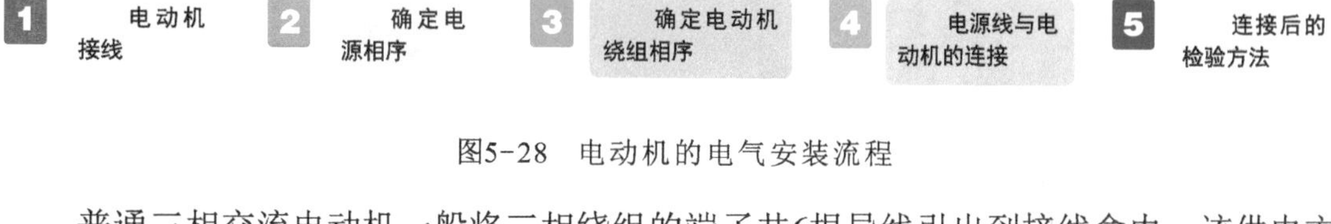
1 电动机接线
2 确定电源相序
3 确定电动机绕组相序
4 电源线与电动机的连接
5 连接后的检验方法

图5-28 电动机的电气安装流程

普通三相交流电动机一般将三相绕组的端子共6根导线引出到接线盒内。该供电方式电动机的接线方法一般有两种，即星形（Y）和三角形（△）。图5-29为典型三相交流电动机的接线方法。

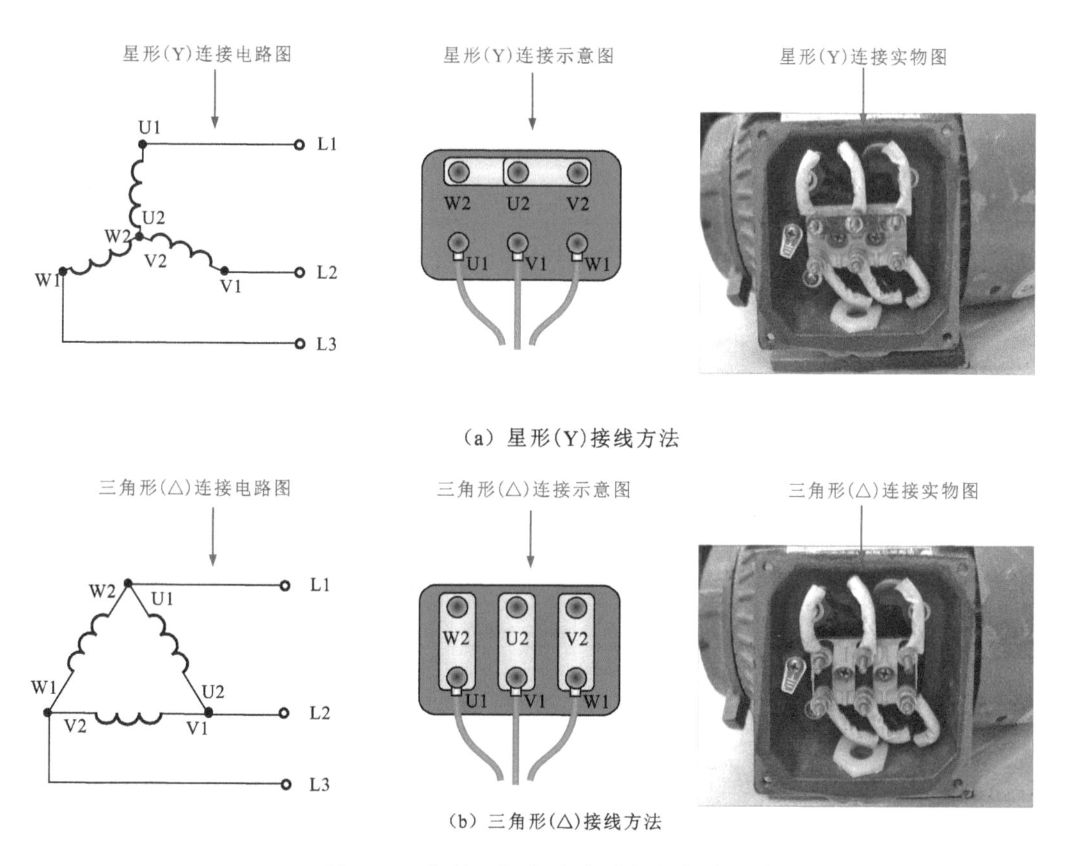
星形(Y)连接电路图
U1
L1
U2
W2
V2
W1
V1
L2
L3
星形(Y)连接示意图
W2 U2 V2
U1 V1 W1
星形(Y)连接实物图
(a) 星形(Y)接线方法
三角形(△)连接电路图
W2
U1
L1
W1
U2
V2
V1
L2
L3
三角形(△)连接示意图
W2 U2 V2
U1 V1 W1
三角形(△)连接实物图
(b) 三角形(△)接线方法

图5-29 典型三相交流电动机的接线方法

如图5-30所示，电动机的旋转方向与电源相序有关，正确的旋转方向是按电源相序与电动机绕组相序相同的前提下提出的，因此在进行电动机电气安装时，需使用相序仪确定正确的电源相序并进行标记。

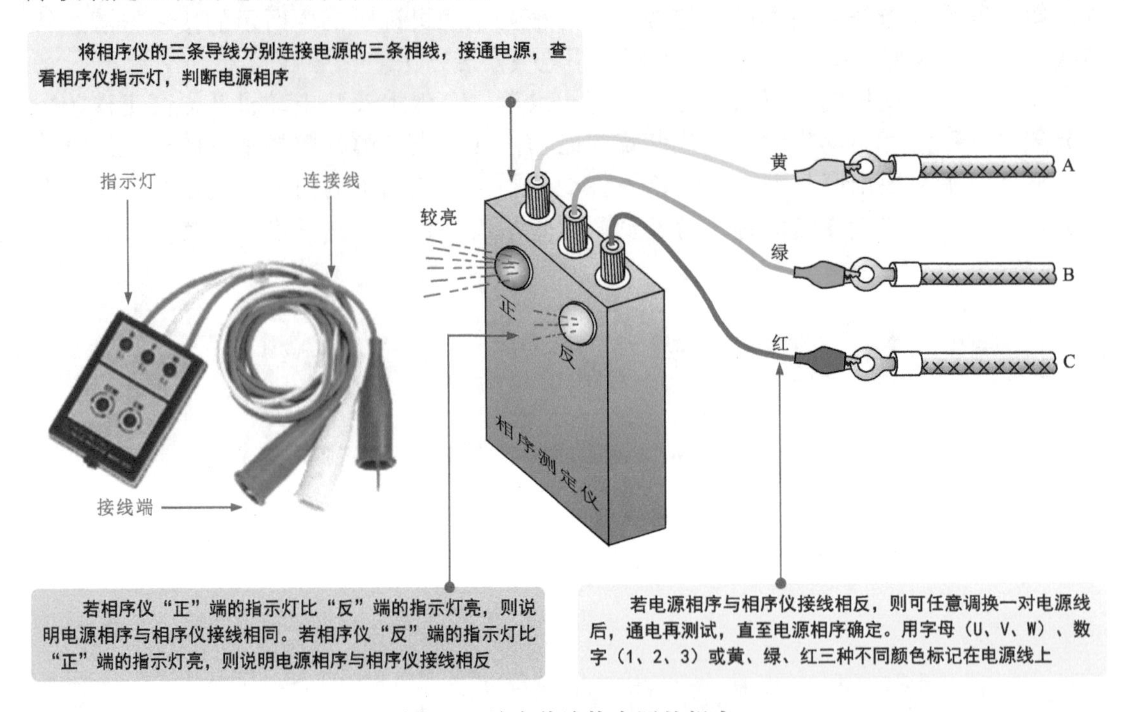
将相序仪的三条导线分别连接电源的三条相线，接通电源，查看相序仪指示灯，判断电源相序
指示灯
连接线
接线端
较亮
正
反
相序测定仪
黄
绿
红
A
B
C
若相序仪"正"端的指示灯比"反"端的指示灯亮，则说明电源相序与相序仪接线相同。若相序仪"反"端的指示灯比"正"端的指示灯亮，则说明电源相序与相序仪接线相反
若电源相序与相序仪接线相反，则可任意调换一对电源线后，通电再测试，直至电源相序确定。用字母（U、V、W）、数字（1、2、3）或黄、绿、红三种不同颜色标记在电源线上

图5-30 确定待连接电源的相序

电源相序确定完成并做好标记后，需使用直流毫安表或万用表确定电动机绕组的相序，以保证电动机与三相电源的正确接线，如图5-31所示。

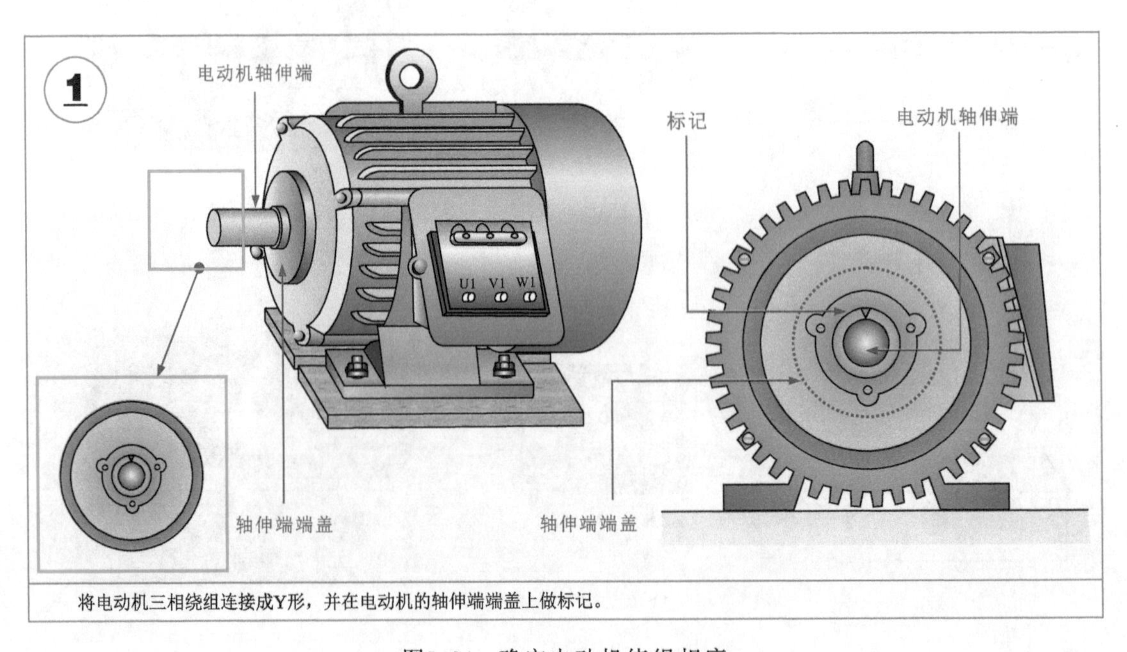
1
电动机轴伸端
U1 V1 W1
轴伸端端盖
标记
电动机轴伸端
轴伸端端盖
将电动机三相绕组连接成Y形，并在电动机的轴伸端端盖上做标记。

图5-31 确定电动机绕组相序

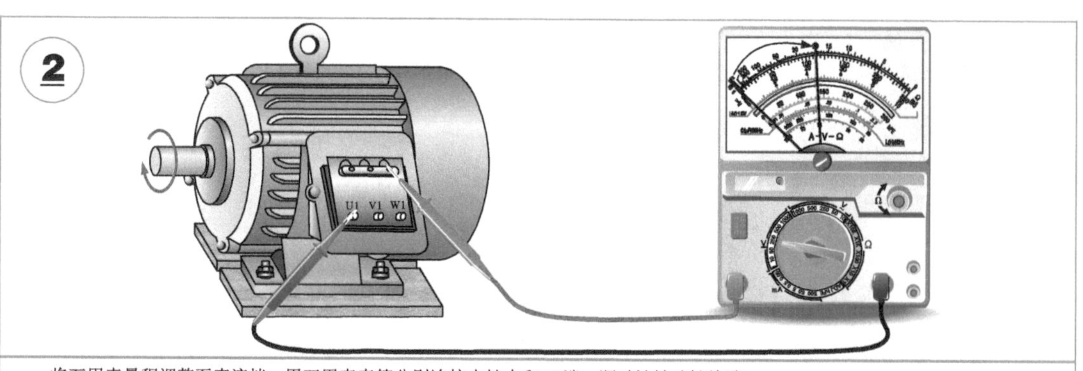
2
U1
V1
W1
A-V-Ω
mA
V
Ω

将万用表量程调整至直流挡，用万用表表笔分别连接中性点和U1端，顺时针转动轴伸端。

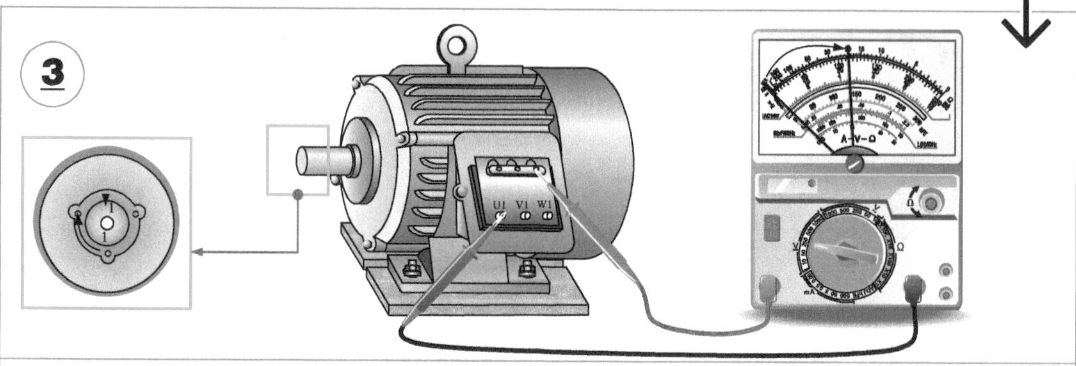
3
U1
V1
W1
1
1
A-V-Ω
V
Ω
mA

在电动机转动一周时，记下万用表表针从0开始向正方向摆动时轴伸圆周方向与端盖标记相对应的位置，如标记数字“1”。

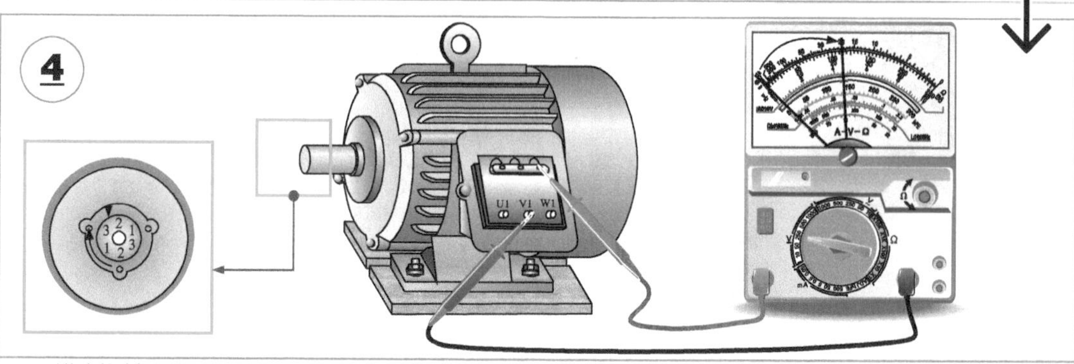
4
U1
V1
W1
3
2
1
1
2
3
A-V-Ω
V
Ω
mA

再将表笔连接到电动机的中性点和V1端，用上述的方法标记数字“2”；将表笔连接电动机的中性点和W1端，重复上述的操作方法，并标记数字“3”。

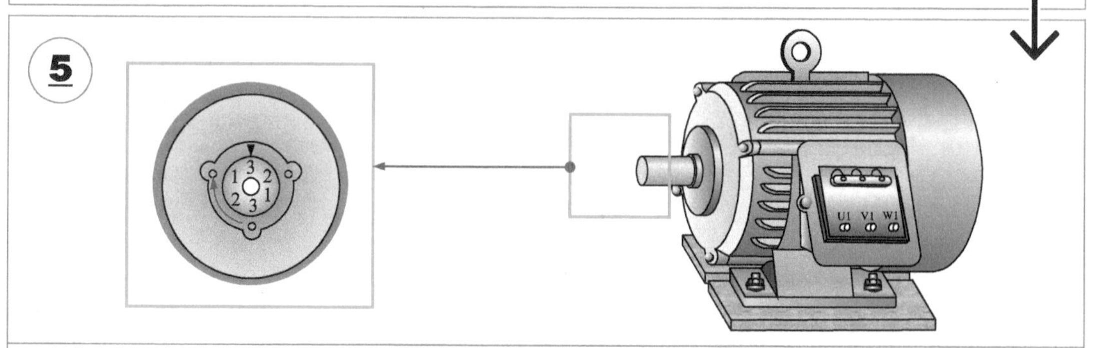
5
3
1
2
2
1
3
U1
V1
W1

轴伸端所做的标记“1、2、3”为逆时针顺序排列。电动机出线端U1、V1、W1分别与电源L1、L2、L3相线连接时，主轴旋转方向应为顺时针；反之，则为逆时针。

图5-31　确定电动机绕组相序（续）

如图5-32所示，电源线和电动机绕组相序确定完成后，便可进行电源线与电动机绕组的连接了，连接时，应保证接线牢固。

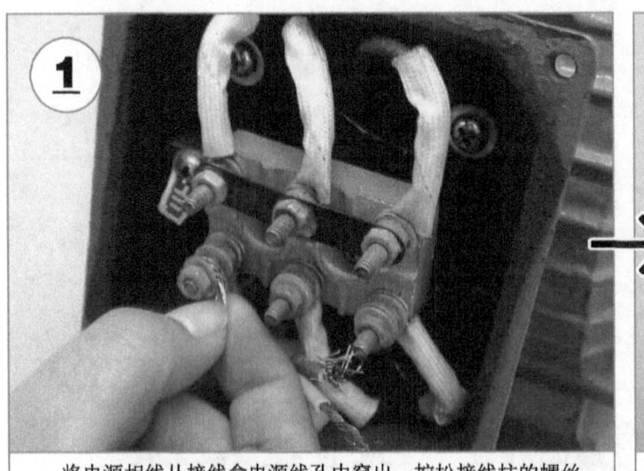
1

将电源相线从接线盒电源线孔中穿出，拧松接线柱的螺丝，将电源相线L1连接到电动机接线柱U1端。

2

借助扳手，将电动机接线盒中电动机绕组接线端与电源线连接端子拧紧，确保安装牢固、可靠

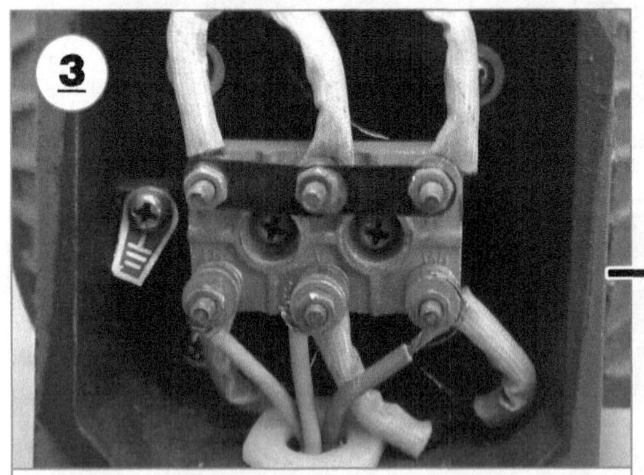
3

采用同样的方法，将电源相线L2、L3连接到电动机接线柱V1、W1端。

4

最后连接黄、绿接地线，注意在连接端子处，固定好接地标记牌。至此，电动机电气安装完成。

图5-32　电动机与电源线的连接

如图5-33所示，在电动机电气安装完成后，往往还需要通电检查电动机的启动状态和旋转方向是否正常。

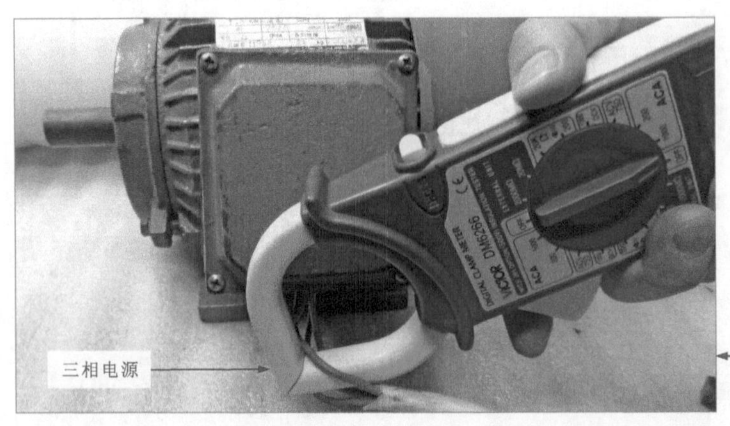
三相电源

电动机的电气安装完成后，需要通电检查启动和转向是否正常。按预先连接的电源线（Y形或△形）接通电源，用钳形电流表测量电源线的电流。通电后，查看电动机启动电流值和轴的旋转方向是否正常

图5-33　电气安装后的检查

第6章 电动机的常用检修方法

6.1 电动机的基本检测方法

检测电动机主要是采用相应的检测仪表测量电动机的绕组阻值、绝缘阻值、空载电流及转速等，从而判别电动机性能是否良好。

6.1.1 电动机绕组阻值的检测

电动机绕组阻值的检测主要用来检查电动机绕组接头的焊接质量是否良好、绕组层、匝间有无短路及绕组或引出线有无折断等情况。

检测电动机绕组阻值可采用万用表粗略检测和万用电桥精确检测两种方法。

1 用万用表粗略检测直流电动机绕组的阻值

如图6-1所示，用万用表检测电动机绕组的阻值是一种比较常用、简单易操作的测试方法。该方法可粗略检测出电动机内各相绕组的阻值，根据检测结果可大致判断出电动机绕组有无短路或断路故障。

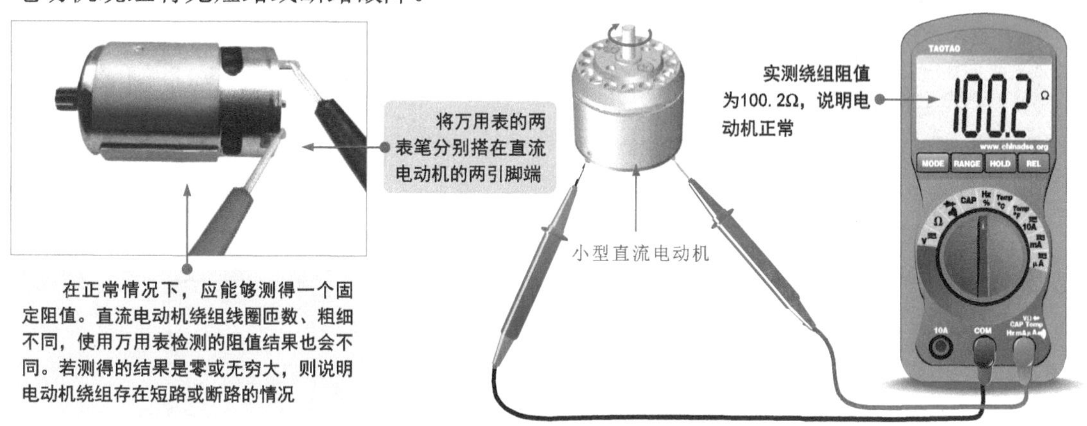
将万用表的两
表笔分别搭在直流
电动机的两引脚端
在正常情况下，应能够测得一个固定阻值。直流电动机绕组线圈匝数、粗细不同，使用万用表检测的阻值结果也会不同。若测得的结果是零或无穷大，则说明电动机绕组存在短路或断路的情况
小型直流电动机
实测绕组阻值
为100.2Ω，说明电
动机正常
TAOTAO
100.2
MODE
RANGE
HOLD
REL
10A
COM

图6-1 用万用表粗略检测直流电动机绕组的阻值

如图6-2所示，检测直流电动机绕组的阻值相当于检测一个电感线圈的阻值，应能检测到一个固定的数值，当检测一些小功率直流电动机时，会受万用表内电流的驱动而旋转。

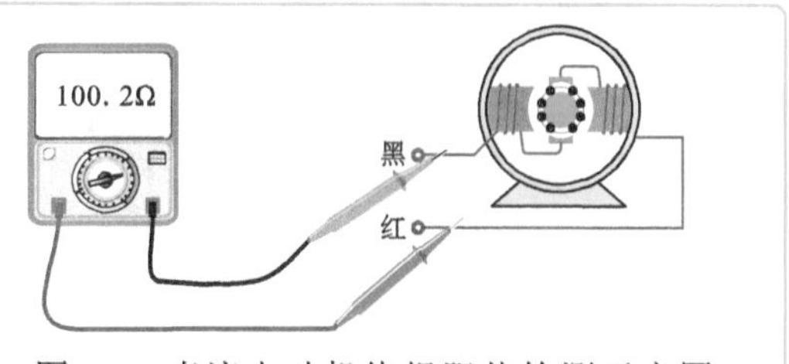
100.2Ω
黑
红

图6-2 直流电动机绕组阻值检测示意图

如图6-3所示，单相交流电动机有三个接线端子，用万用表分别检测任意两个接线端子之间的阻值，然后对测量值进行比对，根据比对结果判断绕组的情况。

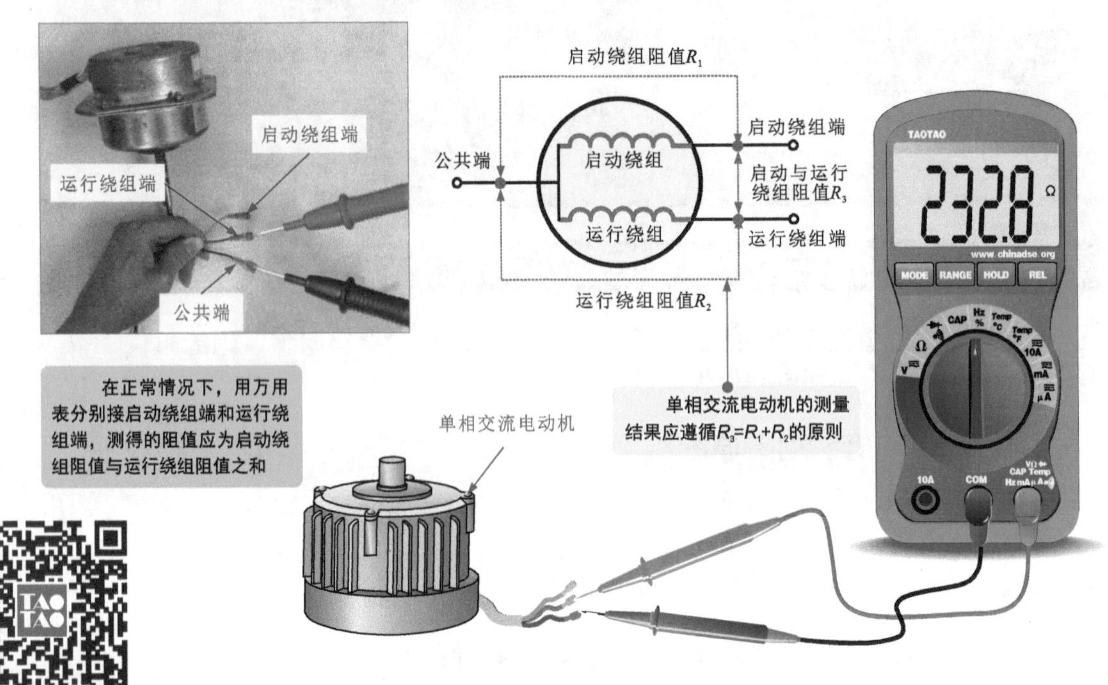

启动绕组端
运行绕组端
公共端
启动绕组阻值R_1
公共端
启动绕组
运行绕组
启动绕组端
启动与运行绕组阻值R_3
运行绕组端
运行绕组阻值R_2
232.8 Ω
在正常情况下，用万用表分别接启动绕组端和运行绕组端，测得的阻值应为启动绕组阻值与运行绕组阻值之和
单相交流电动机
单相交流电动机的测量结果应遵循$R_3=R_1+R_2$的原则

图6-3　用万用表粗略检测单相交流电动机绕组的阻值

如图6-4所示，用万用表检测三相交流电动机绕组阻值的操作与检测单相交流电动机的方法类似。三相交流电动机每两个引线端子的阻值测量结果应基本相同。若R_1、R_2、R_3任意一阻值为无穷大或零，则说明绕组内部存在断路或短路故障。

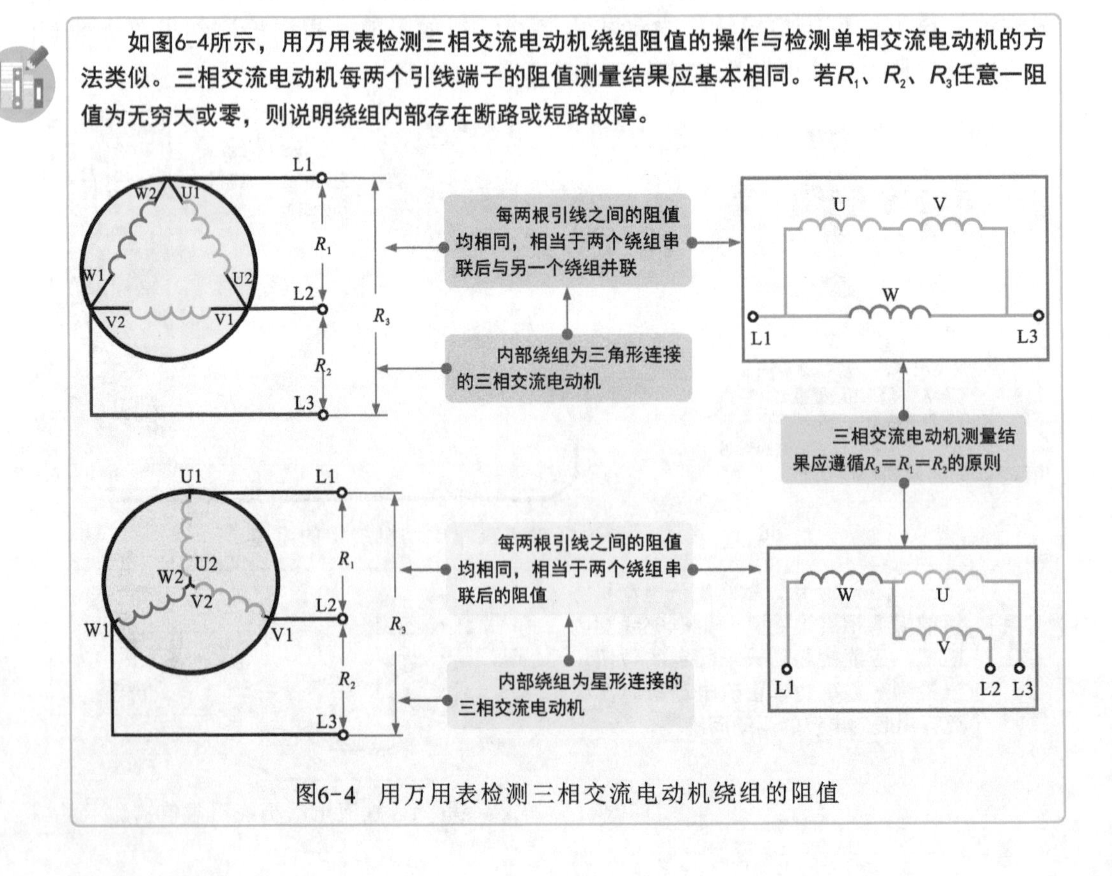

L1
L2
L3
R_1
R_2
R_3
每两根引线之间的阻值均相同，相当于两个绕组串联后与另一个绕组并联
内部绕组为三角形连接的三相交流电动机
三相交流电动机测量结果应遵循$R_3=R_1=R_2$的原则
每两根引线之间的阻值均相同，相当于两个绕组串联后的阻值
内部绕组为星形连接的三相交流电动机

图6-4　用万用表检测三相交流电动机绕组的阻值

2 用万用电桥精确检测电动机绕组的阻值

如图6-5所示，用万用电桥检测电动机绕组可以精确测量出每组绕组的阻值，即使有微小的偏差也能够被发现，是判断电动机制造工艺和性能是否良好的有效测试方法。

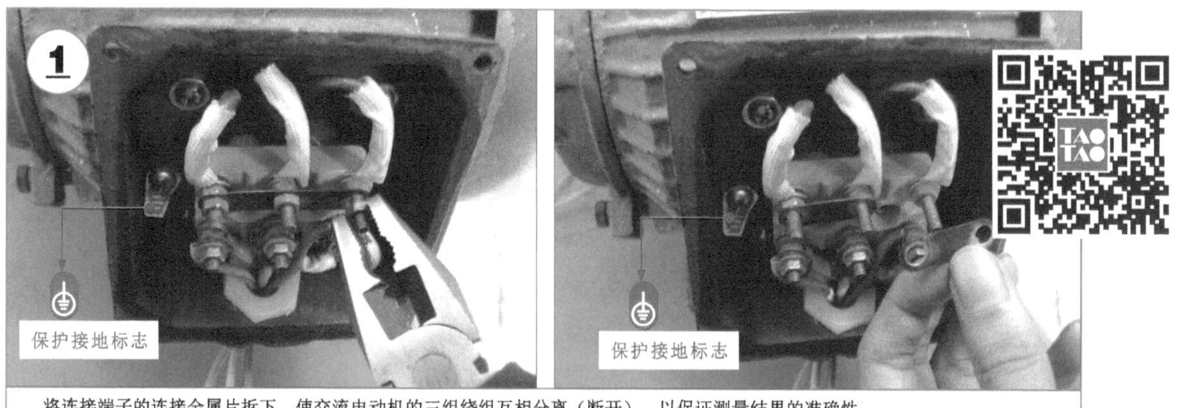
1
保护接地标志
保护接地标志

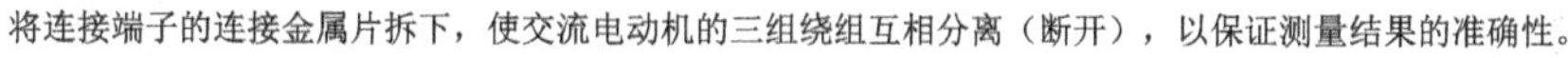
将连接端子的连接金属片拆下，使交流电动机的三组绕组互相分离（断开），以保证测量结果的准确性。

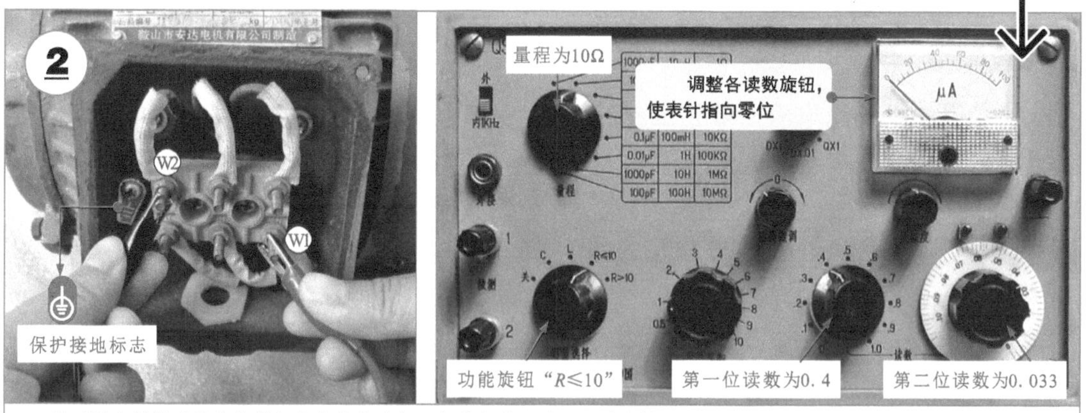
2
W2
W1
保护接地标志
量程为10Ω
调整各读数旋钮，使表针指向零位
功能旋钮"R≤10"
第一位读数为0.4
第二位读数为0.033

将万用电桥测试线上的鳄鱼夹夹在电动机一相绕组的两端引出线上检测阻值。本例中，万用电桥实测数值为0.433×10Ω=4.33Ω，属于正常范围。

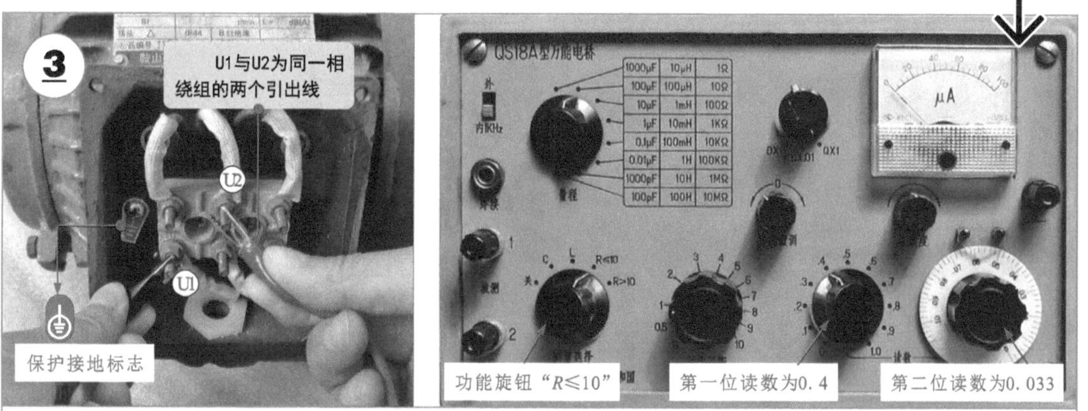
3
U1与U2为同一相绕组的两个引出线
U2
U1
保护接地标志
QS18A型万能电桥
功能旋钮"R≤10"
第一位读数为0.4
第二位读数为0.033

使用相同的方法，将鳄鱼夹夹在电动机第二相绕组的两端引出线上检测阻值。本例中，万用电桥实测数值为0.433×10Ω=4.33Ω，属于正常范围。

图6-5　用万用电桥精确测量电动机绕组的阻值

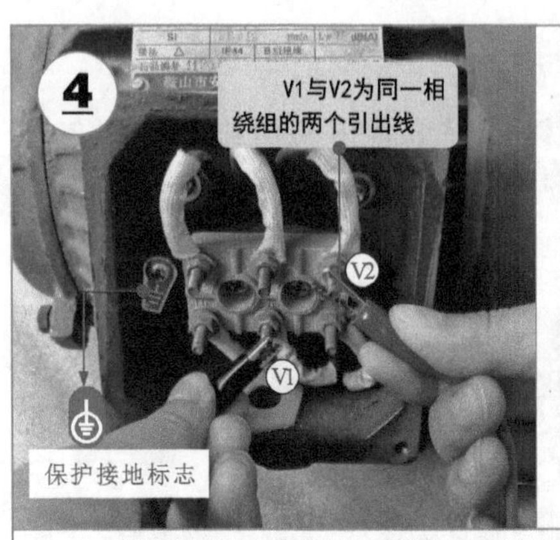
4
V1与V2为同一相
绕组的两个引出线
V2
V1
保护接地标志

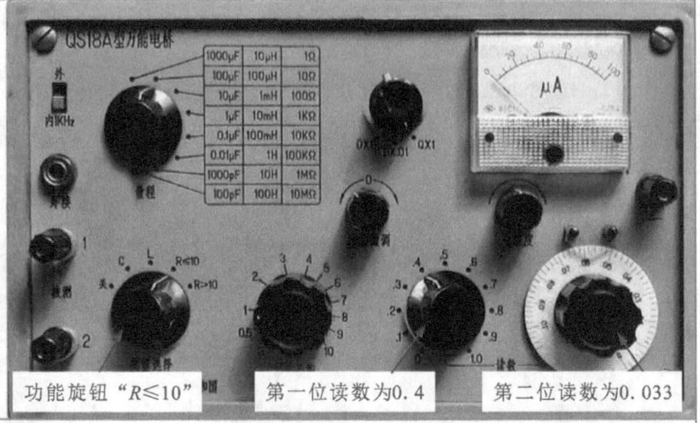
QS18A型万能电桥
功能旋钮“R≤10”
第一位读数为0.4
第二位读数为0.033

将万用电桥测试线上的鳄鱼夹夹在电动机第三相绕组的两端引出线上检测阻值。本例中，万用电桥实测数值为0.433×10Ω=4.33Ω，属于正常范围。

图6-5　用万用电桥精确测量电动机绕组的阻值（续）

通过以上检测可知，在正常情况下，三相交流电动机每相绕组的阻值约为4.33Ω，若测得三组绕组的阻值不同，则绕组内可能有短路或断路情况。

若通过检测发现阻值出现较大的偏差，则表明电动机的绕组已损坏。

6.1.2 电动机绝缘电阻的检测

检测电动机绝缘电阻一般借助绝缘电阻表实现。使用绝缘电阻表测量电动机的绝缘电阻是检测设备绝缘状态最基本的方法。这种测量手段能有效发现设备受潮、部件局部脏污、绝缘击穿、引线接外壳及老化等问题。

1 检测电动机绕组与外壳之间的绝缘阻值

如图6-6所示，借助绝缘电阻表检测三相交流电动机绕组与外壳之间的绝缘阻值。

1
红色测试线
黑色测试线

将绝缘电阻表的黑色测试线接在交流电动机的接地端上，红色测试线接在其中一相绕组的出线端子上。

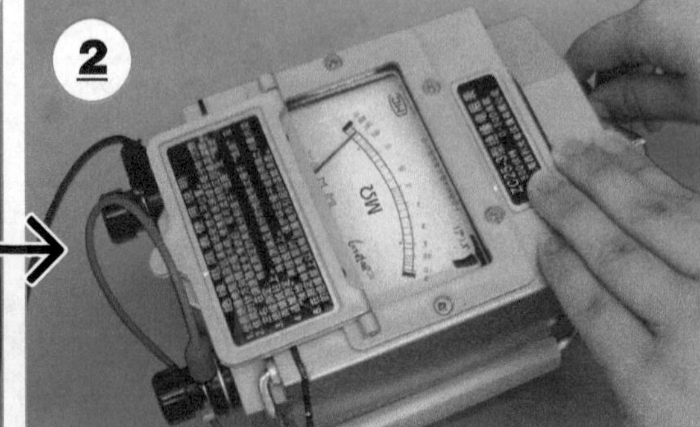
2

顺时针匀速转动绝缘电阻表的手柄，观察指针的摆动变化，实测绝缘阻值大于1MΩ，正常。

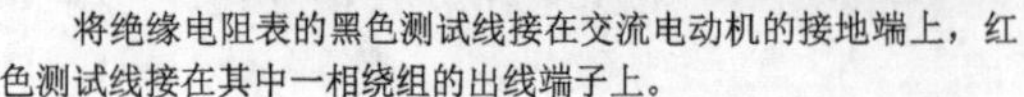

图6-6　三相交流电动机绕组与外壳之间绝缘阻值的检测方法

使用绝缘电阻表检测交流电动机绕组与外壳间的绝缘阻值时，应匀速转动绝缘电阻表的手柄，并观察指针的摆动情况。本例中，实测绝缘阻值均大于1MΩ。

为确保测量值的准确度，需要待绝缘电阻表的指针慢慢回到初始位置后，再顺时针摇动绝缘电阻表的手柄，检测其他绕组与外壳的绝缘阻值是否正常，若检测结果远小于1MΩ，则说明电动机绝缘性能不良或内部导电部分与外壳之间有漏电情况。

2 检测电动机绕组与绕组之间的绝缘阻值

如图6-7所示，借助绝缘电阻表可检测三相交流电动机绕组与绕组之间的绝缘阻值（三组绕组分别两两检测，即检测U—V、U—W、V—W之间）。

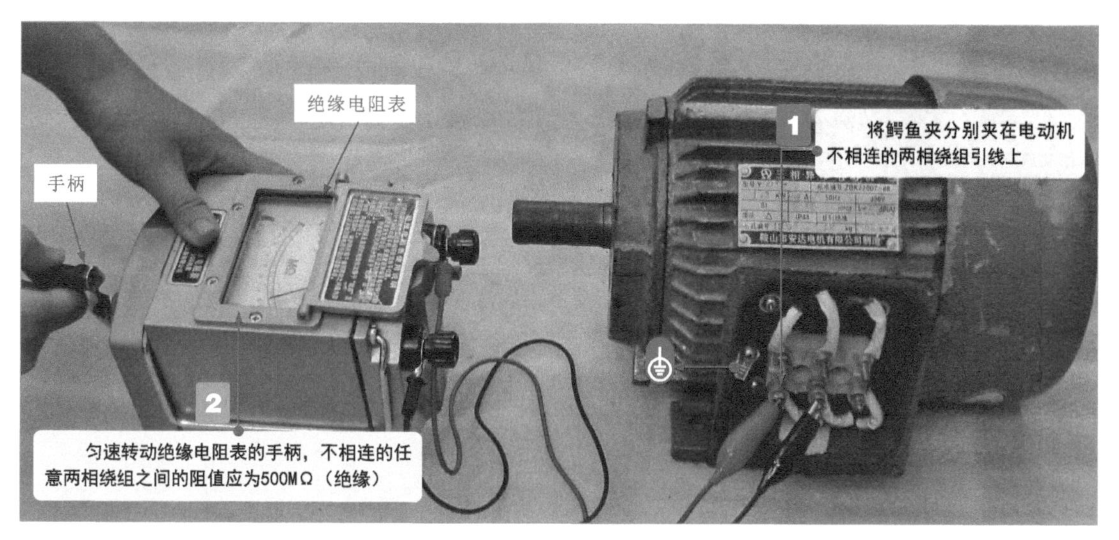
绝缘电阻表
手柄
1
将鳄鱼夹分别夹在电动机不相连的两相绕组引线上
2
匀速转动绝缘电阻表的手柄，不相连的任意两相绕组之间的阻值应为500MΩ（绝缘）

图6-7 三相交流电动机绕组与绕组之间绝缘阻值的检测方法

检测绕组间绝缘阻值时，需取下绕组间的接线片，即确保电动机绕组之间没有任何连接关系。若测得电动机的绕组与绕组之间的绝缘阻值为零或阻值较小，则说明电动机绕组与绕组之间存在短路现象。

6.1.3 电动机空载电流的检测

检测电动机的空载电流就是在电动机未带任何负载的情况下检测绕组中的运行电流，多用于单相交流电动机和三相交流电动机的检测。

图6-8为借助钳形表检测三相交流电动机的空载电流。

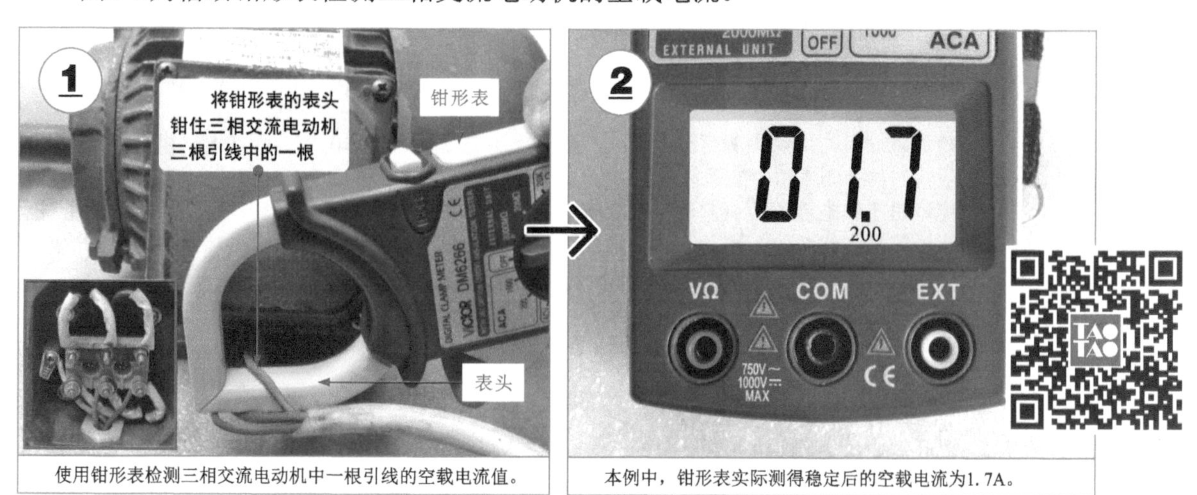
1
将钳形表的表头钳住三相交流电动机三根引线中的一根
钳形表
表头
使用钳形表检测三相交流电动机中一根引线的空载电流值。
2
EXTERNAL UNIT
OFF
ACA
01.7
200
VΩ
COM
EXT
本例中，钳形表实际测得稳定后的空载电流为1.7A。

图6-8 借助钳形表检测三相交流电动机的空载电流

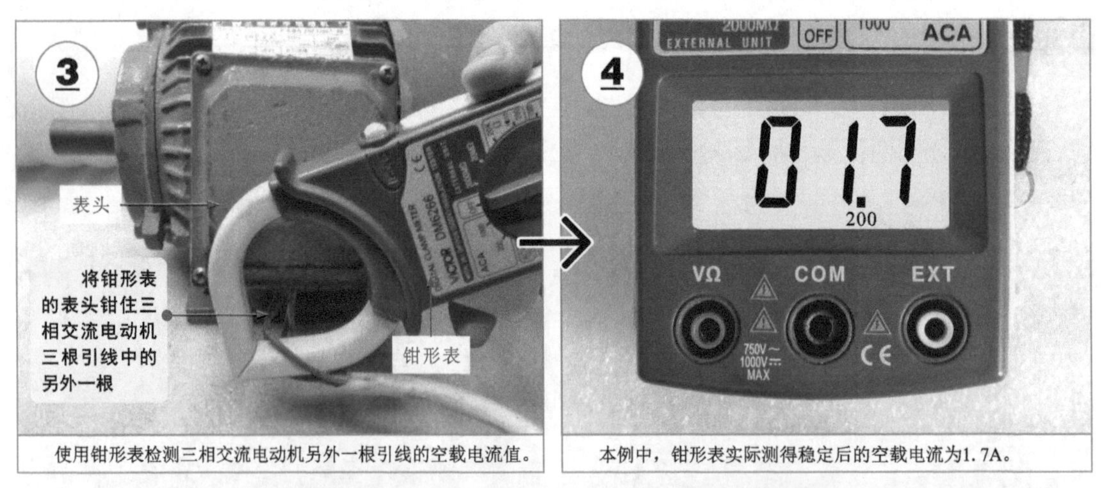
3
表头
将钳形表的表头钳住三相交流电动机三根引线中的另外一根
钳形表
4
EXTERNAL UNIT
OFF
ACA
01.7
200
VΩ
COM
EXT
750V～
1000V
MAX

使用钳形表检测三相交流电动机另外一根引线的空载电流值。

本例中，钳形表实际测得稳定后的空载电流为1.7A。

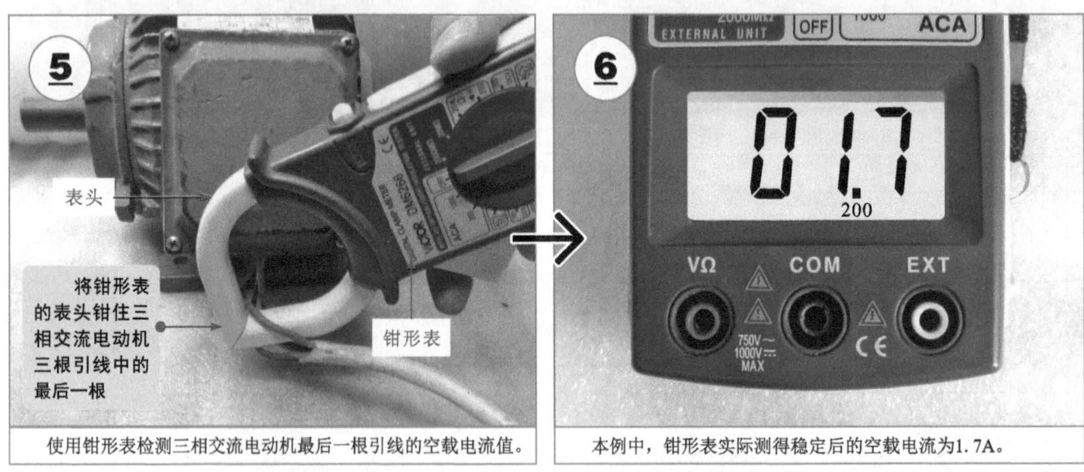
5
表头
将钳形表的表头钳住三相交流电动机三根引线中的最后一根
钳形表
6
EXTERNAL UNIT
OFF
ACA
01.7
200
VΩ
COM
EXT
750V～
1000V
MAX

使用钳形表检测三相交流电动机最后一根引线的空载电流值。

本例中，钳形表实际测得稳定后的空载电流为1.7A。

图6-8　借助钳形表检测三相交流电动机的空载电流（续）

若测得的空载电流过大或三相空载电流不均衡，则说明电动机存在异常。一般情况下，空载电流过大的原因主要是电动机内部铁芯不良、电动机转子与定子之间的间隙过大、电动机线圈的匝数过少、电动机绕组连接错误。

需要注意的是，实测电动机为2极1.5kW容量的电动机，空载电流约为额定电流的40%～55%。

检测电动机时，除检测空载电流外，还可检测电动机的工作电流，即在电动机带负载的情况下运行时，检测绕组中的运行电流。

电动机工作电流的检测方法与空载电流的检测方法相同，打开钳形表的表头，将电动机绕组输出的三根引线中的一根置于钳口内，待钳形表示数稳定后，读取测量数值（一般应接近电动机铭牌上的额定电流，本例中，电动机的额定电流为3.5A）。

若测得电动机的工作电流过大，说明电动机存在异常。

一般情况下，工作电流过大的原因主要有：

- ◇ 电动机内部铁芯不良；
- ◇ 电动机转子与定子之间的缝隙过大；
- ◇ 电动机线圈的匝数过少；
- ◇ 电动机绕组连接错误。

三相绕组工作电流不均衡的原因主要有：

- ◇ 三相绕组不对称；
- ◇ 各相绕组的线圈匝数不相等；
- ◇ 三相绕组之间的电压不均衡；
- ◇ 内部铁芯出现短路。

6.1.4 电动机转速的检测

如图6-9所示，电动机的转速是指电动机运行时每分钟旋转的次数，测试电动机的实际转速并与铭牌上的额定转速对照比较，可判断出电动机是否存在超速或堵转现象。检测电动机的转速一般使用专用的电动机转速表。

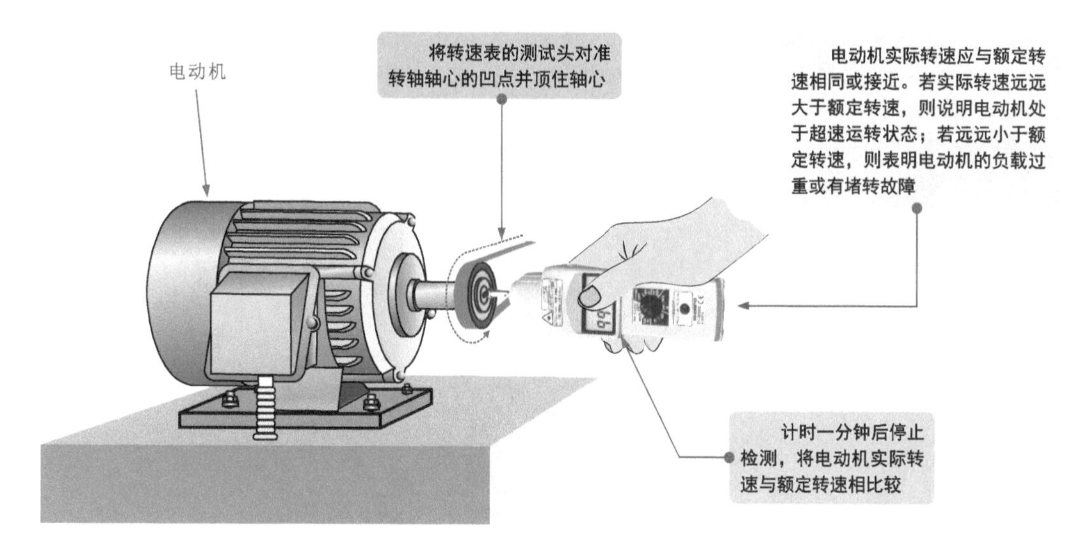

电动机
将转速表的测试头对准转轴轴心的凹点并顶住轴心
电动机实际转速应与额定转速相同或接近。若实际转速远远大于额定转速，则说明电动机处于超速运转状态；若远远小于额定转速，则表明电动机的负载过重或有堵转故障
计时一分钟后停止检测，将电动机实际转速与额定转速相比较

图6-9 电动机转速的检测方法

如图6-10所示，对于没有铭牌的电动机，要先确定额定转速，通常可借助指针万用表简单判断。

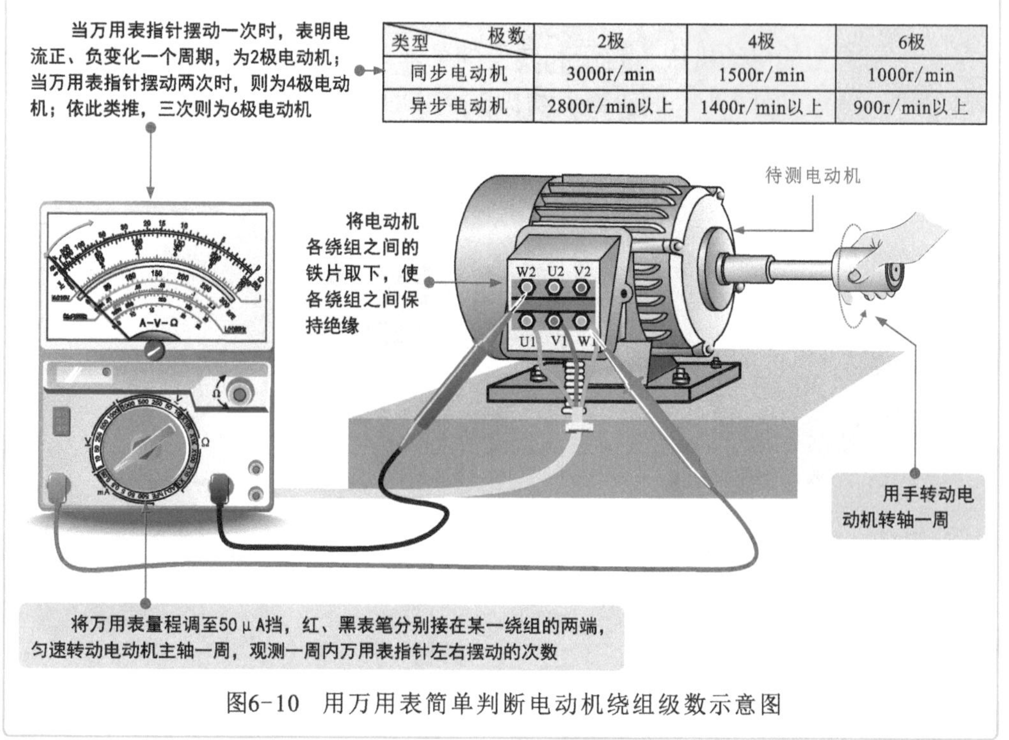

当万用表指针摆动一次时，表明电流正、负变化一个周期，为2极电动机；当万用表指针摆动两次时，则为4极电动机；依此类推，三次则为6极电动机
待测电动机
将电动机各绕组之间的铁片取下，使各绕组之间保持绝缘
W2 U2 V2
U1 V1 W1
A-V-Ω
用手转动电动机转轴一周
将万用表量程调至50μA挡，红、黑表笔分别接在某一绕组的两端，匀速转动电动机主轴一周，观测一周内万用表指针左右摆动的次数

类型＼极数	2极	4极	6极
同步电动机	3000r/min	1500r/min	1000r/min
异步电动机	2800r/min以上	1400r/min以上	900r/min以上

图6-10 用万用表简单判断电动机绕组级数示意图

6.2 电动机铁芯和转轴的检修方法

6.2.1 电动机铁芯的检修

铁芯是电动机中磁路的重要组成部分，在电动机的运转过程中起到举足轻重的作用。电动机中的铁芯通常包含定子铁芯和转子铁芯两个部分。定子通常作为不转动的部分，转子通常固定在定子的中央部位。图6-11为铁芯在电动机中的位置。

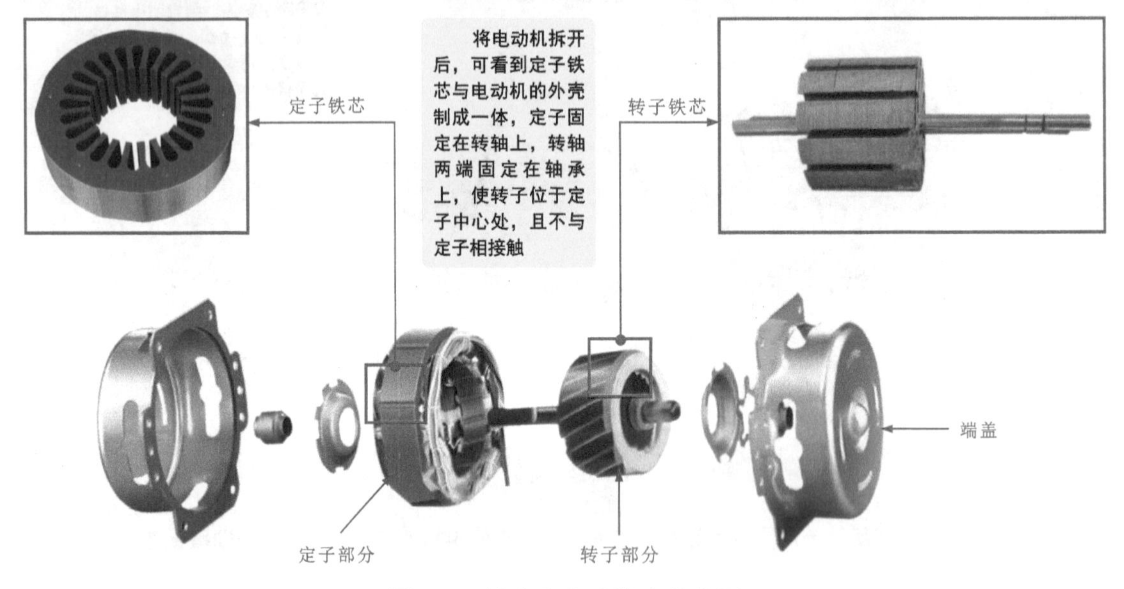

将电动机拆开后，可看到定子铁芯与电动机的外壳制成一体，定子固定在转轴上，转轴两端固定在轴承上，使转子位于定子中心处，且不与定子相接触
定子铁芯
转子铁芯
端盖
定子部分
转子部分

图6-11　铁芯在电动机中的位置

在不同类型的电动机中，定子和转子的外形和结构不同，因此铁芯部分的结构也有所差异。图6-12为几种不同类型电动机中铁芯的实物外形。

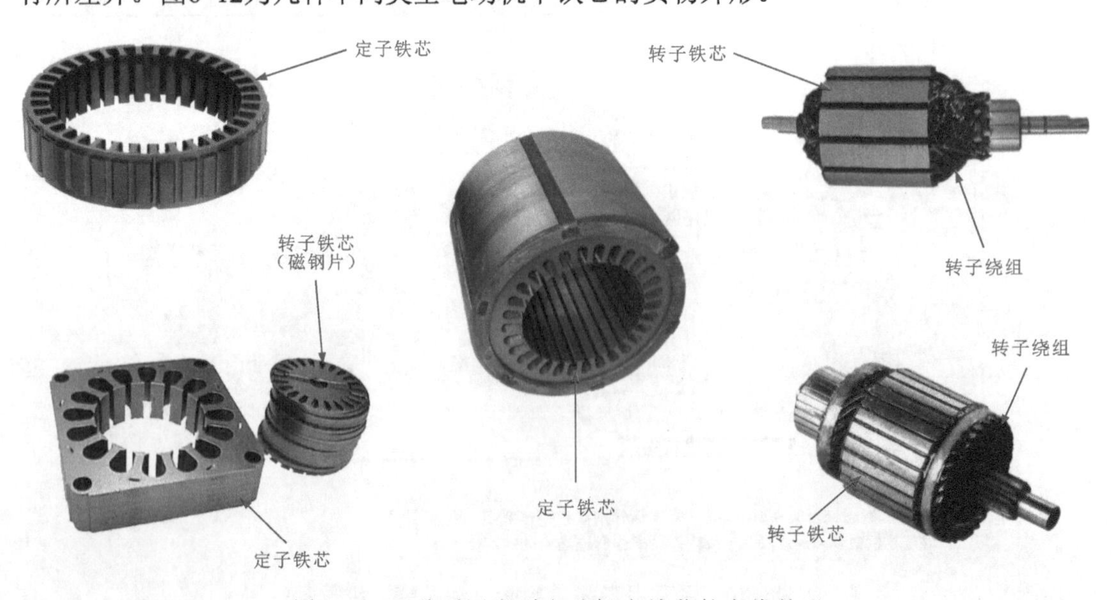

定子铁芯
转子铁芯
转子铁芯
（磁钢片）
转子绕组
转子绕组
定子铁芯
转子铁芯
定子铁芯

图6-12　几种不同类型电动机中铁芯的实物外形

1 电动机定子铁芯的结构特点

电动机定子铁芯是电动机定子磁路的一部分，由0.35～0.5mm厚的表面涂有绝缘漆的薄硅钢片（冲片）叠压而成。图6-13为典型电动机定子铁芯的结构。

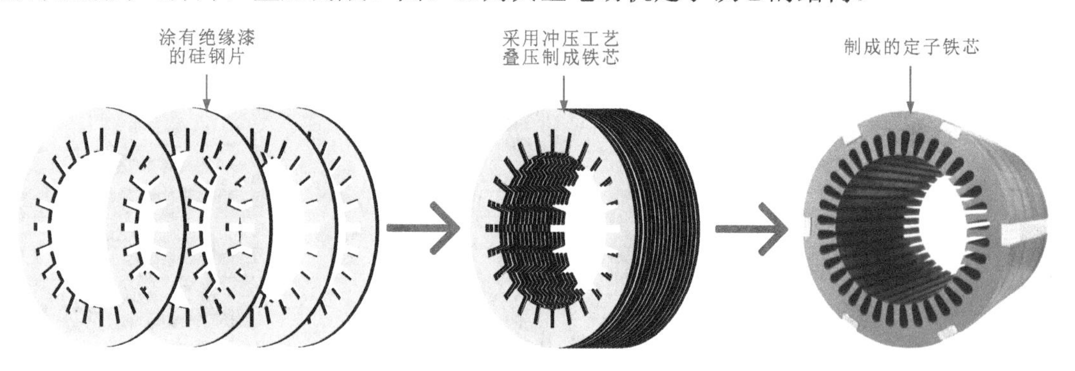

涂有绝缘漆
的硅钢片
采用冲压工艺
叠压制成铁芯
制成的定子铁芯

图6-13 典型电动机定子铁芯的结构

定子所采用的硅钢片较薄，片与片之间是绝缘的，可以极大地减少由于交变磁通通过而引起的铁芯涡流损耗。

定子铁芯兼有定子绕组骨架的功能，因此在定子铁芯内设有均匀分布的凹槽，用于缠绕定子绕组，组成电动机的定子部分。图6-14为定子铁芯上的凹槽。

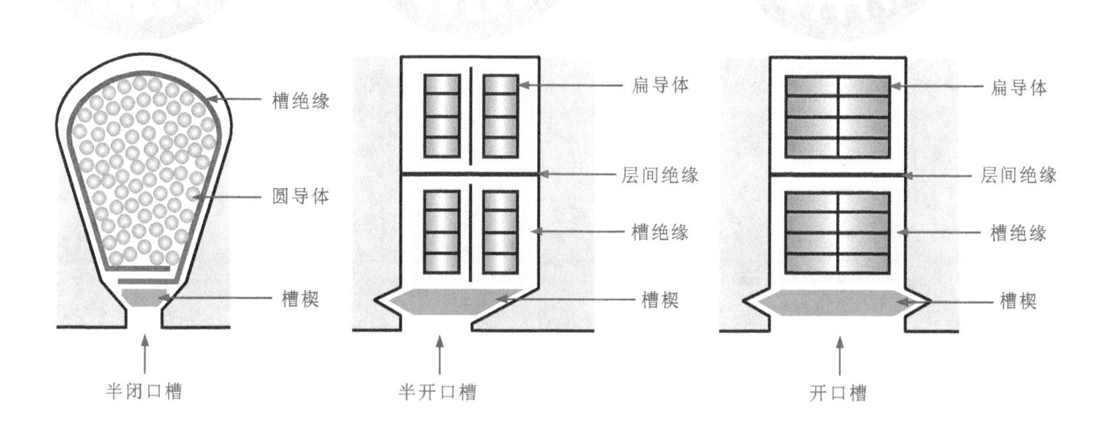

半闭口槽定子铁芯
横截面
半开口槽定子铁芯
横截面
开口槽定子铁芯
横截面
槽绝缘
圆导体
槽楔
半闭口槽
扁导体
层间绝缘
槽绝缘
槽楔
半开口槽
扁导体
层间绝缘
槽绝缘
槽楔
开口槽
定子铁芯上的凹槽根据槽口（槽齿）的类型来分主要有3种，即半闭口槽、半开口槽和开口槽

图6-14 定子铁芯上的凹槽

从提高电动机的效率和功率方面考虑，半闭口槽最好，但绕组的绝缘和嵌线工艺比较复杂，常用于小容量和中型低压异步电动机中；半开口槽的槽口略大于槽宽的一半，可以嵌放成形线圈，适用于大型低压异步电动机；开口槽适用于高压异步电动机，以保证绝缘的可靠性和下线方便。

2 电动机转子铁芯的结构特点

转子铁芯由硅钢片绝缘叠压而成，是主磁极的重要组成部分。图6-15为典型电动机转子铁芯的结构。

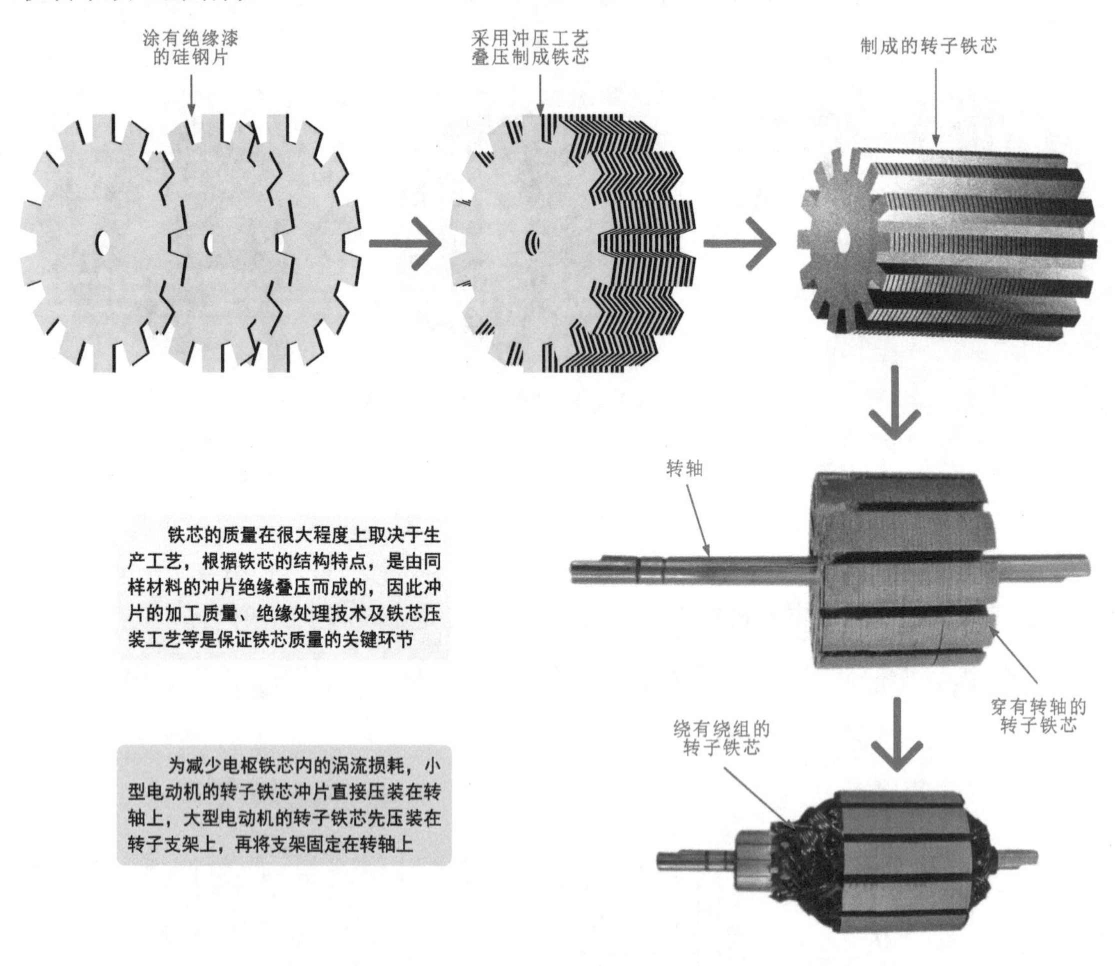
涂有绝缘漆
的硅钢片
采用冲压工艺
叠压制成铁芯
制成的转子铁芯
转轴
铁芯的质量在很大程度上取决于生产工艺，根据铁芯的结构特点，是由同样材料的冲片绝缘叠压而成的，因此冲片的加工质量、绝缘处理技术及铁芯压装工艺等是保证铁芯质量的关键环节
穿有转轴的
转子铁芯
绕有绕组的
转子铁芯
为减少电枢铁芯内的涡流损耗，小型电动机的转子铁芯冲片直接压装在转轴上，大型电动机的转子铁芯先压装在转子支架上，再将支架固定在转轴上

图6-15　典型电动机转子铁芯的结构

若铁芯在压装过程中过松，则一定长度内冲片的数量减少，将导致磁截面积不足，进而引起振动噪声等；若铁芯压装过紧，则可能造成冲片间绝缘性能降低，增大损耗。因此，如何改善铁芯冲片的材质、提高材质的导磁率、控制好铁损的大小等，便成为直接提升电动机铁芯性能的重要方面。一般来说，性能良好的电动机铁芯由精密的冲压模具成形，再采用自动铆接的工艺，然后利用高精密度冲压机冲压完成，由此可以最大程度地保证产品平面的完整度和产品精度。

3 电动机铁芯的检修方法

铁芯不仅是电动机中磁路的重要组成部分，在电动机的运作过程中还要承受机械振动与电磁力、热力的综合作用。因此，电动机铁芯出现异常的情况较多，比较常见的故障主要有铁芯表面锈蚀、铁芯松弛、铁芯烧损、铁芯槽齿弯曲变形、铁芯扫膛等。下面将分别介绍电动机铁芯常见故障的检修方法。

当电动机长期处于潮湿、有腐蚀气体的环境中时，电动机铁芯表面的绝缘性会逐渐变差，容易出现锈蚀情况。若铁芯出现锈蚀，则可通过打磨和重新绝缘等手段修复电动机铁芯，如图6-16所示。

正常颜色
正常颜色
铁芯表面
严重锈蚀
铁芯表面
严重锈蚀

（a） 铁芯表面锈蚀示意图

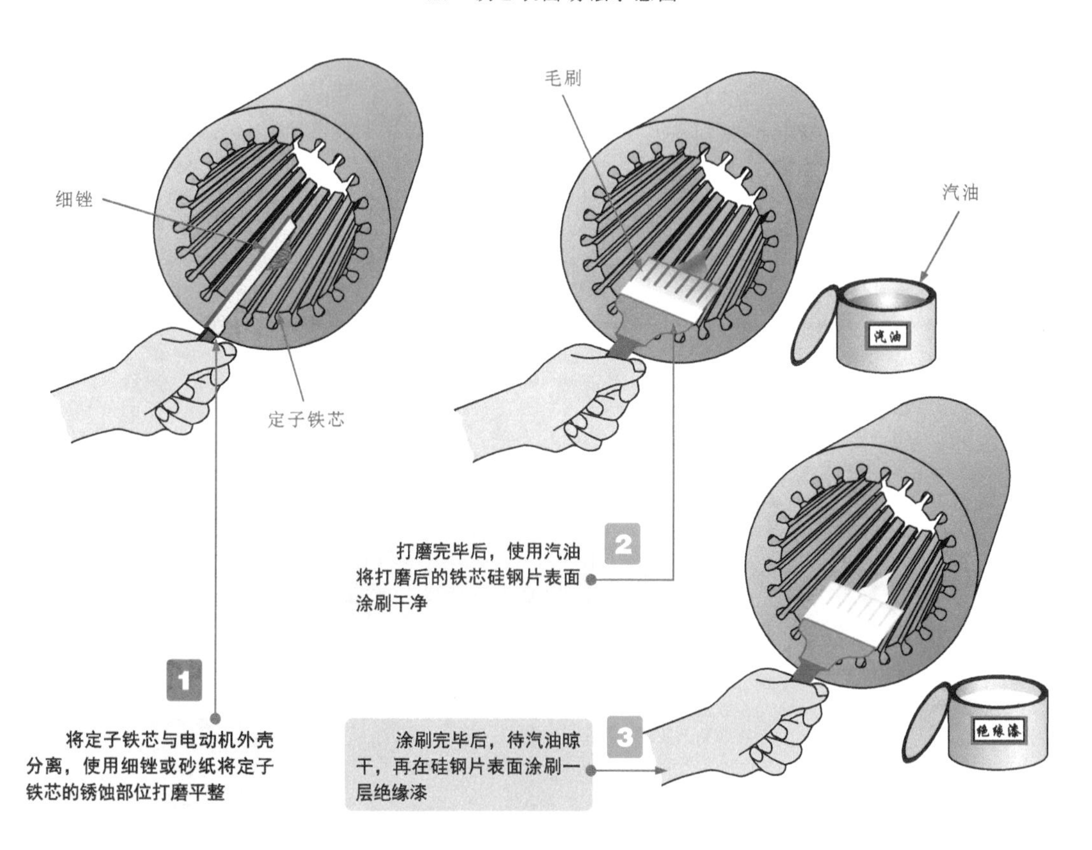
细锉
定子铁芯
毛刷
汽油
汽油
绝缘漆
1
将定子铁芯与电动机外壳分离，使用细锉或砂纸将定子铁芯的锈蚀部位打磨平整
2
打磨完毕后，使用汽油将打磨后的铁芯硅钢片表面涂刷干净
3
涂刷完毕后，待汽油晾干，再在硅钢片表面涂刷一层绝缘漆

（b） 铁芯表面锈蚀的检修

图6-16 铁芯表面锈蚀的检修方法

电动机在运行时，铁芯由于受热膨胀会受到附加压力，将绝缘漆膜压平，硅钢片间密和度降低，从而产生松动现象。当铁芯之间收缩0.3%时，铁芯之间的压力将会降至原始值的一半。铁芯松动后将会产生振动，使绝缘层变薄，从而使松动现象变得更明显。

图6-17为定子铁芯松弛的检修方法。当电动机定子铁芯出现松动现象时，通常松动的部位多为铁芯两端，铁芯中间及整体松动较少，检修时，一般可在电动机外壳上钻孔攻螺纹，然后拧入固定螺钉进行修复。

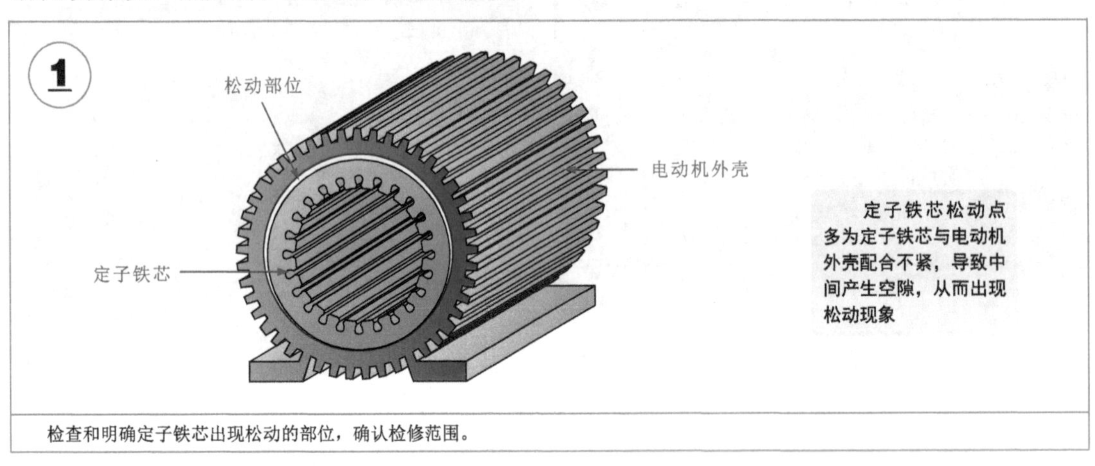
1
松动部位
电动机外壳
定子铁芯
定子铁芯松动点多为定子铁芯与电动机外壳配合不紧，导致中间产生空隙，从而出现松动现象

检查和明确定子铁芯出现松动的部位，确认检修范围。

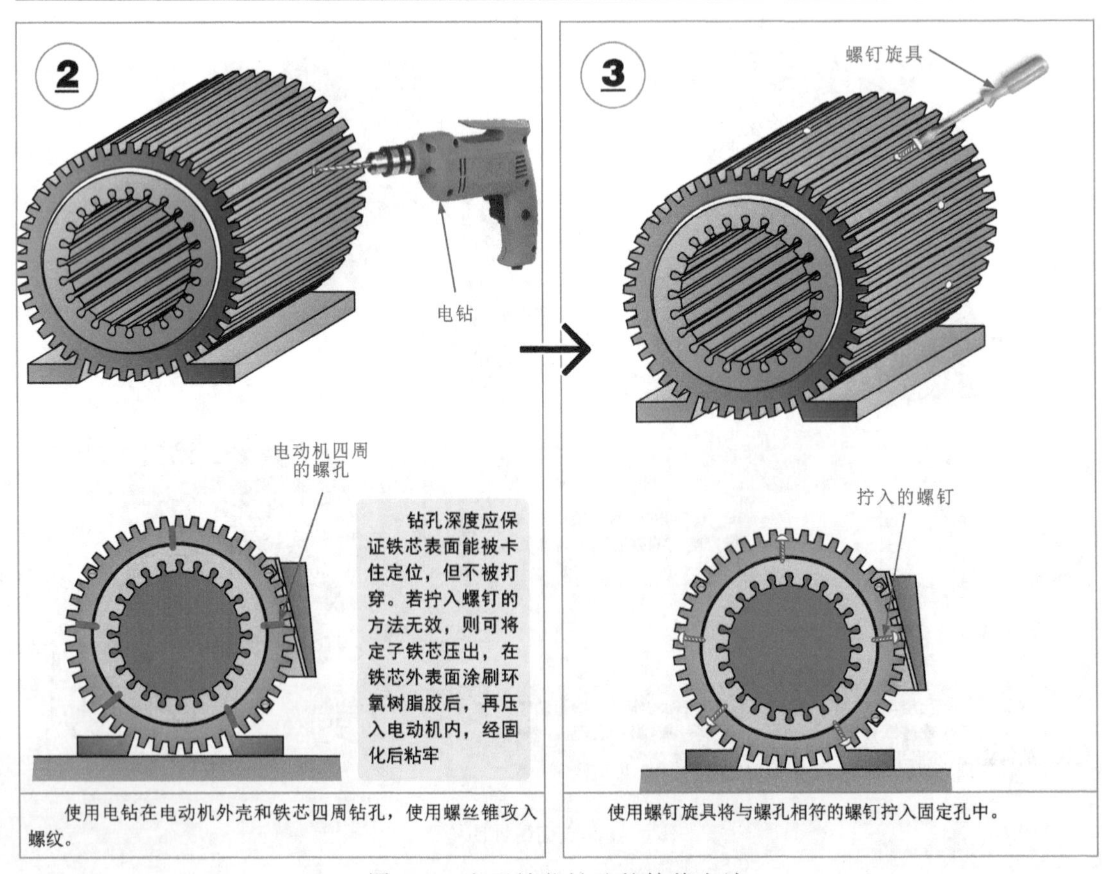
2
电钻
电动机四周的螺孔
钻孔深度应保证铁芯表面能被卡住定位，但不被打穿。若拧入螺钉的方法无效，则可将定子铁芯压出，在铁芯外表面涂刷环氧树脂胶后，再压入电动机内，经固化后粘牢
3
螺钉旋具
拧入的螺钉

使用电钻在电动机外壳和铁芯四周钻孔，使用螺丝锥攻入螺纹。

使用螺钉旋具将与螺孔相符的螺钉拧入固定孔中。

图6-17　定子铁芯松弛的检修方法

当电动机转子铁芯出现松动现象时，其松动点多为转子铁芯与转轴之间的连接部位。图6-18为转子铁芯松弛的检修方法。检修时，可采用螺母紧固的方法进行修复。

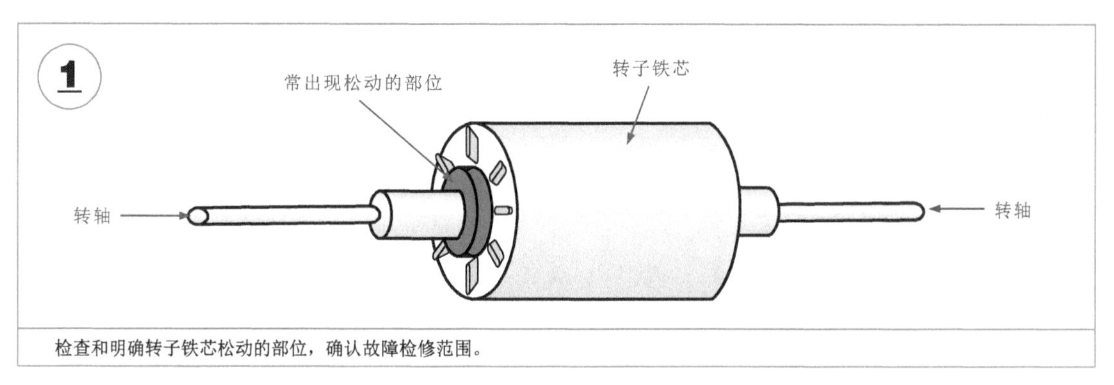
1
常出现松动的部位
转子铁芯
转轴
转轴

检查和明确转子铁芯松动的部位，确认故障检修范围。

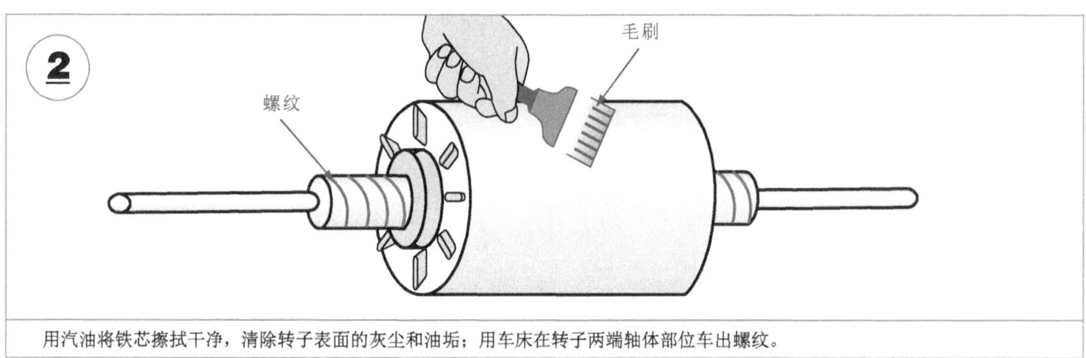
2
毛刷
螺纹

用汽油将铁芯擦拭干净，清除转子表面的灰尘和油垢；用车床在转子两端轴体部位车出螺纹。

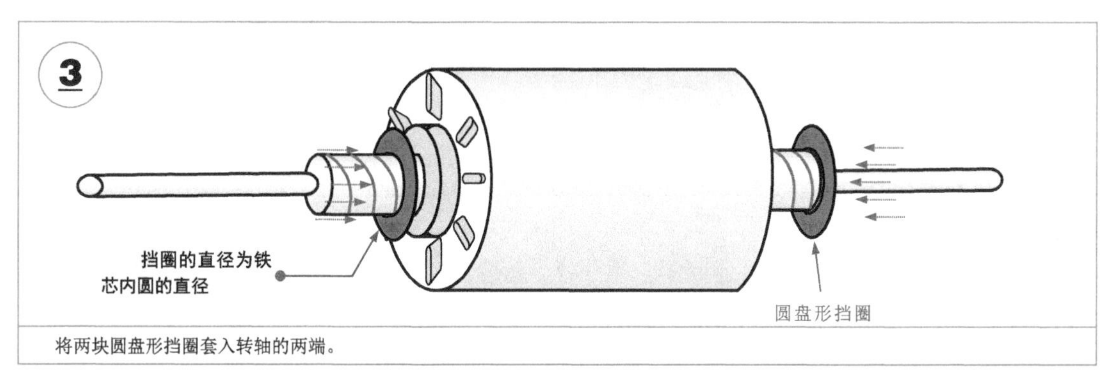
3
挡圈的直径为铁
芯内圆的直径
圆盘形挡圈

将两块圆盘形挡圈套入转轴的两端。

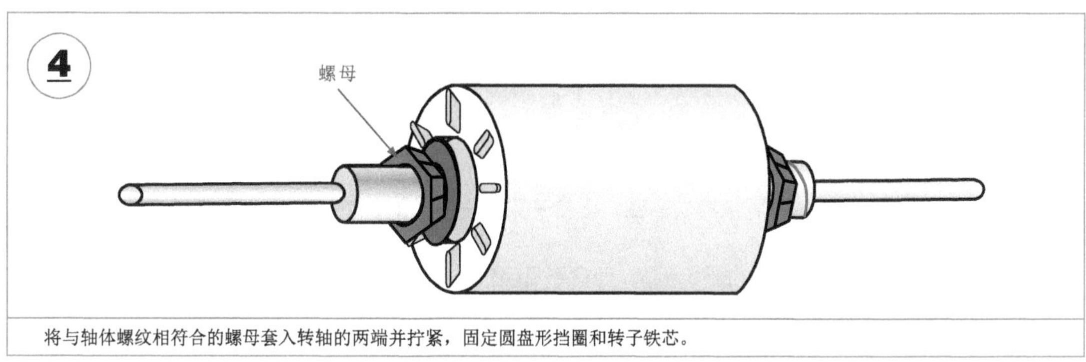
4
螺母

将与轴体螺纹相符合的螺母套入转轴的两端并拧紧，固定圆盘形挡圈和转子铁芯。

图6-18　转子铁芯松弛的检修方法

电动机铁芯烧损主要是由于绕组短路或接地弧光引起的，当铁芯出现烧损故障时，通常会在烧损部位形成深坑或烧结区。

图6-19为铁芯烧损的检修方法。该类故障多发生在铁芯槽口和铁芯槽部位，在一般情况下，若铁芯仅是局部烧损，未延伸到铁芯深处时，则可对烧损部位进行修补来排除故障。

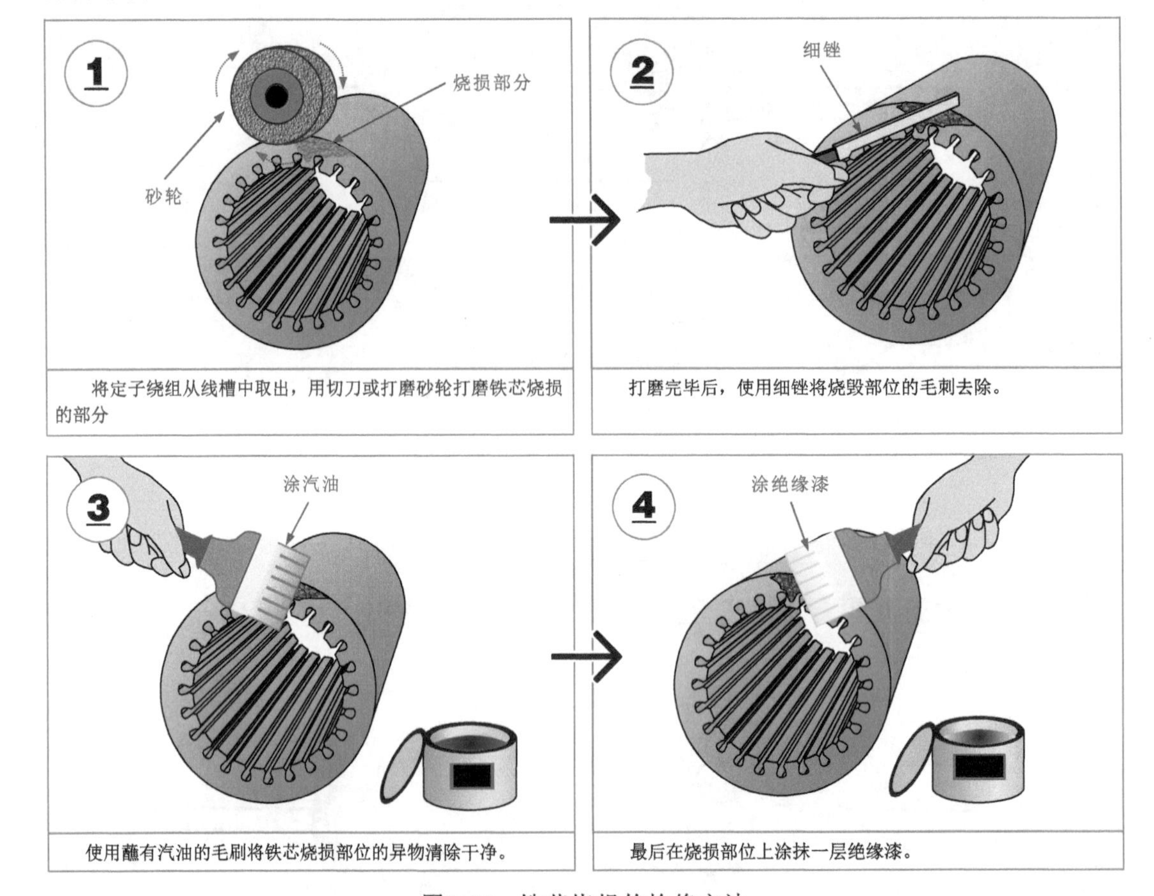

1
烧损部分
砂轮
将定子绕组从线槽中取出，用切刀或打磨砂轮打磨铁芯烧损的部分
2
细锉
打磨完毕后，使用细锉将烧毁部位的毛刺去除。
3
涂汽油
使用蘸有汽油的毛刷将铁芯烧损部位的异物清除干净。
4
涂绝缘漆
最后在烧损部位上涂抹一层绝缘漆。

图6-19　铁芯烧损的检修方法

当铁芯烧损严重，且深入整个铁芯内部时，采用上述检修方法已不能奏效，此时只能对整个铁芯进行更换。

引起铁芯出现扫膛的故障有很多，通常可根据铁芯的擦伤位置来判断产生扫膛的主要原因。以下三种故障表现是铁芯出现扫膛时的典型表现，维修人员可根据擦伤特点进一步寻找产生故障的原因，从而排除故障。

◇ 当定子铁芯四周被擦伤一圈，而转子只擦伤一处时，可能的原因为转轴弯曲、轴承故障、转子铁芯某处凸起或偏心。

◇当转子铁芯四周被擦伤一圈，而定子只擦伤一处时，可能的原因为定子铁芯局部凸起、轴承磨损导致转子下沉、转子中心线偏移、定子前后端盖与机座配合松动使定子整体下沉。

◇当转子铁芯两端及四周均有擦伤，而定子铁芯的两端处有两处位置相反的擦伤时，可能的原因为两端轴承严重磨损造成转子轴线倾斜、端盖与绕组之间的配合存在间隙导致转子轴线倾斜。

电动机铁芯槽齿弯曲变形是指铁芯槽齿部分的形状发生变化，会导致电动机工作异常，如绕组受挤压破坏绝缘、绕制绕组无法嵌入铁芯槽中等。图6-20为铁芯槽齿弯曲变形的检修方法。

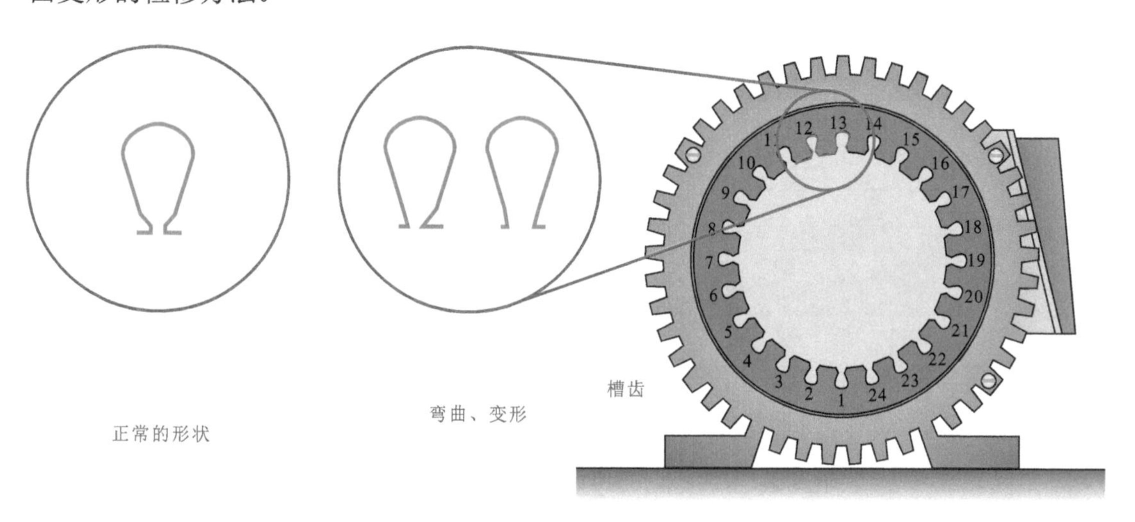
正常的形状
弯曲、变形
槽齿
1
2
3
4
5
6
7
8
9
10
11
12
13
14
15
16
17
18
19
20
21
22
23
24

（a） 铁芯槽齿弯曲变形示意图

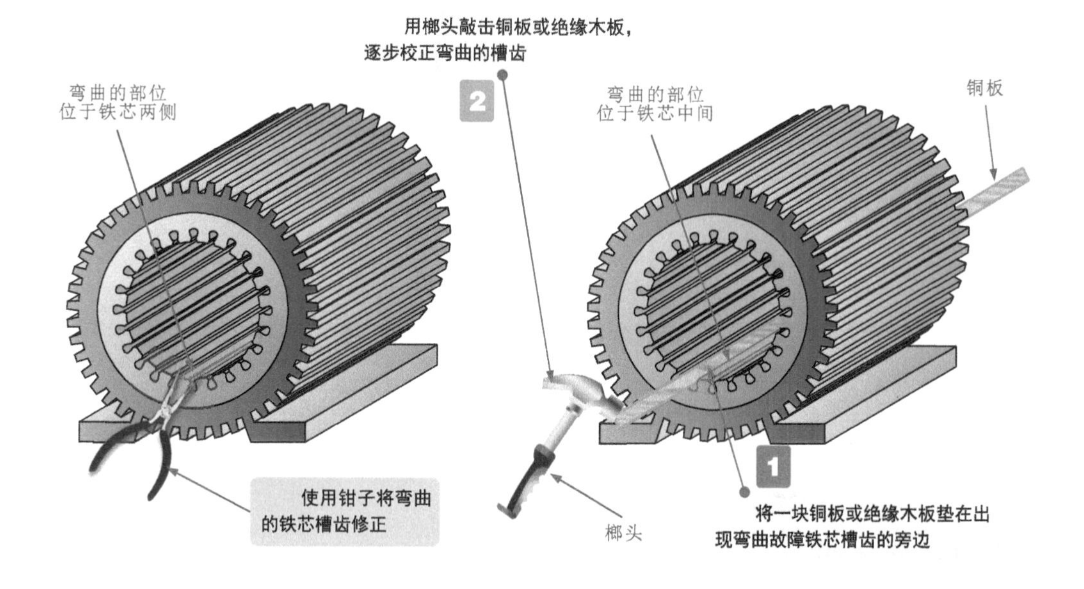
用榔头敲击铜板或绝缘木板，
逐步校正弯曲的槽齿
2
弯曲的部位
位于铁芯两侧
弯曲的部位
位于铁芯中间
铜板
使用钳子将弯曲
的铁芯槽齿修正
榔头
1
将一块铜板或绝缘木板垫在出
现弯曲故障铁芯槽齿的旁边

（a） 铁芯槽齿弯曲变形的检修

图6-20 铁芯槽齿弯曲变形的检修方法

通常，造成铁芯槽齿出现弯曲、变形的原因主要有以下几点：

◇电动机发生扫膛时，与铁芯槽齿发生碰撞，引起槽齿弯曲、变形。

◇拆卸绕组时，由于用力过猛，将铁芯撬弯变形，从而损伤槽齿压板，使槽口宽度产生变化。

◇当铁芯出现松动时，由于电磁力的作用，也会使铁芯槽齿出现弯曲、变形的故障现象。

◇当铁芯冲片出现凹凸不平现象时，将会造成铁芯槽内不平。

◇当使用喷灯烧除旧线圈的绝缘层时，使槽齿过热，产生变形，导致冲片向外翘或弹开。

6.2.2 电动机转轴的检修

1 电动机转轴的结构特点

转轴是电动机输出机械能的主要部件，一般是用中碳钢制成的，穿插在电动机转子铁芯的中心部位，两端用轴承支撑。图6-21为转轴在电动机中的位置。

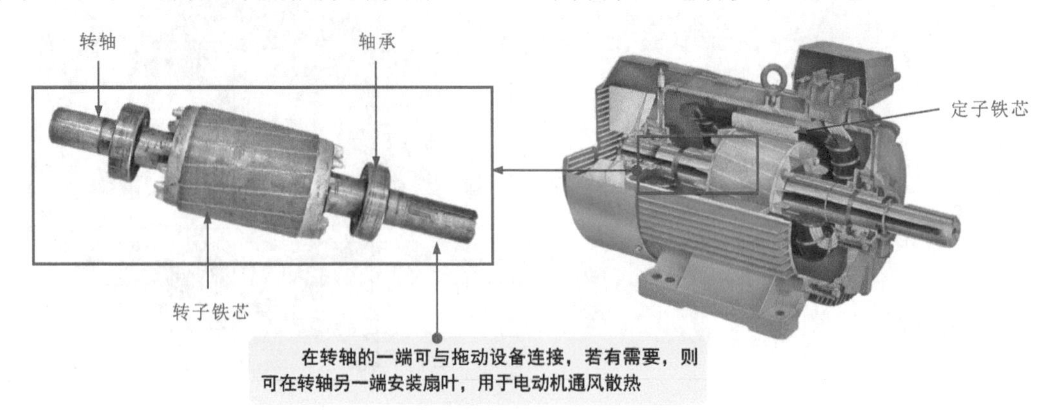

转轴
轴承
定子铁芯
转子铁芯
在转轴的一端可与拖动设备连接，若有需要，则可在转轴另一端安装扇叶，用于电动机通风散热

图6-21 转轴在电动机中的位置

转轴根据表面制作工艺的不同可分为两种：一种是转轴表面采用滚花波纹工艺；另一种采用键槽工艺，如图6-22所示。

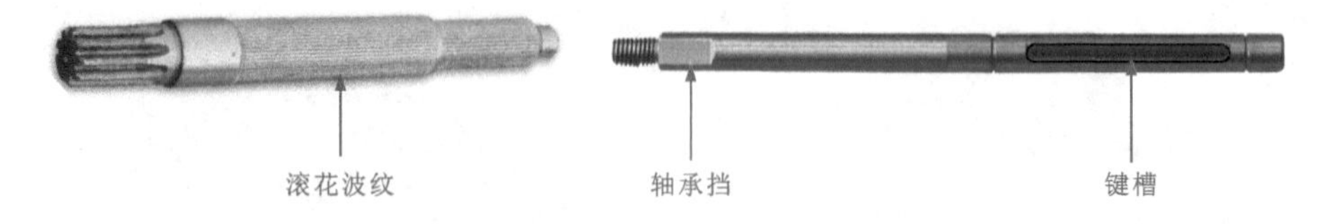

滚花波纹
轴承挡
键槽

图6-22 不同类型的转轴

转轴的主要功能是作为电动机动力的输出部件，同时支撑转子铁芯旋转，保持定子、转子之间有适当的气隙（红色），如图6-23所示，

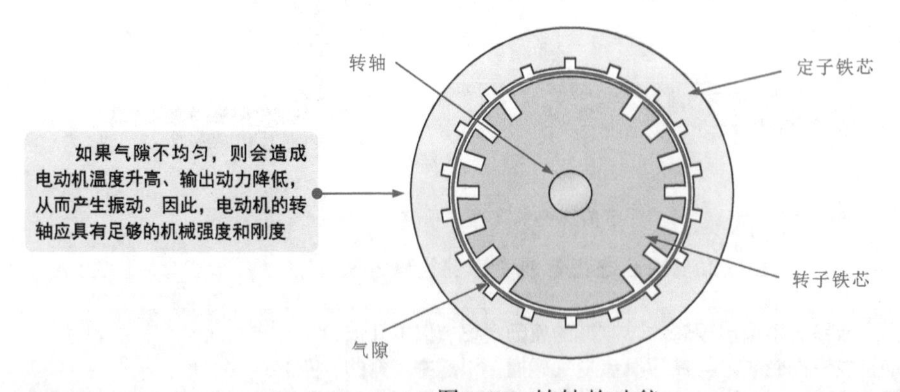

转轴
定子铁芯
如果气隙不均匀，则会造成电动机温度升高、输出动力降低，从而产生振动。因此，电动机的转轴应具有足够的机械强度和刚度
转子铁芯
气隙

图6-23 转轴的功能

气隙是定子与转子之间的空隙。气隙大小对电动机性能的影响很大。气隙大的时候将导致电动机空载电流增加，输出功率太小，定子、转子间容易出现相互碰撞而转动不灵活的故障

2 电动机转轴的检修方法

由于转轴的工作特点，因此在大多情况下可能是由于转轴本身材质不好或强度不够、转轴与关联部件配合异常、正反冲击作用、拆装操作不当等造成转轴损坏。其中，电动机转轴常见的故障主要有转轴弯曲、轴颈磨损、出现裂纹、槽键磨损等。

转轴在工作过程中由于外力碰撞或长时间超负荷运转很容易导致轴向偏差弯曲。弯曲的转轴会导致定子与转子之间相互摩擦，使电动机在运行时出现摩擦音，严重时会使转子发生扫膛事故。图6-24为转轴弯曲的检修方法。

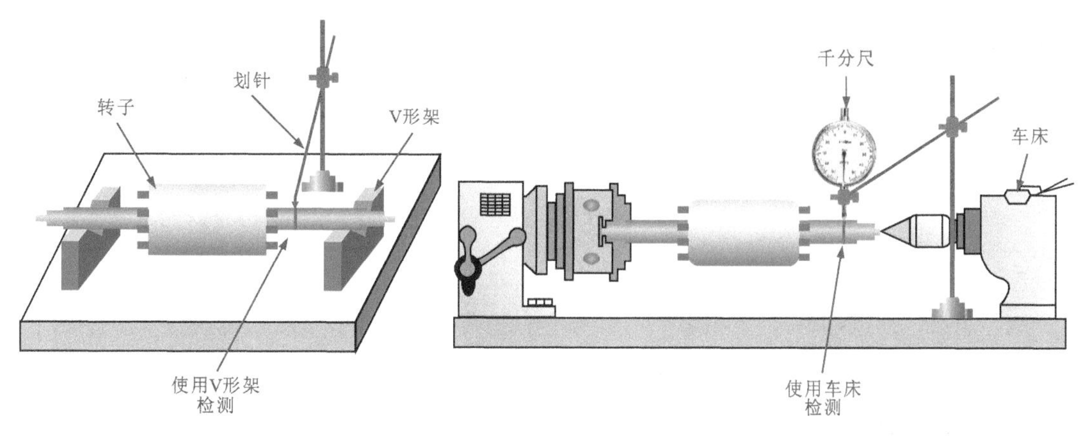
划针
转子
V形架
使用V形架
检测
千分尺
车床
使用车床
检测

（a） 转轴弯曲的检测

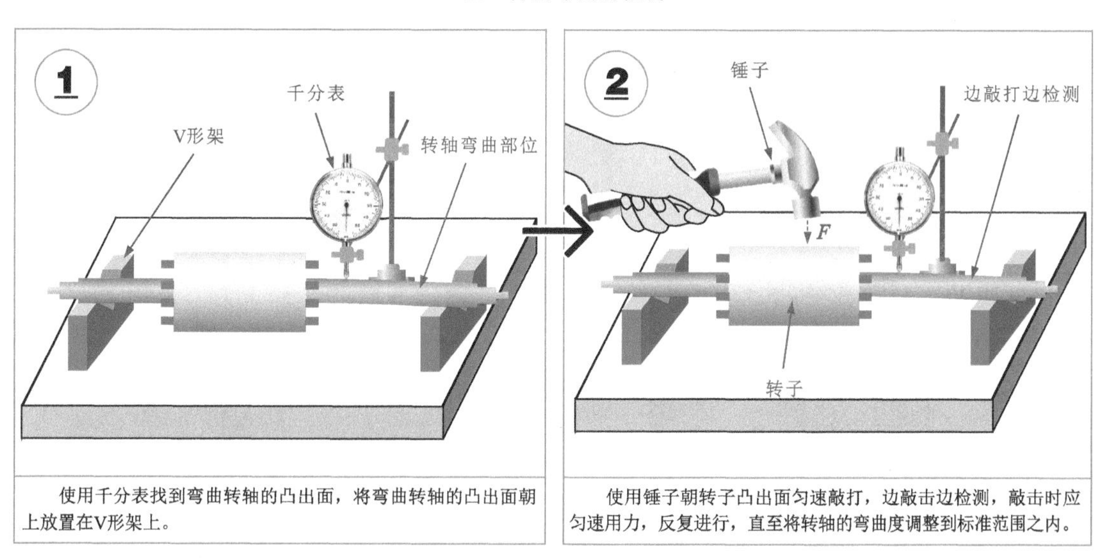
1
千分表
V形架
转轴弯曲部位
2
锤子
边敲打边检测
F
转子

使用千分表找到弯曲转轴的凸出面，将弯曲转轴的凸出面朝上放置在V形架上。

使用锤子朝转子凸出面匀速敲打，边敲击边检测，敲击时应匀速用力，反复进行，直至将转轴的弯曲度调整到标准范围之内。

（b） 采用敲打法修复转轴

图6-24 转轴弯曲的检修方法

检测电动机转轴是否弯曲，一般可借助千分表，即将转轴用V形架或车床支撑，转动转轴，通过检测转轴不同部位的弯曲量判断转轴是否存在弯曲。当电动机转轴出现弯曲故障时，一般可根据转轴弯曲的程度、部位及材料、形状等不同采取不同的方法进行校直。在通常情况下，一些小型电动机中或转轴弯曲程度不大时，可采用敲打法来检修转轴；一些中型或大型电动机中或转轴材质较硬、弯曲程度稍大时，可借助专用的机床设备进行校直操作。

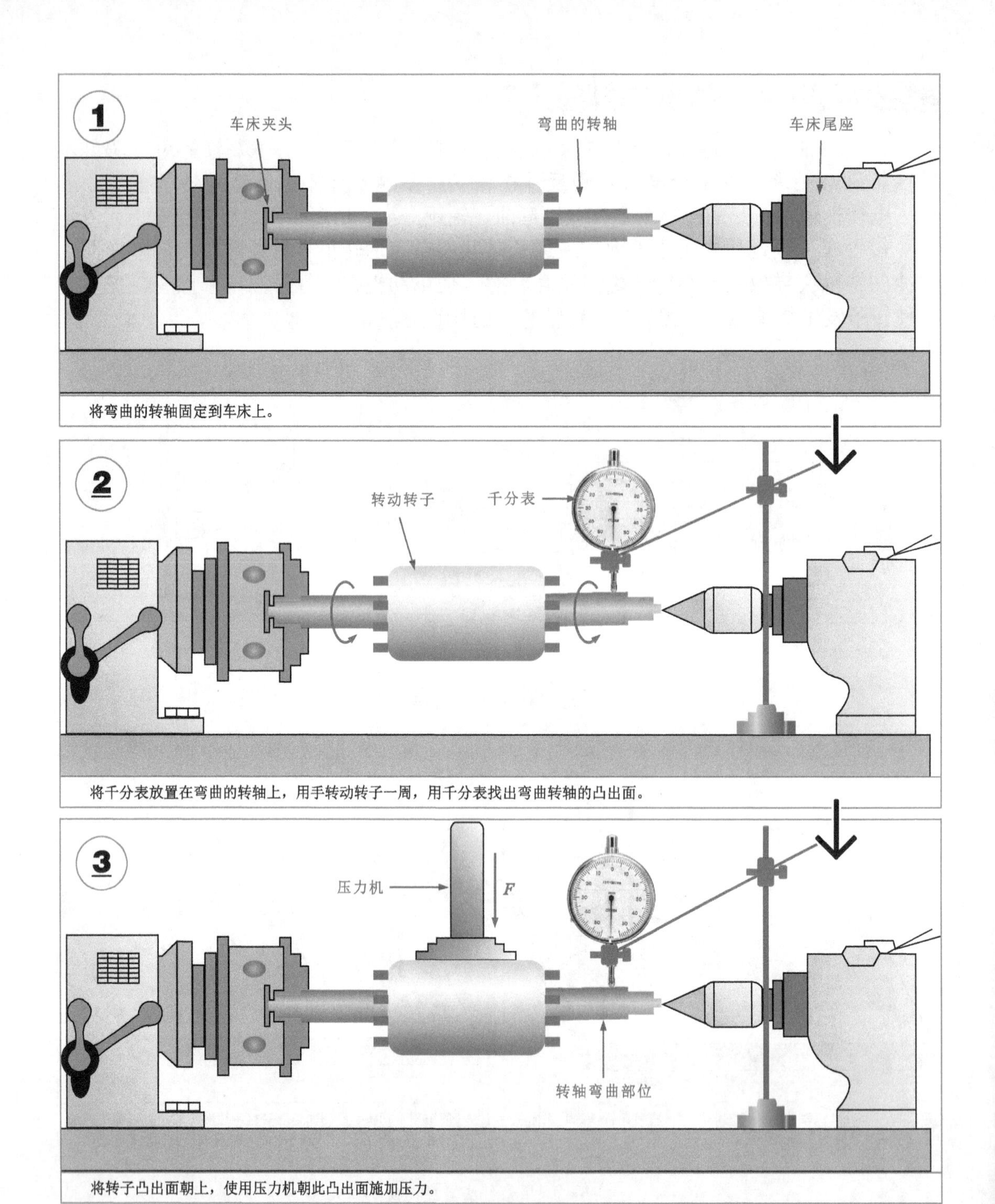
1
车床夹头
弯曲的转轴
车床尾座
将弯曲的转轴固定到车床上。
2
转动转子
千分表
将千分表放置在弯曲的转轴上，用手转动转子一周，用千分表找出弯曲转轴的凸出面。
3
压力机
F
转轴弯曲部位
将转子凸出面朝上，使用压力机朝此凸出面施加压力。

（c） 采用机床设备修复转轴

图6-24 转轴弯曲的检修方法（续）

在转轴校直过程中，施加压力时应缓慢操作，每施压一次，应用千分表检测一次，一点一点地将转轴弯曲的部位校正过来，切勿一次施加太大的压力。若施压过大，则很容易造成转轴的二次损伤，甚至出现转轴断裂的情况。在通常情况下，弯曲严重的转轴，其校正后的标准应不低于0.2mm/m。

轴颈是电动机转轴与轴承连接的部位，是最容易损坏的部分。轴颈磨损后，通常横截面呈现为椭圆形，造成转子偏移，严重时，将导致转子与定子扫膛。图6-25为转轴轴颈磨损示意图。

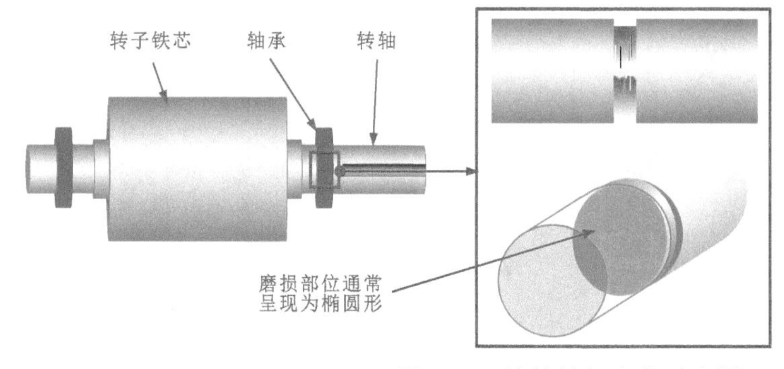

转子铁芯
轴承
转轴
磨损部位通常
呈现为椭圆形

电动机轴颈出现磨损情况时，通常呈现椭圆形，对于不同颈宽的轴颈，所需的椭圆偏差值不同：

轴颈为50～70mm，误差为0.01～0.03mm；

轴颈为70～150mm，误差为0.02～0.04mm；

转速高于1000r/min取最小值，低于1000r/min取最大值

图6-25　转轴轴径磨损示意图

在检修轴颈之前，可首先通过听声音的方法检查电动机轴承运转是否正常，如图6-26所示，判断电动机轴承磨损的大体部位后，根据磨损的情况，可采取打磨法或修补法进行修复。

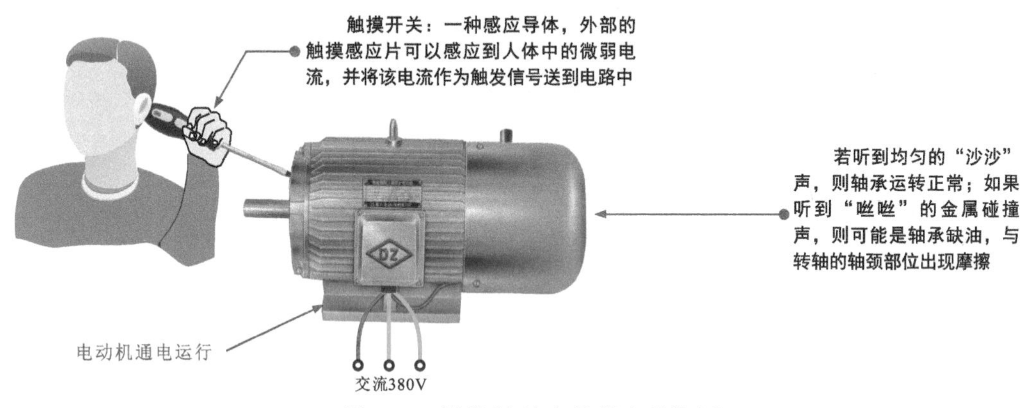

触摸开关：一种感应导体，外部的触摸感应片可以感应到人体中的微弱电流，并将该电流作为触发信号送到电路中
若听到均匀的“沙沙”声，则轴承运转正常；如果听到“咝咝”的金属碰撞声，则可能是轴承缺油，与转轴的轴颈部位出现摩擦
电动机通电运行
交流380V

图6-26　转轴轴径磨损程度的检测

轴颈磨损比较严重时，通常采用修补法排除故障，即借助电焊设备、用机床支撑等对转轴轴颈的磨损部位进行补焊、磨削等，如图6-27所示。

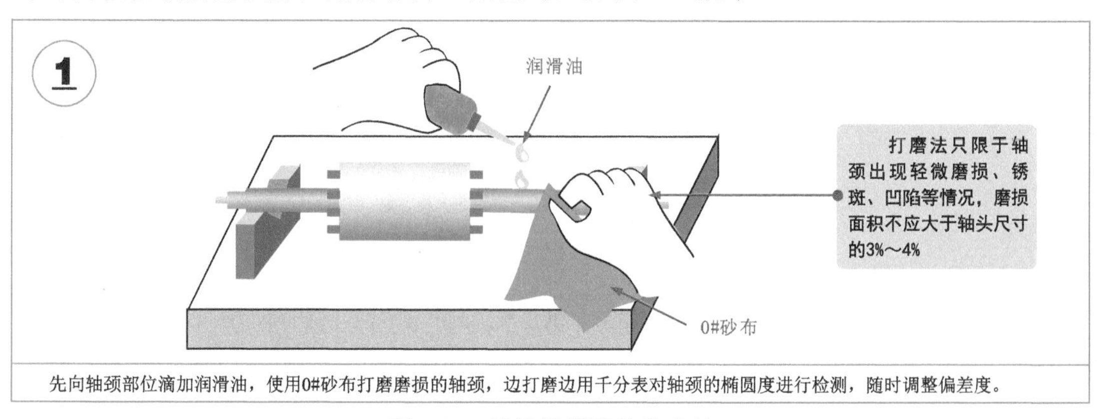

1
润滑油
打磨法只限于轴颈出现轻微磨损、锈斑、凹陷等情况，磨损面积不应大于轴头尺寸的3%～4%
0#砂布

先向轴颈部位滴加润滑油，使用0#砂布打磨磨损的轴颈，边打磨边用千分表对轴颈的椭圆度进行检测，随时调整偏差度。

图6-27　转轴轴颈的检修方法

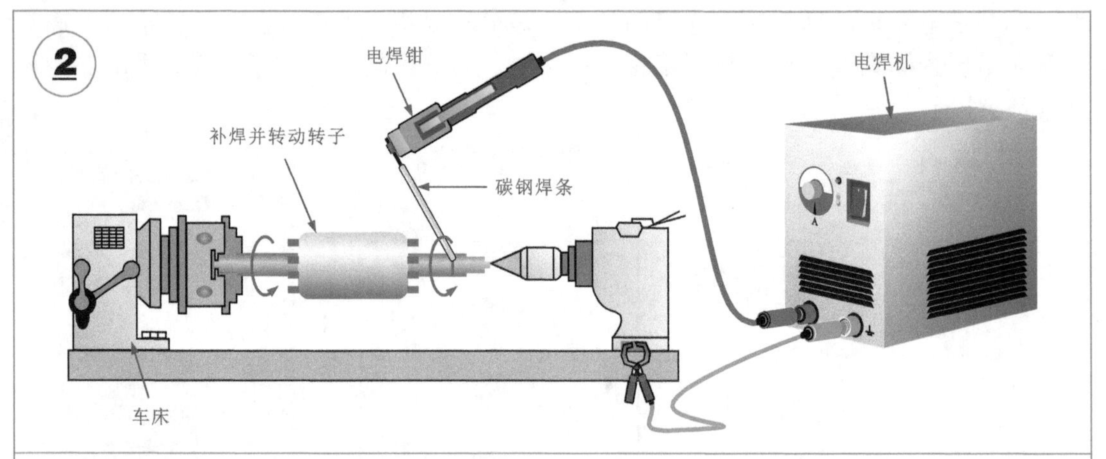
2
电焊钳
电焊机
补焊并转动转子
碳钢焊条
车床

将焊条夹在电焊钳上，接通电焊机电源，对缺损的部分进行补焊，从一端开始，一圈一圈地补焊，边焊边转动转子，直至将轴颈全部补焊完全。

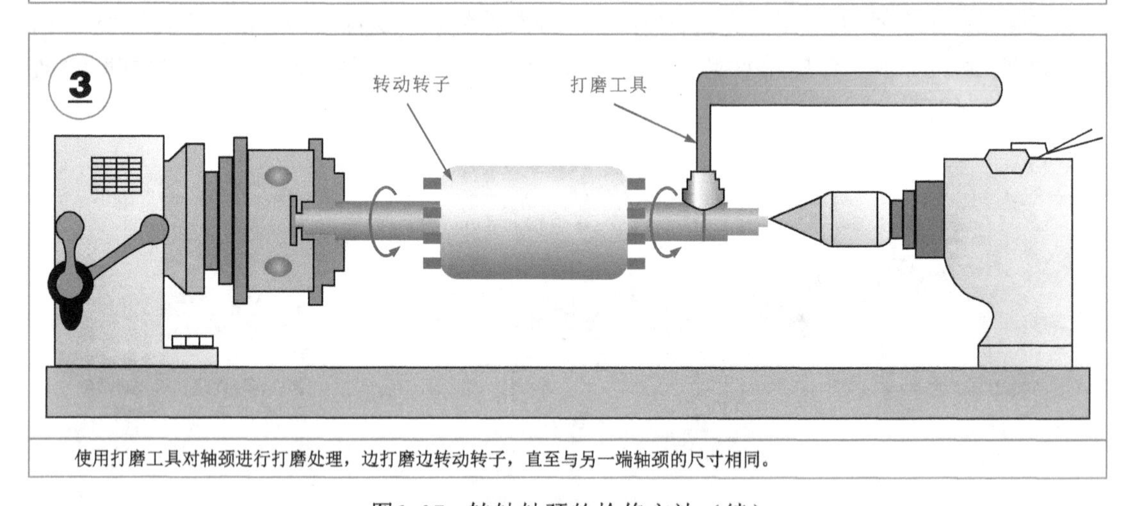
3
转动转子
打磨工具

使用打磨工具对轴颈进行打磨处理，边打磨边转动转子，直至与另一端轴颈的尺寸相同。

图6-27 转轴轴颈的检修方法（续）

电动机转轴出现裂纹故障是指在转轴的表面能够明显看到一些横向或纵向的裂缝。这些裂缝将导致转轴工作异常。图6-28为转轴出现裂纹示意图。

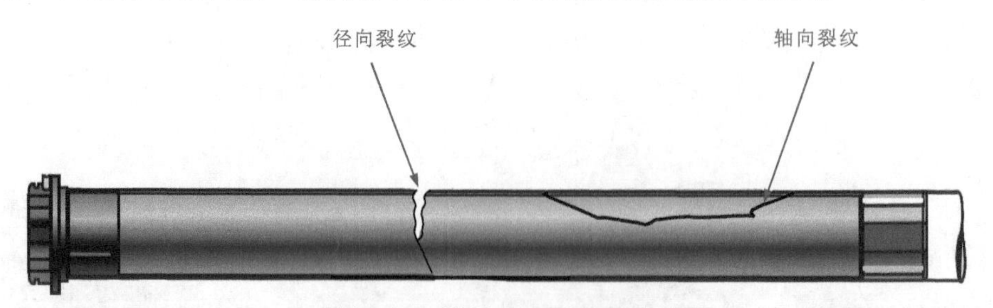
径向裂纹
轴向裂纹

图6-28 转轴出现裂纹示意图

当电动机转轴出现裂纹时，应根据裂纹的情况进行补救。通常对于小型电动机来说，当转轴径向裂纹不超过转轴直径的5%～10%、轴向裂纹不超过转轴长度的10%时，可进行补焊操作后，重新使用。对于裂纹较为严重、转轴断裂及大中型电动机来说，采用一般的修补方法无法满足电动机对转轴机械强度和刚度的要求，需要整体更换转轴。

检修电动机转轴裂纹故障一般有补焊法和连接法。其中，补焊法是指借助电焊设备对转轴裂纹部位进行补焊，通过堆积焊料补充裂纹，对裂纹处焊料打磨后，恢复转轴机械强度，如图6-29所示。

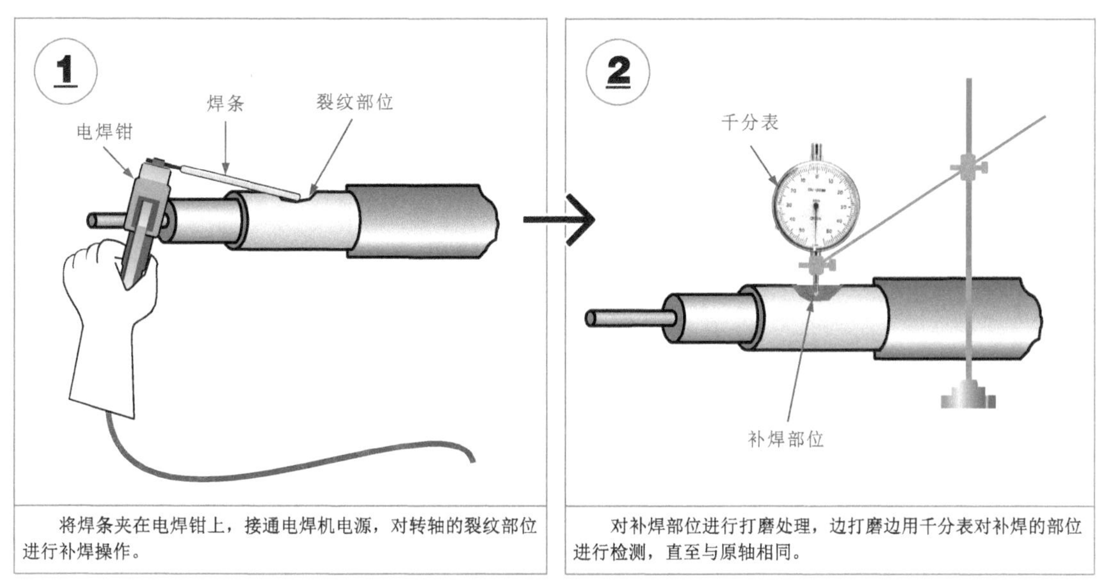
1
焊条
裂纹部位
电焊钳
2
千分表
补焊部位
将焊条夹在电焊钳上，接通电焊机电源，对转轴的裂纹部位进行补焊操作。
对补焊部位进行打磨处理，边打磨边用千分表对补焊的部位进行检测，直至与原轴相同。

图6-29 转轴出现裂纹的补焊法检修

连接法是指将具有裂纹的转轴在裂纹处切断，用另外一根具有一定机械强度的短轴将转轴的两端断裂处连接，以恢复转轴机械强度的方法，如图6-30所示。

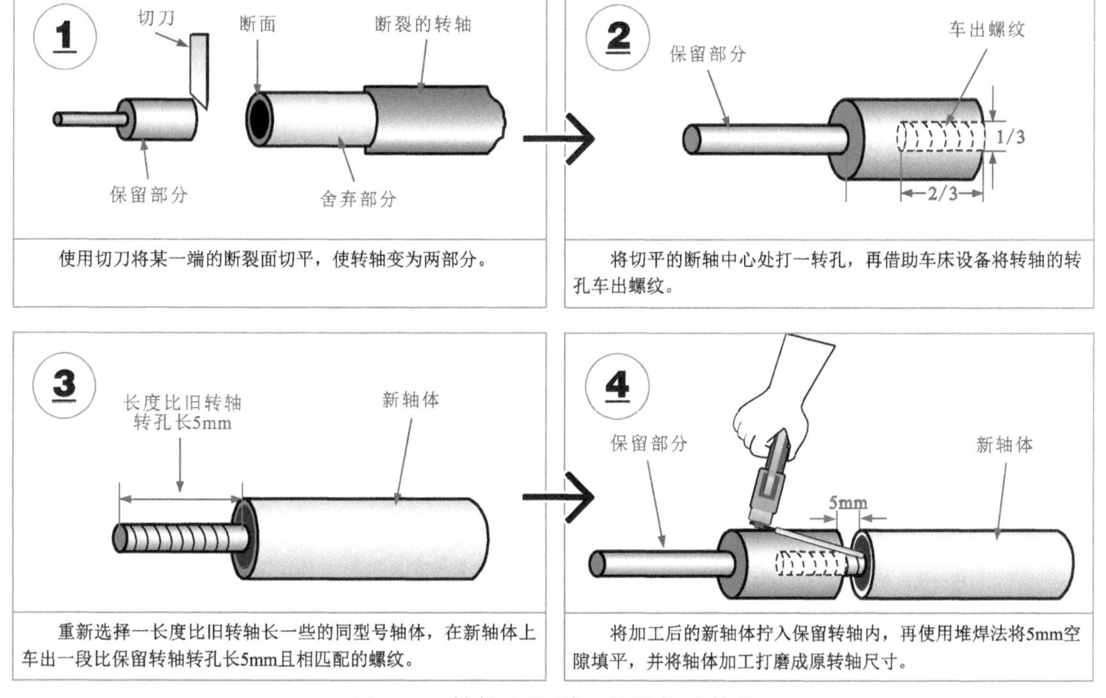
1
切刀
断面
断裂的转轴
保留部分
舍弃部分
使用切刀将某一端的断裂面切平，使转轴变为两部分。
2
车出螺纹
保留部分
1/3
2/3
将切平的断轴中心处打一转孔，再借助车床设备将转轴的转孔车出螺纹。
3
长度比旧转轴
转孔长5mm
新轴体
重新选择一长度比旧转轴长一些的同型号轴体，在新轴体上车出一段比保留转轴转孔长5mm且相匹配的螺纹。
4
保留部分
新轴体
5mm
将加工后的新轴体拧入保留转轴内，再使用堆焊法将5mm空隙填平，并将轴体加工打磨成原转轴尺寸。

图6-30 转轴出现裂纹的连接法检修

电动机转轴键槽是指转轴上一条长条状的槽，用来与键槽配合传递扭矩。键槽损坏多是由于电动机在运行过程中出现过载或正、反转频繁运行导致的。图6-31为转轴键槽磨损示意图。

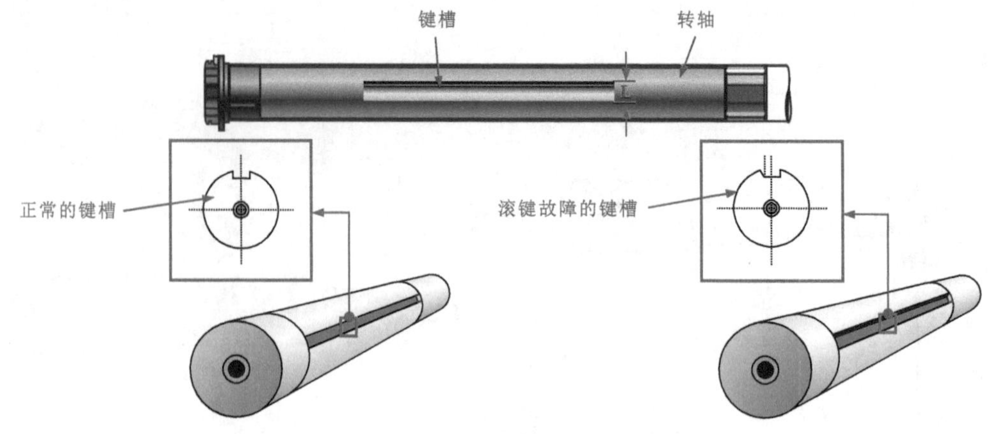
键槽
转轴
正常的键槽
滚键故障的键槽

图6-31 转轴键槽磨损示意图

键槽最常见的损伤就是键槽边缘因承受压力过大，导致边缘压伤，也可称为滚键。通常，键槽磨损的宽度不超过原键槽宽度的15%时，均可进行修补。根据键槽磨损程度的不同，一般可采用加宽键槽和重新加工新键槽的方法进行修复，如图6-32所示。

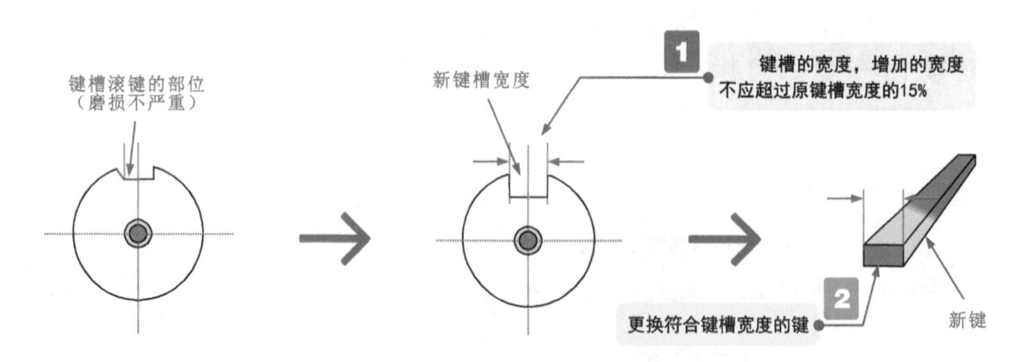
键槽滚键的部位
（磨损不严重）
新键槽宽度
1
键槽的宽度，增加的宽度
不应超过原键槽宽度的15%
2
更换符合键槽宽度的键
新键

（a） 采用加宽键槽法修复键槽

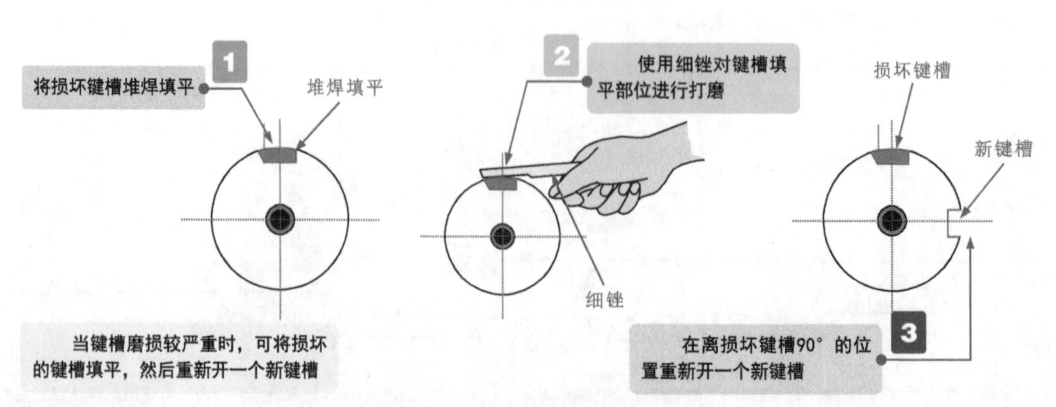
1
将损坏键槽堆焊填平
堆焊填平
2
使用细锉对键槽填
平部位进行打磨
细锉
损坏键槽
新键槽
当键槽磨损较严重时，可将损坏
的键槽填平，然后重新开一个新键槽
3
在离损坏键槽90°的位
置重新开一个新键槽

（b） 采用重新加工新键槽法修复键槽

图6-32 转轴键槽磨损的检修方法

6.3 电动机电刷和滑环的检修

6.3.1 电动机电刷的检修

1 电动机电刷的结构特点

电刷是有刷电动机中十分关键的部件，主要用于与滑环（整流子）配合向转子绕组传递电流，在直流电动机中还担负着对转子绕组中的电流进行换向的任务。

图6-33为电刷在电动机中的位置。

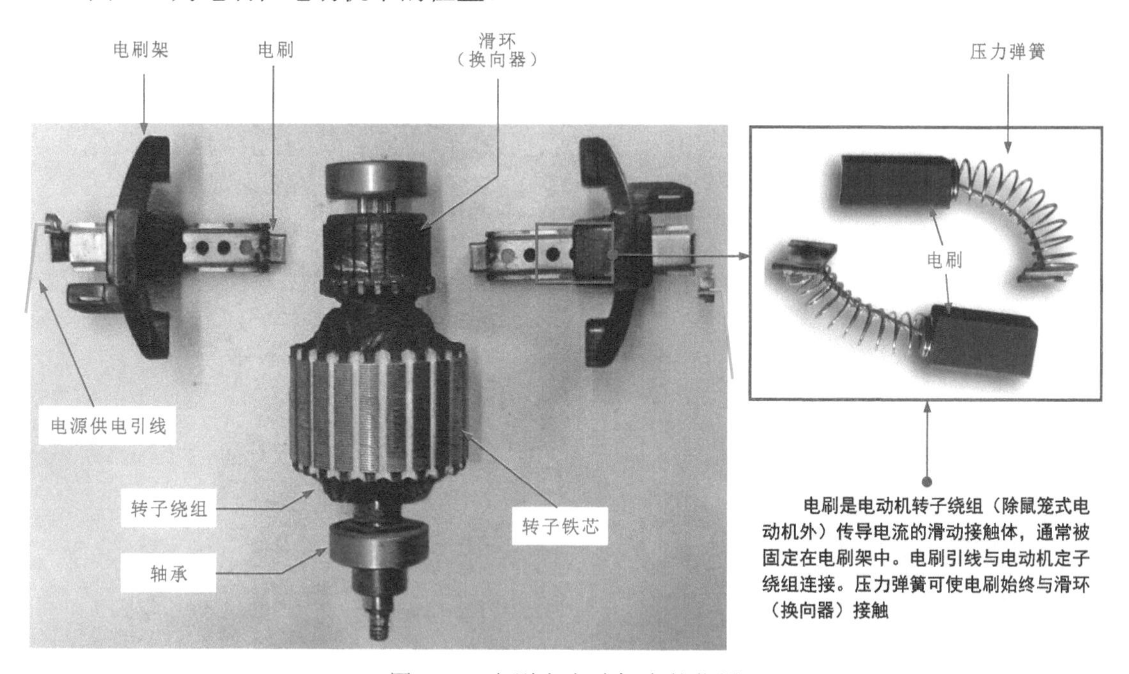

电刷架
电刷
滑环
（换向器）
压力弹簧
电刷
电源供电引线
转子绕组
轴承
转子铁芯
电刷是电动机转子绕组（除鼠笼式电动机外）传导电流的滑动接触体，通常被固定在电刷架中。电刷引线与电动机定子绕组连接。压力弹簧可使电刷始终与滑环（换向器）接触

图6-33 电刷在电动机中的位置

电刷具有导电、导热及润滑性能良好的特点，具有一定的机械强度。根据电刷的材料和生产方法，常见的电刷有金属石墨电刷和黑色电刷。金属石墨电刷中含有色金属，主要是铜粉、银粉，其次是铅粉、锡粉、氧化铅粉和石墨粉等。黑色电刷选用石油焦、沥青焦、炭黑、木炭及天然石墨粉等加入部分黏结剂制成。

2 电动机电刷的检修方法

电动机在工作过程中，电刷与滑环（整流子）直接摩擦，为转子绕组供电，在电气和机械方面都可能产生故障。常见的故障表现为电刷过热、电刷与滑环之间产生火花、电刷磨损过快、电刷振动、噪声大等。下面将分别介绍电动机电刷常见故障的检修方法。

电动机电刷过热是指在电动机运转过程中电刷出现温升过高、过热的现象。电刷过热会影响电刷的使用寿命，在一定程度上也反映出目前电刷处于非正常的工作状态，需要检查和修理。

图6-34为电刷过热的检测方法。

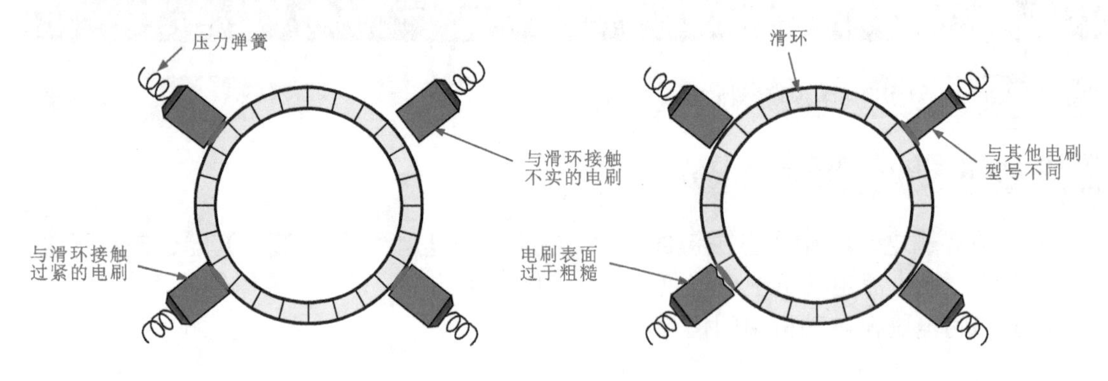

压力弹簧
滑环
与滑环接触不实的电刷
与其他电刷型号不同
与滑环接触过紧的电刷
电刷表面过于粗糙

（a） 电刷过热的原因

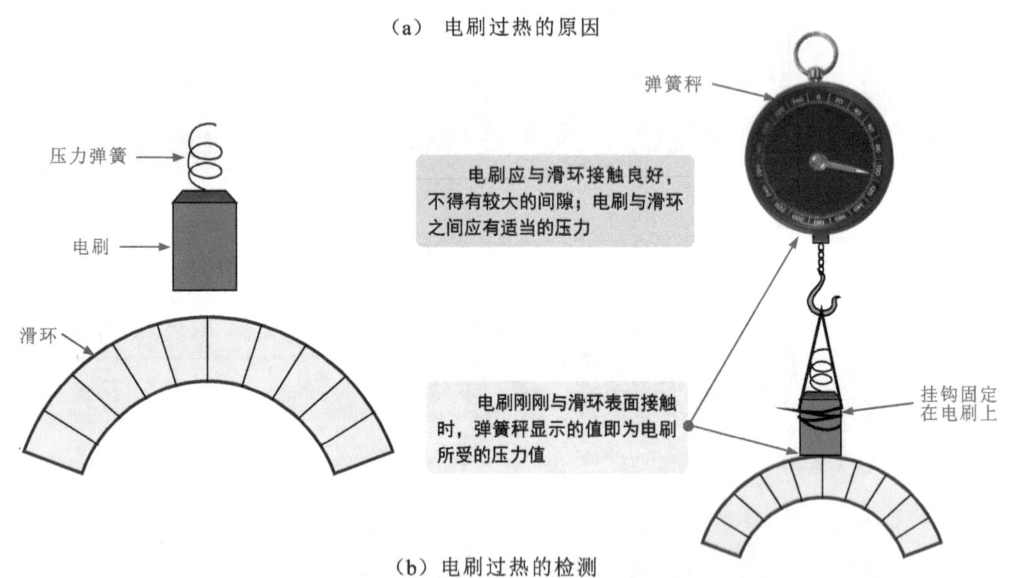

弹簧秤
压力弹簧
电刷应与滑环接触良好，不得有较大的间隙；电刷与滑环之间应有适当的压力
电刷
滑环
电刷刚刚与滑环表面接触时，弹簧秤显示的值即为电刷所受的压力值
挂钩固定在电刷上

（b）电刷过热的检测

图6-34 电刷过热的检测方法

根据检修经验，造成电动机电刷过热的原因主要有以下几个方面：

◇ 电刷承受的压力过大，导致电刷与滑环在运行过程中出现机械磨损而产生发热现象。

◇ 对于检修过的电刷，因更换了错误型号的电刷，导致电刷性能不符合工作要求，其电刷的阻值高于额定阻值，从而产生过热现象。

◇ 滑环表面粗糙致使摩擦阻力过大，使电动机负载过大。

◇ 当滑环上设有多个电刷时，若某一电刷与滑环接触不良，将导致其他电刷因承担过多的电流而产生发热现象。

在一般情况下，电动机电刷过热以压力过大最为常见。检修之前，可重点检测电刷的压力弹簧是否调整好，是否存在使用不同规格的压力弹簧导致电刷压力过大。当所检测的电刷压力与电动机所需的压值发生变化时，应及时更换与电动机所需压值相符的电刷。常见电刷的正常压力见表6-1。

表6-1 常见电刷的正常压力

电刷型号	电刷压力（kPa）	电刷型号	电刷压力（kPa）
D104（DS4）	1.5～20.0	D252（DS52）	20.0～25.0
D214（DS14）	20.0～40.0	D172（DS72）	15.0～20.0
D308（DS18）	20.0～40.0	D176（DS76）	20.0～40.0

若经检测发现电动机不同电刷的压力值不相同，即导致有些电刷压力过大，进而出现电刷过热故障时，通常采用更换电刷来排除故障，且为确保更换电刷后所有电刷的压力保持一致，一般将电动机中的所有电刷同时用同规格的电刷更换。

图6-35为电刷的更换方法。

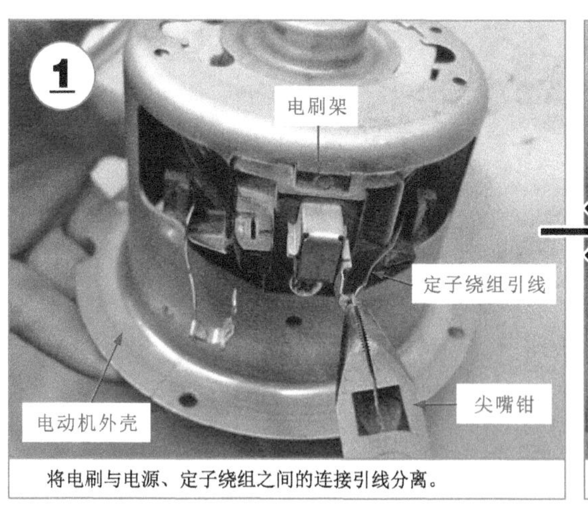
1
电刷架
定子绕组引线
尖嘴钳
电动机外壳
将电刷与电源、定子绕组之间的连接引线分离。

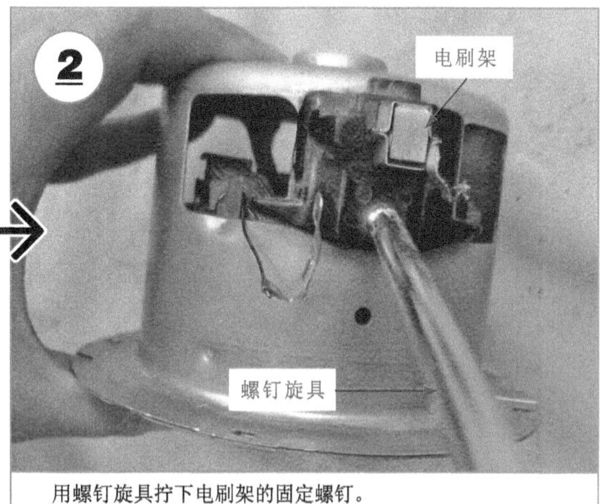
2
电刷架
螺钉旋具
用螺钉旋具拧下电刷架的固定螺钉。

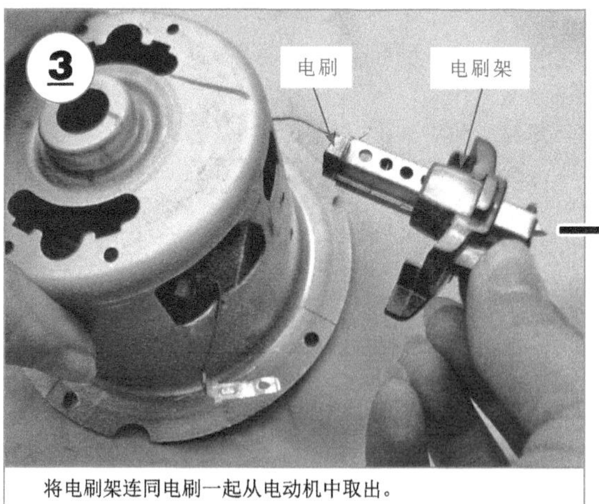
3
电刷
电刷架
将电刷架连同电刷一起从电动机中取出。

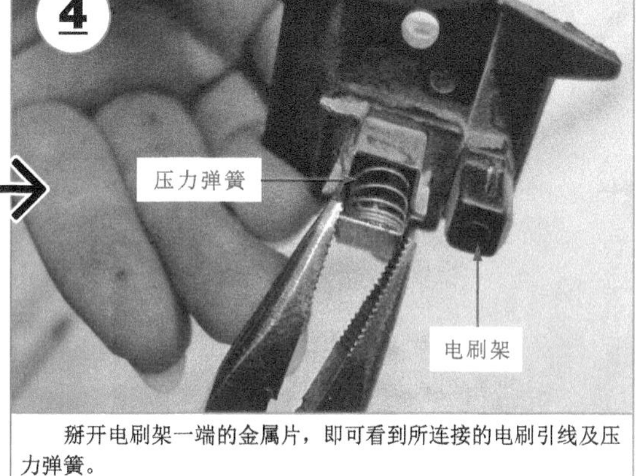
4
压力弹簧
电刷架
掰开电刷架一端的金属片，即可看到所连接的电刷引线及压力弹簧。

5 电刷 压力弹簧

将电刷连同压力弹簧一起从电刷架中抽出。

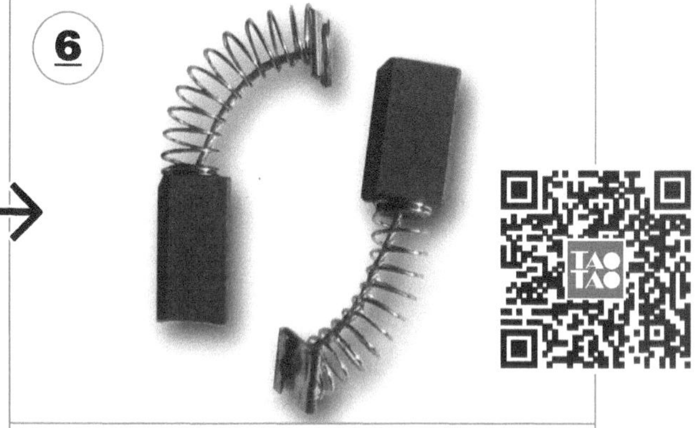
6
选择一根与损坏电刷规格型号完全一致的电刷，重新安装。

图6-35 电刷的更换方法

在正常情况下，电动机电刷允许一定程度的正常磨损，但如果电刷磨损过快，也说明存在异常故障，特别是同一组电刷中，一侧电刷磨损明显大于另一侧电刷磨损的情况，如图6-36所示。

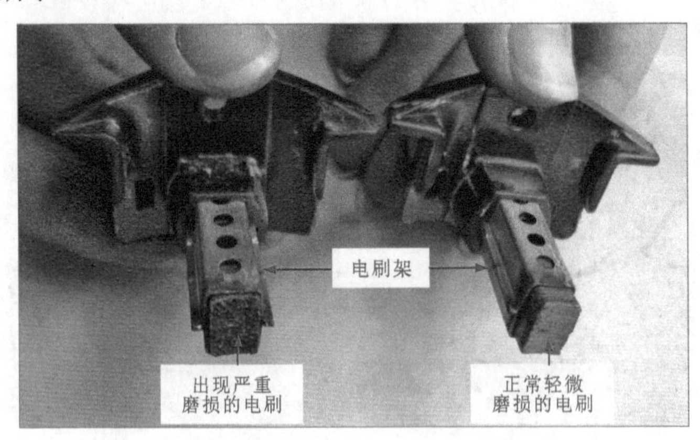
电刷架
出现严重
磨损的电刷
正常轻微
磨损的电刷

图6-36　电刷磨损过快示意图

根据检修经验，造成电刷磨损过快的原因主要有以下几点：

◇ 电刷承受压力过大；

◇ 电刷含炭量过多，即材料成分不合格或更换错误型号的电刷；

◇ 电动机长期处于温度过高或湿度过高的环境下工作；

◇ 滑环表面粗糙，电刷在运行过程中，磨损过大或产生火花。

检修时，应根据具体情况，找出电刷磨损的具体原因，观察电刷的磨损情况，当电刷磨损高度占电刷原高度的一半以上时，需更换电刷。

电刷作为电动机的关键部件，若安装不当，不仅容易造成磨损，严重时还可能在通电工作时与滑环之间产生严重火花，损坏滑环，因此在更换新电刷时应注意以下几点：

◇ 更换时，应保证电刷与原电刷的型号一致，否则更换后，会引起电刷因接触状态不良导致电刷过热的故障现象。

◇ 更换电刷时，最好一次全部更换，如果新旧混用，则可能会出现电流分布不均匀的现象。

◇ 为了使电刷与滑环接触良好，新电刷应该研磨弧度，一般在电动机上进行。在电刷与滑环之间放置一张细玻璃砂纸，在正常的弹簧压力下，沿电动机旋转方向研磨电刷，砂纸应该尽量贴紧滑环，直至电刷弧面吻合，然后取下砂纸，用压缩空气吹净粉尘，用软布擦拭干净。

电动机电刷与滑环之间产生火花是指在电动机运转过程中电刷与滑环之间出现打火现象。若火花过大或打火严重，将引起滑环氧化或烧损、电刷过热等故障。

图6-37为电刷与电刷架之间的正常间隙。

根据检修经验，造成电动机电刷与滑环之间产生火花的原因主要有以下几个方面：

◇ 电刷在电刷架中出现过松现象，间隙过大，电刷会在架内产生摆动，不仅出现噪声，更重要的是出现火花，对滑环产生破坏性影响。

◇ 电刷在电刷架中出现过紧的现象，间隙过小，可能造成电刷卡在电刷架中，弹簧无法压紧电刷，电动机因接触不稳定而产生火花。

◇ 电刷磨损严重、压力弹簧因受热而弹力减小时，导致电刷所受压力减小，造成电刷与滑环因接触不良而产生火花。

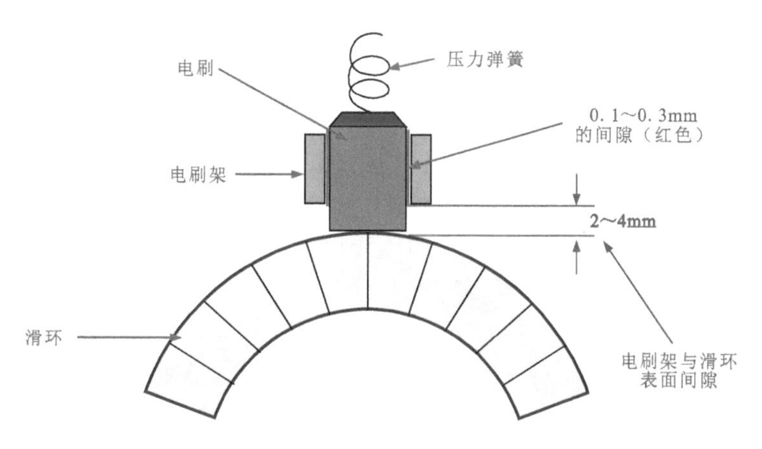
电刷
压力弹簧
0.1~0.3mm
的间隙（红色）
电刷架
2~4mm
滑环
电刷架与滑环
表面间隙

图6-37　电刷与电刷架之间的正常间隙

电刷装入电刷架后，应以电刷能够上下自由移动为宜，只有这样才能确保电刷在压力弹簧的压力下与滑环持续保持紧密接触。因此，电刷的四个侧面与电刷架内壁之间必须留有一定的间隙。

在检修该类故障时，若检查电刷规格、压力弹簧压力及电刷架均无异常时，则可通过打磨电刷与滑环的接触面，如图6-38所示，实现电刷与滑环良好的接触。

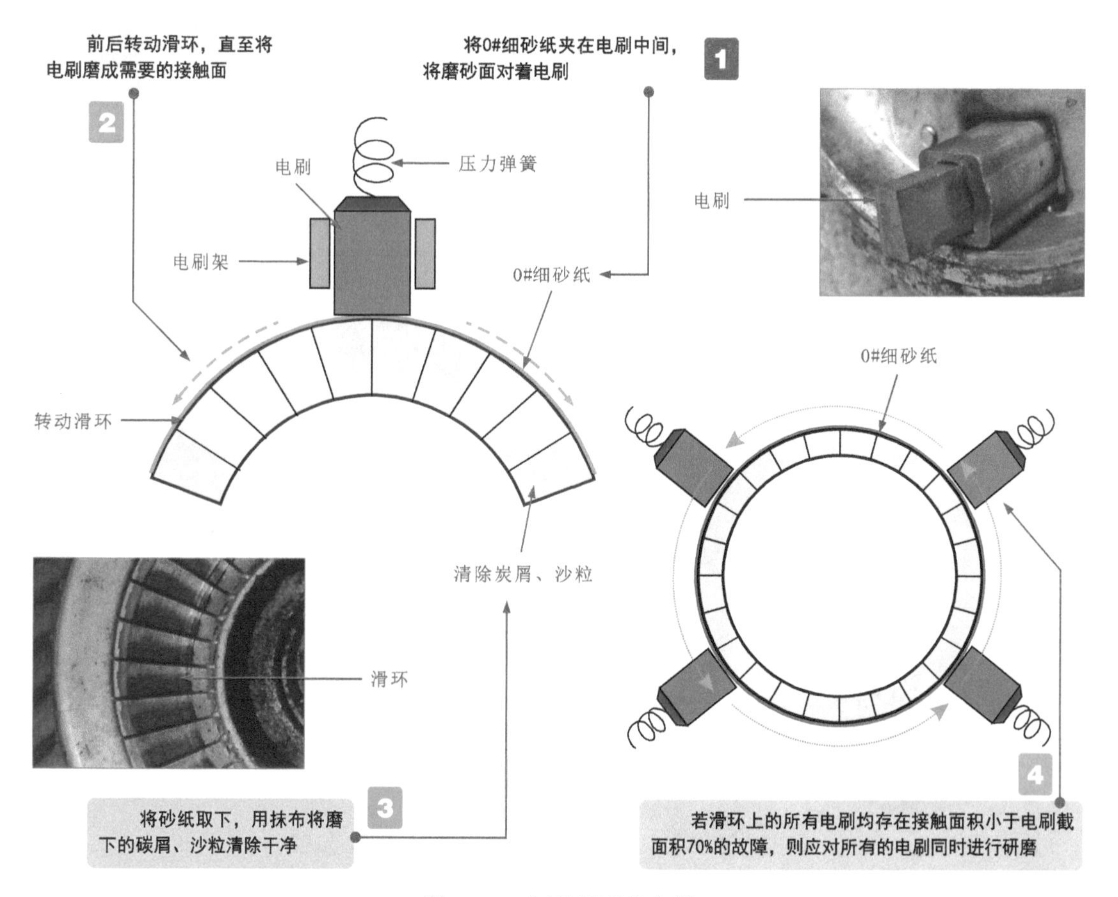
前后转动滑环，直至将
电刷磨成需要的接触面
2
将0#细砂纸夹在电刷中间，
将磨砂面对着电刷
1
电刷
压力弹簧
电刷架
0#细砂纸
电刷
转动滑环
0#细砂纸
清除炭屑、沙粒
滑环
将砂纸取下，用抹布将磨
下的碳屑、沙粒清除干净
3
4
若滑环上的所有电刷均存在接触面积小于电刷截
面积70%的故障，则应对所有的电刷同时进行研磨

图6-38　电刷研磨的方法

6.3.2 电动机滑环的检修

电动机的滑环又称为整流子，通常安装在电动机转子上，通过铜条导体直接与转子绕组连接，与电刷配合为转子绕组供电，如图6-39所示。

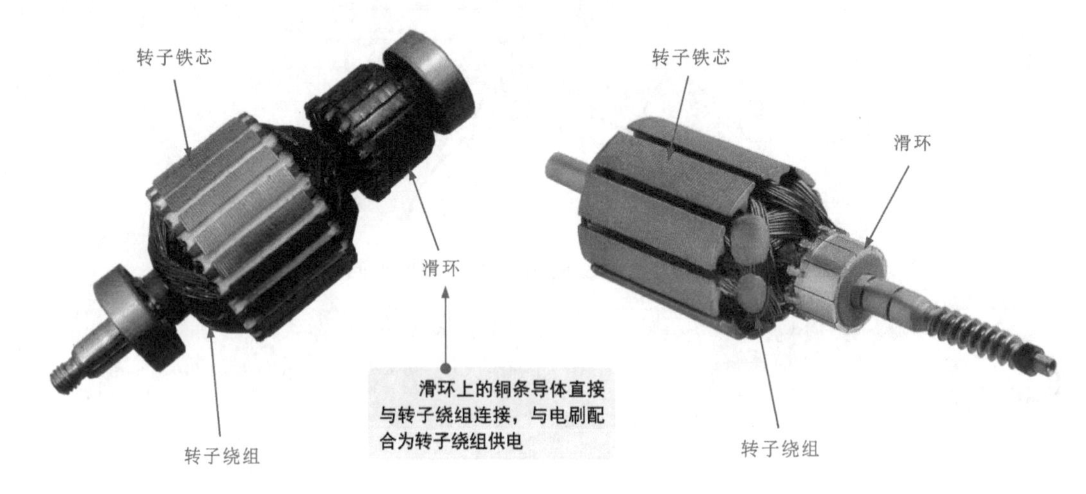

转子铁芯
滑环
滑环上的铜条导体直接与转子绕组连接，与电刷配合为转子绕组供电
转子绕组
转子铁芯
滑环
转子绕组

图6-39 滑环（整流子）在电动机中的位置

电动机滑环在不同类型的电动机中具有不同的结构形式，根据具体的结构特点，又可将滑环称为换向器或集电环，两者只在外形结构上有所区别，工作原理是相同的，如图6-40所示。

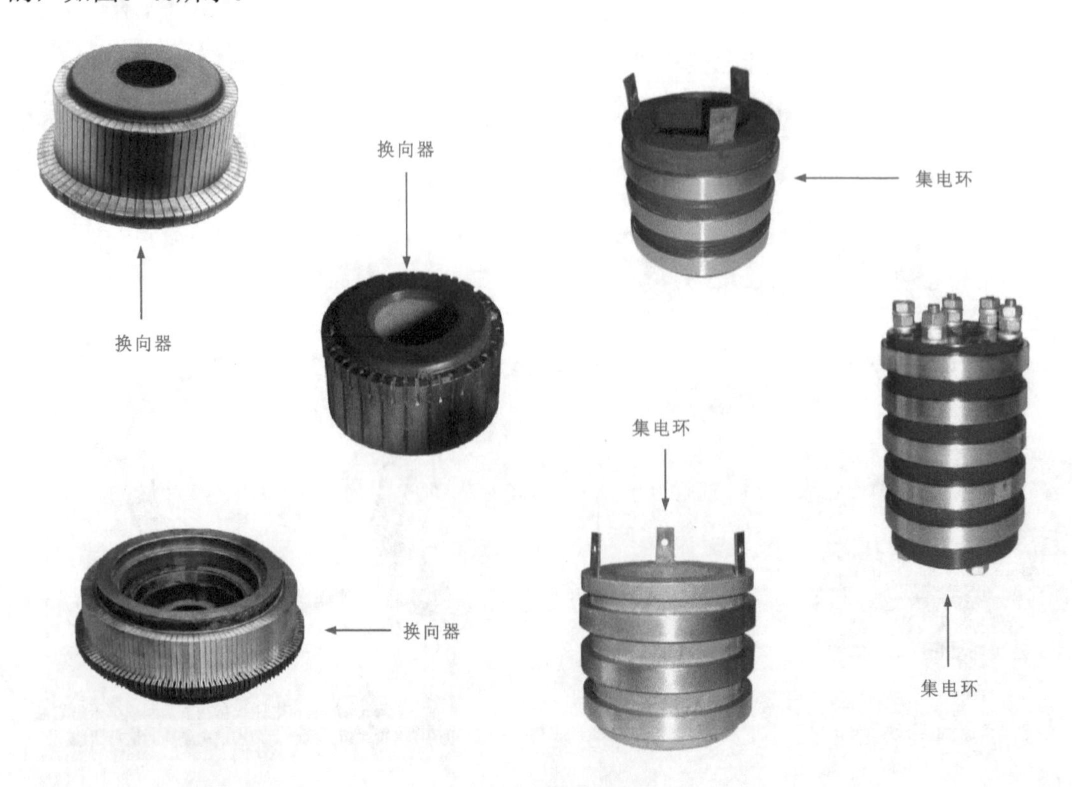

换向器
换向器
集电环
集电环
换向器
集电环

图6-40 几种不同外形结构的换向器和集电环的实物外形

1 换向器的结构特点

换向器主要用在直流有刷电动机中，由多根竖排铜条制成，每根铜条之间彼此采用绝缘材料绝缘。图6-41为典型换向器的结构。

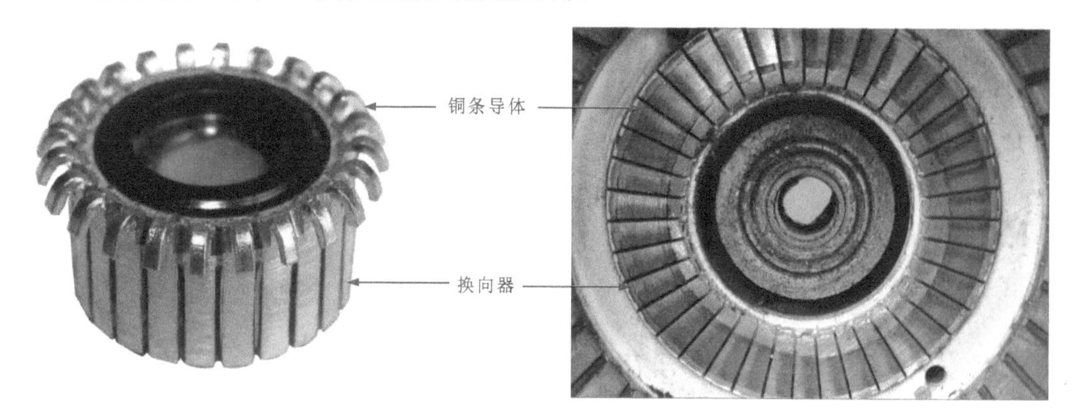

铜条导体
换向器

图6-41　典型换向器的结构

在直流有刷电动机中，直流电源由电刷通过换向器为转子绕组供电，转子在旋转的过程中得到电源的供电电流，绕组中电流方向的交替变化产生转矩，使转子旋转起来。

图6-42为典型换向器的工作原理。

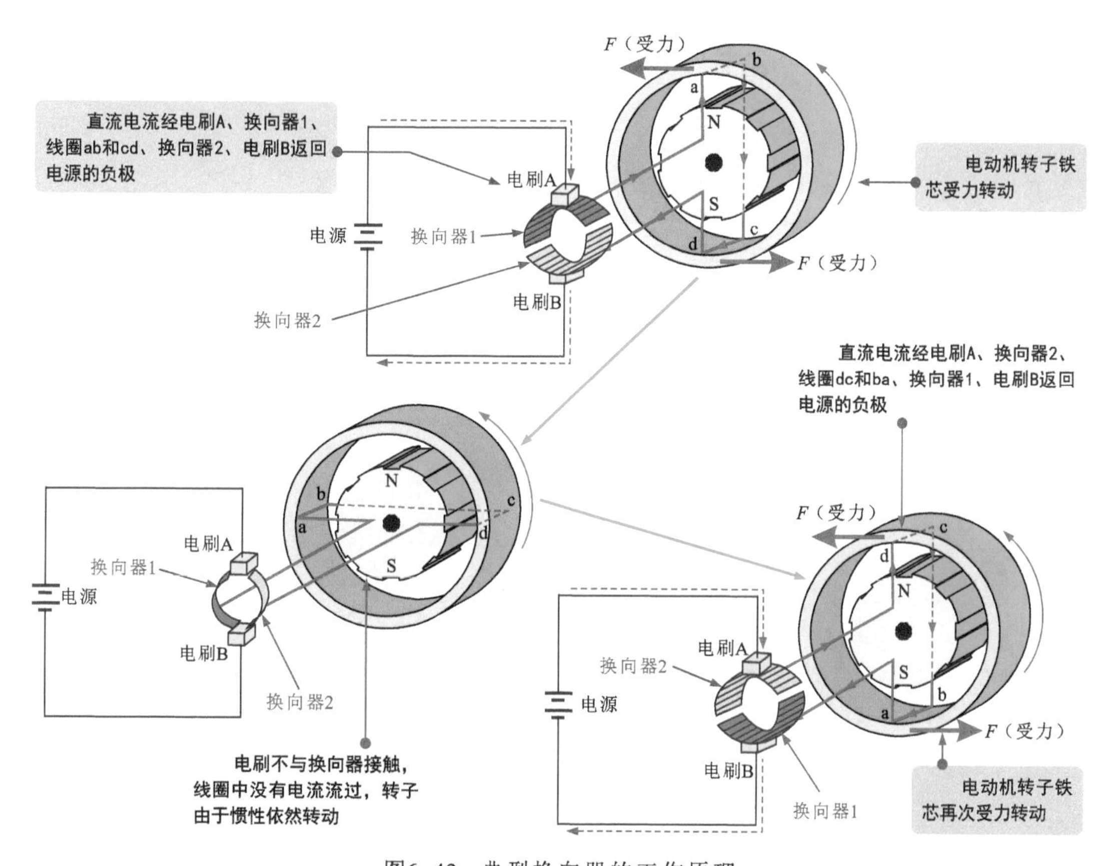

F（受力）
直流电流经电刷A、换向器1、线圈ab和cd、换向器2、电刷B返回电源的负极
电刷A
电源
换向器1
换向器2
电刷B
a
b
c
d
N
S
F（受力）
电动机转子铁芯受力转动
直流电流经电刷A、换向器2、线圈dc和ba、换向器1、电刷B返回电源的负极
电刷A
换向器1
电源
电刷B
换向器2
电刷不与换向器接触，线圈中没有电流流过，转子由于惯性依然转动
F（受力）
电刷A
换向器2
电源
电刷B
换向器1
F（受力）
电动机转子铁芯再次受力转动

图6-42　典型换向器的工作原理

2 集电环的结构特点

集电环多应用于三相有刷电动机中，主要是由导电部分、绝缘部分和接线柱3个主要部分组成的。图6-43为集电环的结构特点。

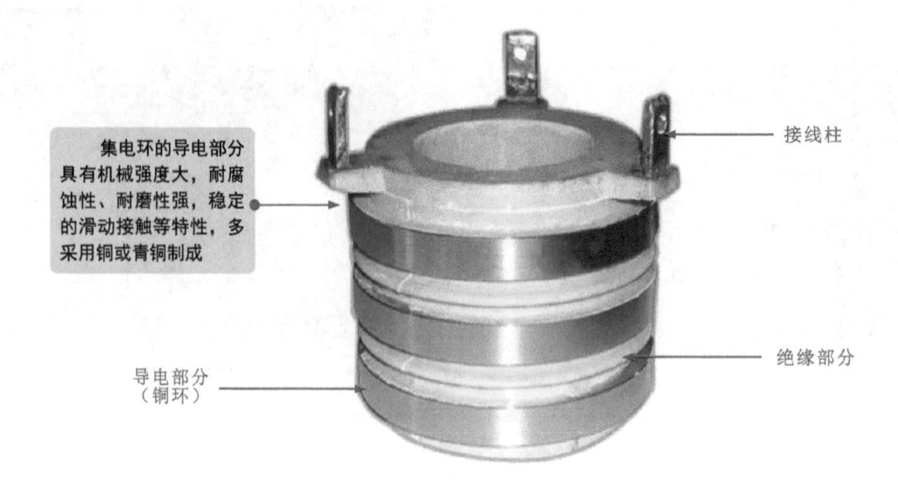

集电环的导电部分具有机械强度大，耐腐蚀性、耐磨性强，稳定的滑动接触等特性，多采用铜或青铜制成
接线柱
绝缘部分
导电部分
（铜环）

图6-43 集电环的结构特点

电动机的三相绕组分别与集电环的接线柱连接。当电刷与集电环的铜环接触时，集电环内部将产生电流，并通过接线柱在转子绕组中形成电流，如图6-44所示。

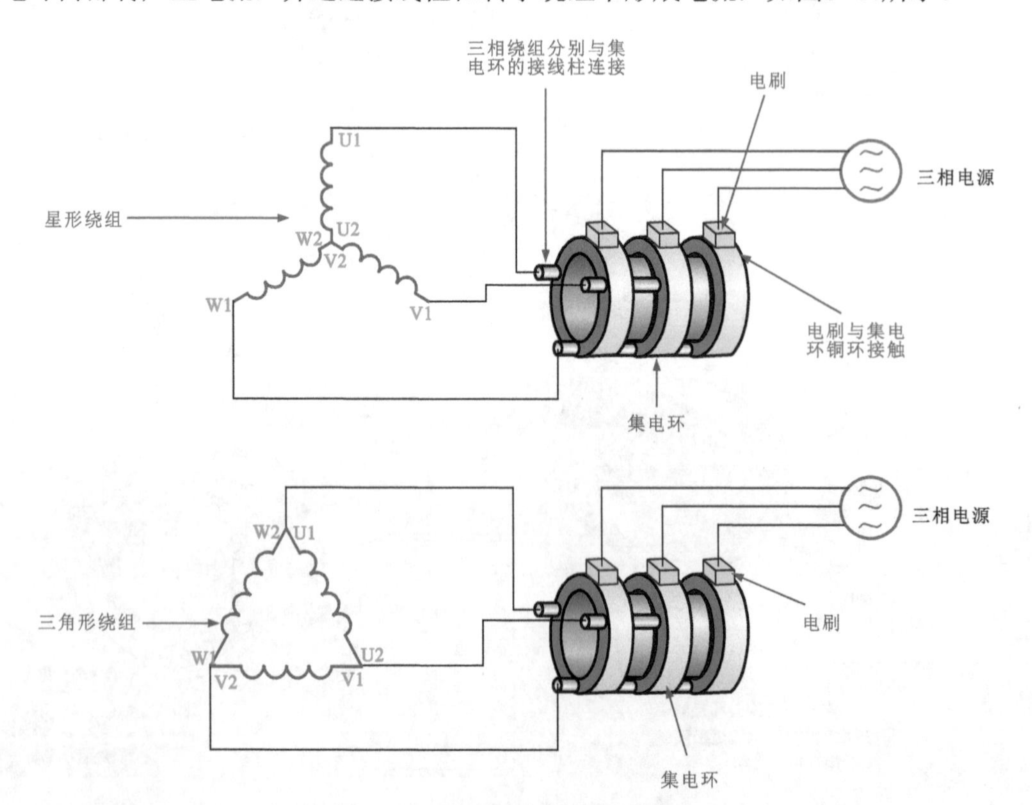

三相绕组分别与集电环的接线柱连接
电刷
三相电源
星形绕组
U1
U2
W2
V2
W1
V1
电刷与集电环铜环接触
集电环
三相电源
W2
U1
三角形绕组
W1
U2
V2
V1
电刷
集电环

图6-44 典型集电环的结构原理

集电环根据制造工艺的不同可分为多种类型。目前，常用的集电环结构形式有塑料集电环、紧固式集电环、支架紧固式集电环、热套集电环等，如图6-45所示。

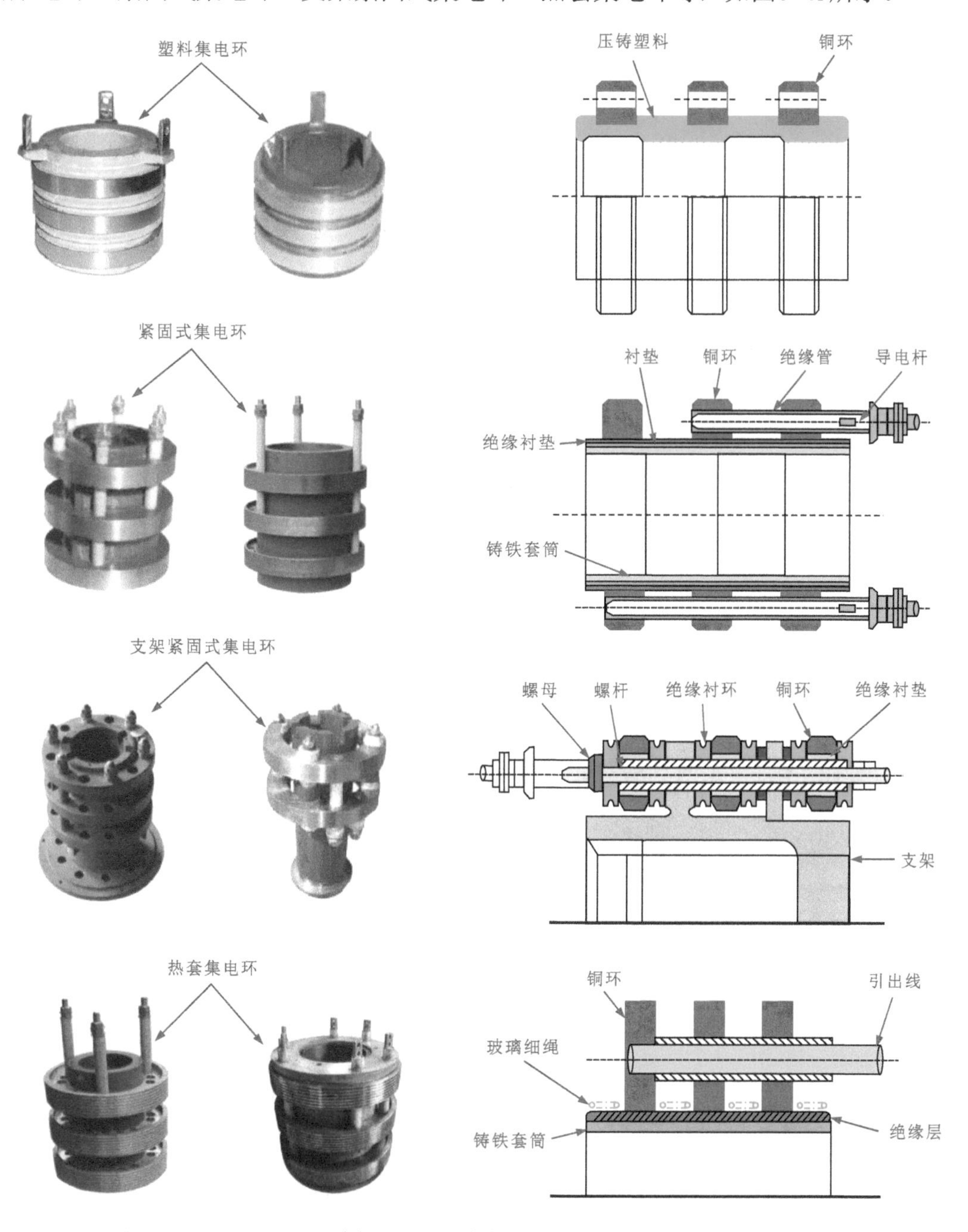

塑料集电环
压铸塑料
铜环
紧固式集电环
衬垫
铜环
绝缘管
导电杆
绝缘衬垫
铸铁套筒
支架紧固式集电环
螺母
螺杆
绝缘衬环
铜环
绝缘衬垫
支架
热套集电环
铜环
引出线
玻璃细绳
铸铁套筒
绝缘层

图6-45　几种常见的集电环

塑料集电环的支承轴套常采用酚醛玻璃纤维压铸塑料将几个铜环压制在一起，形成一个整体，通常应用在中小型电动机中。紧固式集电环适用于中型电动机中，绝缘衬垫常采用0.2mm厚的环氧酚醛玻璃布板和0.05mm厚的聚酯薄膜组成。支架紧固式集电环多使用在中低转速的大型电动机中，采用绝缘衬环将三相铜环相互绝缘，并用绝缘螺杆将其紧固在支架上。热套集电环一般适用于高转速的电动机中，是将铜环直接套装在绝缘转轴上制成的。

3 电动机滑环的检修方法

滑环在长期的使用过程中，由于长期磨损、磕碰或频繁拆卸等，经常会引起滑环导体表面、壳体等部位出现氧化、磨损、裂痕、烧伤等故障。当损伤严重时，可能导致滑环内部接触不良，引发过热现象，出现滑环与绕组的连接不良，进而导致电动机异常的故障。

在电动机工作过程中，可能会由于电动机进水、工作环境潮湿或机械振动等原因引起电动机内部元件发生氧化、磨损现象。当电动机滑环氧化或磨损时，通常会引起滑环与电刷接触不良。图6-46为滑环氧化磨损的示意图。

滑环表面有明显的氧化层（附着有黑色碳粉墨）和磨损情况
滑环（换向器）
在正常情况下，滑环应明亮，有一定的金属光泽

图6-46 滑环氧化磨损的示意图

当电动机滑环出现氧化或磨损情况时，可根据损坏的程度采用打磨或更换的方法排除故障，如图6-47所示。在一般情况下，若滑环外观无明显磨损情况，且氧化现象不严重时，可用砂纸打磨滑环表面；若电动机滑环出现较严重的磨损情况，导致滑环已经无法正常工作时，则应选用新的同规格的滑环更换。

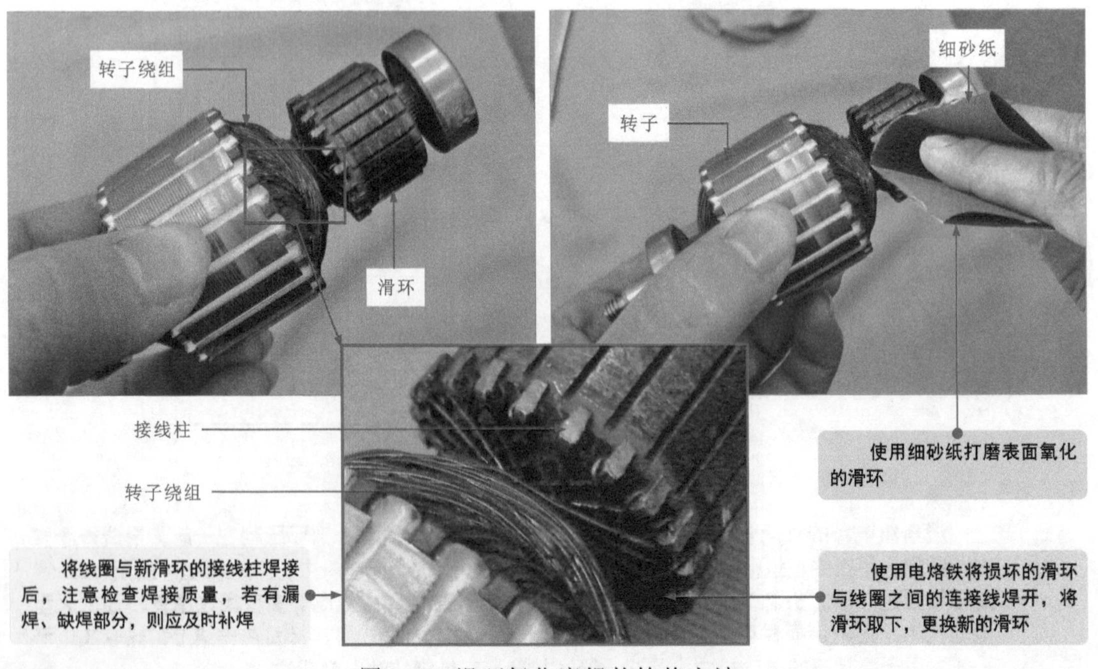
转子绕组
滑环
转子
细砂纸
接线柱
转子绕组
使用细砂纸打磨表面氧化的滑环
将线圈与新滑环的接线柱焊接后，注意检查焊接质量，若有漏焊、缺焊部分，则应及时补焊
使用电烙铁将损坏的滑环与线圈之间的连接线焊开，将滑环取下，更换新的滑环

图6-47 滑环氧化磨损的检修方法

电动机滑环铜环松动多发生在集电环中，集电环上的铜环松动，通常会造成集电环与电刷因接触不稳定产生打火现象，使集电环表面出现磨损或过热现象。

图6-48为滑环铜环松动示意图。

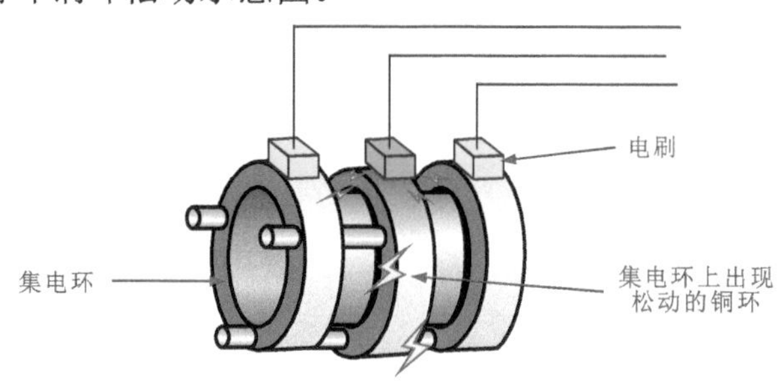

电刷
集电环
集电环上出现
松动的铜环

图6-48 滑环铜环松动示意图

在一般情况下，集电环铜环松动后，可采用螺钉紧固、环氧树胶固定和尼龙棒固定的方法进行修复，如图6-49所示。

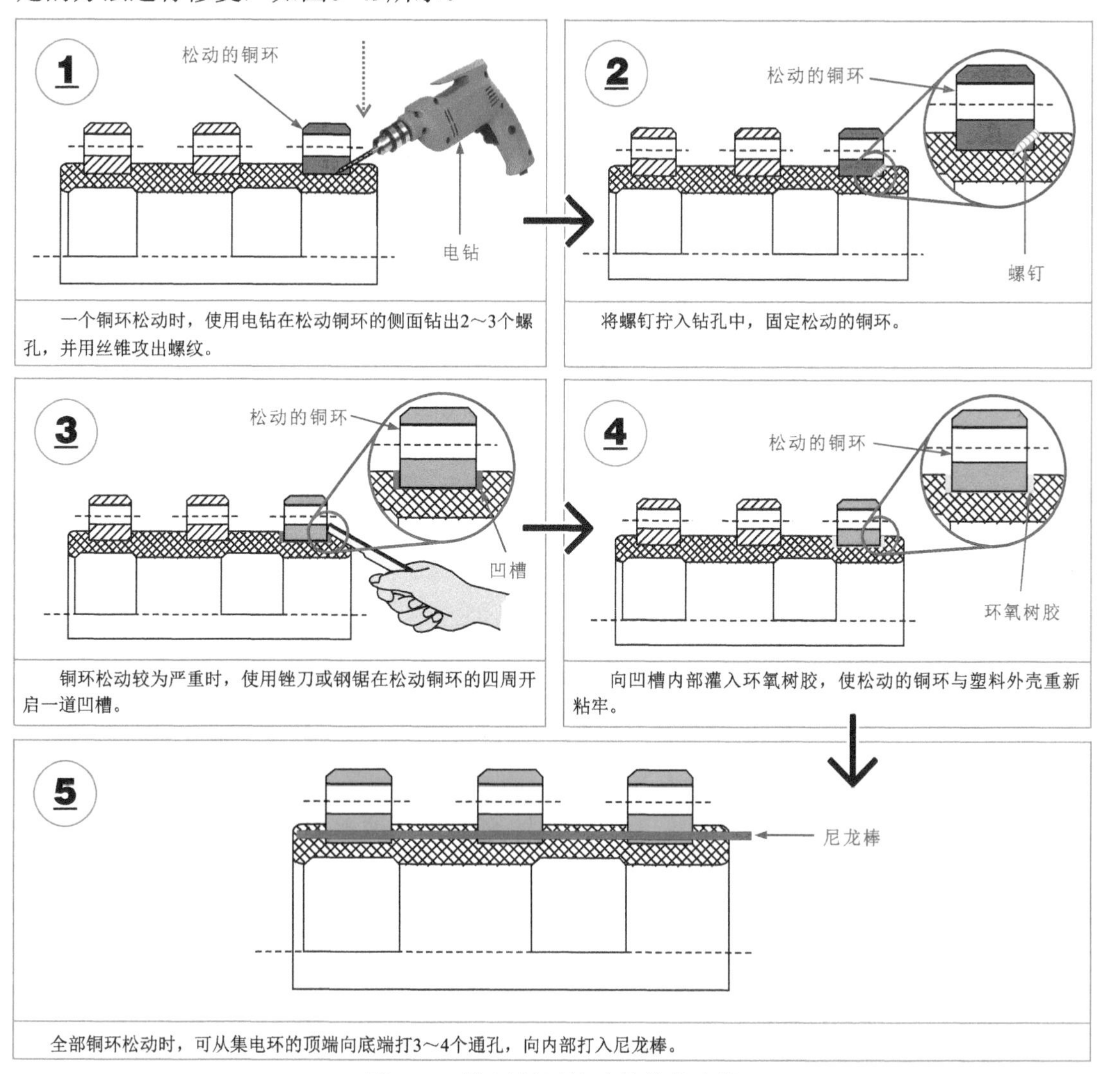

1
松动的铜环
电钻
一个铜环松动时，使用电钻在松动铜环的侧面钻出2～3个螺孔，并用丝锥攻出螺纹。
2
松动的铜环
螺钉
将螺钉拧入钻孔中，固定松动的铜环。
3
松动的铜环
凹槽
铜环松动较为严重时，使用锉刀或钢锯在松动铜环的四周开启一道凹槽。
4
松动的铜环
环氧树胶
向凹槽内部灌入环氧树胶，使松动的铜环与塑料外壳重新粘牢。
5
尼龙棒
全部铜环松动时，可从集电环的顶端向底端打3～4个通孔，向内部打入尼龙棒。

图6-49 滑环铜环松动的检修方法

当滑环的某一铜环温度明显高于其他铜环时，通常怀疑是由于接线杆与该铜环连接部位的电阻较大而造成的发热现象。

图6-50为滑环铜环发热严重的检修方法。若经检测，集电环中的某一接线杆与对应铜环间的阻值大于0.01Ω，则说明该接线杆与对应铜环出现接触不良的故障，此时可采用更换接线杆的方法排除故障。

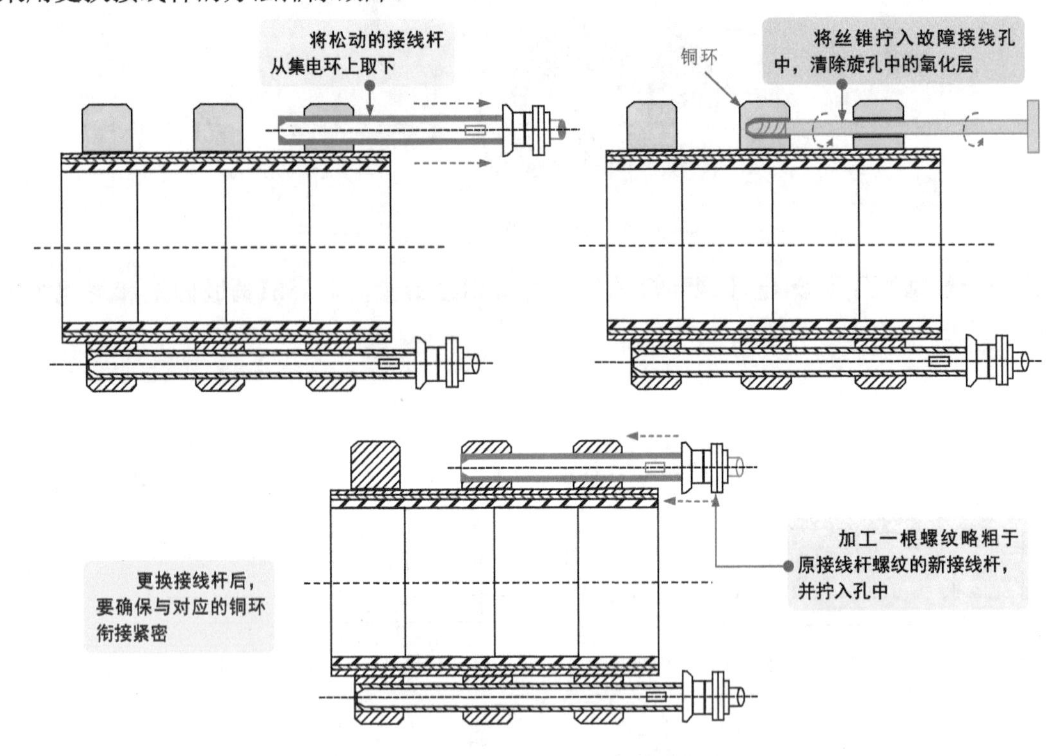
将松动的接线杆
从集电环上取下
铜环
将丝锥拧入故障接线孔
中，清除旋孔中的氧化层
更换接线杆后，
要确保与对应的铜环
衔接紧密
加工一根螺纹略粗于
原接线杆螺纹的新接线杆，
并拧入孔中

图6-50　滑环铜环发热严重的检修方法

判断集电环的铜环是否会过热，可借助万能电桥分别检测各接线杆与所接铜环间的阻值。在正常情况下，阻值应在0.01Ω以下。

◇将集电环从电动机转子上取下。

◇将万用电桥的测量选择钮调至R≤10处，量程选择1Ω挡。

◇将万用电桥的黑鳄鱼夹接在集电环的铜环上，红鳄鱼夹接在集电环的各接线杆上。

◇反复调整损耗因数和读数的相关旋钮，使指示电表的指针指向0位。

◇读取结果。

电动机滑环铜环间短路也多发生在集电环中。集电环铜环短路是指集电环中原本绝缘的铜环之间发生接触，通常是由于接线杆绝缘套管破损或铜环间的塑料出现开裂进入异物（如电刷磨损掉落的碳粉）造成的。

判断集电环的铜环间是否短路，可借助万用表检测铜环间的绝缘电阻来判断。当任意两个铜环间的阻值较小时，则表明集电环存在短路现象。

集电环除铜环间出现短路情况外，还会出现铜环与钢制轴套间的短路。当出现该类故障时，由于故障产生在集电环的内部，因此很难维修，此时可整体更换集电环。

6.4 电动机日常的保养维护

6.4.1 电动机主要部件的日常维护

在实际检修过程中可发现，电动机的大多数故障都是因日常维护工作不到位造成的，特别是有些操作人员根本不注重维护或不知道如何维护，在发现电动机故障时只能进行检修，不仅提高成本，还十分耗时耗力。下面将介绍电动机需要重点维护的几个方面，如电动机表面、转轴、电刷、铁芯、风扇、轴承等。

1 电动机表面的维护

电动机在使用一段时间后，由于工作环境的影响，表面上可能会积上灰尘和油污，影响电动机的通风散热，严重时还会影响电动机的正常工作。对电动机表面进行维护时，多采用软毛刷或潮毛巾擦除表面的灰尘；若有油污，则可以用毛巾蘸少许汽油擦拭，如图6-51所示。

1
2
毛刷
3
检查电动机表面有无明显堆积的灰尘或油污。
用毛刷清扫电动机表面堆积的灰尘。
用潮湿的毛巾擦拭电动机表面的油污等杂质。

图6-51 电动机表面的维护

2 电动机转轴的维护

在日常使用和工作中，由于转轴的工作特点，可能会出现锈蚀、脏污等情况，若这些情况严重，将直接导致电动机不启动、堵转或无法转动等故障。维护时，应先用软毛刷清扫表面的污物，然后用细砂纸包住转轴，用手均匀转动细砂纸或直接用砂纸擦拭，即可除去转轴表面的铁锈和杂质，如图6-52所示。

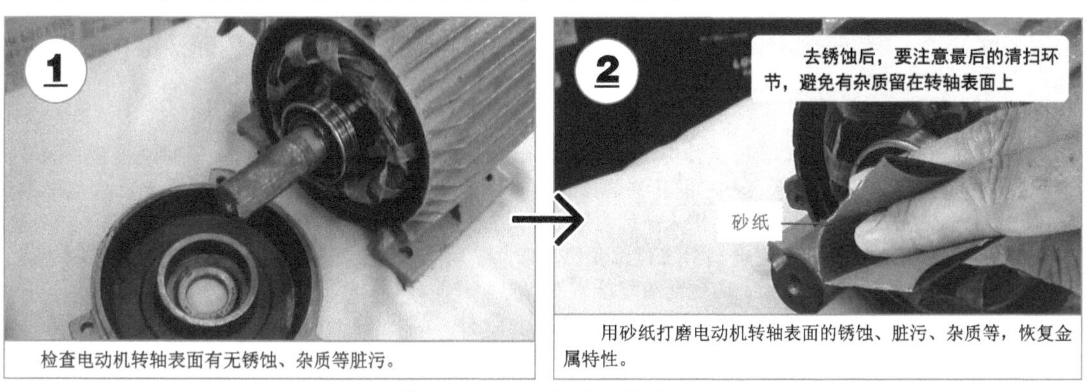

1
2
去锈蚀后，要注意最后的清扫环节，避免有杂质留在转轴表面上
砂纸
检查电动机转轴表面有无锈蚀、杂质等脏污。
用砂纸打磨电动机转轴表面的锈蚀、脏污、杂质等，恢复金属特性。

图6-52 电动机转轴的维护

3 电动机电刷的维护

电刷是有刷类电动机的关键部件。若电刷异常，将直接影响电动机的运行状态和工作效率。根据电刷的工作特点，在一般情况下，电刷出现异常主要是由电刷或电刷架上碳粉堆积过多、电刷严重磨损、电刷活动受阻等原因引起的。

维护时，需要重点检查电刷的磨损情况，如图6-53所示，当电刷磨损至原有长度的1/3时就要及时更换，否则可能会造成电动机工作异常，严重时还会使电动机出现更严重的故障。

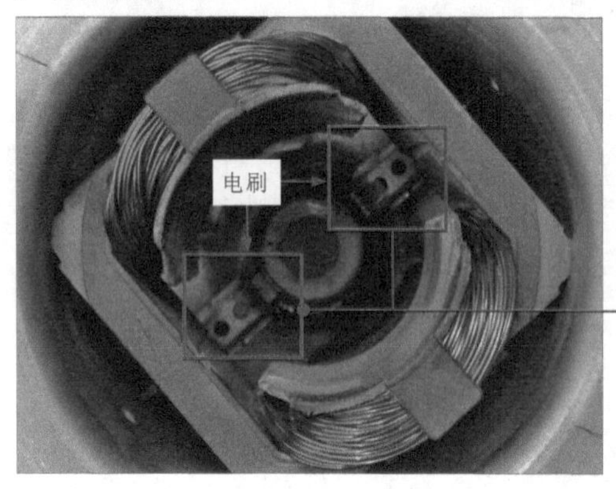
电刷

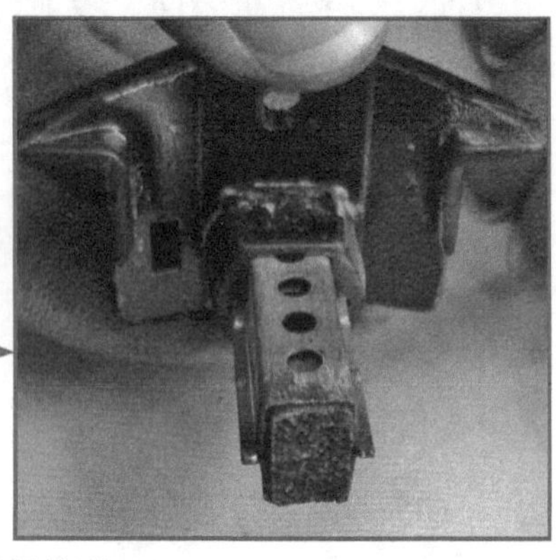
检查电刷磨损情况，不得低于原长度的1/3

图6-53 定期检查电动机电刷的磨损情况

如图6-54所示，定期检查电刷在电刷架中的活动情况，在正常情况下，要求电刷应能够在电刷架中自由活动。若电刷卡在电刷架中，则无法与整流子接触，电动机无法正常工作。

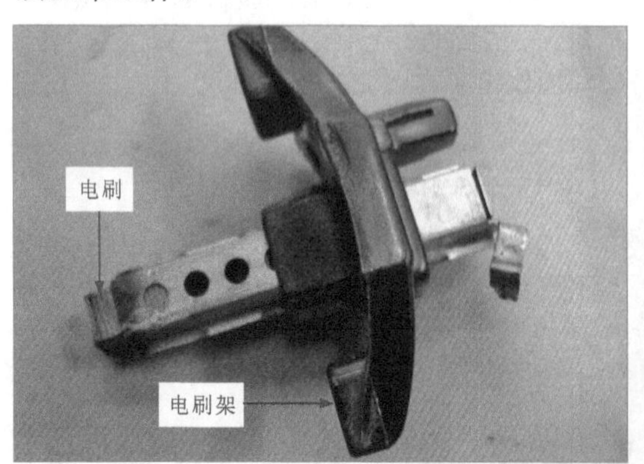
电刷
电刷架

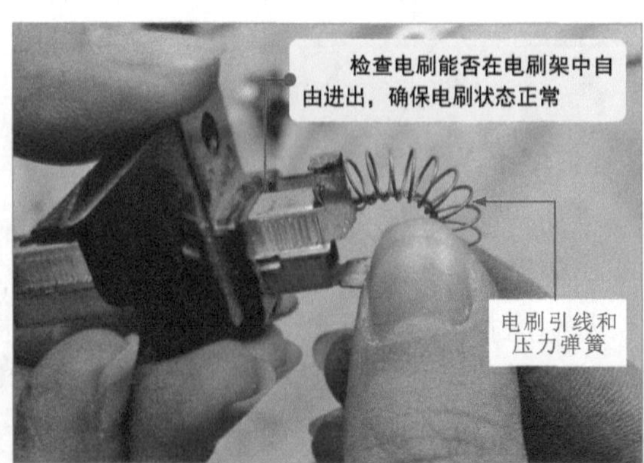
检查电刷能否在电刷架中自由进出，确保电刷状态正常
电刷引线和压力弹簧

图6-54 定期检查电动机电刷架的活动情况

在有刷电动机的运行工作中，电刷需要与整流子接触，因此在电动机转子带动整流子的转动过程中，电刷会存在一定程度的磨损，电刷上磨损下来的碳粉很容易堆积在电刷和电刷架上，这就要求电动机保养维护人员应定期清理电刷和电刷架，确保电动机正常工作。

维护时，需要查看电刷引线有无变色，依此了解电刷是否过载、电阻偏高或导线与刷体连接不良的情况，有助于及时预防故障的发生。

在有刷电动机中，电刷与整流子（滑环）是一组配套工作的部件，同样需要对整流子进行相应的保养和维护操作，如清洁整流子表面的碳粉、打磨换向器表面的毛刺或麻点、检查整流子表面有无明显不一致的灼痕等，以便及时发现故障隐患，排除故障。

4 电动机风扇的维护

风扇用来为电动机通风散热。通风散热是电动机正常工作的必备条件之一。维护时主要包括检查风扇扇叶有无破损、风扇表面有无油污、风扇卡扣是否出现裂痕损坏等。若有上述情况，将直接影响电动机的正常运转，具体维护方法如图6-55所示。

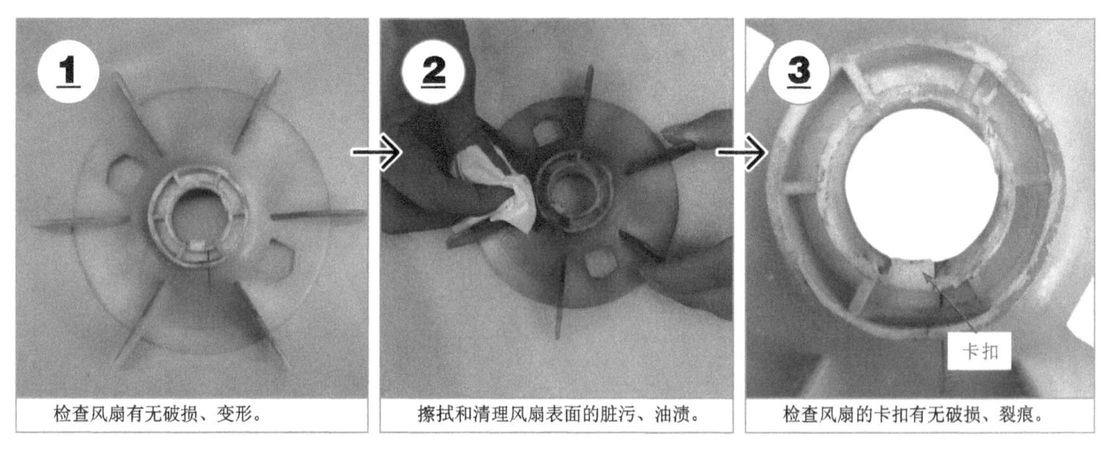
1
2
3
卡扣
检查风扇有无破损、变形。
擦拭和清理风扇表面的脏污、油渍。
检查风扇的卡扣有无破损、裂痕。

图6-55 电动机风扇的维护方法

5 电动机铁芯的维护

电动机的铁芯部分可以分为静止的定子铁芯和转动的转子铁芯，为了确保能够安全使用，延长使用寿命，维护时，可用毛刷或铁钩等定期清理，去除铁芯表面的脏污、油渍等，如图6-56所示。

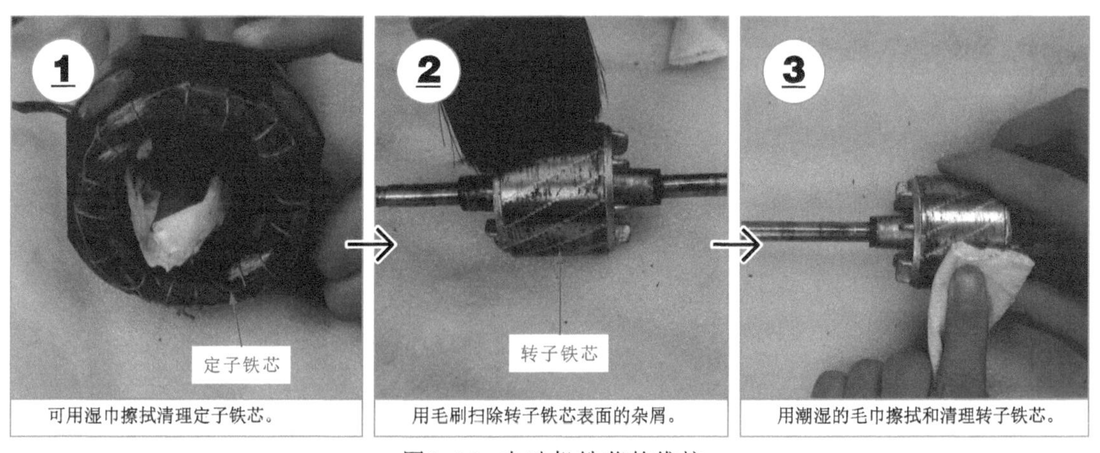
1
2
3
定子铁芯
转子铁芯
可用湿巾擦拭清理定子铁芯。
用毛刷扫除转子铁芯表面的杂屑。
用潮湿的毛巾擦拭和清理转子铁芯。

图6-56 电动机铁芯的维护

6 电动机轴承的维护

电动机的轴承是支承转轴旋转的关键部件，一般可分为滚动轴承和滑动轴承两大类。其中，滚动轴承又可分为滚珠轴承和滚柱轴承两种，如图6-57所示。在小型电动机中，一般采用滚珠轴承；在中型电动机中，通常采用两种轴承，分别是传动端的滚柱轴承和另一端的滚珠轴承；在大型电动机中，一般都会采用滑动轴承。

滚动轴承
滚珠轴承
滚柱轴承
滑动轴承
图6-57　常见的电动机轴承

电动机经过一段时间的使用后，会因润滑脂变质、渗漏等情况造成轴承磨损、间隙增大，如图6-58所示。此时，轴承表面温度升高，运转噪声增大，严重时还可能使定子与转子相接触。

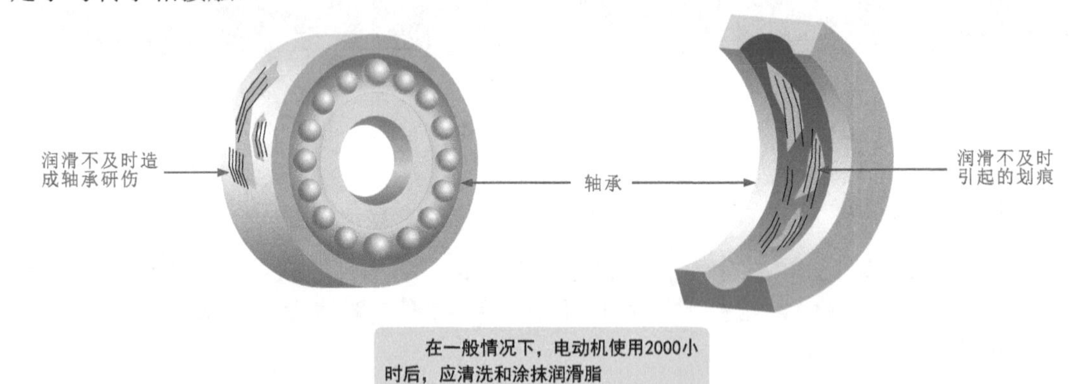
润滑不及时造成轴承研伤
轴承
润滑不及时引起的划痕
在一般情况下，电动机使用2000小时后，应清洗和涂抹润滑脂
图6-58　轴承磨损示意图

电动机轴承的维护操作可分为四个步骤，即准备清洗润滑的材料、清洗轴承、清洗后检查轴承及润滑轴承，如图6-59所示。

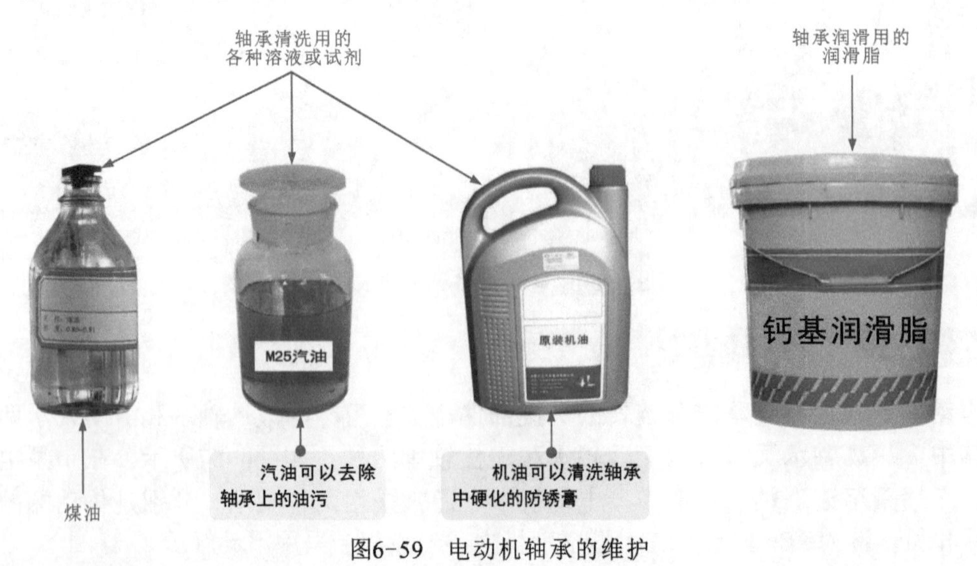
轴承清洗用的各种溶液或试剂
轴承润滑用的润滑脂
M25汽油
原装机油
钙基润滑脂
煤油
汽油可以去除轴承上的油污
机油可以清洗轴承中硬化的防锈膏
图6-59　电动机轴承的维护

常用的电动机轴承润滑脂主要有钙基润滑脂、钠基润滑脂、复合钙基润滑脂、钙钠基润滑脂、锂基润滑脂、二硫化钼润滑脂等，不同润滑脂的性能和应用场合不同。常见润滑脂的特点及应用场合见表6-2。

表6-2　常见润滑脂的特点及应用场合

钙基润滑脂	抗水性强、稳定性好、纤维较短、泵送性好、不耐高温；若用于高温场合，则当轴承运行在100℃以上时，便逐渐变软甚至流失，不能保证润滑，使用温度范围为-10～60℃。	用于一般工作温度，与水接触的高转速、轻负荷，中转速、中负荷封闭式电动机滚动和滑动轴承的润滑。
钠基润滑脂	不抗水、稳定性好、耐高温、防护性好、附着力强、耐振动；若用于很潮湿的场合，则当润滑脂触水水解后而变稀流失，导致轴承缺油。	在较高工作温度，中速、中等负荷、低速、高负荷开启式或封闭式电动机滚动和滑动轴承润滑。
锂基润滑脂	可替代钙基、钠基和钙钠基润滑脂的使用。锂对水的溶解度很小，具有良好的抗水性。	派生系列电动机密封轴承润滑，可以减少维护工作量，增加轴承使用寿命，降低维护费用。
钙钠基润滑脂	兼有钙基润滑脂的抗水性和钠基润滑脂的耐高温性，具有良好的输送性和机械安定性，可替代钙基、钠基润滑脂使用。	在较高工作温度、允许有水蒸气的条件下（不适用于低温场合、90kW以下封闭式电动机和发动机的滚动轴承润滑）。
注：润滑脂是一种半固体的油膏状物质，主要由润滑剂和稠化剂组成，不管采用哪一种润滑脂，在加装前，都应加入一定比例的润滑油。对于转速高和工作温度高的轴承，润滑油的比例应少些。		

用热油法清洗轴承是指将轴承放在100℃左右的热机油中进行清洗的方法，适用于使用时间过久、轴承上防锈膏及润滑脂硬化轴承的清洗，如图6-60所示。

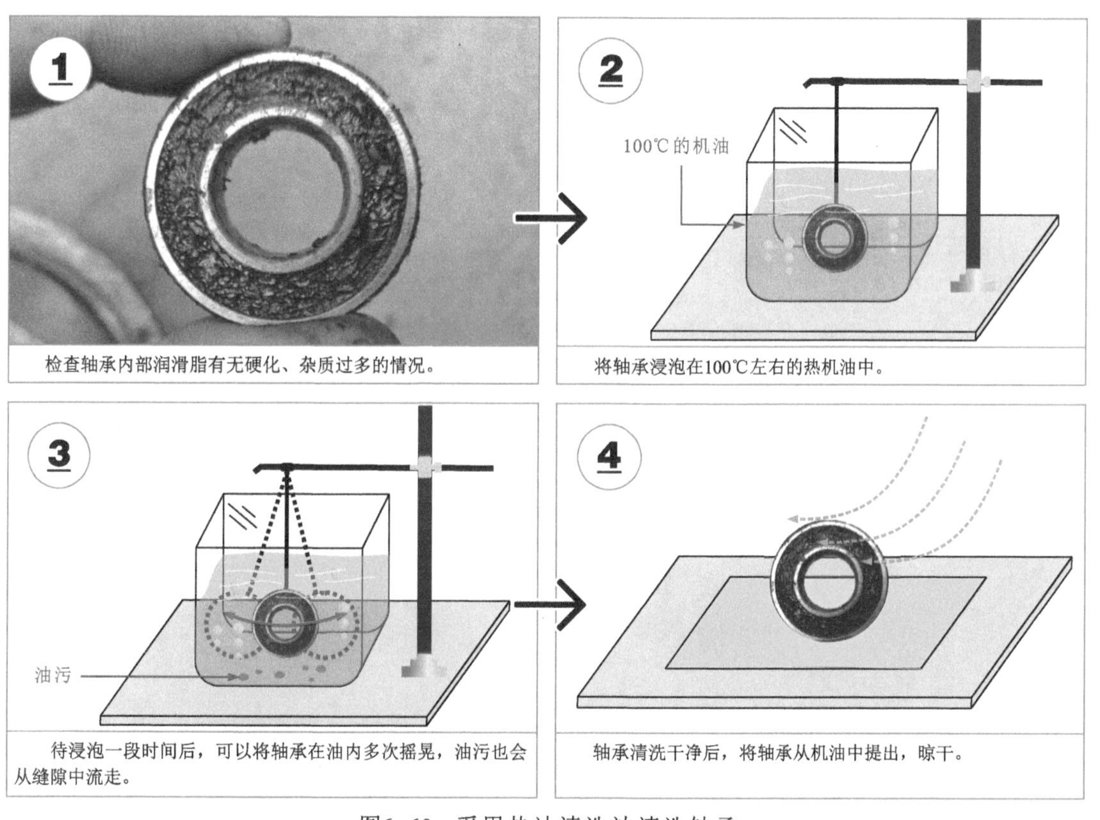
1
检查轴承内部润滑脂有无硬化、杂质过多的情况。
2
100℃的机油
将轴承浸泡在100℃左右的热机油中。
3
油污
待浸泡一段时间后，可以将轴承在油内多次摇晃，油污也会从缝隙中流走。
4
轴承清洗干净后，将轴承从机油中提出，晾干。

图6-60　采用热油清洗法清洗轴承

清洗后的轴承可用干净的布擦干，注意不要用掉毛的布，然后晾在干净的地方或选一张干净的白纸垫好。清洗后的轴承不要用手摸，为了防止手汗或水渍腐蚀轴承，也不要清洗后直接涂抹润滑脂，否则会引起轴承生锈，要晾干后，才能填充润滑剂或润滑脂。

在日常保养和维修过程中，电动机的轴承锈蚀或油污不严重时，一般可采用煤油浸泡的方法清洗，操作简单，安全性好，较常采用，如图6-61所示。

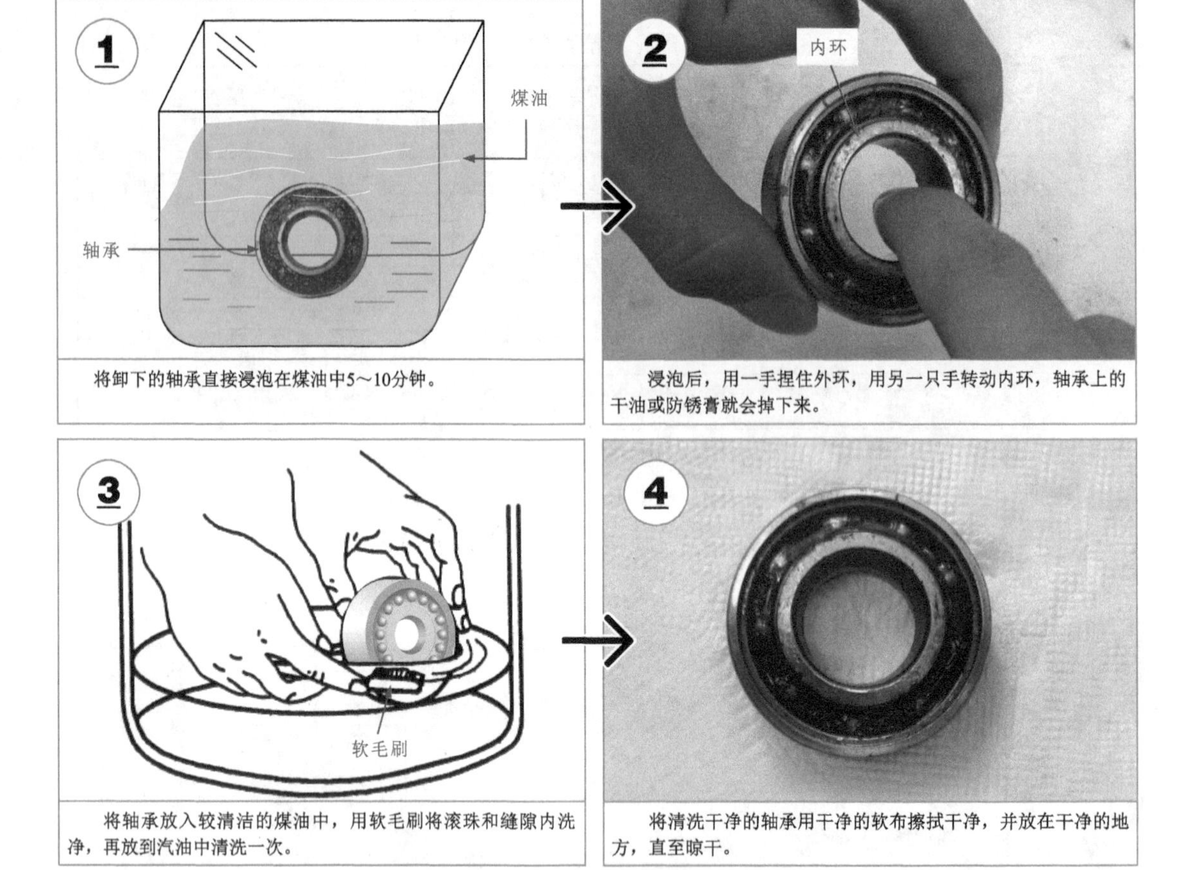

1
煤油
轴承
2
内环
3
软毛刷
4

将卸下的轴承直接浸泡在煤油中5～10分钟。

浸泡后，用一手捏住外环，用另一只手转动内环，轴承上的干油或防锈膏就会掉下来。

将轴承放入较清洁的煤油中，用软毛刷将滚珠和缝隙内洗净，再放到汽油中清洗一次。

将清洗干净的轴承用干净的软布擦拭干净，并放在干净的地方，直至晾干。

图6-61　采用煤油浸泡法清洗轴承

淋油法清洗轴承是指将清洗用的煤油淋在需要清洗的轴承上，适用于清洗安装在转轴上的轴承，一般用于日常保养操作，无需将轴承卸下，可有效降低拆卸轴承的损伤概率，如图6-62所示。

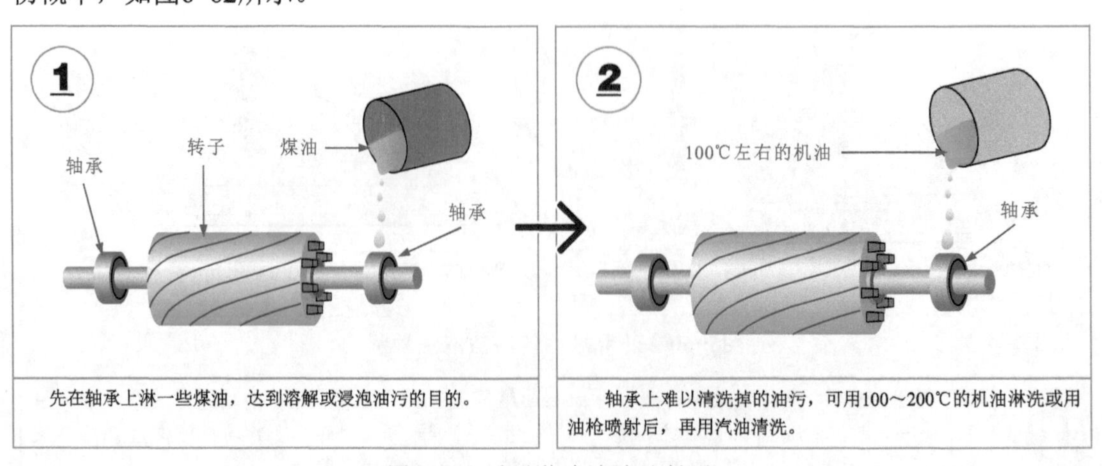

1
轴承
转子
煤油
轴承
2
100℃左右的机油
轴承

先在轴承上淋一些煤油，达到溶解或浸泡油污的目的。

轴承上难以清洗掉的油污，可用100～200℃的机油淋洗或用油枪喷射后，再用汽油清洗。

图6-62　采用淋油法清洗轴承

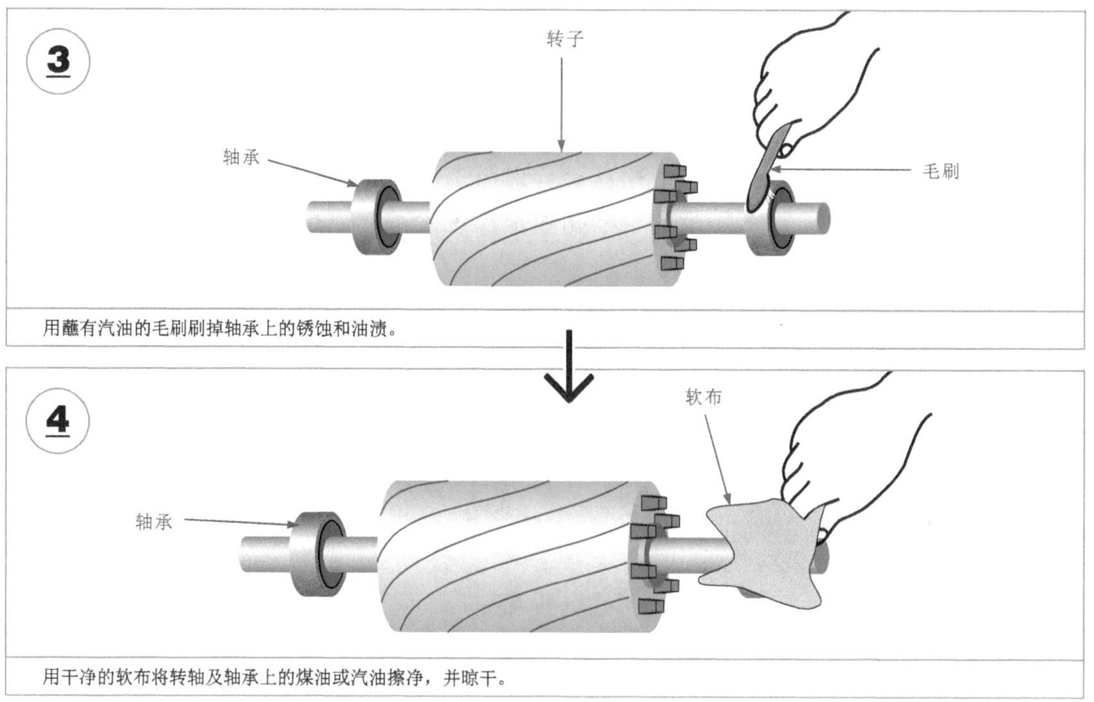
3
转子
轴承
毛刷
用蘸有汽油的毛刷刷掉轴承上的锈蚀和油渍。
4
软布
轴承
用干净的软布将转轴及轴承上的煤油或汽油擦净，并晾干。

图6-62 采用淋油法清洗轴承（续）

淋油法清洗轴承一般适用于清洗安装在转轴上的轴承。清洗时，一定不要使用锋利的工具刮轴承上难以清洗的油污或锈蚀，以免损坏轴承，破坏轴承滚动体和槽环部位的光洁度。图6-63为电动机的轴承部分。

清洗轴承是电动机日常维护和保养工作中的重要项目。一般在拆卸轴承后，检查轴承是否还能使用；若不能使用，则需更换型号相同的轴承；若还能使用，则在装配前需要清洗。不同应用环境和不同锈蚀脏污程度的轴承，可根据实际情况采用不同的方法清洗。上述的几种方法是几种较常见的方法，保养和维护人员可在实际操作中灵活运用，注意人身和设备安全，在遵守操作规程的条件下，找出最适合的清洗方法。

图6-63 电动机的轴承部分

清洗轴承后，在进行润滑操作之前，需要检查轴承的外观、游隙等，初步判断轴承能否继续使用。检查轴承外观主要看轴承内圈或外圈的配合面磨损是否严重、滚珠或滚柱是否破裂、是否有锈蚀或出现麻点、保持架是否碎裂等现象。若外观损坏较严重，则需要直接更换轴承，否则即使重新润滑也无法恢复轴承的机械性能。

轴承的游隙是指轴承的滚珠或滚柱与外环内沟道之间的最大距离。当该值超出允许范围时，则应更换。判断轴承的径向间隙是否正常，可以采用手感法检查，检查方法如图6-64所示。

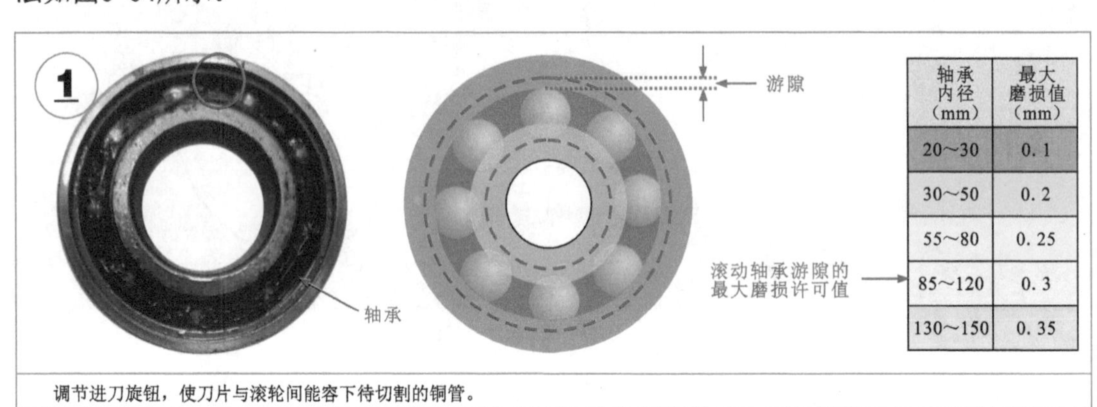
1
轴承
游隙
滚动轴承游隙的
最大磨损许可值

轴承内径（mm）	最大磨损值（mm）
20~30	0.1
30~50	0.2
55~80	0.25
85~120	0.3
130~150	0.35

调节进刀旋钮，使刀片与滚轮间能容下待切割的铜管。

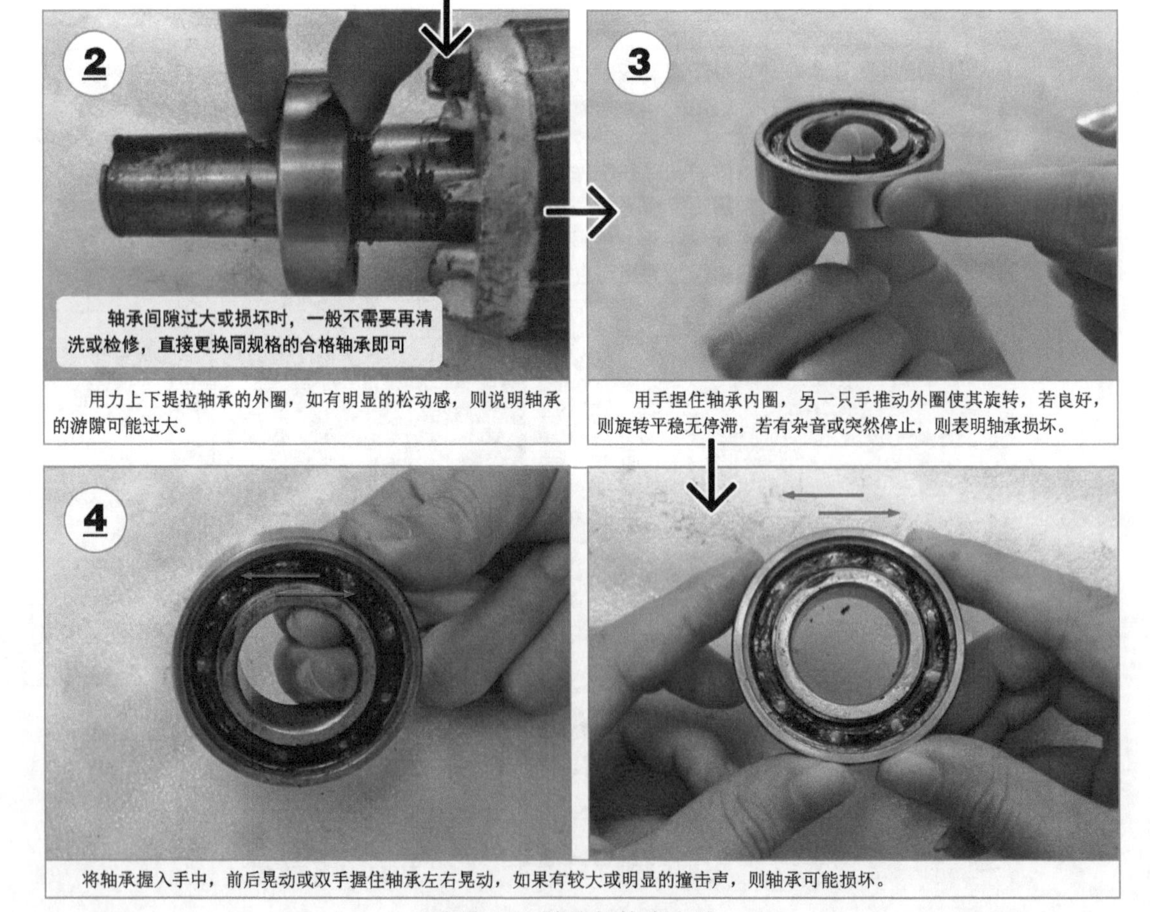
2
轴承间隙过大或损坏时，一般不需要再清洗或检修，直接更换同规格的合格轴承即可
3
4

用力上下提拉轴承的外圈，如有明显的松动感，则说明轴承的游隙可能过大。

用手捏住轴承内圈，另一只手推动外圈使其旋转，若良好，则旋转平稳无停滞，若有杂音或突然停止，则表明轴承损坏。

将轴承握入手中，前后晃动或双手握住轴承左右晃动，如果有较大或明显的撞击声，则轴承可能损坏。

图6-64　游隙的检查方法

轴承经清洗、检查后，若仍满足基本的机械性能，能够继续使用时，则需要进行润滑。这个环节也是轴承维护操作中的重要环节，能够确保轴承正常工作，增加轴承的使用寿命。

图6-65为轴承的润滑方法。

1
润滑油
润滑脂
按比例搅拌后的润滑脂
2

将选用的润滑脂取出一部分放在干净的容器内，并与润滑油按照6：1～5：1的比例搅拌均匀。

将润滑脂均匀涂抹在轴承空腔内，并用手的压力往轴承转动部分的各个缝隙挤压。

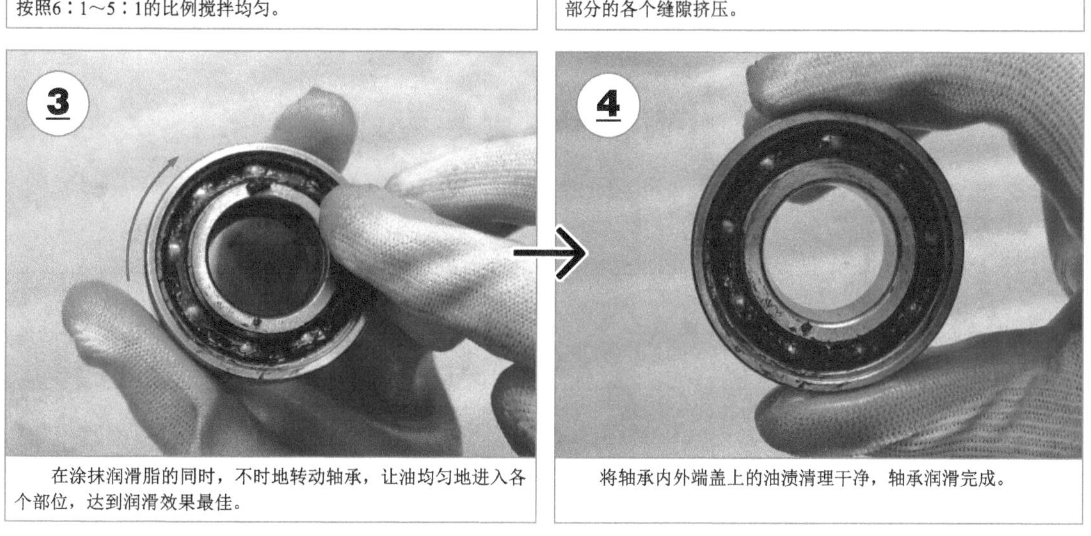

3
4

在涂抹润滑脂的同时，不时地转动轴承，让油均匀地进入各个部位，达到润滑效果最佳。

将轴承内外端盖上的油渍清理干净，轴承润滑完成。

图6-65　轴承的润滑方法

在轴承润滑操作中需注意，使用润滑脂过多或过少都会引起轴承的发热，使用过多时会加大滚动的阻力，产生高热，润滑脂熔化会流入绕组；使用过少时，会加快轴承的磨损。

不同种类的润滑脂适用于不同应用环境中的电动机，因此在润滑操作时应根据实际环境选用，另外还应注意以下几点：

（1）轴承润滑脂应定期补充和更换；

（2）补充润滑脂时要用同型号的润滑脂；

（3）补充和更换润滑脂应为轴承空腔容积的1/3～1/2；

（4）润滑脂应新鲜、清洁且无杂物。

不论使用哪种润滑脂，在使用前均应拌入一定比例（6：1～5：1）的润滑油，对转速较高、工作环境温度高的轴承，润滑油的比例应少些。

6.4.2 电动机定期维护与检查

在电动机的保养维护环节，除日常对电动机进行一定的维护操作外，还必须根据电动机使用的环境和使用频率进行定期的维护检查，以便能够尽早发现异常状态，及时处理，防患于未然，确保运行安全，有利于整个动力传动系统的良好运行，有效防止事故造成的人员和经济损失。

1 电动机定期维护检查的方法

对电动机进行定期维护检查时应根据实际的应用环境采用合适恰当的方法，常见的方法主要有视觉检查、听觉检查、嗅觉检查、触觉检查及测试检查。

视觉检查是指通过观察电动机表面判断电动机的运行状态，如观察电动机外部零部件是否有松动，电动机表面是否有脏污、油渍、锈蚀等，电动机与控制引线连接处是否有变色、烧焦等痕迹。若存在上述现象，应及时分析原因，并进行处理，如图6-66所示。

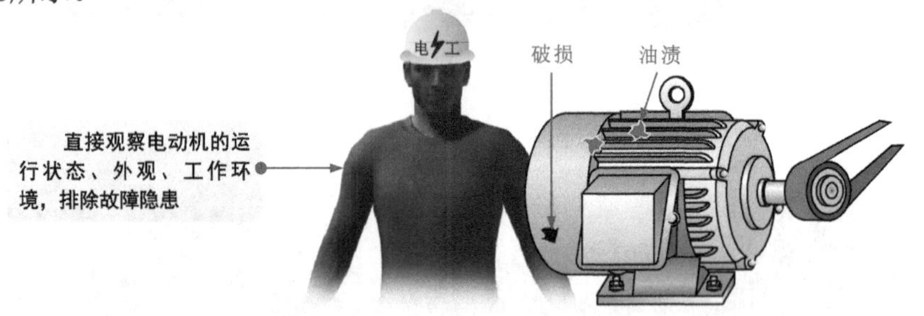
电工
破损
油渍
直接观察电动机的运行状态、外观、工作环境，排除故障隐患

图6-66 电动机定期维护视觉检查法

通过视觉定期维护检查时，除了观察电动机本身的运行状态外，还应注意观察电动机的运行环境，看看周围有没有漏水或影响电动机通风散热的物件等，只要发现可能影响电动机工作的情况，都需要及时处理。

听觉检查是指通过电动机运行时发出的声音判断电动机的工作状态是否正常，如电动机出现较明显的电磁噪声、机械摩擦声、轴承晃动、振动等杂音时，应及时停止运行，检查和维护，如图6-67所示。

通过倾听声音判断电动机有无异常情况
听电动机有无明显的摩擦噪声

图6-67 电动机定期维护听觉检查法

通过认真细听电动机的运行声音可以有效判断电动机的当前状态。若电动机所在的环境比较嘈杂，则可借助螺钉旋具或听棒等辅助工具，贴近电动机外壳细听，从而判断电动机有无因轴承缺油引起的干磨、定子与转子扫膛等情况，及时发现故障隐患，排除故障。

嗅觉检查是指通过嗅觉检查电动机在运行中是否有不良故障，若闻到焦味、烟味或臭味，则表明电动机可能出现运行过热、绕组烧焦、轴承润滑失效、内部铁芯摩擦严重等故障，应及时停机，检查和修理，如图6-68所示。

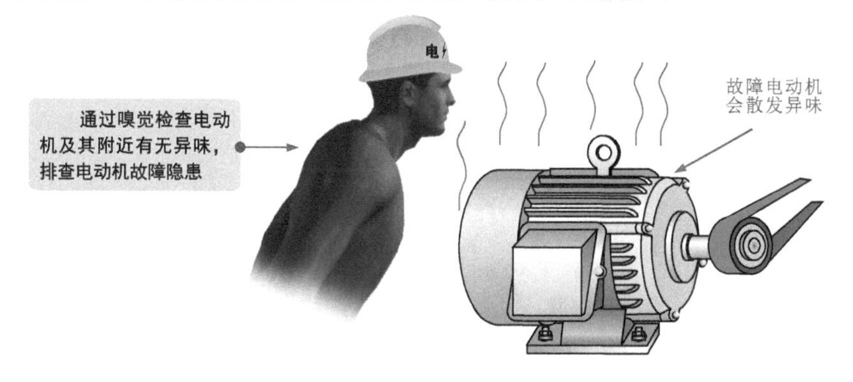
通过嗅觉检查电动机及其附近有无异味，排查电动机故障隐患
故障电动机会散发异味

图6-68　电动机定期维护嗅觉检查法

触觉检查是指用手背触摸电动机外壳，检查温度是否在正常范围内，或检查是否有明显的振动现象，如图6-69所示。若电动机外壳温度过高，则可能是内部存在过载、散热不良、堵转、绕组短路、工作电压过高或过低、内部摩擦情况严重等故障；电动机明显的振动可能是由电动机零部件松动、电动机与负载连接不平衡、轴承不良等引起的，应及时停机，检查和修理。

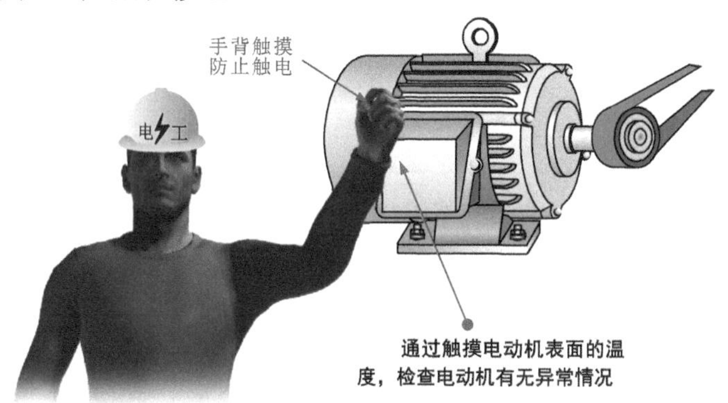
手背触摸
防止触电
电工
通过触摸电动机表面的温度，检查电动机有无异常情况

图6-69　电动机定期维护触觉检查法

用手背触摸电动机外壳是一种预防电动机外壳带电而发生触电的方法。通常来说，若电动机外壳带电，当用手接触时，身体条件反射会握紧拳头。若此时手心朝下，则会直接握住电动机，从而引发触电事故；若手背朝下接触电动机，反而会因握拳头的动作背离电动机，避免触电事故的发生。

当然，即使如此，为了更加确保人身安全，在采用触摸法时，由于人体要与电动机直接接触，因此在操作前，一般需要首先用试电笔等设备检查电动机外壳有无带电情况，防止因电动机漏电造成意外伤亡，如图6-70所示。

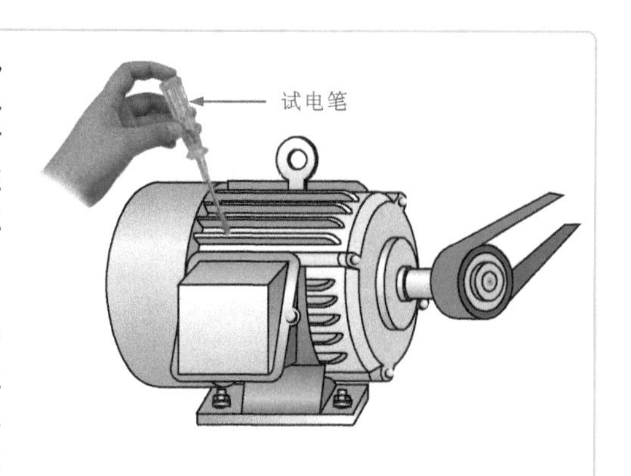
试电笔

图6-70　用试电笔检查电动机外壳有无漏电

在电动机运行时，可对电动机的工作电压、运行电流等进行检测，以判断电动机有无堵转、供电有无失衡等情况，及早发现问题，排除故障。

借助钳形表检测三相异步电动机各相的电流如图6-71所示。在正常情况下，各相电流与平均值的误差不应超过10%，如用钳形表测得的各相电流差值太大，则可能有匝间短路，需要及时处理，避免故障扩大化。

用钳形表钳住电动机供电引线中的一根检测电流
借助钳形表检测电动机的启动和运行电流，根据电流的大小检查和判断电动机的运行状态，排查故障隐患
电动机供电引线其中的一根相线
钳形表

图6-71　电动机定期维护测试检查法

2 电动机定期维护检查的基本项目

电动机的定期维护检查包括每日检查、每月或定期巡查及每年年检等内容，根据维护时间和周期的不同，维护和检查的项目也不同。电动机定期维护检查的项目如图6-72所示。

检查周期	检查项目
每日例行检查	（1）检查电动机整体外观、零部件，并记录。 （2）检查电动机运行中是否有过热、振动、噪声和异常现象，并记录。 （3）检查电动机散热风扇运行是否正常。 （4）检查电动机轴承、皮带轮、联轴器等润滑是否正常。 （5）检查电动机皮带磨损情况，并记录。
定期例行检查	（1）检查每日例行检查的所有项目。 （2）检查电动机及控制线路部分的连接或接触是否良好，并记录。 （3）检查电动机外壳、皮带轮、基座有无损坏或破损部分，并提出维护方法和时间。 （4）测试电动机运行环境温度，并记录。 （5）检查电动机控制线路有无磨损、绝缘老化等现象。 （6）测试电动机绝缘性能（绕组与外壳、绕组之间的绝缘电阻），并记录。 （7）检查电动机与负载的连接状态是否良好。 （8）检查电动机关键机械部件的磨损情况，如电刷、换向器、轴承、集电环、铁芯。 （9）检查电动机转轴有无歪斜、弯曲、擦伤、断轴情况，若存在上述情况，则制订检修计划和处理方法。
每年年检	（1）检查轴承锈蚀和油渍情况，清洗和补充润滑脂或更换新轴承。 （2）检查绕组与外壳、绕组之间、输出引线的绝缘性能。 （3）必要时对电动机进行拆卸，清扫内部脏污、灰尘，并对相关零部件进行保养维护，如清洗、上润滑油、擦拭、除尘等。 （4）电动机输出引线、控制线路绝缘是否老化，必要时重新更换线材。

图6-72　电动机定期维护检查的项目

在检修实践中发现，电动机出现的故障大多是由于缺相、超载、人为或环境因素及自身原因造成的。缺相、超载、人为或环境因素都能够在日常检查过程中发现，有利于及时排除一些潜在的故障隐患。特别是环境因素，它的好坏是决定电动机使用寿命的重要因素，及时检查，对减少电动机故障、提高电动机的使用效率十分关键。

由此可知，对电动机进行日常维护是十分关键的一项工作。特别是在一些生产型企业的车间和厂房中，电动机数量达几十台甚至几百台，若日常维护不及时，将给企业带来很大的损失。

6.5 电动机常见故障的检修

电动机在运转过程中经常会出现各种各样的故障，如电动机不启动、转速低、启动慢、外壳带电、不工作等。下面将介绍电动机的几种常见故障案例。

6.5.1 直流电动机不启动故障的检修

1 故障表现及分析

故障表现：采用直流电动机的电动产品接通电源后，电动机不启动，也无任何反应。

故障分析：根据故障表现，结合直流电动机的工作特点，可了解到直流电动机不能启动的故障原因主要是由于供电引线异常、电动机绕组异常或换向器表面脏污等引起的。

2 故障检修

怀疑电源供电线路异常，在排除外接供电引线异常的情况下，可先用万用表粗略测量电动机绕组间的阻值，检查绕组及回路有无短路或断路情况，如图6-73所示。

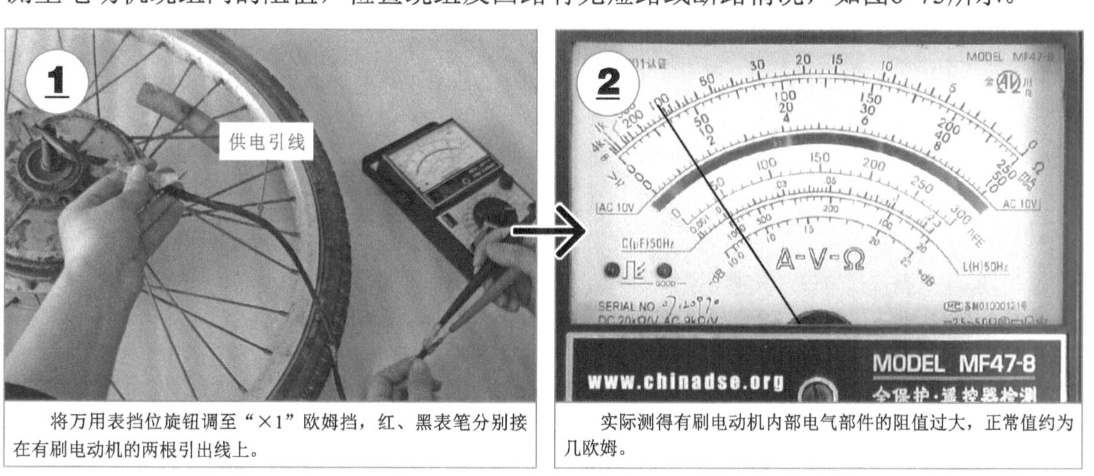
1
供电引线
2
MODEL MF47-8
A-V-Ω
AC 10V
C(μF)50Hz
L(H)50Hz
MODEL MF47-8
www.chinadse.org

将万用表挡位旋钮调至“×1”欧姆挡，红、黑表笔分别接在有刷电动机的两根引出线上。

实际测得有刷电动机内部电气部件的阻值过大，正常值约为几欧姆。

图6-73 直流电动机绕组及回路的检测

在正常情况下，电动机引线与内部部件构成一个闭合通路，用万用表测两根连接引线之间的阻值应有一定数值，实测阻值相当于电刷、换向器、转子绕组串联后的阻值，如图6-74，若实测阻值为无穷大或零，则说明内部绕组及回路存在故障。

在改变引线状态时，若发现万用表测量的阻值有明显的变化，则一般说明引线中可能存在短路或断路故障，应更换引线或将引线重新连接好

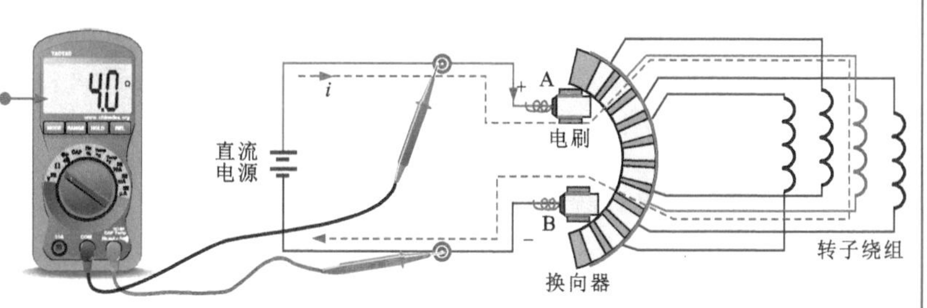
直流
电源
i
A
B
电刷
换向器
转子绕组

图6-74 直流电动机绕组及回路的检测机理

经检测，直流电动机绕组回路阻值异常，则接下来逐一检查回路中的电气部件，如检查电动机供电引线的连接情况。若连接正常，则需要拆卸直流电动机，清洁内部换向器的表面，以排除绕组回路接触不良的故障，如图6-75所示。

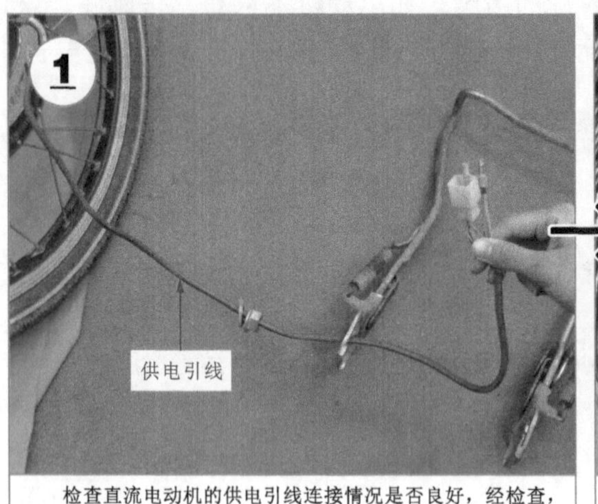
1
供电引线

检查直流电动机的供电引线连接情况是否良好，经检查，正常。

2
换向器
直流电动机
转子部分

清理换向器表面的电刷粉，将电动机装好后，调试，直流电动机能正常启动，故障被排除。

图6-75　排查故障原因

供电及电动机本身部件异常时，电动机不启动是比较常见的故障，检查后，将电动机装好，调试，若电动机能正常启动，则说明故障被排除，若电动机仍然不能正常启动，则需要检查电动机的其他可能故障原因，如励磁回路断开、电刷回路断开、因电路发生故障使电动机未通电、电枢（转子）绕组断路、励磁绕组回路断路或接错、电刷与换向器接触不良或换向器表面不清洁、换向极或串励绕组接反、启动器故障、负载机械被卡住使负载转矩大于电动机堵转转矩、负载是否过重、启动电流太小、直流电源容量太小、电刷不在中性线上等。

上述情况均可能引起直流电动机不能启动的故障，可在排除故障的过程中根据实际环境情况具体分析，逐步排查，直到找到故障点，排除故障。

6.5.2 直流电动机电刷火花过大故障的检修

直流电动机“电刷火花过大”不能直接观察到，通常是将电动机拆开后，根据电刷的外观判断得出的。

1 故障表现及分析

故障表现：采用直流电动机的电动产品接通电源后，运转异常。

故障分析：根据故障表现，将直流电动机拆开后，发现电刷过热，滑环有氧化现象，说明电刷存在火花过大的故障。引起该故障的原因主要有电刷不在中性线上、电刷上的压力弹簧压力不均匀、电刷与刷架配合不当等。

2 故障检修

首先检查电刷安装是否正常，是否在中性线上，若不在中性线上，则调整；若在中性线上，则检测电刷是否安装得过紧或过松及电刷上的弹簧压力是否均匀等，如图6-76所示。

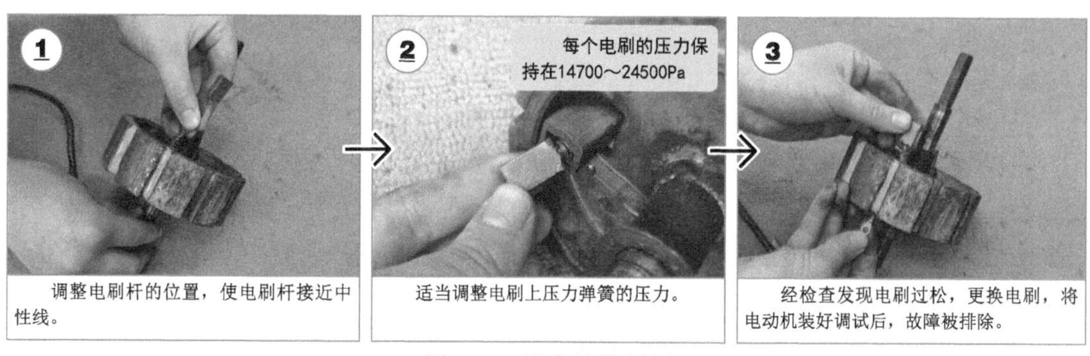
1
2
每个电刷的压力保持在14700～24500Pa
3
调整电刷杆的位置，使电刷杆接近中性线。
适当调整电刷上压力弹簧的压力。
经检查发现电刷过松，更换电刷，将电动机装好调试后，故障被排除。

图6-76　排查故障原因

6.5.3 直流电动机不转故障的检修

1　故障表现及分析

故障表现：采用直流电动机的电动产品接通电源后，电动机不转，有“嗡嗡”声。

故障分析：根据故障表现，造成电动机不转、有“嗡嗡”声的原因主要有轴承被卡住、电源回路接点松动、电动机装配太紧或轴承内油脂过硬等。

2　故障检修

首先检查轴承是否被卡住，再检查电动机装配是否太紧或轴承内是否有杂质、电源回路接点是否松动等，如图6-77所示。

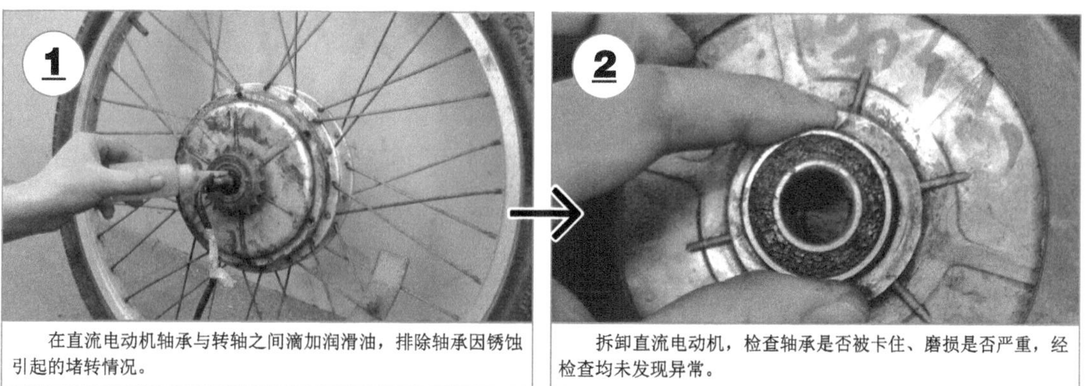
1
2
在直流电动机轴承与转轴之间滴加润滑油，排除轴承因锈蚀引起的堵转情况。
拆卸直流电动机，检查轴承是否被卡住、磨损是否严重，经检查均未发现异常。

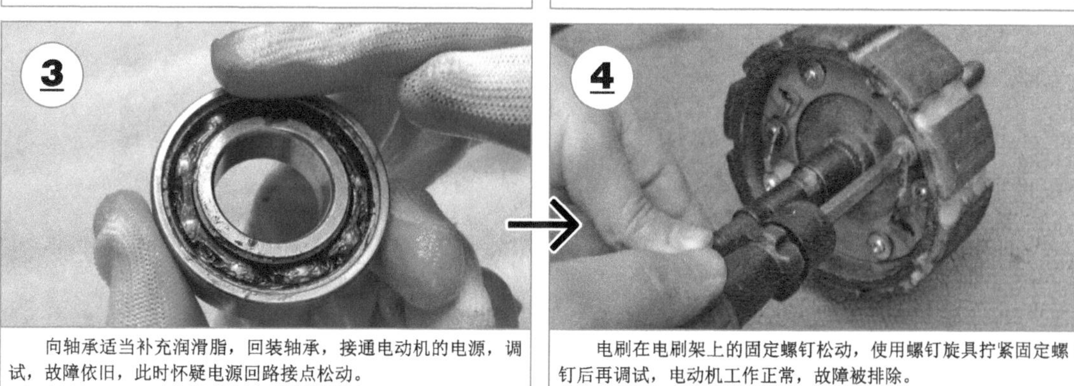
3
4
向轴承适当补充润滑脂，回装轴承，接通电动机的电源，调试，故障依旧，此时怀疑电源回路接点松动。
电刷在电刷架上的固定螺钉松动，使用螺钉旋具拧紧固定螺钉后再调试，电动机工作正常，故障被排除。

图6-77　排查故障原因

6.5.4 单相交流电动机不启动故障的检修

1 故障表现及分析

故障表现：单相交流电动机接通电源后不工作，无任何反应。

故障分析：根据故障表现，结合单相交流电动机的结构和工作特点，引起电动机不启动的原因主要有启动电路故障、供电线路断路、插座或插头接触不良、绕组断路。

2 故障检修

首先检查单相交流电动机的启动电路部分，根据单相交流电动机所在电路的关系，了解到该单相交流电动机由启动电容器控制启动，这里重点检查启动电容器是否正常，如图6-78所示。

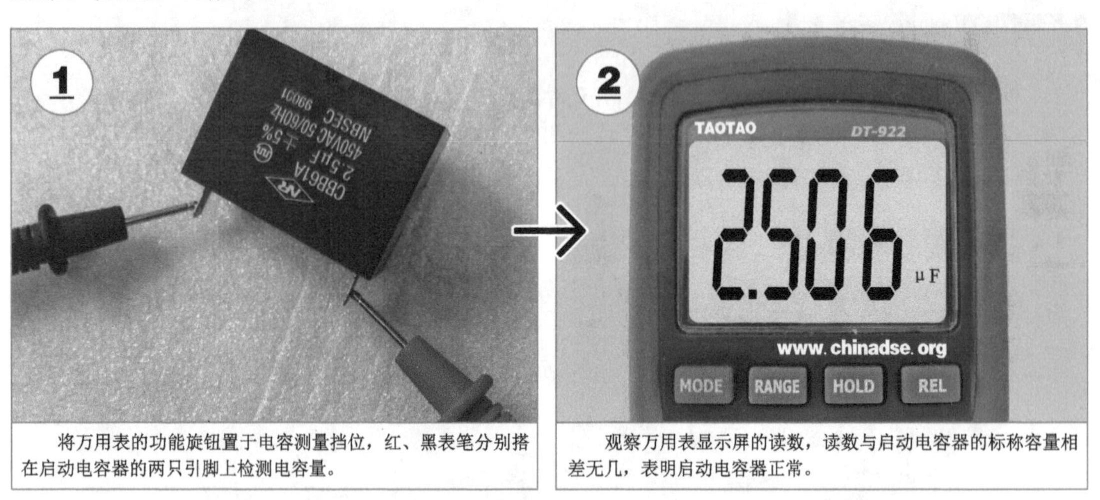

1
CBB61A
2.5μF ±5%
450VAC 50/60Hz
NBSEC 99031
2
TAOTAO
DT-922
2.506
μF
www.chinadse.org
MODE
RANGE
HOLD
REL

将万用表的功能旋钮置于电容测量挡位，红、黑表笔分别搭在启动电容器的两只引脚上检测电容量。

观察万用表显示屏的读数，读数与启动电容器的标称容量相差无几，表明启动电容器正常。

图6-78 启动电容器的检测

启动电容器正常，根据分析，继续对其他可能的故障原因进行排查，即检查单相交流电动机的电源供电端有无220V交流电压、插座或插头是否接触不良，如图6-79所示。

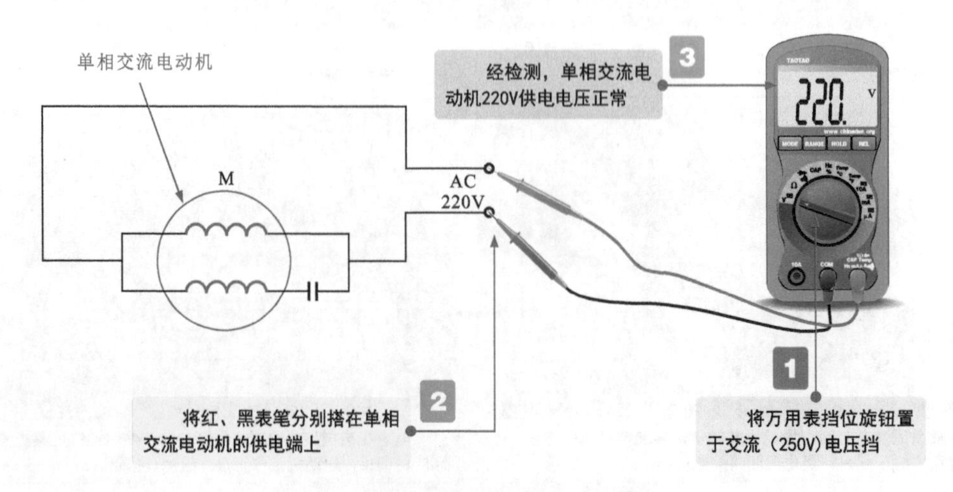

单相交流电动机
M
AC
220V
3
经检测，单相交流电动机220V供电电压正常
220.
V
2
将红、黑表笔分别搭在单相交流电动机的供电端上
1
将万用表挡位旋钮置于交流（250V）电压挡

图6-79 单相交流电动机供电的检测

单相交流电动机供电正常，此时怀疑单相交流电动机内部损坏。断开单相交流电动机电源后，检测内部绕组的阻值，如图6-80所示。

分别检测公共端与启动绕组端、公共端与运行绕组端、启动绕组端与运行绕组端之间的阻值

将万用表的红、黑表笔任意搭接在单相交流电动机的绕组端

将万用表挡位旋钮调至欧姆挡

图6-80　内部绕组阻值的检测

经检测，该电动机有两组数值为无穷大，怀疑内部绕组存在断路故障，用同规格的绕组更换后，故障被排除。

6.5.5 单相交流电动机启动慢故障的检修

单相交流电动机“启动慢”是很多维修人员都常遇到的问题，除了仔细分析与单相交流电动机启动相关的功能部件或线路外，还应仔细检查可能阻碍电动机启动的一些部件，并逐一修复或更换损坏的部件，直到排除故障。

1 故障表现及分析

故障表现：带有离心开关的单相交流电动机在空载或借助外力的情况下可以启动，比较慢，转向也不稳定。

故障分析：根据故障表现，造成单相交流电动机启动慢的故障原因可能是启动绕组开路、离心开关触点接触不良或启动电容损坏。

2 故障检修

检修时可以对怀疑损坏的功能部件采用排除法逐一检测，直到找到损坏的部件。首先检查单相交流电动机启动绕组是否开路，如图6-81所示。

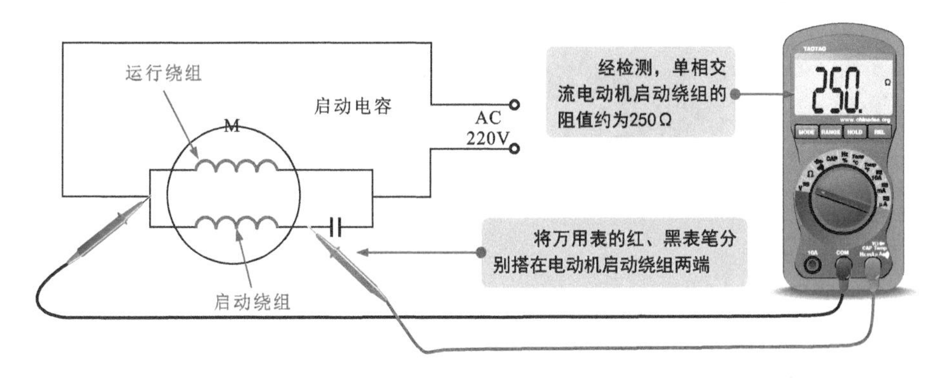

运行绕组
启动电容
M
AC
220V
启动绕组
经检测，单相交流电动机启动绕组的阻值约为250Ω
250.
将万用表的红、黑表笔分别搭在电动机启动绕组两端

图6-81　电动机启动绕组的检测

单相交流电动机启动绕组正常，接着检查单相交流电动机上的离心开关，重点检查触点的接触情况，如图6-82所示。经检查，发现离心开关在电动机启动时处于接触不良状态，更换离心开关后，通电试机，故障被排除。

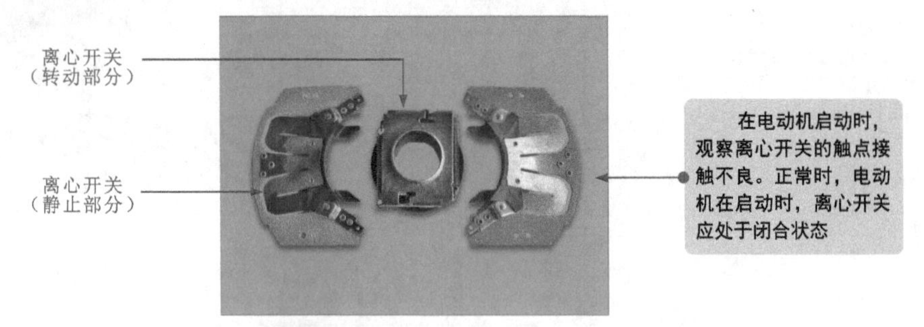
离心开关
（转动部分）
离心开关
（静止部分）
在电动机启动时，观察离心开关的触点接触不良。正常时，电动机在启动时，离心开关应处于闭合状态

图6-82　离心开关的检查

若绕组和离心开关都正常，电动机启动比较慢或需要借助外力，则可以查看电动机的其他特殊附件，如启动电容或启动继电器等是否损坏。

6.5.6 单相交流电动机转速低故障的检修

1 故障表现及分析

故障表现：单相交流电动机在运行过程中转速没有达到本身的转速，并且运转起来无力，感觉动力不足。

故障分析：根据故障表现，造成电动机转速异常的故障原因主要有电源供电电压偏低、轴承过紧或负载过大、绕组中可能有轻微短路等。

2 故障检修

首先检查电源的供电电压，确定电动机是否达到所需的额定电压，若没有达到额定电压，则检测电源部分；若电压正常，则检测电动机的轴承和绕组，直到故障被排除，如图6-83所示。

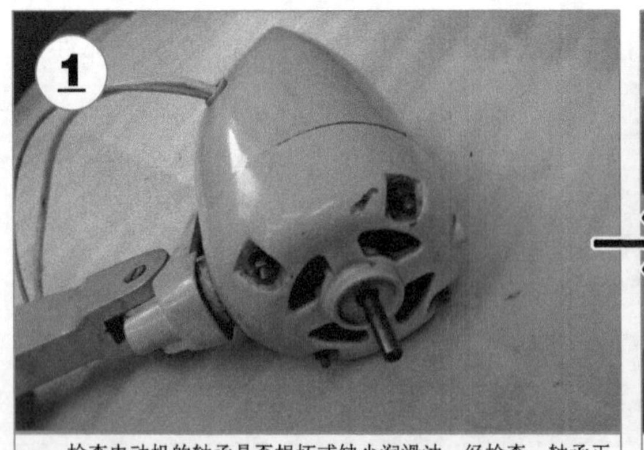
1

检查电动机的轴承是否损坏或缺少润滑油。经检查，轴承正常。若轴承润滑油少、有干涸现象或轴承滚珠磨伤，都会导致电动机转动无力，补充润滑油或更换滚珠后即可排除故障。

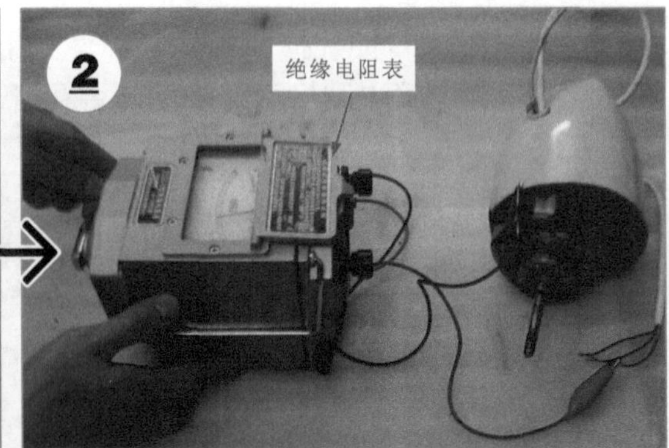
2
绝缘电阻表

使用绝缘电阻表检测电动机绕组绝缘性能是否良好。经检测，绝缘电阻表指针向小阻值方向偏摆，说明绕组局部出现短路现象。更换绕组，将电动机装好调试后，故障被排除。

图6-83　排查故障原因

6.5.7 三相交流电动机外壳带电故障的检修

1 故障表现及分析

故障表现：三相异步电动机接通电源后，外壳有漏电情况。

故障分析：根据故障表现，造成三相异步电动机外壳带电的原因主要有电动机接地不良、绕组引出线与接线盒碰触、绕组受潮、绝缘性能变差或与外壳碰触。

2 故障检修

首先检查三相异步电动机的电源线与接地线的连接是否正常，如图6-84所示。

接地线
接线盒
电动机外壳、接线盒部分均与地线连接，正常
检查三根电源线分别与电动机绕组引出线连接端子连接，正常
三相电源线

图6-84　三相交流电动机电源线与接地线的检查

经检查，三相电源线分别连接在接线盒中的三相绕组连接端子上，电动机外壳及接线盒均与地线连接正常。

怀疑故障是由电动机绕组与外壳存在短路引起的，借助绝缘电阻表检测电动机三相绕组与外壳之间的绝缘阻值，如图6-85所示。经检测，发现其中一相绕组与外壳间存在短路现象，将电动机定子绕组拆除、绕制、嵌线、重新绝缘烘干后，通电试机，故障被排除。

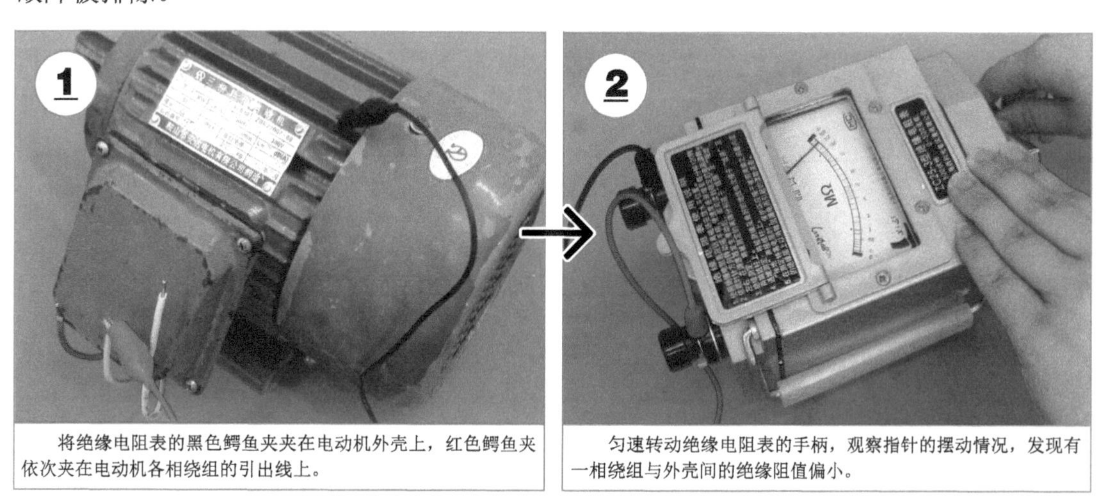
1
将绝缘电阻表的黑色鳄鱼夹夹在电动机外壳上，红色鳄鱼夹依次夹在电动机各相绕组的引出线上。
2
匀速转动绝缘电阻表的手柄，观察指针的摆动情况，发现有一相绕组与外壳间的绝缘阻值偏小。

图6-85　绕组与外壳绝缘阻值的检测

6.5.8 三相交流电动机扫膛故障的检修

1 故障表现及分析

故障表现：三相异步电动机在运行过程中没有超载，但整机总是发热，拆开电动机后，发现定子和转子都有一圈划痕，有扫膛的现象。

故障分析：根据故障表现，造成电动机扫膛的原因可能有机座、端盖和转子三者没在一个轴心线上，轴承有损坏或者安装的角度不对，端盖内孔有磨损，定子硅钢片变形。

2 故障检修

首先检查机座、端盖和转子三者是否在一个轴心线上，并重点检查电动机轴承有无损坏或安装角度是否异常，如图6-86所示。

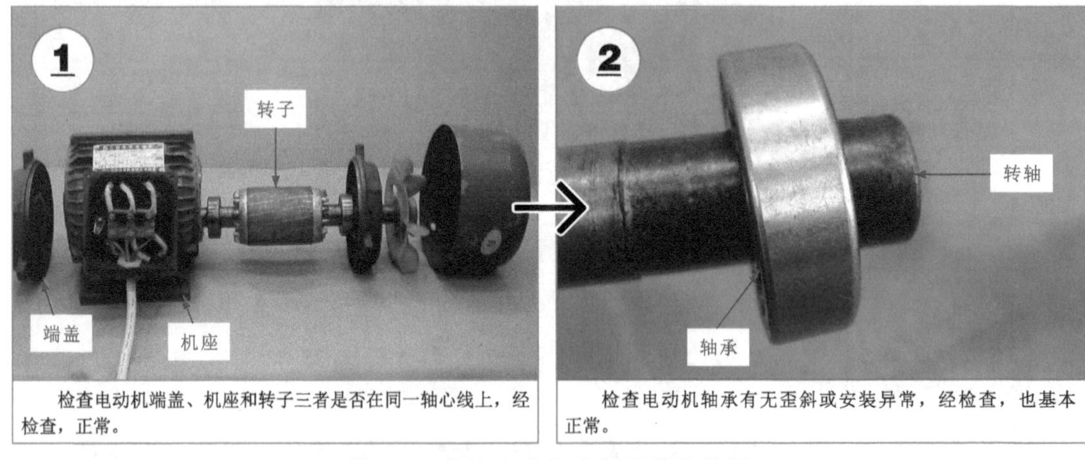
1
转子
端盖
机座
2
转轴
轴承

检查电动机端盖、机座和转子三者是否在同一轴心线上，经检查，正常。

检查电动机轴承有无歪斜或安装异常，经检查，也基本正常。

图6-86 检查电动机内部部件的位置

经检查，发现电动机的机座、端盖和转子三者轴心线正常，轴承安装也基本正常，接着检查电动机端盖内孔有无磨损变形、定子铁芯内的硅钢片有无变形情况，如图6-87所示。

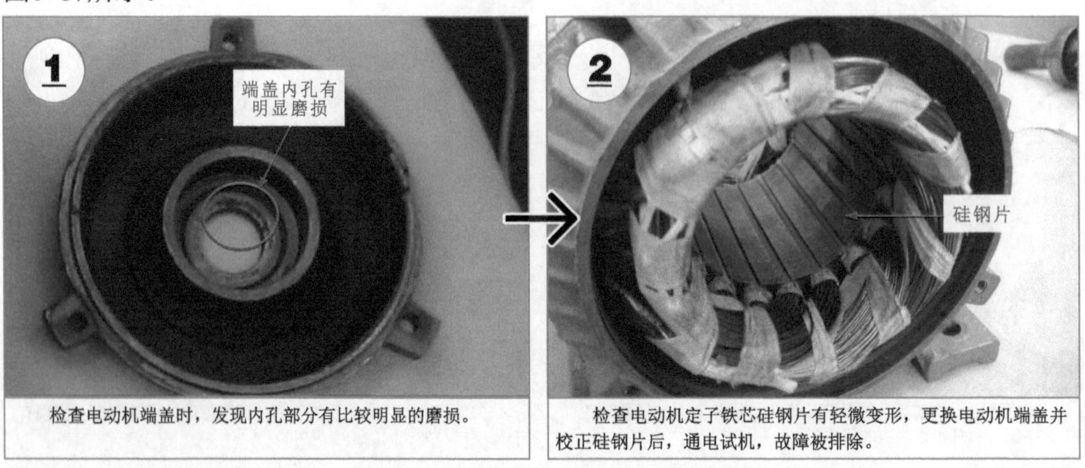
1
端盖内孔有明显磨损
2
硅钢片

检查电动机端盖时，发现内孔部分有比较明显的磨损。

检查电动机定子铁芯硅钢片有轻微变形，更换电动机端盖并校正硅钢片后，通电试机，故障被排除。

图6-87 检查端盖内腔和定子硅钢片

6.5.9 三相交流电动机温度升高故障的检修

1 故障表现及分析

故障表现：三相交流异步电动机在工作过程中出现整机温度升高并冒烟的现象。

故障分析：根据故障表现并结合检修经验可知，造成电动机温度升高或冒烟的原因主要有电源电压过高或过低，负载过大，通风不良，周边环境的温度过高，电动机表面污垢多，电动机受潮或浸漆后烘干不够，定子绕组之间有短路、断路或接地故障，定子与转子相摩擦或轴承磨损等。

2 故障检修

排查三相交流异步电动机温度升高如图6-88所示。

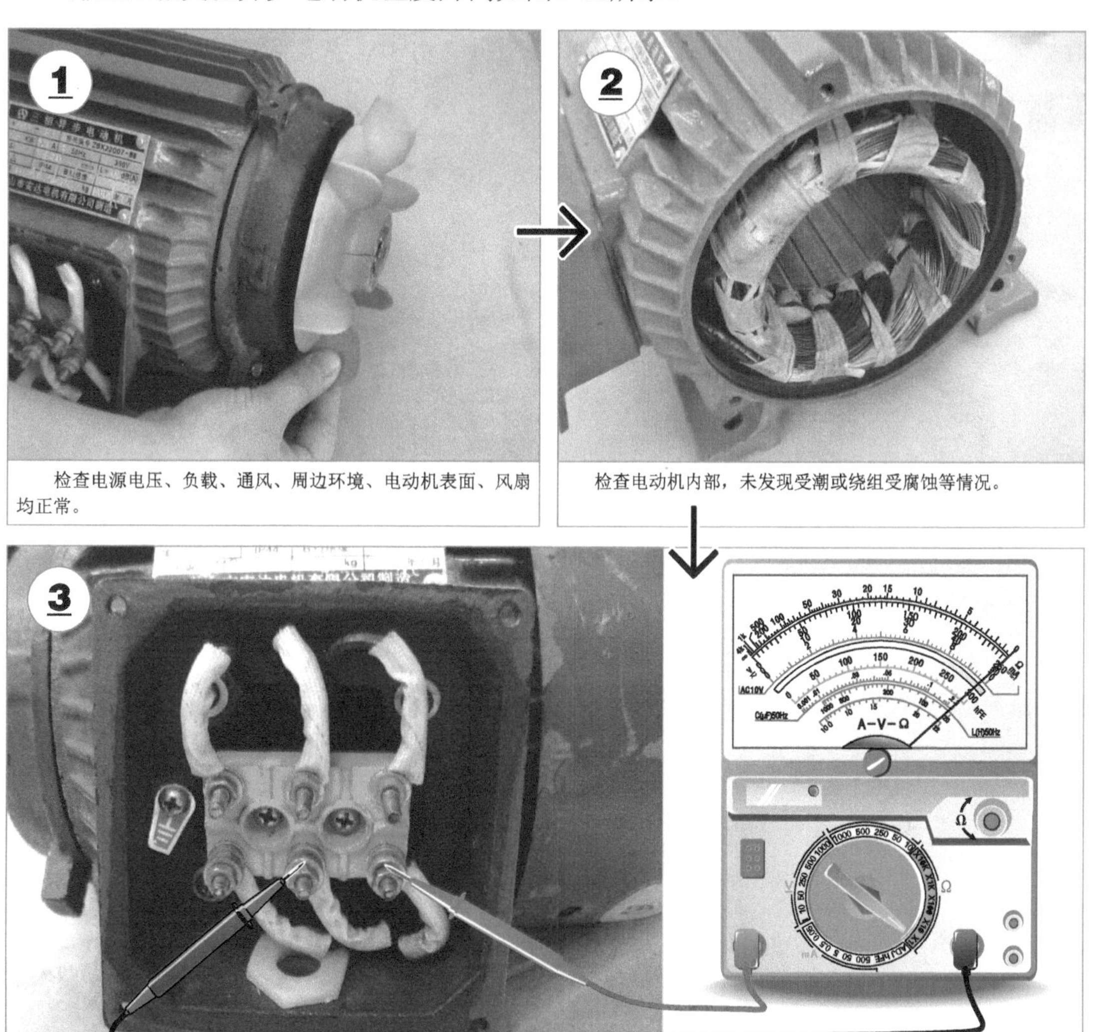
1
2
3
A-V-Ω

检查电源电压、负载、通风、周边环境、电动机表面、风扇均正常。

检查电动机内部，未发现受潮或绕组受腐蚀等情况。

取下电动机绕组接线端的连接金属片，用万用表检测各绕组之间的阻值。经检测，发现有绕组阻值为零，说明绕组间存在短路现象。更换绕组，将电动机装好调试后，故障被排除。

图6-88 排查三相交流异步电动机温度升高

第7章 电动机绕组的绕制

7.1 电动机绕组的绕制方式

7.1.1 电动机绕组的几种绕制形式

电动机绕组的绕制方式是指电动机绕组在电动机铁芯中的一种嵌线形式。常见的电动机定子绕组主要有两种绕制方式，即单层绕组绕制和双层绕组绕制。

1 单层绕组绕制方式

如图7-1所示，单层绕组是指电动机定子铁芯的每个槽内都仅嵌入一条绕组边的绕制方式。

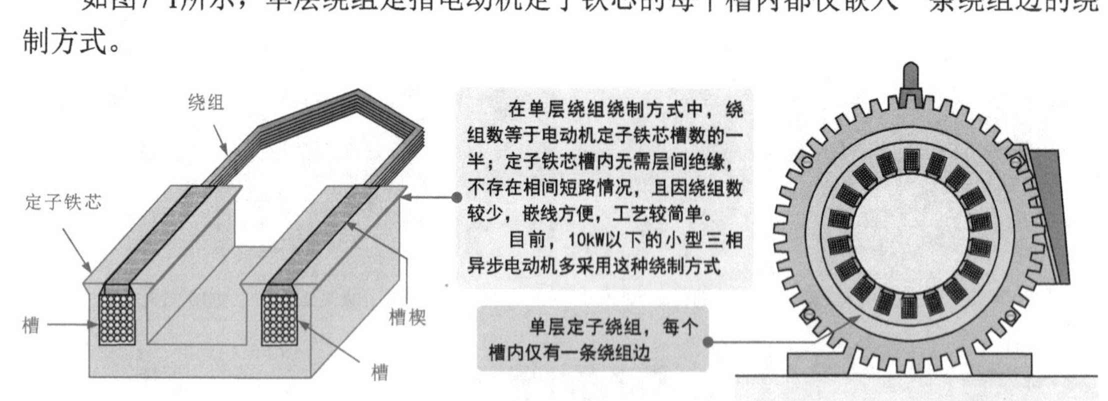

绕组
定子铁芯
槽
槽楔
槽
在单层绕组绕制方式中，绕组数等于电动机定子铁芯槽数的一半；定子铁芯槽内无需层间绝缘，不存在相间短路情况，且因绕组数较少，嵌线方便，工艺较简单。
目前，10kW以下的小型三相异步电动机多采用这种绕制方式
单层定子绕组，每个槽内仅有一条绕组边

图7-1 单层绕组绕制方式示意图

单层绕组按照线圈的形状、尺寸及引出端的排列方法不同，又可分为单层链式绕组、单层同心式绕组和单层交叉链式绕组，如图7-2～图7-7所示。

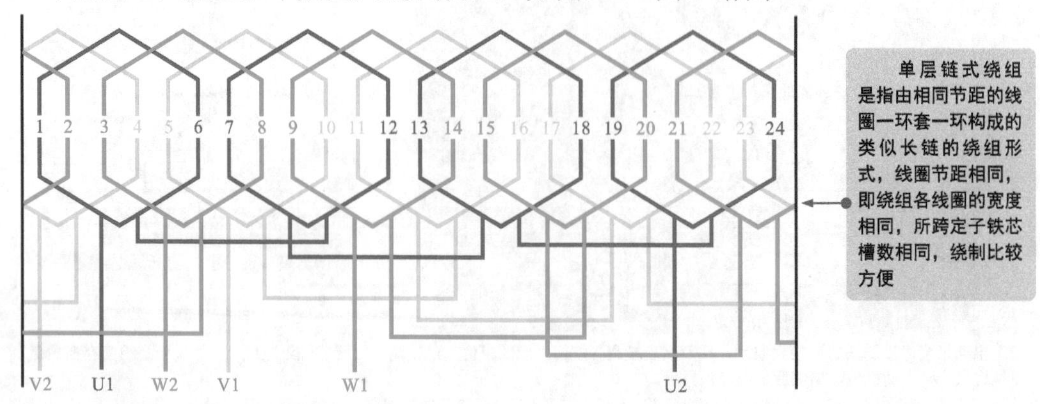

1 2 3 4 5 6 7 8 9 10 11 12 13 14 15 16 17 18 19 20 21 22 23 24
V2 U1 W2 V1 W1 U2
单层链式绕组是指由相同节距的线圈一环套一环构成的类似长链的绕组形式，线圈节距相同，即绕组各线圈的宽度相同，所跨定子铁芯槽数相同，绕制比较方便

图7-2 典型单层链式绕组的展开图（Y802—4型三相异步电动机，4极24槽）

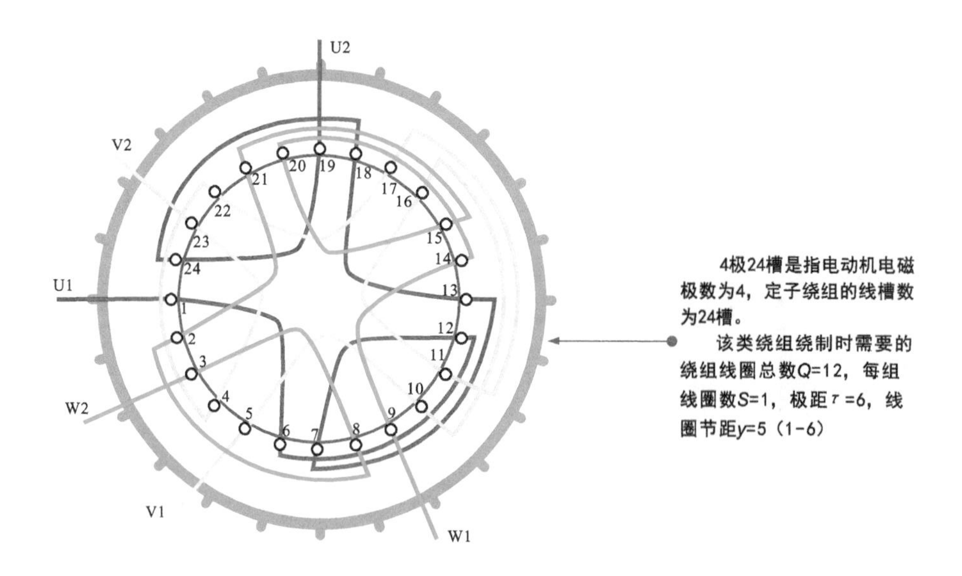
U2
V2
U1
W2
V1
W1
4极24槽是指电动机电磁极数为4，定子绕组的线槽数为24槽。
该类绕组绕制时需要的绕组线圈总数Q=12，每组线圈数S=1，极距τ=6，线圈节距y=5（1-6）

图7-3 典型单层链式绕组断面布线图（Y802—4型三相异步电动机，4极24槽）

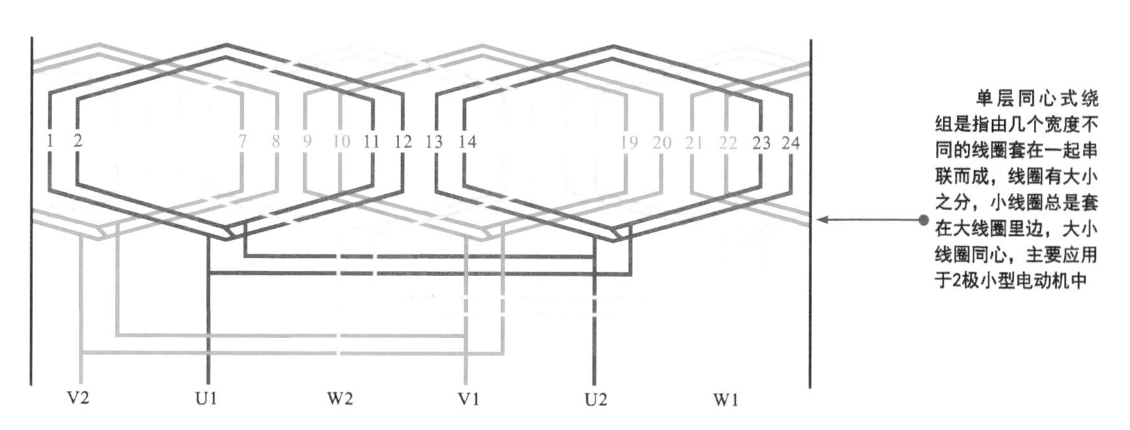
1 2 7 8 9 10 11 12 13 14 19 20 21 22 23 24
V2 U1 W2 V1 U2 W1
单层同心式绕组是指由几个宽度不同的线圈套在一起串联而成，线圈有大小之分，小线圈总是套在大线圈里边，大小线圈同心，主要应用于2极小型电动机中

图7-4 典型单层同心式绕组的展开图（Y100L-2型三相异步电动机，2极24槽）

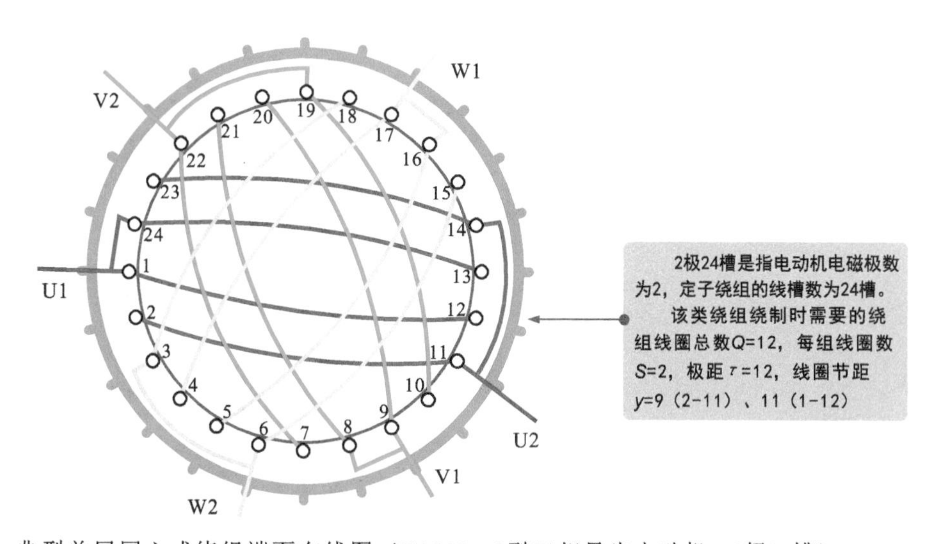
W1
V2
U1
U2
V1
W2
2极24槽是指电动机电磁极数为2，定子绕组的线槽数为24槽。
该类绕组绕制时需要的绕组线圈总数Q=12，每组线圈数S=2，极距τ=12，线圈节距y=9（2-11）、11（1-12）

图7-5 典型单层同心式绕组端面布线图（Y100L—2型三相异步电动机，2极24槽）

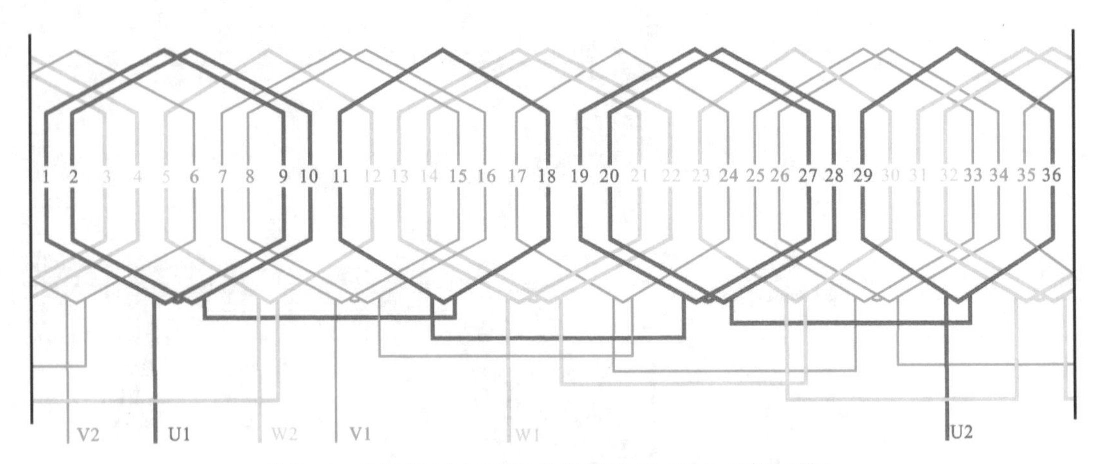
1 2 3 4 5 6 7 8 9 10 11 12 13 14 15 16 17 18 19 20 21 22 23 24 25 26 27 28 29 30 31 32 33 34 35 36
V2
U1
W2
V1
W1
U2

图7-6 典型单层交叉链式绕组的展开图（4极36槽）

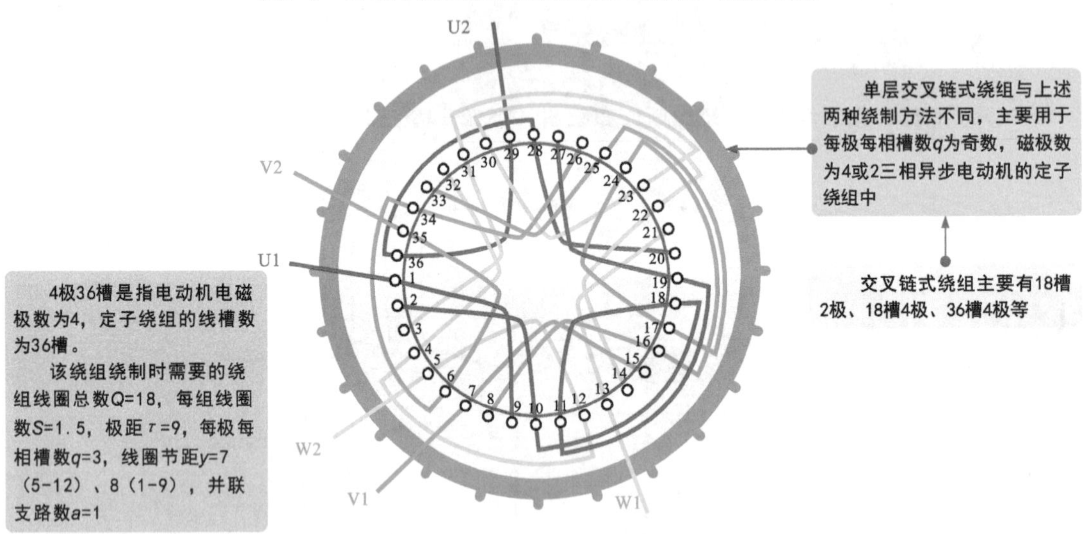
U2
V2
U1
W2
V1
W1
单层交叉链式绕组与上述两种绕制方法不同，主要用于每极每相槽数q为奇数，磁极数为4或2三相异步电动机的定子绕组中
交叉链式绕组主要有18槽2极、18槽4极、36槽4极等
4极36槽是指电动机电磁极数为4，定子绕组的线槽数为36槽。
该绕组绕制时需要的绕组线圈总数Q=18，每组线圈数S=1.5，极距τ=9，每极每相槽数q=3，线圈节距y=7（5-12）、8（1-9），并联支路数a=1

图7-7 典型单层交叉链式绕组的端面布线图（4极36槽）

2 双层绕组绕制方式

如图7-8所示，双层绕组是指电动机定子铁芯的每个槽内都有上、下两层绕组边。

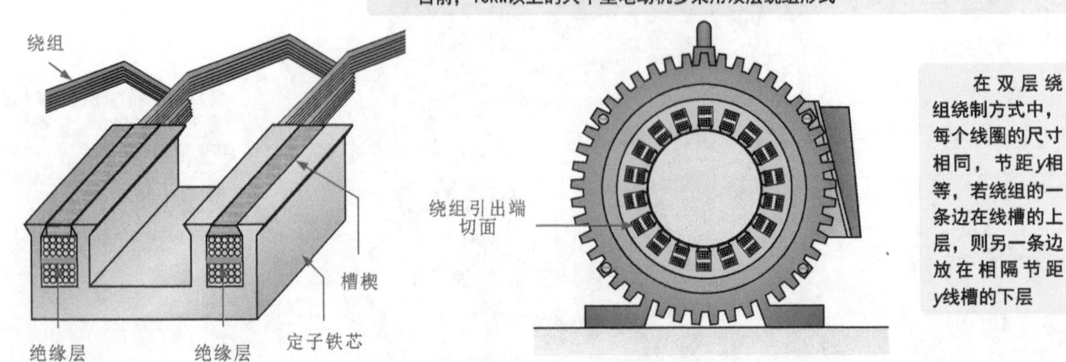
在双层绕组绕制方式中，绕组股数等于电动机定子铁芯的槽数，每个槽内分上下两层绕组，要求槽内上层边与下层边之间进行绝缘处理，因此嵌线工艺比较复杂。
目前，10kW以上的大中型电动机多采用双层绕组形式
绕组
槽楔
绝缘层
绝缘层
定子铁芯
绕组引出端
切面
在双层绕组绕制方式中，每个线圈的尺寸相同，节距y相等，若绕组的一条边在线槽的上层，则另一条边放在相隔节距y线槽的下层

图7-8 双层绕组绕制方式示意图

在电动机定子绕组中，双层绕组多采用叠绕式，总线圈数较多，嵌线较复杂。图7-9、图7-10为典型双层叠绕式绕组的展开图和端面布线图。

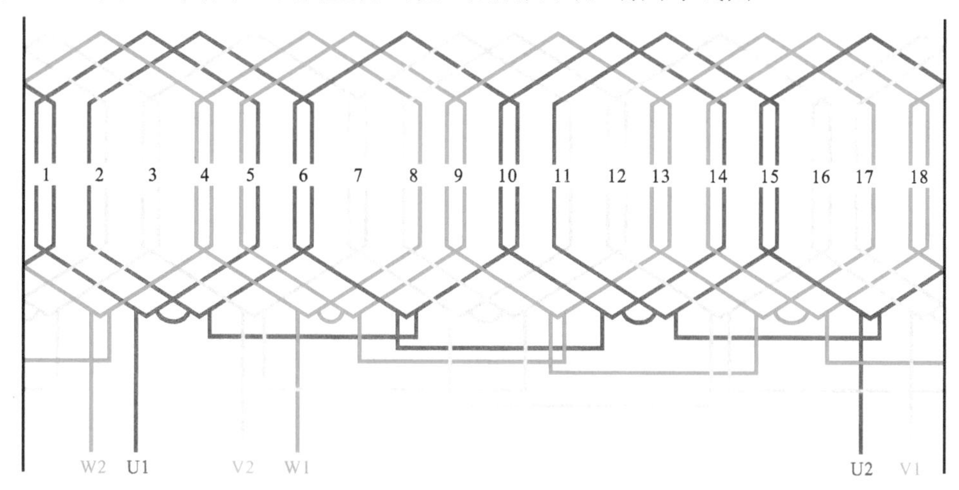
1 2 3 4 5 6 7 8 9 10 11 12 13 14 15 16 17 18
W2 U1 V2 W1 U2 V1

图7-9　典型双层叠绕式绕组的展开图（4极18槽）

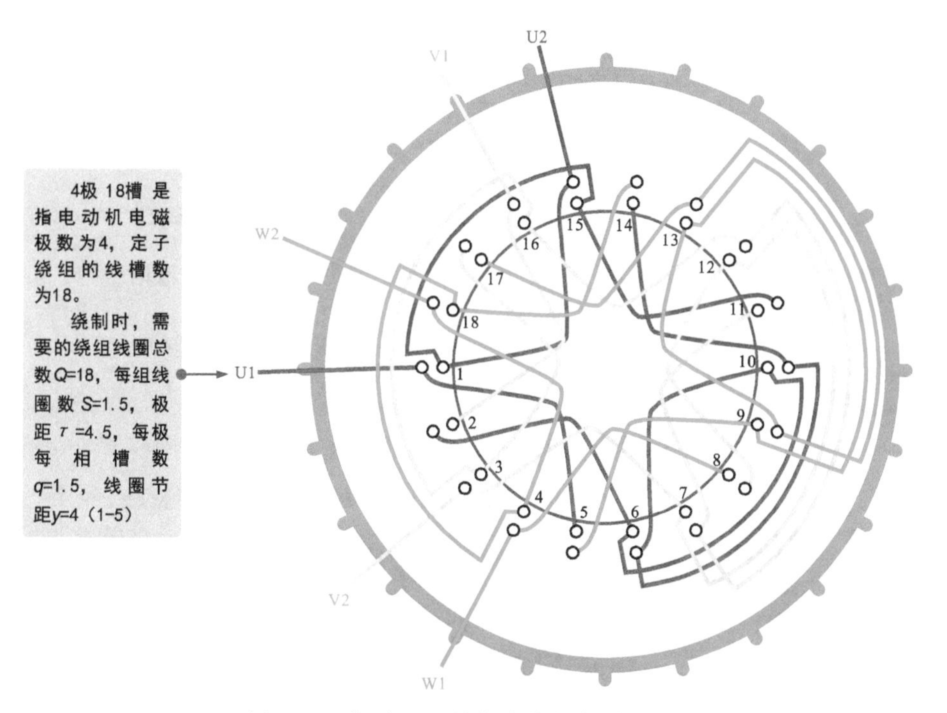
4极 18槽 是指电动机电磁极数为4，定子绕组的线槽数为18。
绕制时，需要的绕组线圈总数Q=18，每组线圈数S=1.5，极距τ=4.5，每极每相槽数q=1.5，线圈节距y=4（1-5）
U2
V1
W2
U1
V2
W1
1 2 3 4 5 6 7 8 9 10 11 12 13 14 15 16 17 18

图7-10　典型双层叠绕式绕组的端面布线图（4极18槽）

如图7-11所示，有些电动机转子上也设有绕组，该类转子被称为绕线转子。绕线转子绕组的绕制方式主要有叠绕组绕制和波绕组绕制。在电动机维修过程中，以电动机定子绕组损坏的情况较为常见，因此本章主要介绍电动机定子绕组。

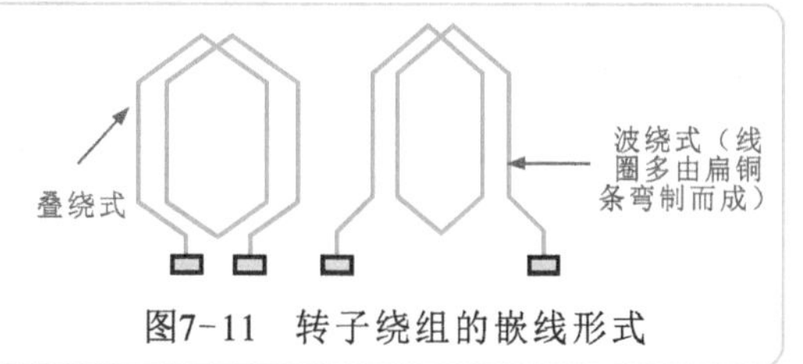
叠绕式
波绕式（线圈多由扁铜条弯制而成）

图7-11　转子绕组的嵌线形式

电动机绕组涉及很多关键的电气参数，见表7-1。

表7-1　电动机绕组电气参数

电气参数	参数介绍
绕组	电动机绕组一般是由多个线圈或多个线圈组按一定的规律连接而成的。线圈是采用浸有绝缘层的导线（漆包线）按一定形状、尺寸在线模上绕制而成的，可由一匝或多匝组成。
线圈匝数	电磁线在绕线模中绕过一圈称为一匝。如果采用单根导线绕制线圈，则线圈的总匝数就是线圈的总根数。对于容量较大的电动机可采用多根导线并行绕制的方式，此时线圈的匝数应该是槽内线圈的总根数除以并行绕制导线的根数，即 $$线圈匝数=\frac{线圈总根数}{并行导线根数}$$
槽数和磁极数	槽数是指电动机定子铁芯上线槽的总数，通常用字母Z表示，如我国的Y90L4型三相异步电动机共有24个线槽，则定子槽数 $Z=24$。 极数是每相绕组通电后所产生的磁极数，由于电动机的极数总是成对出现的，所以电动机的磁极个数就是$2p$。 异步电动机的磁极数通常可从铭牌上得知，如Y90L4型三相异步电动机，“4”表示磁极数。若无法从铭牌中得知，则可根据电动机转速计算磁极数，计算公式为 $$p=60f/n_1$$ 式中，p 为磁极对数；f 为电源频率；n_1为同步转速（若用电动机的转速n代替n_1，则所得结果应取整数）。
极距	两个相邻磁极轴线之间的距离称为极距，用字母τ表示，单位为（槽/极）。极距的大小可用铁芯上的线槽数表示。若定子铁芯的总槽数为Z，磁极数为$2p$的电动机，则极距为 $\tau=Z/2p$。 例如，某电动机定子铁芯的总槽数为24，磁极数为2，则极距 $\tau=24/2=12$。 此外，极距还可用长度表示，若D_1为定子铁心的内径，单位为mm，则极距为 $\tau=\pi D_1/2p$。
节距	一个线圈的两条有效边之间相隔的槽数叫做节距，通常用字母y表示。例如，某一线圈的一个有效边在铁芯槽5中，另一有效边在铁芯槽12中，则线圈的节距y=7。 为获得较好的电气性能，节距y应尽量接近于极距τ。同类型号、不同电动机绕组的节距选取不同。一般当$y=\tau$时，叫作整节距，这种绕组被称为整距绕组；当$y<\tau$时，叫做短节距，这种绕组被称为短距绕组；当$y>\tau$时，叫作长节距，这种绕组被称为长距绕组。在实际应用中，多用整距绕组和短距绕组标识参数。
极相数	每一组绕组在一个磁极下所具有的线圈组叫做极相数，也称为线圈组。一个线圈组中的线圈可以是一个或多个线圈串联构成的。在三相电动机中，绕组的极相数为$2mp$，p为磁极对数。例如，在2极式电动机中，p=1，4极式电动机中，p=2；m为电动机相数，在三相电动机中，m=3。
每极每相槽数	在三相电动机中，每个磁极所占槽数需均等地分给三相绕组，每一个磁极下所占的铁芯槽数称为每极每相槽数，用字母q表示。 对于双层绕组，线圈数目等于槽数，因此每极每相槽数q就是一个极相组内所串联的线圈数目，即 $q=Z/2pm=\tau/m$。式中，τ为极距；m为电动机相数，在三相电动机中，m=3。 例如，某三相异步电动机，定子铁芯总槽数为30，磁极数为2极，则极距 τ=15，m=3，由此计算可知，该电动机每极每相槽数q=15/3=5。
电角度	电动机圆周在几何上对应的角度为360°，这个角度称为机械角度。从电磁角度来看，若磁场空间按正弦波分布，则经过N、S一对磁极恰好是正弦曲线上的一个周期。如有导体去切割这个磁场，则经过N、S，导体中所感应正弦电势的变化亦为一个周期，即经360°电角度，一对磁极占有的空间是360°电角度。
槽距角	槽距角是指相邻两槽之间的电角度，用字母a表示。定子槽在定子内圆上均匀分布，若Z为定子槽数，p为极对数，则槽距角为 $a=(p\times360°)/Z$。 在三相异步电动机中，U、V、W三相绕组的电角度为120°，若能够计算出槽距角a，便能够计算出每相绕组相隔的槽数。例如，在4极36槽的三相电动机中，根据计算公式可知槽距角a=（2×360°）/36=20°，V1、U1相差120°电角度，则V1与U1应相隔120°/20°=6槽。若V1一边在3号槽，则U1一边应在9号槽。此计算对电动机绕组重新绕制的嵌线操作十分有帮助。
相带	相带是指一个极相组线圈所占的范围，在三相绕组中，每个极距内分为U、V、W三相，每个极距为180°电角度，故每个相带为60°。

7.1.2 计算电动机绕组的绕制数据

电动机绕组有多种绕制方式，采用不同绕制方式的绕组如何计算绕组数据，是作为一名电动机维修人员必须掌握的理论技能。

1 单层链式绕组的计算

单层链式绕组是由相同节距的线圈组成的。采用这种绕制方式的电动机型号有国产JO2-21-4、JO2-22-4、Y90L-4、Y802-4、Y90S-4（4极24槽），Y90S-6、Y90L-6、Y132S-6、U132M-6、Y160M-6（6极36槽），Y132S-8、Y132M-8、Y160M1-8、Y160M2-8、Y160L-8（8极48槽），等等。

如图7-12所示，以Y160M-6型三相异步电动机为例，该电动机为6极36槽单层链式绕组。

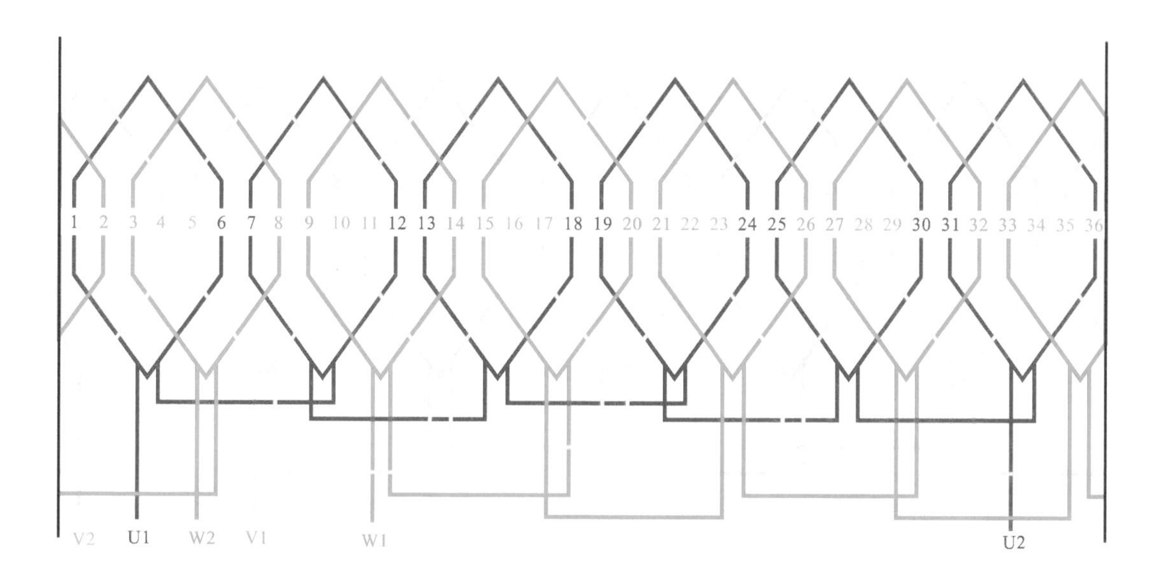

1 2 3 4 5 6 7 8 9 10 11 12 13 14 15 16 17 18 19 20 21 22 23 24 25 26 27 28 29 30 31 32 33 34 35 36
V2
U1
W2
V1
W1
U2

极距：$\tau=\dfrac{Z}{2p}=\dfrac{36}{2\times3}=6$

电动机极数：$2p=6$

每极每相槽数：$q=\dfrac{Z}{2pm}=\dfrac{\tau}{m}=2$

线圈总数：Q=18；
每极每相槽数：q=2；
线圈节距：y=5（1-6）；
极距：τ=6；
并联支路数：a=2

槽距角：$\alpha=\dfrac{p\times360^\circ}{Z}=\dfrac{3\times360^\circ}{36}=30^\circ$

图7-12 单层链式绕组的计算

2 单层同心式绕组的计算

单层同心式绕组线圈的节距不相等。采用这种绕制方式的电动机型号有Y100L-2、JO2-12-2、JO2-31-2（2极 24槽），Y112M-2、Y132S1-2、Y132S2-2、Y160M2-2（2极30槽），等等。

如图7-13所示，以Y132S1-2型三相异步电动机为例，该电动机为2极30槽单层同心式绕组。

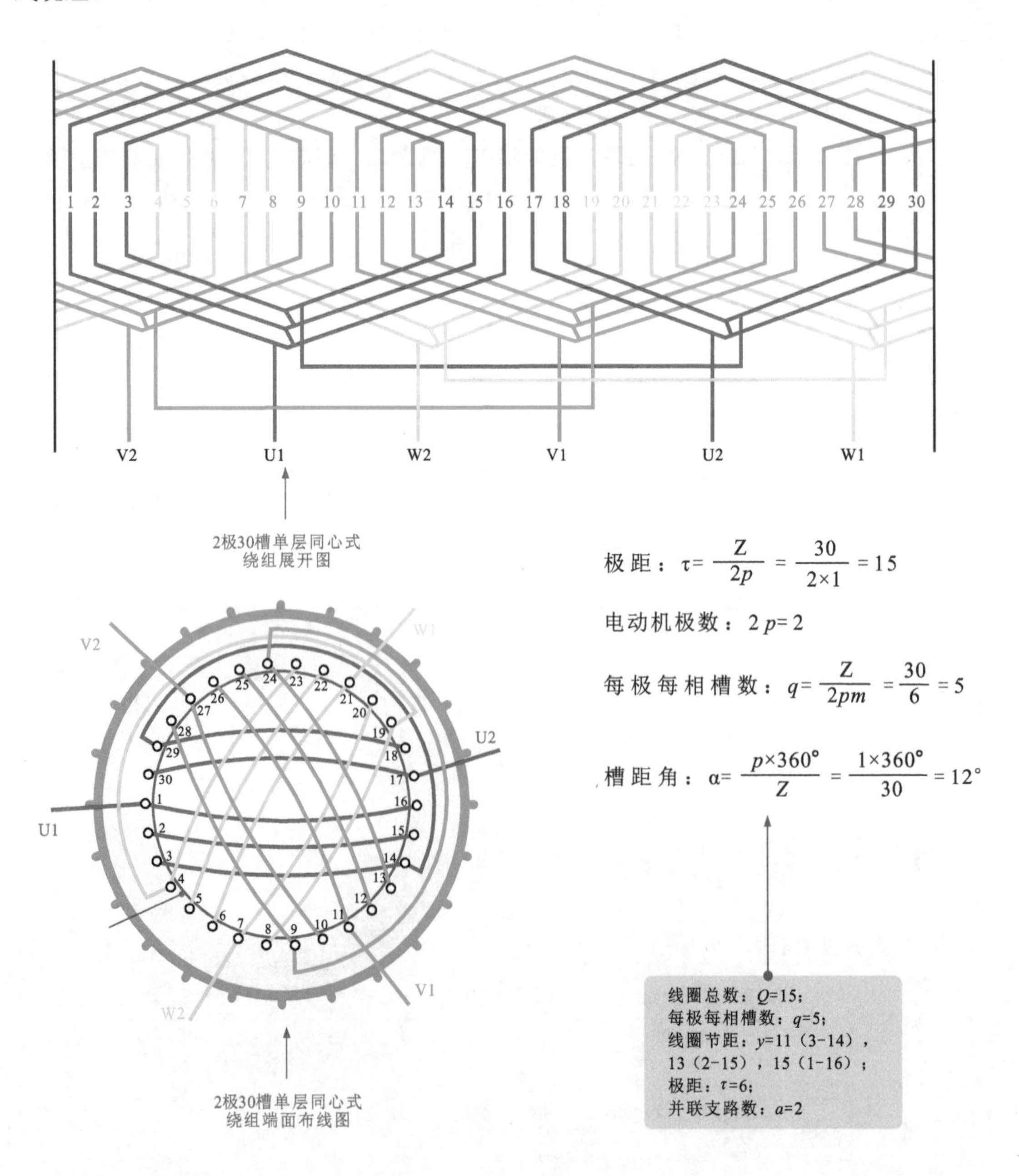

1 2 3 4 5 6 7 8 9 10 11 12 13 14 15 16 17 18 19 20 21 22 23 24 25 26 27 28 29 30
V2
U1
W2
V1
U2
W1
2极30槽单层同心式绕组展开图
极距：$\tau=\frac{Z}{2p}=\frac{30}{2\times1}=15$
电动机极数：$2p=2$
每极每相槽数：$q=\frac{Z}{2pm}=\frac{30}{6}=5$
槽距角：$\alpha=\frac{p\times360°}{Z}=\frac{1\times360°}{30}=12°$
线圈总数：Q=15；
每极每相槽数：q=5；
线圈节距：y=11（3-14），13（2-15），15（1-16）；
极距：τ=6；
并联支路数：a=2
2极30槽单层同心式绕组端面布线图

图7-13 单层同心式绕组的计算

3 单层交叉链式绕组的计算

采用单层交叉链式绕组的三相异步电动机型号主要有Y801-2、Y802-2、Y90S、Y90L-2Y（2极 18槽），Y100L1-4、Y100-4、Y112M-4、Y132S-4、Y132M-4、Y160L-4、JO2-31-4、JO2-32-4（4极36槽），等等。

如图7-14所示，以Y132M-4型三相异步电动机为例，该电动机为4极36槽单层交叉链式绕组。

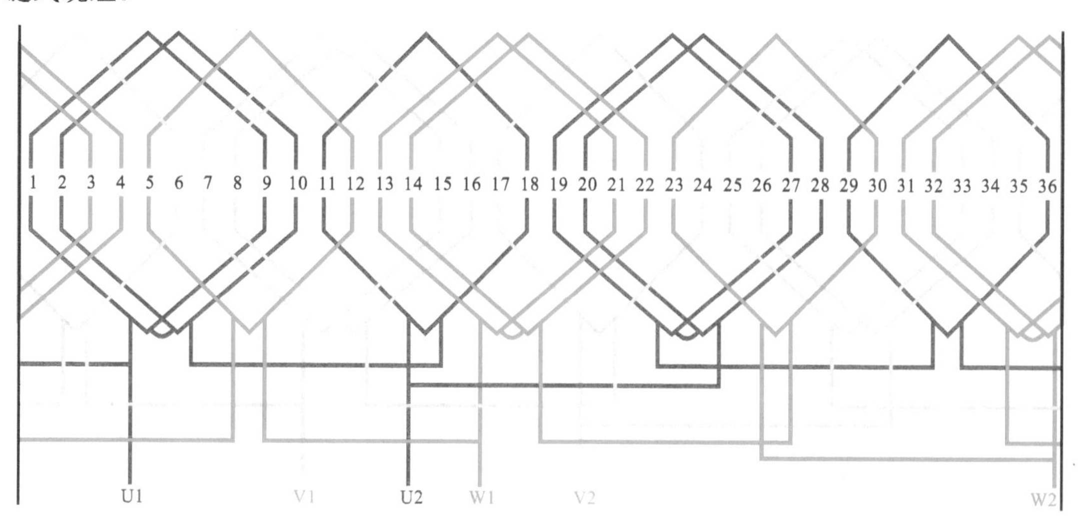

1 2 3 4 5 6 7 8 9 10 11 12 13 14 15 16 17 18 19 20 21 22 23 24 25 26 27 28 29 30 31 32 33 34 35 36
U1
V1
U2
W1
V2
W2

极距：$\tau=\dfrac{Z}{2p}=\dfrac{36}{2\times2}=9$

电动机极数：$2p=4$

每极每相槽数：$q=\dfrac{Z}{2pm}=\dfrac{36}{12}=3$

槽距角：$\alpha=\dfrac{p\times360°}{Z}=\dfrac{2\times360°}{36}=20°$

线圈总数：$Q=18$；
每极每相槽数：$q=3$；
线圈节距：$y=7$（1-8），
8（1-8）；
极距：$\tau=9$；
并联支路数：$a=2$

图7-14　单层交叉链式绕组的计算

4 双层叠绕组的计算

采用双层叠绕组的电动机型号主要有Y200L1-2、Y200L2-2、Y225M-2、Y250M-2（2极36槽），Y180M-4、Y180L-4（4极48槽）、Y180L-6、Y200L2-6、Y225M-6（6极54槽），Y180L-8、Y200L-8、Y225S-8、Y225M-8（8极54槽），等等。

以Y180L-4型三相异步电动机为例，该电动机为4极48槽双层叠绕组（绕组图见图8-15）。

极距：$\tau=\dfrac{Z}{2p}=\dfrac{48}{2\times2}=12$

电动机极数：$2p=4$

每极每相槽数：$q=\dfrac{Z}{2pm}=\dfrac{\tau}{m}=\dfrac{12}{3}=4$

槽距角：$\alpha=\dfrac{p\times360°}{Z}=\dfrac{2\times360°}{48}=15°$

节距：$Y=\dfrac{5}{6}\tau=\dfrac{5}{6}\times12=10$

7.2 电动机绕组的拆除

7.2.1 记录电动机绕组的原始数据

拆除电动机绕组前及拆除过程中，应详细记录电动机有关的原始数据及标识，如铭牌数据、绕组数据和铁芯数据等，作为选用电磁线、制作绕线摸、重新绕制绕组和嵌线等操作的重要数据。

1 记录电动机铭牌数据

如图7-15所示，电动机铭牌上提供了基本的电气参数和数据，如型号、额定功率、额定电压、电流、转速、绝缘等级、接法等。

电动机的铭牌

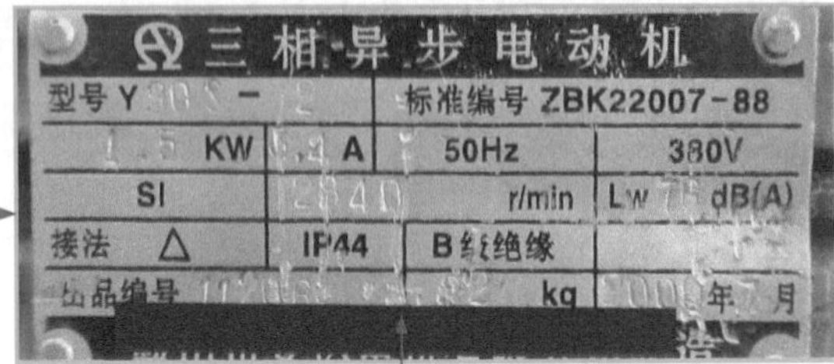
三相异步电动机
型号Y
标准编号 ZBK22007-88
KW
A
50Hz
380V
SI
r/min
dB(A)
接法 △
IP44
B级绝缘
kg
年 月

从电动机铭牌上可以看到，该电动机的型号为Y90S-2，磁极数为2，额定功率为1.5kW，额定频率为50Hz，额定电压为380V，额定电流为3.4A，额定转速为2840r/min，绝缘等级为B级，绕组接法为三角形连接

图7-15 待拆电动机外壳上铭牌标识及数据信息

2 记录电动机绕组数据

拆除电动机定子绕组前，应详细记录绕组的相关数据，可为接下来重新绕制绕组做好数据准备。绕组主要数据包括绕组的绕制形式、绕组伸出铁芯的长度、绕组两个有效边所跨的槽数（电动机的节距）及绕组引出线的引出位置、槽号、定子铁芯槽号。另外，在绕组拆除后，还需要记录一个完整线圈的形式、测量线圈各部分尺寸、直径、绕组匝数（每槽线数）等。

（1）记录绕组的绕制形式。如图7-16所示，根据绕组在电动机铁芯中的嵌线位置、槽数，结合铭牌标识的磁极数，记录绕组的绕制形式。

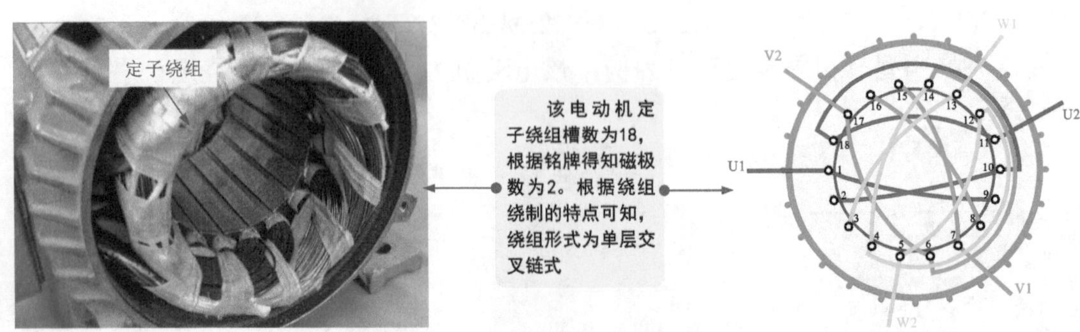
定子绕组
该电动机定子绕组槽数为18，根据铭牌得知磁极数为2。根据绕组绕制的特点可知，绕组形式为单层交叉链式
U1
U2
V1
V2
W1
W2
1
2
3
4
5
6
7
8
9
10
11
12
13
14
15
16
17
18

图7-16 待拆电动机绕组的绕制形式

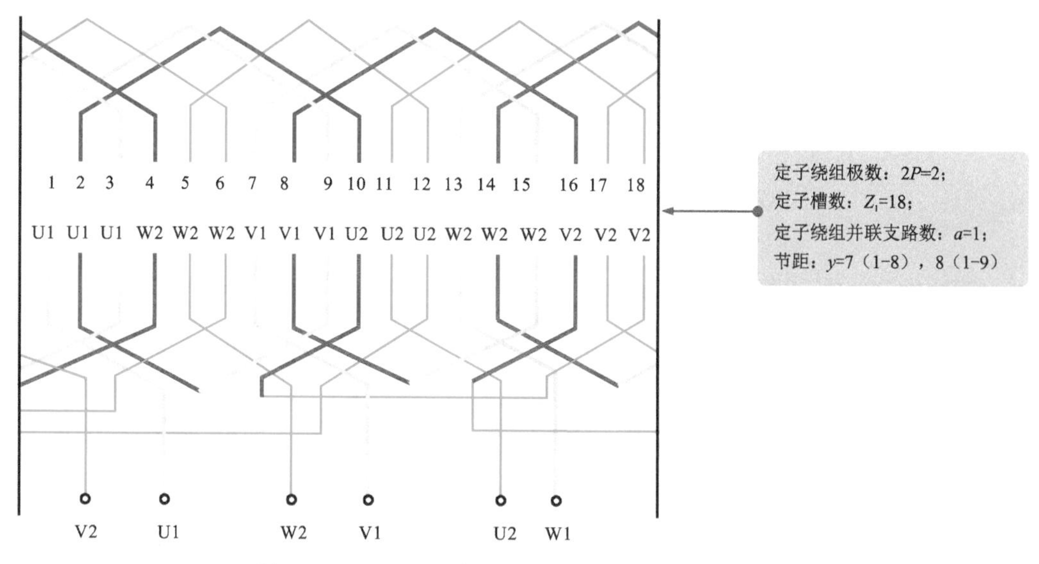
1 2 3 4 5 6 7 8 9 10 11 12 13 14 15 16 17 18
U1 U1 U1 W2 W2 W2 V1 V1 V1 U2 U2 U2 W2 W2 W2 V2 V2 V2
V2 U1 W2 V1 U2 W1
定子绕组极数：2P=2；
定子槽数：Z1=18；
定子绕组并联支路数：a=1；
节距：y=7（1-8），8（1-9）

图7-16　待拆电动机绕组的绕制形式（续）

（2）测量并记录定子绕组端部伸出铁芯的长度。在拆除绕组前，借助钢尺测量绕组端部伸出铁芯的长度，并记录，以备重绕时参考。

如图7-17所示，绕组端部伸出铁芯的长度可作为嵌线时的重要依据。

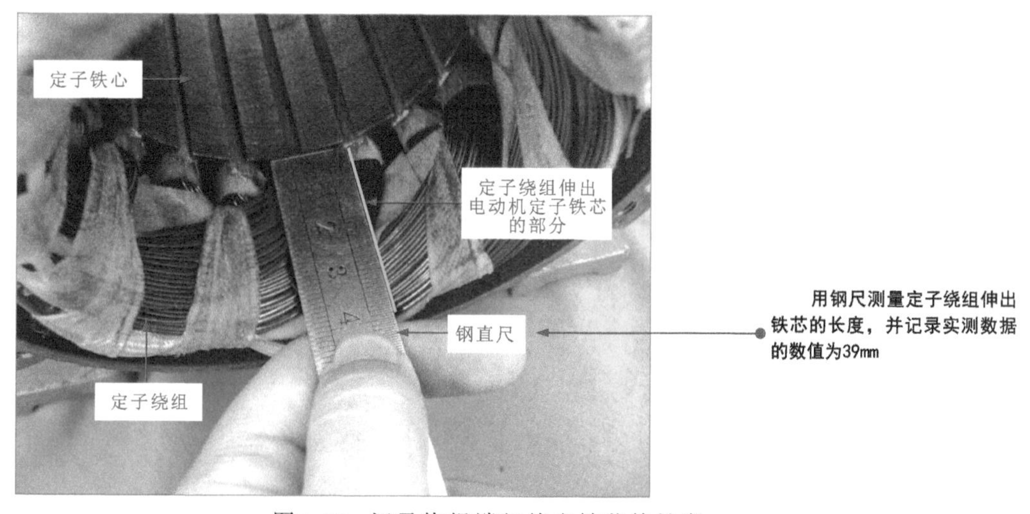
定子铁心
定子绕组伸出电动机定子铁芯的部分
钢直尺
定子绕组
用钢尺测量定子绕组伸出铁芯的长度，并记录实测数据的数值为39mm

图7-17　记录绕组端部伸出铁芯的长度

（3）记录绕组两个有效边所跨的槽数。测量绕组两个有效边所跨的槽数，即电动机的节距。测量节距是为了能更准确地将绕组嵌入定子铁芯槽内。

图7-18为记录绕组两个有效边所跨的槽数。

（4）绕组引出线的引出位置、槽号及定子铁芯槽号。为了在绕组嵌线时能正确地将绕组嵌入铁芯槽内，在拆除绕组前，需标记出绕组引出线的槽号及定子铁芯槽号。

如图7-19所示，在一般情况下，槽号标记为顺时针次序，1号槽为U相U1端引出线的位置，并按顺时针方向标记各引出线的引出位置，即电动机定子铁芯槽中引出线的引出槽。

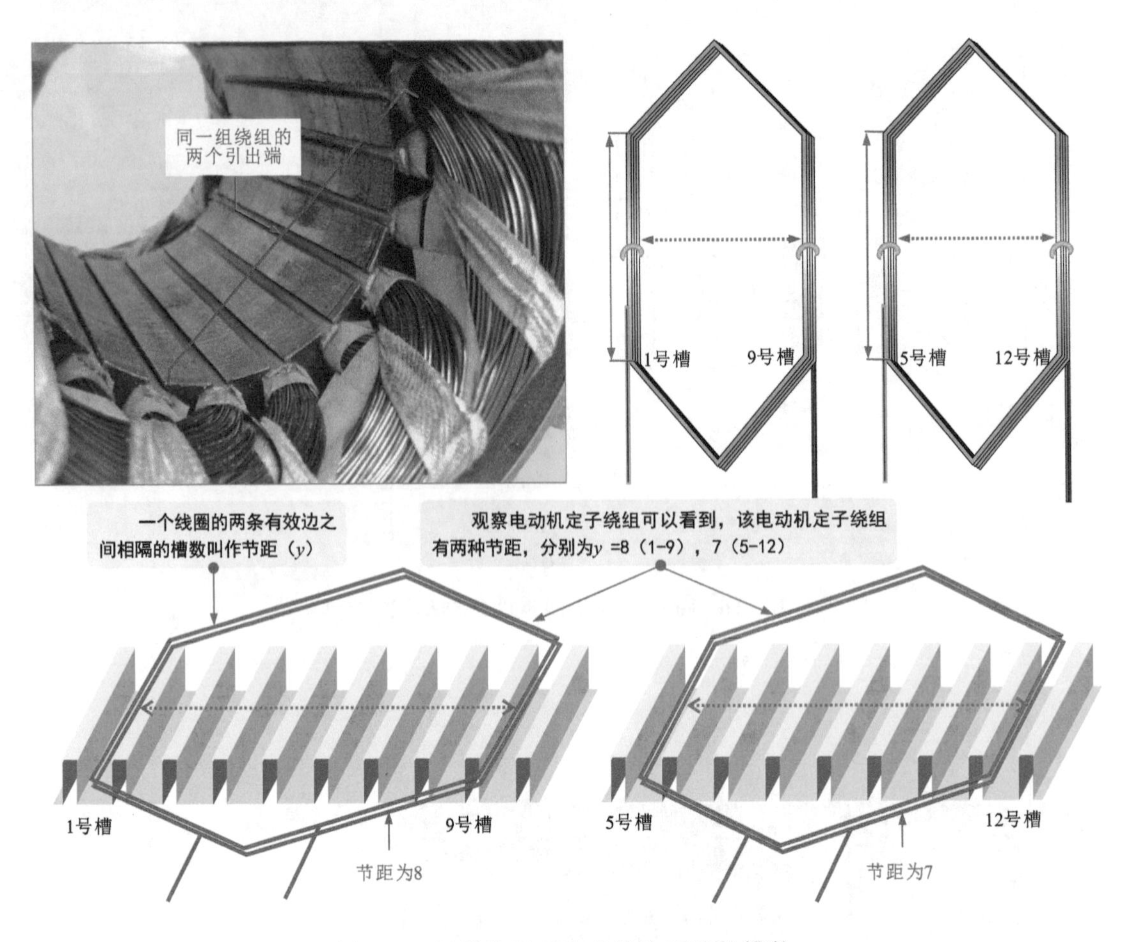
同一组绕组的
两个引出端
1号槽
9号槽
5号槽
12号槽
一个线圈的两条有效边之间相隔的槽数叫作节距（y）
观察电动机定子绕组可以看到，该电动机定子绕组有两种节距，分别为y =8（1-9），7（5-12）
1号槽
9号槽
5号槽
12号槽
节距为8
节距为7

图7-18　记录绕组两个有效边所跨的槽数

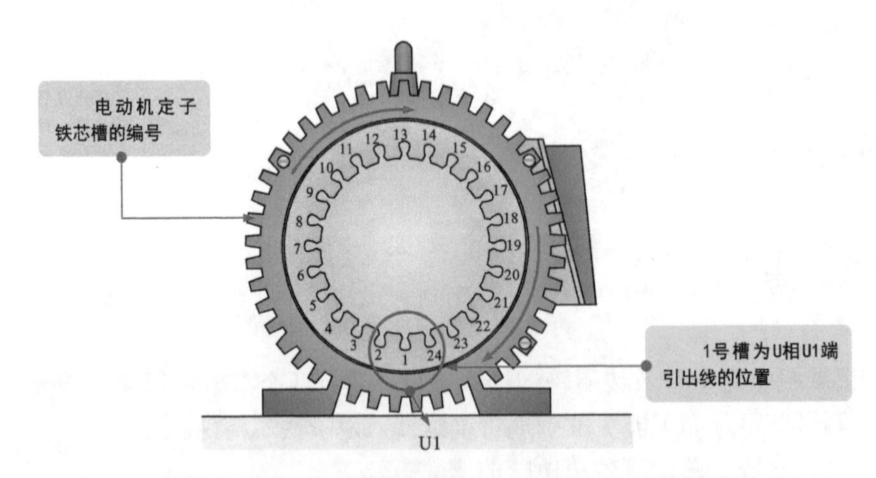
电动机定子
铁芯槽的编号
1号槽为U相U1端
引出线的位置
U1

图7-19　记录定子绕组引出位置、槽号及定子铁芯槽号

（5）测量并记录绕组线圈的形式、尺寸。在拆除绕组时，应保留几个完整的绕组线圈，作为制作绕线模或绕制新绕组的依据。

如图7-20所示，测量和记录一个完整线圈的形式、测量线圈各部分尺寸、线径等数据。

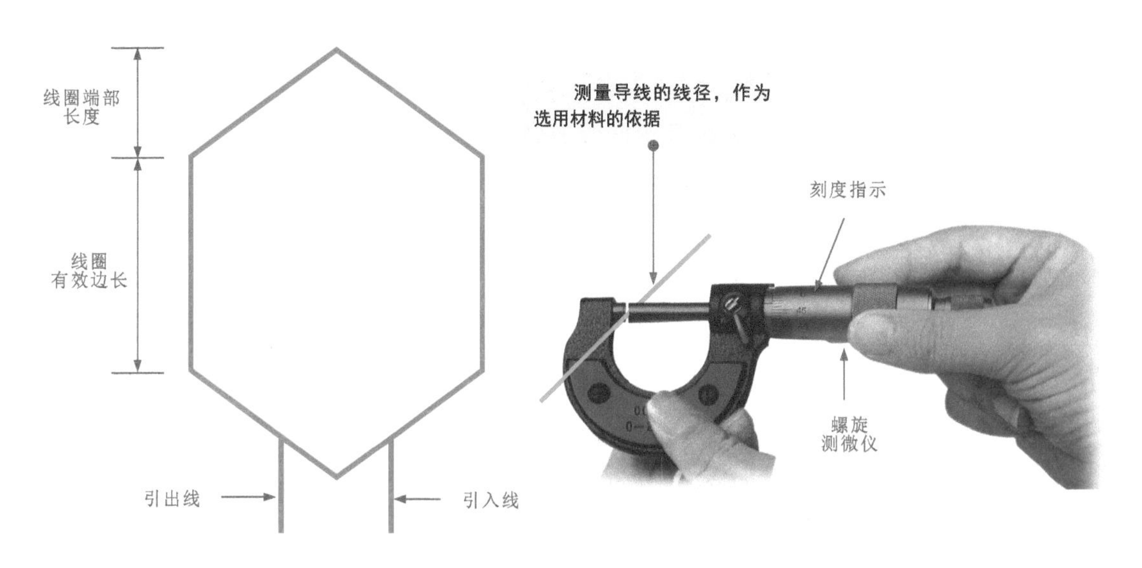
线圈端部
长度
线圈
有效边长
引出线
引入线
测量导线的线径，作为
选用材料的依据
刻度指示
螺旋
测微仪

图7-20　测量并记录绕组线圈的形式、尺寸

（6）记录绕组的匝数和股数。在拆除绕组时，记录下每股绕组的线圈匝数及整个定子绕组的股数，作为绕组重绕的重要依据。

图7-21为记录每股绕组的线圈匝数及整个定子绕组的股数。

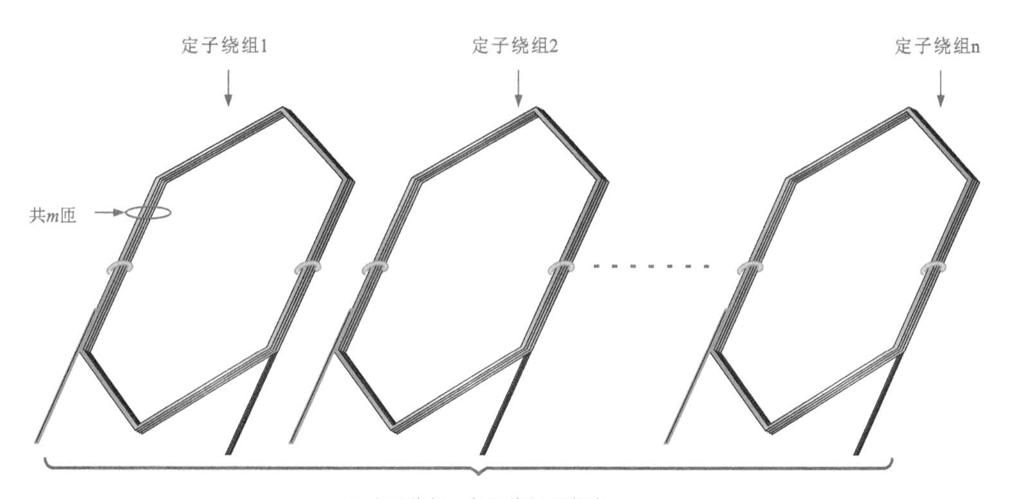
定子绕组1
定子绕组2
定子绕组n
共m匝
n股定子绕组，每股绕组匝数为m

图7-21　记录每股绕组的线圈匝数及整个定子绕组的股数

拆除电动机绕组时，由于工艺条件因素无法保留原有绕组的形状，需要将绕组一端的引出线全部切断后，再从另一侧抽出绕组，在这种情况下，大部分数据可以完成记录，如定子绕组的绕制形式、定子绕组端部伸出定子铁芯的长度、一组绕组所跨的槽数、绕组引出线的引出位置、槽号、绕组的股数和线径、每股绕组中线圈的匝数等，但缺少一个完整线圈的尺寸，此时可以用一根漆包线仿制成一圈线圈的形状，根据现有的数据，如一组绕组所跨的槽数、引出线的位置等在定子铁芯上绕制一圈线圈作为参考。

3 记录定子铁芯的相关数据

定子铁芯的数据包括定子铁芯的内径、长度及槽的高度等，如图7-22所示。记录这些数据，为下一步拆除电动机绕组、嵌线等做好准备。

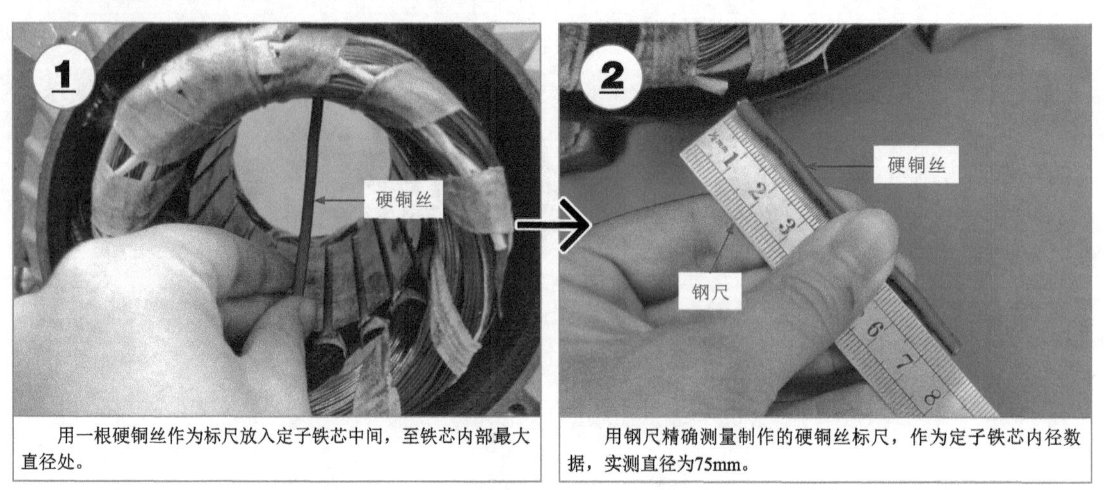
1
硬铜丝
2
硬铜丝
钢尺

用一根硬铜丝作为标尺放入定子铁芯中间，至铁芯内部最大直径处。

用钢尺精确测量制作的硬铜丝标尺，作为定子铁芯内径数据，实测直径为75mm。

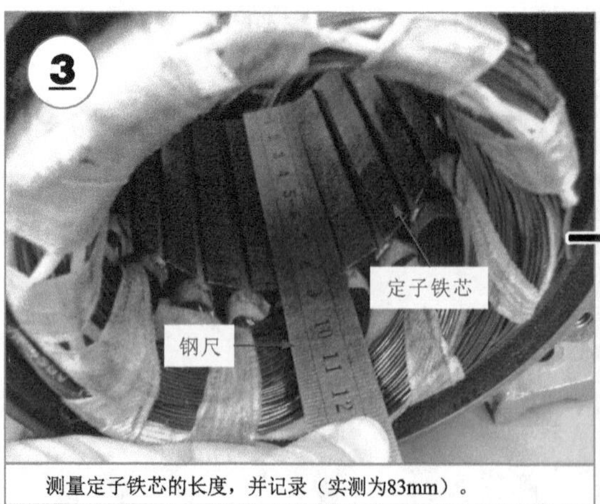
3
定子铁芯
钢尺

测量定子铁芯的长度，并记录（实测为83mm）。

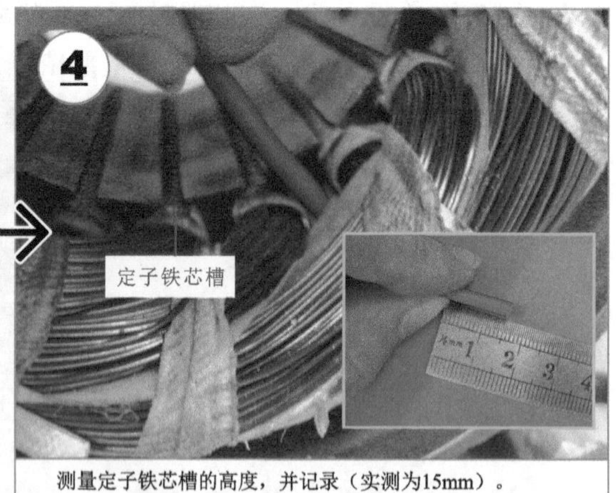
4
定子铁芯槽

测量定子铁芯槽的高度，并记录（实测为15mm）。

图7-22　记录定子铁芯的相关数据

如图7-23所示，电动机绕组的绕制数据除了上述基本的数据外，还应查询和记录绕组采用导线的规格、定子铁芯采用槽楔的尺寸、材料、形状，可制作一张数据表格，以备查询。

记录项目	数据
绕组绕制形式	
绕组端部伸出长度	
节距	
绕组引出线位置	
绕组股数	
每股绕组线圈的匝数	
线圈展开的长度	
线圈各边的尺寸	

记录项目	数据
铁芯的内径	
铁芯的长度	
铁芯的槽数	
绕组引出线位置	
槽的高度	
槽楔的材料	
槽楔的尺寸和形状	
导线绝缘的性质	

图7-23　电动机绕组的绕制数据

7.2.2 电动机绕组的拆除方法

了解和记录好电动机绕组的相关参数含义及数据后，便可动手拆除电动机绕组。电动机绕组常用的拆除方法主要有绝缘软化法和冷拆法。拆卸绕组后还必须进行清理，确保定子槽干净无任何脏污，为下一步嵌线做好准备。

1 绝缘软化法

电动机的绕组由于经过浸漆、烘干等绝缘处理，坚硬而牢固，很不容易拆下，所以拆除绕组时，可先采取相应的措施使绕组的绝缘漆软化，同时应尽量不使绕组损坏，保持圈状，以便必要时对照绕制。常用绕组绝缘软化法主要有热烘法、溶剂浸泡溶解法和通电加热法。

如图7-24所示，热烘法是指使用工业热烘箱给定子绕组加热，待定子绕组的绝缘软化后，趁热拆除绕组。

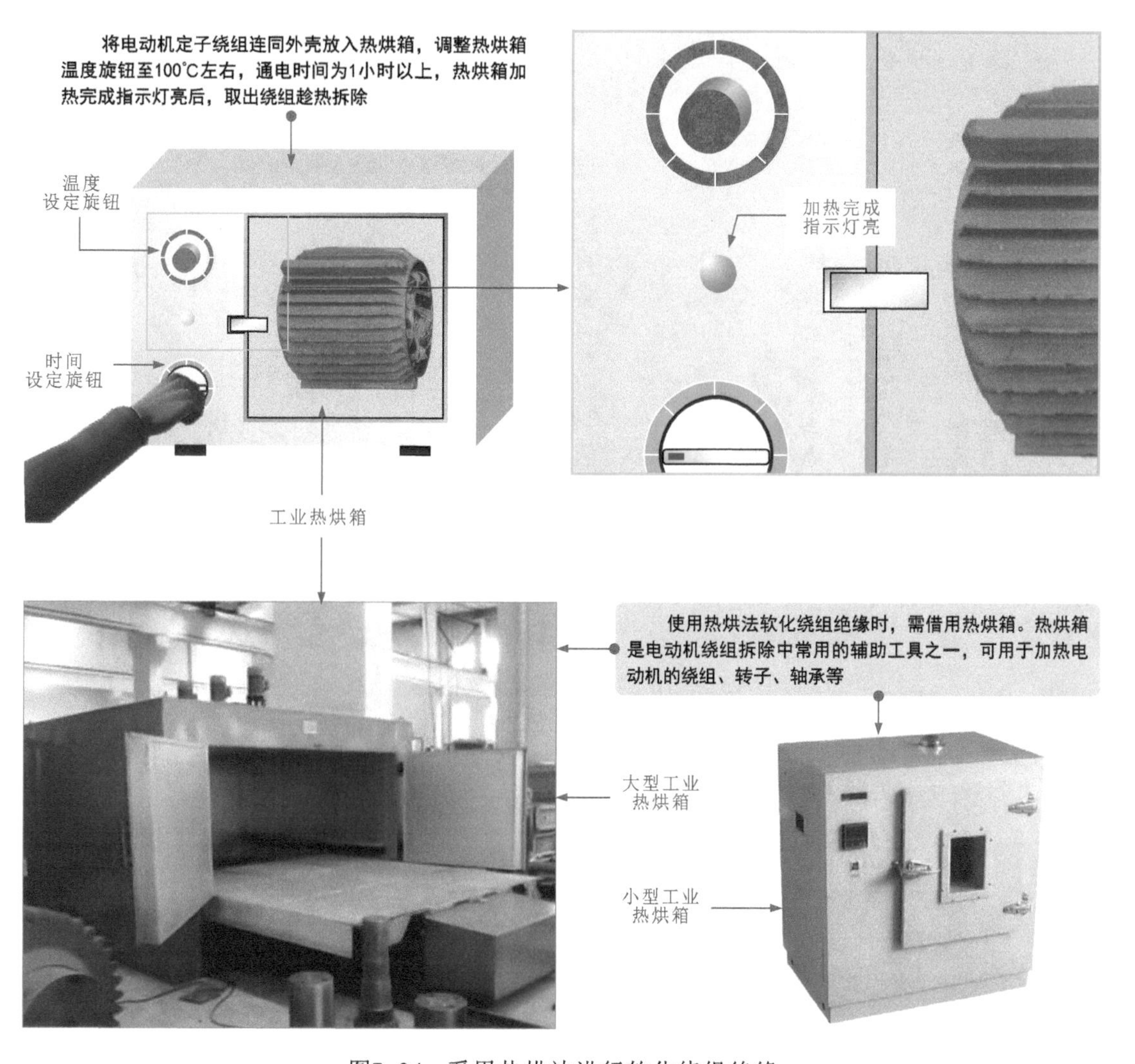
将电动机定子绕组连同外壳放入热烘箱，调整热烘箱温度旋钮至100℃左右，通电时间为1小时以上，热烘箱加热完成指示灯亮后，取出绕组趁热拆除
温度设定旋钮
时间设定旋钮
加热完成指示灯亮
工业热烘箱
使用热烘法软化绕组绝缘时，需借用热烘箱。热烘箱是电动机绕组拆除中常用的辅助工具之一，可用于加热电动机的绕组、转子、轴承等
大型工业热烘箱
小型工业热烘箱

图7-24 采用热烘法进行软化绕组绝缘

如图7-25所示，溶剂浸泡溶解法是指将电动机定子置于放有浸泡溶液的浸泡箱中加热浸泡，使绕组的绝缘部分软化。

当电动机外壳等部分不会与浸泡溶剂发生化学反应时，可将定子绕组连同外壳整体浸入浸泡

浸泡时，首先清洁电动机外壳，保证外壳无脏污、油渍等，然后将电动机定子放入盛有溶剂（氢氧化钠溶液）的浸泡箱中，加热浸泡2～3小时，至绕组绝缘漆软化后取出

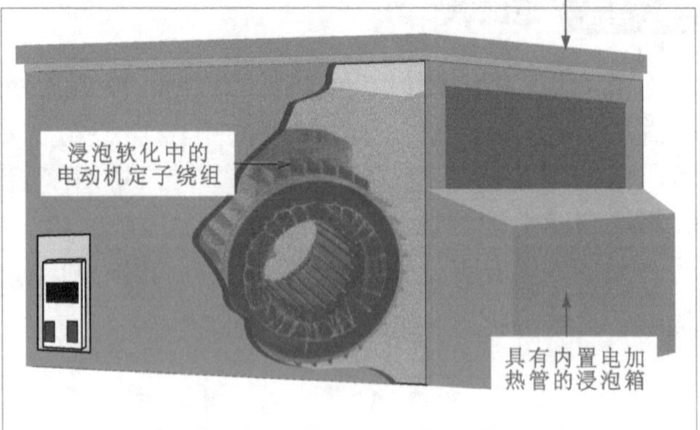
浸泡软化中的
电动机定子绕组
具有内置电加
热管的浸泡箱

当电动机外壳等部分可能会与浸泡溶剂发生化学反应时，可采用局部浸泡法，即将溶剂用刷子仅刷在绕组上，外壳等部分不碰触溶剂

铝壳的电动机不能采用上述方法（铝与氢氧化钠溶剂会发生化学反应），可将溶剂用刷子刷在定子槽和端部后，置于封闭的容器中，经2小时绝缘软化后再拆除

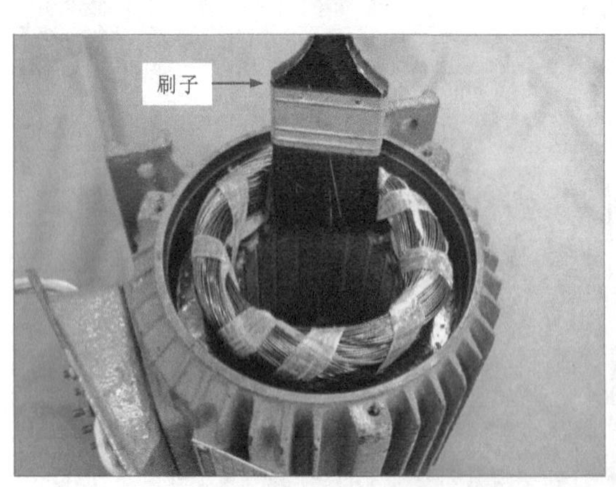
刷子

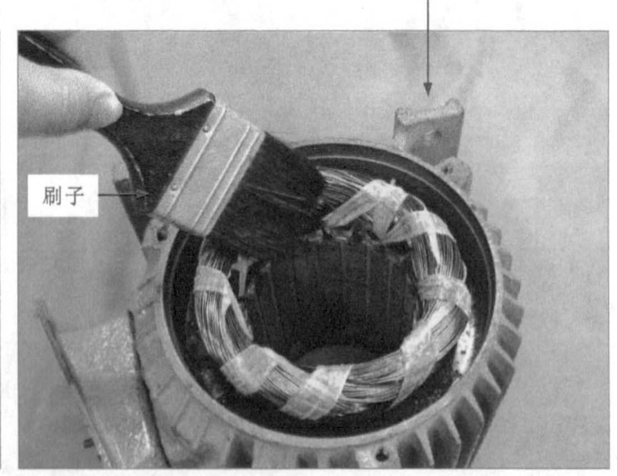
刷子

图7-25　采用溶剂浸泡溶解法软化绕组绝缘

如图7-26所示，可用于溶解电动机绕组绝缘层的溶剂是浓度为10%烧碱（氢氧化钠）的水溶液，或用石蜡（5%）、甲苯（45%）、丙酮（50%）搅拌好后的溶剂。

10%氢氧化钠

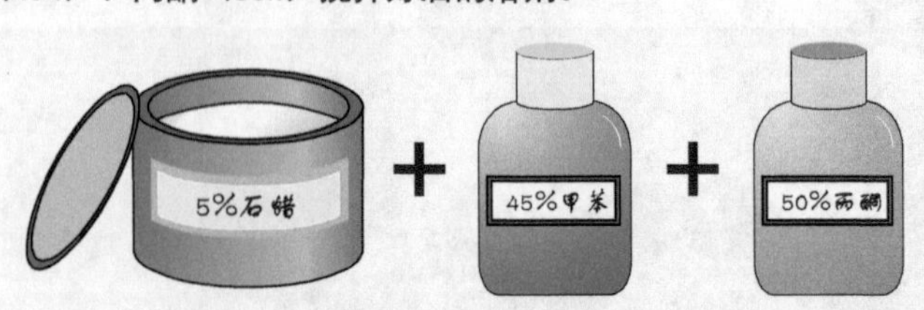
5%石蜡
+
45%甲苯
+
50%丙酮

图7-26　浸泡溶解法所用溶剂

如图7-27所示，通电加热法是指采用通电加热的方法软化电动机的绕组。此方法耗费电能较多，但对空气的污染较小，对铁芯性能的损伤也较小。

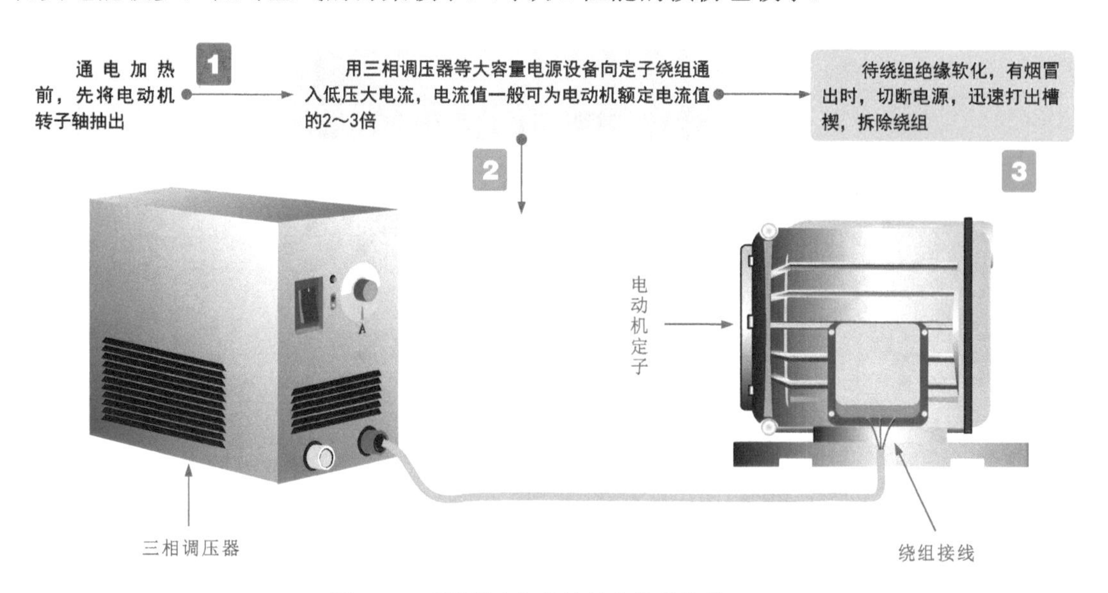

通电加热前，先将电动机转子轴抽出
1
用三相调压器等大容量电源设备向定子绕组通入低压大电流，电流值一般可为电动机额定电流值的2～3倍
2
待绕组绝缘软化，有烟冒出时，切断电源，迅速打出槽楔，拆除绕组
3
电动机定子
三相调压器
绕组接线

图7-27　采用通电加热法软化绕组绝缘

如图7-28所示，通电加热绕组时，可采用三相交流电加热、单相交流电加热、直流电源加热。若绕组中有断路或短路的线圈，则此方法可能会出现局部不能加热的情况，这时可采用其他方法再进一步加热。

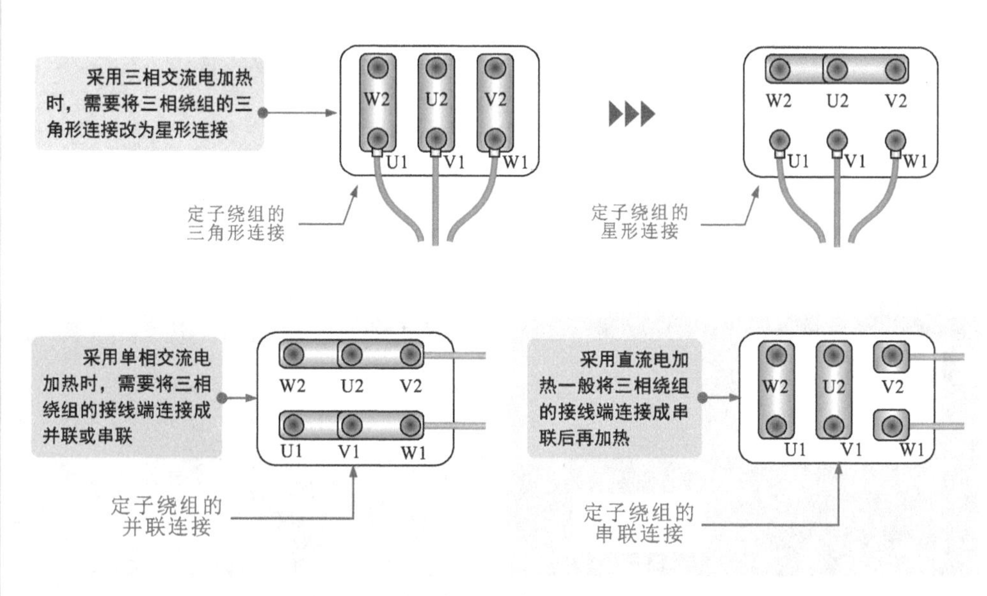

采用三相交流电加热时，需要将三相绕组的三角形连接改为星形连接
W2 U2 V2
U1 V1 W1
定子绕组的三角形连接
W2 U2 V2
U1 V1 W1
定子绕组的星形连接
采用单相交流电加热时，需要将三相绕组的接线端连接成并联或串联
W2 U2 V2
U1 V1 W1
定子绕组的并联连接
采用直流电加热一般将三相绕组的接线端连接成串联后再加热
W2 U2 V2
U1 V1 W1
定子绕组的串联连接

图7-28　通电加热时绕组与电源的接线

在实际应用中，除了上述几种绝缘软化的方法外，还有火烧法。火烧法是指将电动机定子直接架在支架上，在下面和定子中放适量的木材，点燃木材，用火加热。绕组被引燃后，撤出部分或全部木材，待绕组的火焰熄灭并自然冷却后再拆除，但由于这种方法会造成一定的空气污染，还会破坏铁芯的绝缘性能，使电磁性能下降，因此目前该方法已基本不再使用。

如图7-29所示，当完成绕组的绝缘软化后，就可以动手拆除绕组了。

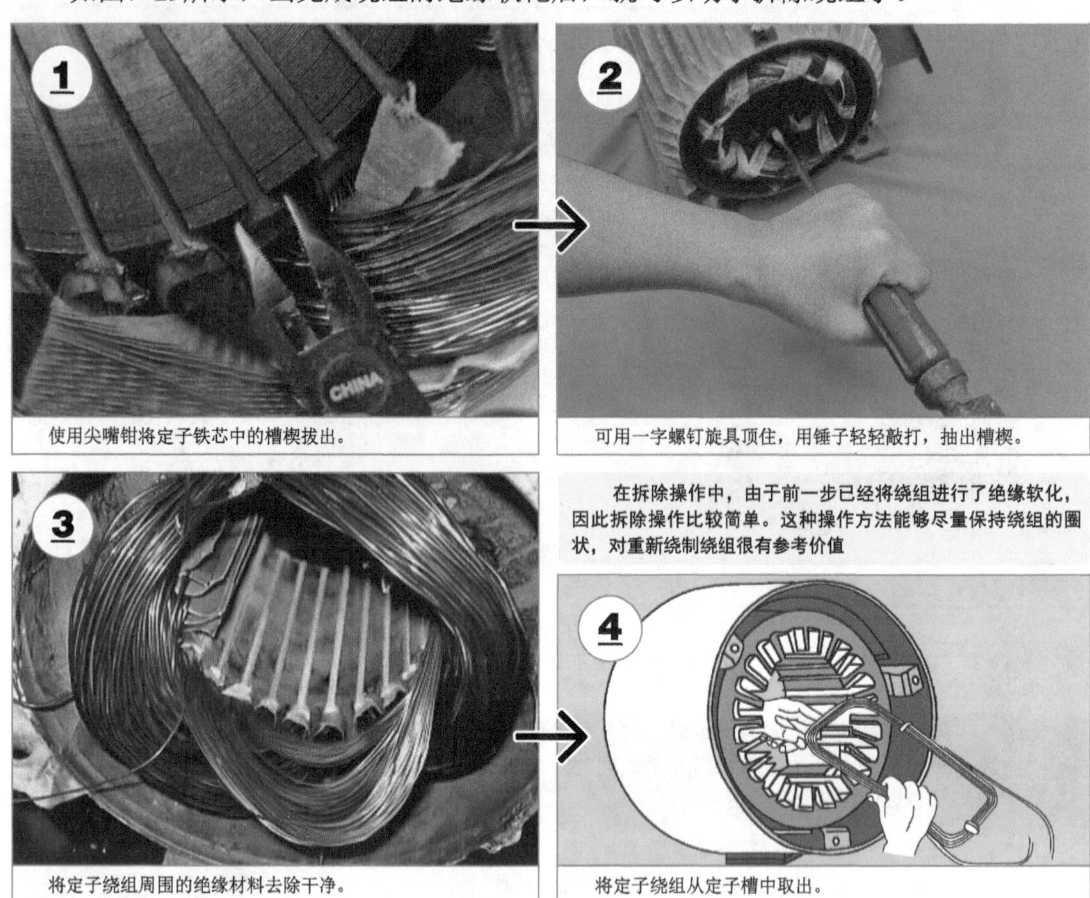
1
使用尖嘴钳将定子铁芯中的槽楔拔出。
2
可用一字螺钉旋具顶住，用锤子轻轻敲打，抽出槽楔。
3
将定子绕组周围的绝缘材料去除干净。
在拆除操作中，由于前一步已经将绕组进行了绝缘软化，因此拆除操作比较简单。这种操作方法能够尽量保持绕组的圈状，对重新绕制绕组很有参考价值
4
将定子绕组从定子槽中取出。

图7-29　拆除电动机绕组

2　冷拆法

如图7-30所示，冷拆法是指直接拆除绕组的方法。当电动机绕组损坏严重或由于条件限制无法软化绕组绝缘时，可直接切除绕组断面引线拆除绕组。

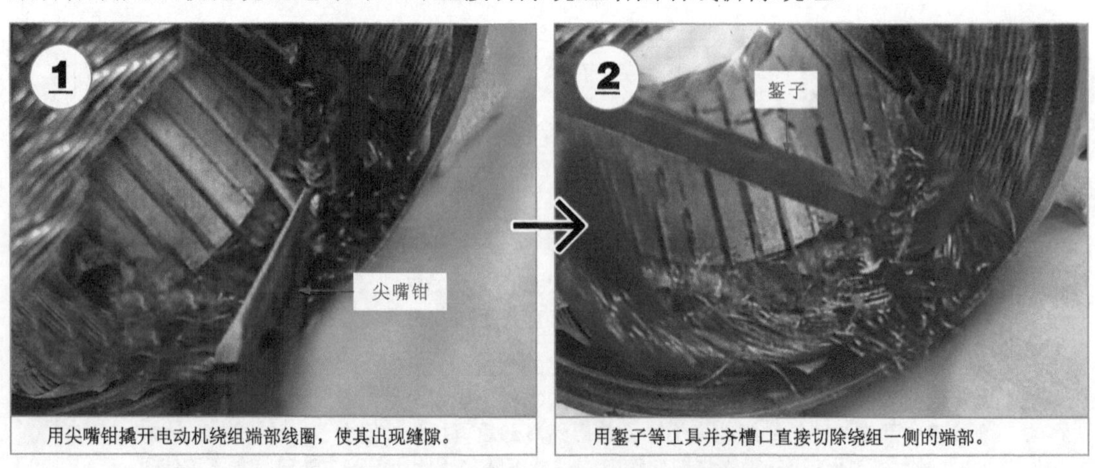
1
尖嘴钳
用尖嘴钳撬开电动机绕组端部线圈，使其出现缝隙。
2
錾子
用錾子等工具并齐槽口直接切除绕组一侧的端部。

图7-30　采用冷拆法拆除电动机绕组

从定子槽中逐一抽出绕组。
抽出绕组后剩余的定子铁芯部分。

图7-30 采用冷拆法拆除电动机绕组（续）

电动机绕组拆除方法比较：

◇ 电烘箱绝缘软化法因高温加热会在一定程度上损坏铁芯绝缘，影响铁芯的电磁性能。因此，操作时应仔细确认加热温度，把控好加热时间。

◇ 溶剂浸泡溶解法费用较高，一般适用于微型电动机绕组的拆除。

◇ 通电加热法适用于功率较大的电动机，温度容易控制，但要求必须有足够大容量的电源设备。

◇ 冷拆法比较费力，但可以保护铁芯的电磁性能不受破坏，应注意均匀用力，不可暴力拆除，以免损坏槽口或使铁芯变形。

3 拆后清理

电动机定子绕组拆除完成后，定子槽内会残留大量的灰尘、杂物等，因此在拆除绕组后，需要对定子槽进行清理。

图7-31为电动机定子槽的清理方法。

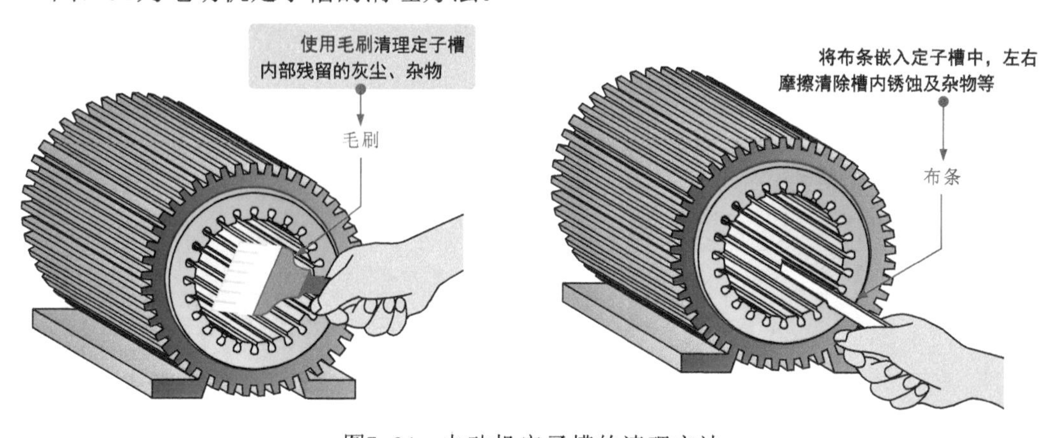

使用毛刷清理定子槽内部残留的灰尘、杂物
毛刷
将布条嵌入定子槽中，左右摩擦清除槽内锈蚀及杂物等
布条

图7-31 电动机定子槽的清理方法

清理定子铁芯槽是电动机绕组嵌线前的必备程序，若忽略该步骤或清洁不彻底，则可能对下一步的嵌线操作造成影响。例如，槽内有杂物，绕组将不能完全嵌入槽中；定子槽有锈蚀等将直接影响电动机的性能，严重时将导致电动机无法工作，因此应按照操作规程和步骤认真清理，并修复有损伤的部位

7.3 电动机绕组的重新绕制

7.3.1 电动机绕组绕制前的准备

1 准备和选取绕组线材和绕组工具

电动机绕组多采用漆包线作为绕组材料，准备和选取绕组线材时，可先通过测量了解旧绕组的线径，然后根据测量结果选择与旧绕组规格、材质完全一致的漆包线绕制。

如图7-32所示，测量拆下绕组的线径，并以此数据作为选材的依据选择同线径的铜漆包线（选取线径为0.85～1mm规格的电动机绕组用铜漆包线作为绕制的线材）。

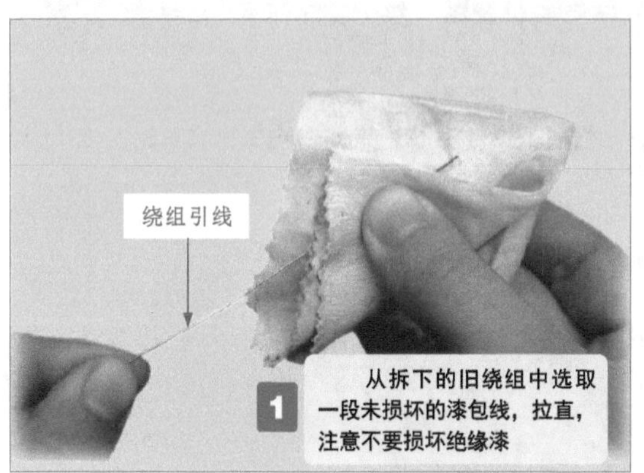

绕组引线
1
从拆下的旧绕组中选取一段未损坏的漆包线，拉直，注意不要损坏绝缘漆

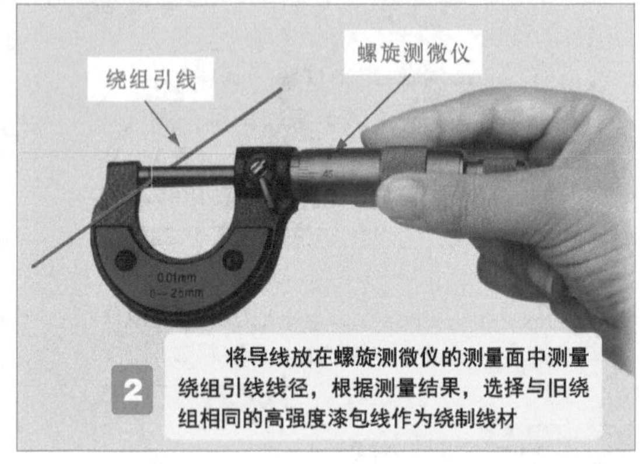

螺旋测微仪
绕组引线
2
将导线放在螺旋测微仪的测量面中测量绕组引线线径，根据测量结果，选择与旧绕组相同的高强度漆包线作为绕制线材

图7-32 准备和选取绕组线材

电动机绕组绕制需要特定的绕制工具，相关工具准备及操作在第4章中已经详细介绍，这里不再重复。

2 了解绕制绕组的技术要求和注意事项

为确保绕制绕组符合电气要求，在具体操作前，需要确认和牢记绕组绕制的技术要求和注意事项，然后动手操作。图7-33为绕制绕组的技术要求和注意事项，为下一步动手操作做好准备。

【技术要求一】

◆ 绕制完成后，绕组匝数必须完全正确。匝数错误将引起电磁参数变化，影响电动机的技术性能

【技术要求二】

◆ 所有绕组的尺寸必须正确；绕组形状符合电动机实际要求，需要明确绕线模尺寸准确无误

【技术要求三】

◆ 绕组匝间、绕组与绕组之间、绕组对地、绕组与铁芯之间必须可靠良好绝缘

【注意事项一】

◆ 绕制前，应检查选用导线的线径是否符合要求，是否与旧绕组类型一致

【注意事项二】

◆ 检查绕线模有无裂缝、破损，否则应更换

◆ 绕线时，从右向左绕制；同心式绕组从小绕组绕起

【注意事项三】

◆边绕边记录绕制匝数，或从绕线器的计数盘上查看绕制匝数，直到与旧绕组匝数相同时才可停止

【注意事项四】

◆ 若绕制过程中断线或两轴线之间交接时，应首先将待连接的引线端头用火烧去表皮绝缘漆，再用细砂纸或小刀轻轻刮去碳灰，将两个线头扭接在一起后，用电烙铁焊接，最后包一层黄蜡布，再绕制剩余匝数，或在接线前套一段黄腊管，接好线头后，用黄腊管套住接头

图7-33 绕制绕组的技术要求和注意事项

7.3.2 绕组的绕制操作

选择好绕组所用的漆包线材料、准备好绕制工具，并根据之前记录的数据确定好绕组的股数，每股绕组中线圈的匝数后，就可以进行绕组的绕制了。三相交流电动机的定子绕组一般采用绕线机绕制。

如图7-34所示，将选好的漆包线轴安装在放线架上；选定好尺寸的绕线模放到绕线机上；绕线模扎线槽上提前放好绑扎线；漆包线起头固定在绕线模固定孔上。若漆包线线径小于0.5mm，则可水平放置空漆包线轴作为支撑点，待绕漆包线轴立式放置，即采用立式拉出放线法。

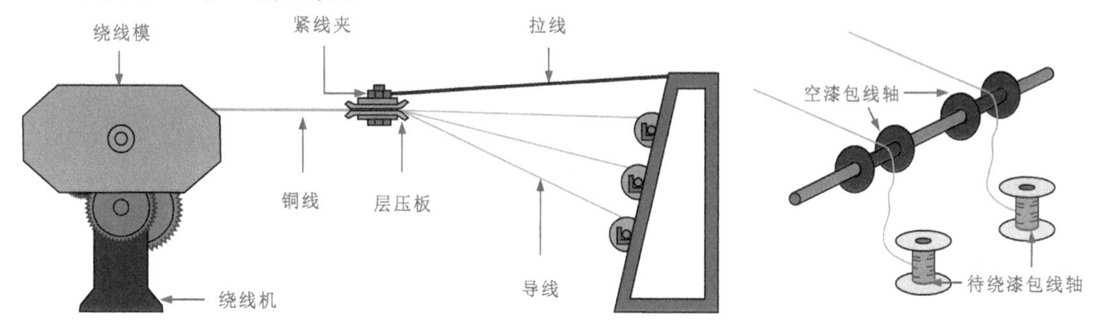

绕线模
紧线夹
拉线
铜线
层压板
导线
绕线机
空漆包线轴
待绕漆包线轴

（a）放线架放线 （b）立式拉出放线

图7-34 电动机绕组绕制工具和辅助材料的准备

如图7-35所示，将漆包线穿过紧线夹或套管，确保线处于拉紧状态，调整绕线机计数器归零，摇动绕线机手柄（若使用电动机，则应启动电源），开始绕制。

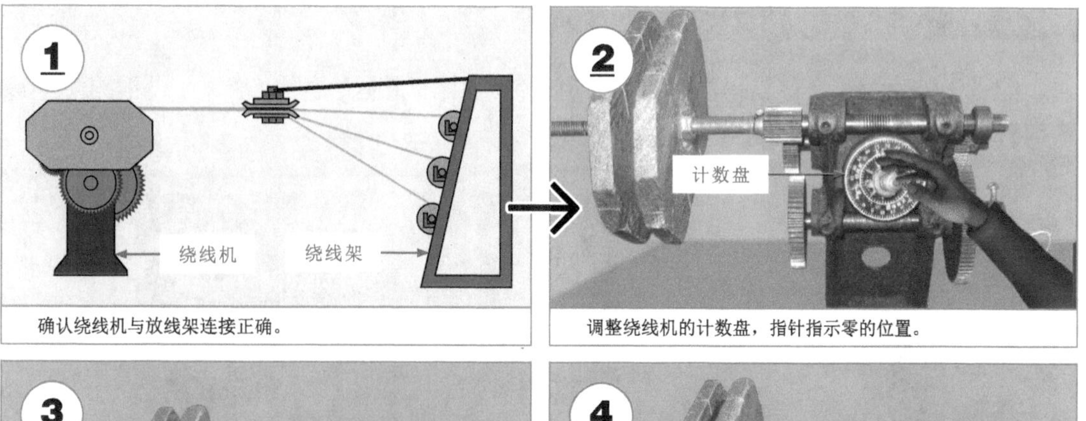

1
绕线机
绕线架
确认绕线机与放线架连接正确。
2
计数盘
调整绕线机的计数盘，指针指示零的位置。

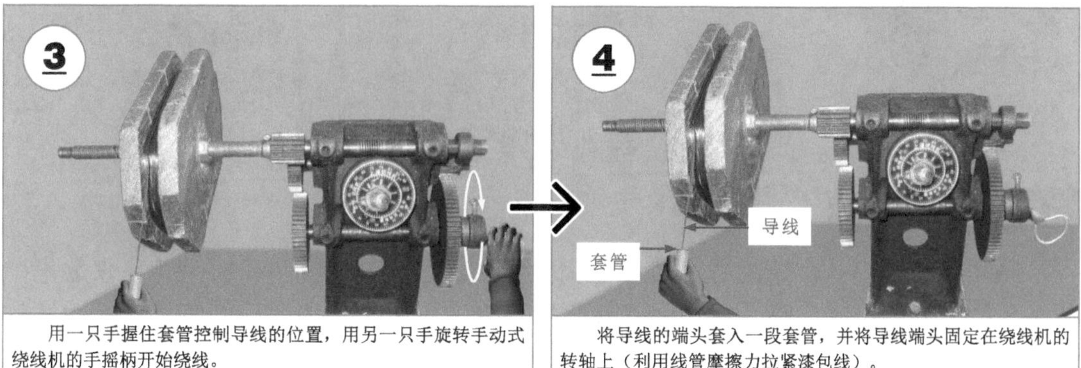

3
用一只手握住套管控制导线的位置，用另一只手旋转手动式绕线机的手摇柄开始绕线。
4
导线
套管
将导线的端头套入一段套管，并将导线端头固定在绕线机的转轴上（利用线管摩擦力拉紧漆包线）。

图7-35 电动机绕组的绕制方法

绕制时，应保持匀速且速度不宜过快。绕制在模具上的漆包线，应保证匝与匝之间应整齐排列，避免交叉混乱，以免引起嵌线困难或匝间短路故障

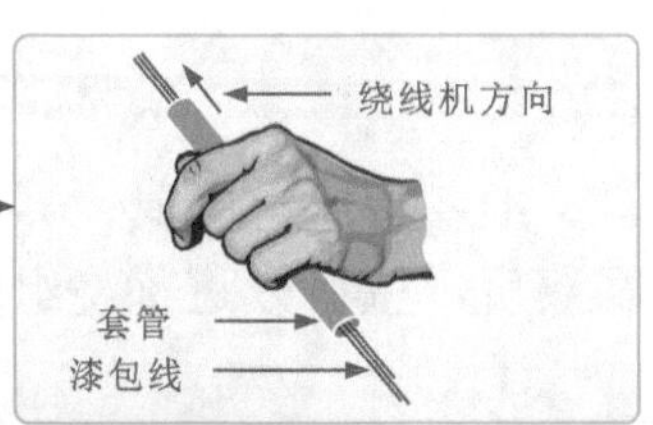

绕线机方向
套管
漆包线

绕好的绕组应在首位做好标记，从绕线模上拆卸前应将绕组捆牢；绕组绑扎好后，从模具上退下，再绕制另一组线圈，依次进行，直到绕制线圈个数与要求数量一致

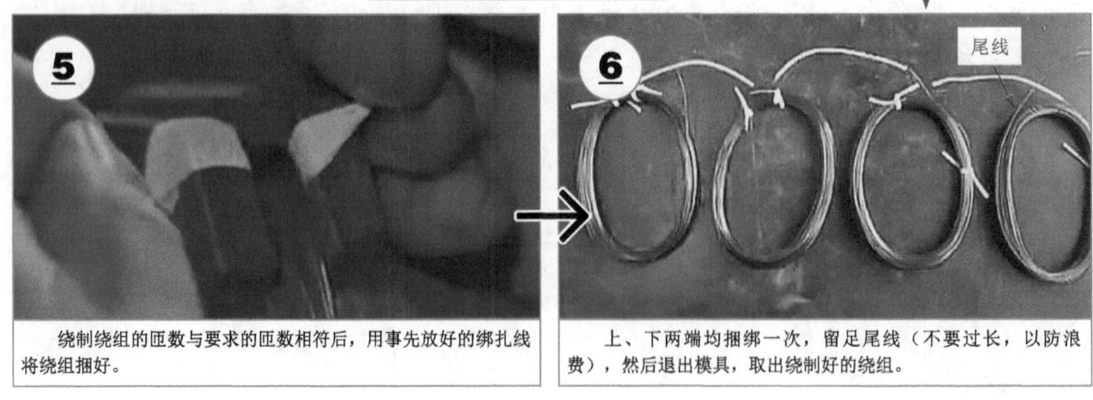

5
6
尾线
绕制绕组的匝数与要求的匝数相符后，用事先放好的绑扎线将绕组捆好。
上、下两端均捆绑一次，留足尾线（不要过长，以防浪费），然后退出模具，取出绕制好的绕组。

图7-35　电动机绕组的绕制方法（续）

7.4 电动机绕组嵌线的绝缘规范

电动机绕组的绝缘性能是直接决定电动机电气性能的关键，做好绕组绝缘是电动机绕组维修中的重要环节。

7.4.1 交流电动机绕组的绝缘规范

如图7-36所示，在交流异步电动机定子绕组中，根据绕组的绕制方式不同，绝缘结构有单层绕组和双层绕组两种。

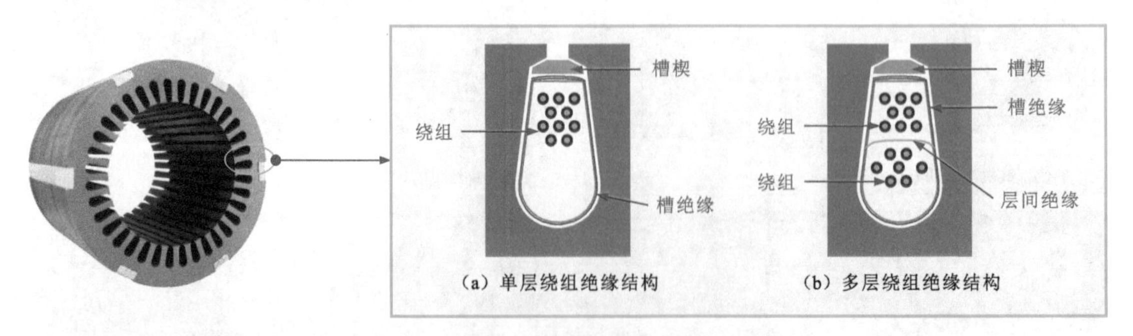

槽楔
绕组
槽绝缘
（a）单层绕组绝缘结构
槽楔
槽绝缘
绕组
绕组
层间绝缘
（b）多层绕组绝缘结构

图7-36　交流电动机绕组的绝缘结构

1 匝间绝缘

匝间绝缘是指一个绕组各个线匝之间的绝缘。在一般情况下，匝间绝缘仅靠电磁线本身所带有的绝缘。定子绕组选用漆包线的外层包裹一层薄薄的绝缘漆，绝缘漆的类型与电动机绝缘等级有关。B级绝缘宜采用QZ-2高强度聚酯漆包圆铜线；F级绝缘宜采用QZY-2型聚酯亚胺漆包线；H级绝缘宜采用聚酰胺酰亚胺漆包圆铜线。

2 槽绝缘

如图7-37所示，槽绝缘是指在电动机嵌放绕组的定子槽中放置复合绝缘材料（一般称其为绝缘纸），实现定子槽与绕组之间的绝缘。

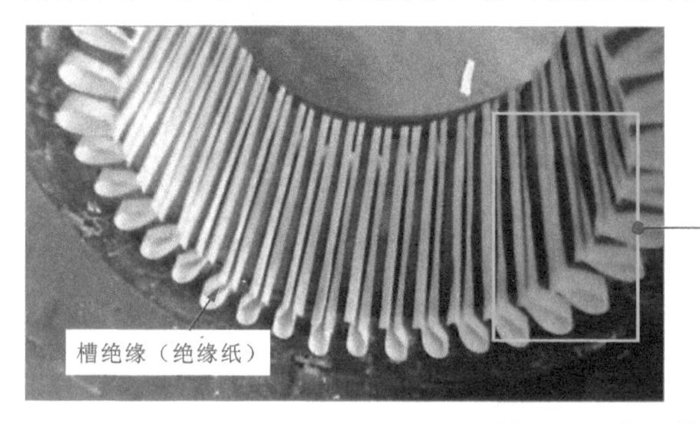

槽绝缘（绝缘纸）

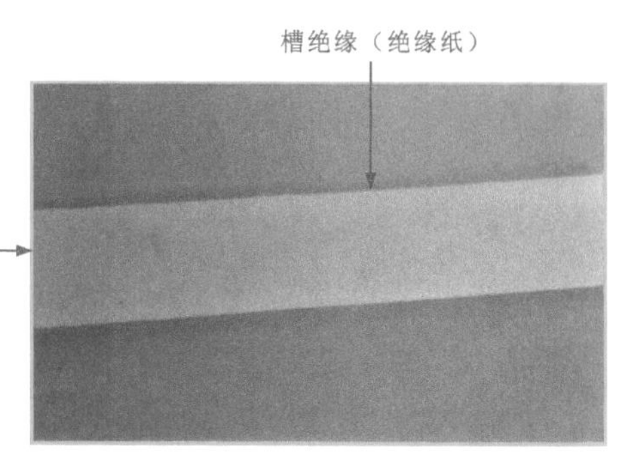

槽绝缘（绝缘纸）

图7-37 定子绕组的槽绝缘

槽绝缘所采用的复合绝缘材料一般为DMDM、DMD+M、DMD等。其中，D表示聚酯纤维无纺布，M表示6020聚酯薄膜。以常见的Y系列交流异步电动机为例，不同中心高电动机的槽绝缘规范见表7-2。

表7-2 不同中心高电动机（Y系列）的槽绝缘规范

外壳防护等级	中心高（mm）	槽绝缘形式及总厚度（mm）				槽绝缘均匀伸出铁芯两段长度（mm）
		DMDM	DMD+M	DMD	DMD+DMD	
IP44	80～112	0. 25	0. 25(0.20+0.05)	0. 25	—	6～7
	132～160	0. 30	0. 30(0.30+0.05)			7～10
	180～280	0. 35	0. 35(0.30+0.05)			12～15
	315	0. 50	—		0. 50(0. 20+0. 30)	20
IP23	160～225	0. 35	0. 35(0.30+0.05)		—	11～12
	250～280	0. 40	0. 40(0.35+0.05)		0. 40(0. 20+0. 20)	12～15

3 相间绝缘

如图7-38所示，相间绝缘是指电动机绕组端部各相之间的绝缘。一般要求绕组端部各相之间垫入与槽绝缘相同的复合绝缘材料（DMDM或DMD）。其形状与线圈端部形状相同，但尺寸应大一些，以此隔开相与相之间，实现相间绝缘。

相间绝缘
相间绝缘

图7-38 定子绕组的相间绝缘

4 层间绝缘

如图7-39所示，绕组采用双层绕组时，同一个槽内的上、下两层绕组之间应垫入与槽绝缘相同的复合绝缘材料（DMDM或DMD）作为层间绝缘。层间绝缘的长度等于绕组线圈直线部分的长度。

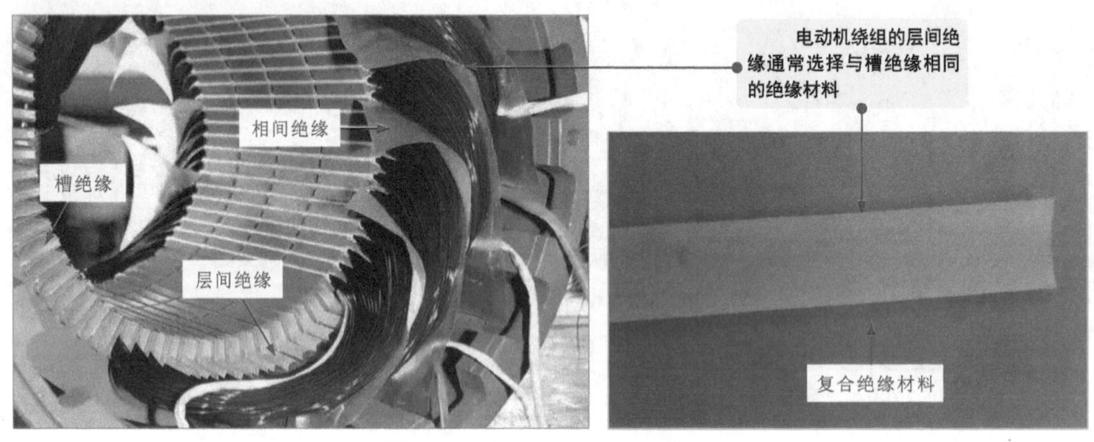

电动机绕组的层间绝缘通常选择与槽绝缘相同的绝缘材料
相间绝缘
槽绝缘
层间绝缘
复合绝缘材料

图7-39 定子绕组的层间绝缘

5 槽楔绝缘

如图7-40所示，槽楔是指绕组嵌入定子槽后用于固定、封压槽口的绝缘材料。

槽楔一般采用冲压成形的MDB（D表示聚酯纤维无纺布，M表示6020聚酯薄膜，B表示玻璃布）复合槽楔、新型的引拔槽楔或3240环氧酚醛层压玻璃布板

槽楔

图7-40 定子绕组的槽楔绝缘

以常见的Y系列交流异步电动机为例，不同中心高电动机的槽楔规范见表7-3。

表7-3 不同中心高电动机（Y系列）的槽楔规范

电动机中心高（mm）	选用材料		
	冲压成形槽楔	引拔成形槽楔	3240板
80～280	厚度为0.5～1.0mm		厚度为2mm
315	—	厚度为3mm	
说明：冲压或引拔成形的槽楔长度与相应槽绝缘相同；3240板槽楔的长度比相应的槽绝缘短4～6mm			

6 引接线绝缘

如图7-41所示，电动机定子绕组引出线头需要与引接线连接，由引接线引入电动机接线盒中。引接线一般采用JBQ（JXN）型铜芯橡皮绝缘丁腈护套电缆。电缆与绕组引出线头连接处应用0.15mm厚的醇酸玻璃布带或聚酯薄膜半叠包一层，外面再套醇酸玻璃漆管一层。

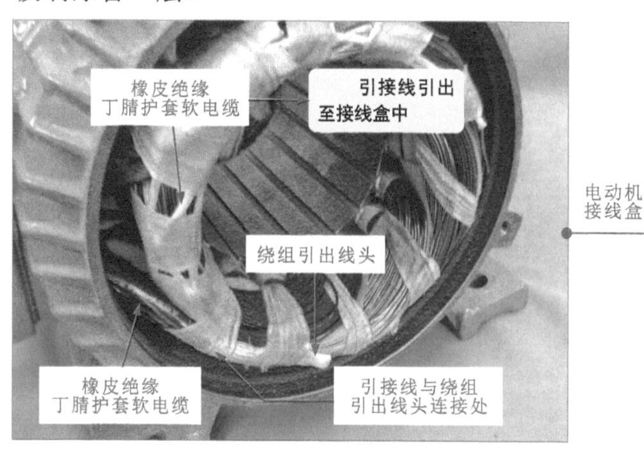

橡皮绝缘
丁腈护套软电缆
引接线引出
至接线盒中
绕组引出线头
橡皮绝缘
丁腈护套软电缆
引接线与绕组
引出线头连接处
电动机
接线盒

图7-41　引接线绝缘

7 端部绑扎

如图7-42所示，电动机定子绕组伸出定子槽的部分被称为绕组端部。

端部绑扎带

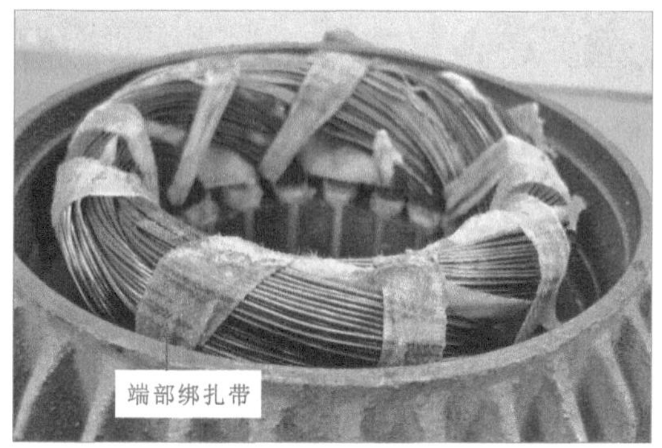

端部绑扎带

图7-42　电动机绕组的端部绑扎

绕组端部应用绝缘材料绑扎，绑扎材料及规范见表7-4。

表7-4　Y系列电动机绕组端部绑扎材料及规范

中心高度	材 料	说 明
80～132mm	电绝缘用的聚酯纤维编织带（或套管），或者用无碱玻璃纤维带（或套管）	定子绕组端部每两槽绑扎一道
160～315mm		定子绕组端部每一槽绑扎一道
180mm（2极）		定子绕组端部用无碱玻璃纤维带半叠包一层
200～315mm（2、4极）		
315mm（2极）		定子绕组端部用无纬玻璃带绑扎一层

8 绝缘漆浸漆绝缘

电动机绕组嵌线完成后，还需要进行整体浸漆绝缘处理。浸漆次数与绝缘漆的类型有关。一般浸1032绝缘漆时，需要二次沉浸处理；浸319-2等环氧聚酯类无溶剂漆时，沉浸一次即可。

不同绝缘等级要求的电动机绕组绝缘规范见表7-5。

表7-5　不同绝缘等级要求的电动机绕组绝缘规范

匝间绝缘（漆包线）	散嵌软绕组	高强度聚酯漆包圆铜线	聚酯亚胺漆包线	聚酰胺酰亚胺漆包圆铜线
	转子插入式绕组	双玻璃丝包扁铜线	双玻璃丝包扁铜线	单玻璃丝包聚酰胺酰亚胺漆包扁铜线或亚胺薄膜绕包的双玻璃丝包扁铜线
槽绝缘		复合绝缘材料，如DMDM或DMD、DMD+M等。D表示聚酯纤维无纺布，M表示6020聚酯薄膜	F级DMCF1重合绝缘纸加一层聚酰亚胺薄膜	聚酰亚胺薄膜一层（0.05mm），聚酰亚胺薄膜与聚砜纤维纸一层（0.35mm）
相间、层间绝缘		与槽绝缘相同	与槽绝缘相同	与槽绝缘相同
槽楔		引拔槽楔，或者用3240环氧酚醛层压玻璃布板槽楔	3240环氧酚醛玻璃布板	双马来聚酰亚胺层压板或二苯醚玻璃层压板
引出线电缆		采用JBQ型丁腈橡胶电缆，接头用0.15mm厚的醇酸玻璃布带或聚酯薄膜半叠包一层，外面再套醇酸玻璃、漆管一层	JFEH乙丙橡胶线	硅橡胶电缆或改性硅橡胶电缆
转子绕组绑扎带		聚酯纤维编织套管（或编织带），或者用无碱纤维带包扎	环氧无纬扎带	单或双层马来无纬带
套管		—	2751硅橡胶玻璃管	硅橡胶玻璃丝套管或定绞玻璃丝套管

7.4.2 直流电动机绕组的绝缘规范

直流电动机绕组的绝缘规范与交流电动机不同。

图7-43为直流电动机绕组的绝缘结构（绝缘等级B，500V以下电压等级）。

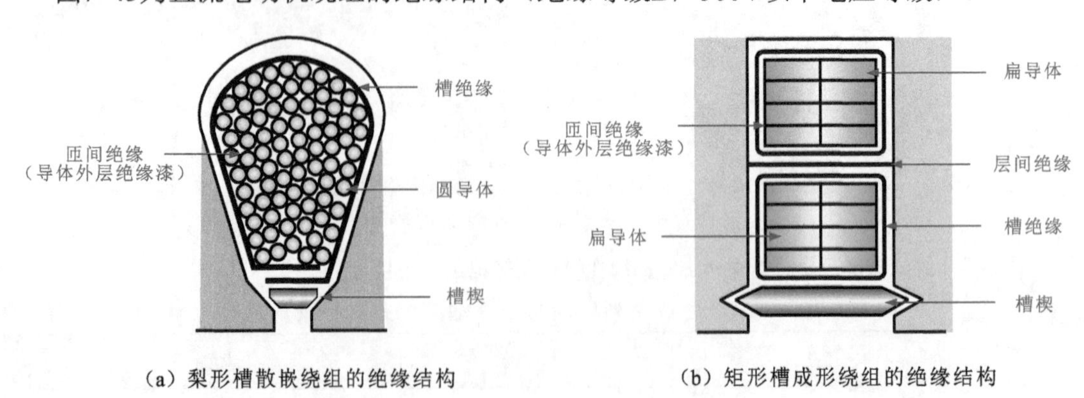
槽绝缘
匝间绝缘
（导体外层绝缘漆）
圆导体
槽楔
扁导体
匝间绝缘
（导体外层绝缘漆）
层间绝缘
槽绝缘
扁导体
槽楔

（a）梨形槽散嵌绕组的绝缘结构　　（b）矩形槽成形绕组的绝缘结构

图7-43　直流电动机绕组的绝缘结构

直流电动机绕组的绝缘结构不同，绝缘等级不同，相对应的绝缘规范也不相同。在实际嵌线操作前，必须详细了解直流电动机绕组的槽的结构类型（梨形槽还是矩形槽），明确直流电动机绕组的绝缘等级，根据不同绝缘等级规范要求进行正确的绝缘操作。

直流电动机绕组（B级绝缘）的绝缘规范见表7-6。

表7-6 直流电动机绕组的绝缘规范

类型		绝缘等级		
		B级	F级	H级
梨形	槽楔或绑环	环氧酚醛玻璃布板 高强度无纬玻璃丝带	环氧酚醛玻璃板 高强度无纬玻璃丝带	硅有机玻璃布板 聚芳烷基醚-酚树脂无纬玻璃丝带
	槽绝缘	聚酯纤维纸-聚酯薄膜-聚酯纤维复合材料	聚砜纤维纸-聚酯薄膜-聚砜纤维纸复合材料	聚砜纤维纸-聚酰亚胺薄膜-聚砜纤维纸复合材料
	层间绝缘	聚酯纤维纸-聚酯薄膜-聚酯纤维纸复合材料	聚砜纤维纸-聚酯薄膜-聚砜纤维纸复合材料	聚砜纤维纸-聚酰亚胺薄膜-聚砜纤维纸复合材料
	导线	高强度聚酯漆包线	聚酯亚胺漆包线	聚酰亚胺漆包线 聚酰胺亚胺漆包线
矩形	槽楔或绑环		环氧酚醛玻璃布板 高强度无纬玻璃丝带	硅有机玻璃布板 聚芳烷基醚-酚树脂无纬玻璃丝带
	槽绝缘	聚酯薄膜玻璃漆布	聚酰亚胺薄膜玻璃漆布	飓风酰胺纤维纸-聚酰亚胺薄膜复合材料
	槽底垫条	环氧酚醛玻璃布板	环氧酚醛玻璃布板	硅有机玻璃布板
	包护带	无碱玻璃丝带	浸6301漆无碱玻璃丝带	浸硅有机漆无碱玻璃丝带
	对地绝缘	环氧玻璃粉云母带，醇酸玻璃柔软云母板	HF薄膜 F级柔软云母板	聚酰亚胺薄膜玻璃粉云母带
	匝间绝缘	高强度聚酯漆或醇酸树脂双玻璃丝或醇酸纸云母带	聚酯亚胺漆和单玻璃丝	HF薄膜-薄硅有机漆双玻璃丝

7.5 电动机绕组的嵌线工艺要求

7.5.1 单层绕组的嵌线工艺

单层绕组一般只适用于小型三相异步电动机。根据单层绕组绕线形式的不同，嵌线工艺主要有单层链式绕组的嵌线工艺、单层同心式绕组的嵌线工艺、单层交叉式绕组的嵌线工艺及双层绕组的嵌线工艺几种类型。

1 单层链式绕组的嵌线工艺

在一般情况下，小型三相异步电动机的q=2（每极每相槽数）时，定子绕组采用单层链式绕组形式。

如图7-44所示，以4极24槽单层链式绕组为例，定子槽数Z_1=24，极数2p=4，每极每相槽数q=2，节距y=5（1-6），并联支路数a=1。

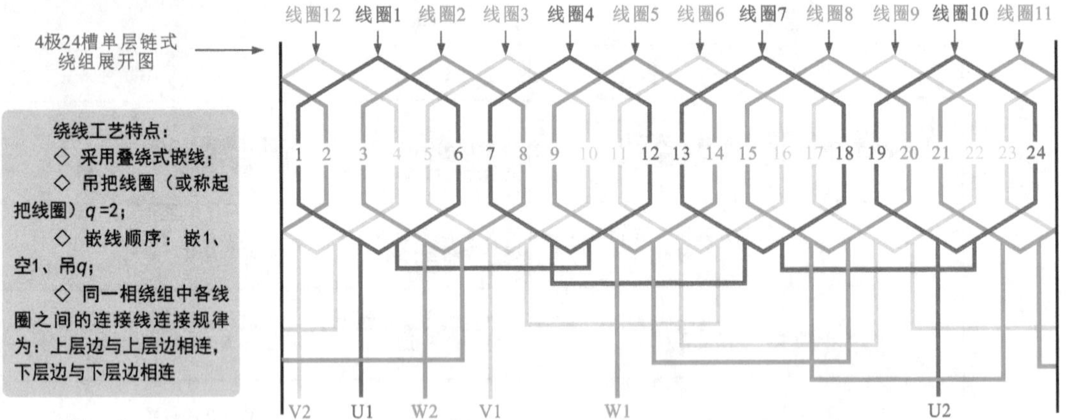

4极24槽单层链式绕组展开图
线圈12 线圈1 线圈2 线圈3 线圈4 线圈5 线圈6 线圈7 线圈8 线圈9 线圈10 线圈11
1 2 3 4 5 6 7 8 9 10 11 12 13 14 15 16 17 18 19 20 21 22 23 24
V2 U1 W2 V1 W1 U2
绕线工艺特点：
◇ 采用叠绕式嵌线；
◇ 吊把线圈（或称起把线圈）q =2；
◇ 嵌线顺序：嵌1、空1、吊q；
◇ 同一相绕组中各线圈之间的连接线连接规律为：上层边与上层边相连，下层边与下层边相连

嵌线工艺：

（1）将第一相U的第一个线圈1的下层边嵌入1号槽内，封好槽口（整理槽内导线、折叠好槽绝缘，插入槽楔），线圈1的上层边暂不嵌入6号槽，将其吊起（因为线圈1的上层边要压着线圈2和线圈3的下层边，吊1）；

（2）空一个槽（空24号槽）；

（3）将第二相V线圈12的下层边嵌入23号槽，封好槽口，线圈12的上层边暂不嵌入4号槽内，将其吊起，由于该绕组的q=2，因此吊把线圈数为2，这里已经吊起的线圈为线圈1的上层边和线圈12的下层边（吊2）；

（4）空一个槽（空22号槽）；

（5）将第三相W线圈11的下层边嵌入21号槽，封好槽口，上层边嵌入2号槽（因为前面吊起的线圈数已经等于q，即2个，这里不必再吊起），封好槽口，垫好相间绝缘；

（6）空一个槽（空20号槽）；

（7）将第一相U的第二个线圈10的下层边嵌入19号槽，封好槽口，将其上层边嵌入24号槽，封好槽口；

（8）空一个槽（空18号槽）；

（9）将第二相V的第二个线圈9的下层边嵌入17号槽，封好槽口，将其上层边嵌入22号槽，封好槽口；

（10）空一个槽（空16号槽）；

（11）将第三相W的第二个线圈8的下层边嵌入15号槽，封好槽口，将其上层边嵌入20号槽，封好槽口，垫好相间绝缘；

（12）空一个槽（空14号槽）；

（13）将第一相U的第三个线圈7的下层边嵌入13号槽，封好槽口，将其上层边嵌入18号槽，封好槽口；

（14）空一个槽（空12号槽）；

（15）将第二相V的第三个线圈6的下层边嵌入11号槽，封好槽口，将其上层边嵌入16号槽，封好槽口；

（16）空一个槽（空10号槽）；

（17）将第三相W的第三个线圈5的下层边嵌入9号槽，封好槽口，将其上层边嵌入14号槽，封好槽口，垫好相间绝缘；

（18）空一个槽（空8号槽）；

（19）将第一相U的第四个线圈4的下层边嵌入7号槽，封好槽口，将其上层边嵌入12号槽，封好槽口；

（20）空一个槽（空6号槽）；

（21）将第二相V的第四个线圈3的下层边嵌入5号槽，封好槽口，将其上层边嵌入10号槽，封好槽口；

（22）空一个槽（空4号槽）；

（23）将第三相W的第四个线圈2的下层边嵌入3号槽，封好槽口，将其上层边嵌入8号槽，封好槽口，垫好相间绝缘；

（24）将吊起的线圈1的上层边嵌入6号槽，将吊起的线圈12的上层边嵌入4号槽。

至此，整个绕组嵌线完成。

根据绕组展开图，将U相绕组的四组线圈1、10、7、4按照首首、尾尾连接，首位两组线圈分别引出线。

将V相绕组的四组线圈12、9、6、3按照首首、尾尾连接，首位两组线圈分别引出线。

将W相绕组的四组线圈11、8、5、2按照首首、尾尾连接，首位两组线圈分别引出线。

图7-44　单层链式绕组的嵌线工艺

电动机定子绕组嵌线工艺有整嵌式和叠绕式。整嵌式是指在嵌线过程中先嵌好一相再嵌另一相的方法；叠绕式是指根据某种规律，如嵌n、空m、吊q的方式嵌线。

2 单层同心式绕组的嵌线工艺

在一般情况下，小型三相异步电动机的q=4（每极每相槽数）时，定子绕组采用单层同心式绕组形式。

如图7-45所示，以2极24槽单层同心式绕组为例，定子槽数Z_1=24，极数$2p$=1，每极每相槽数q=4，节距y=9（1-10）、11（1-12），并联支路数a=2。

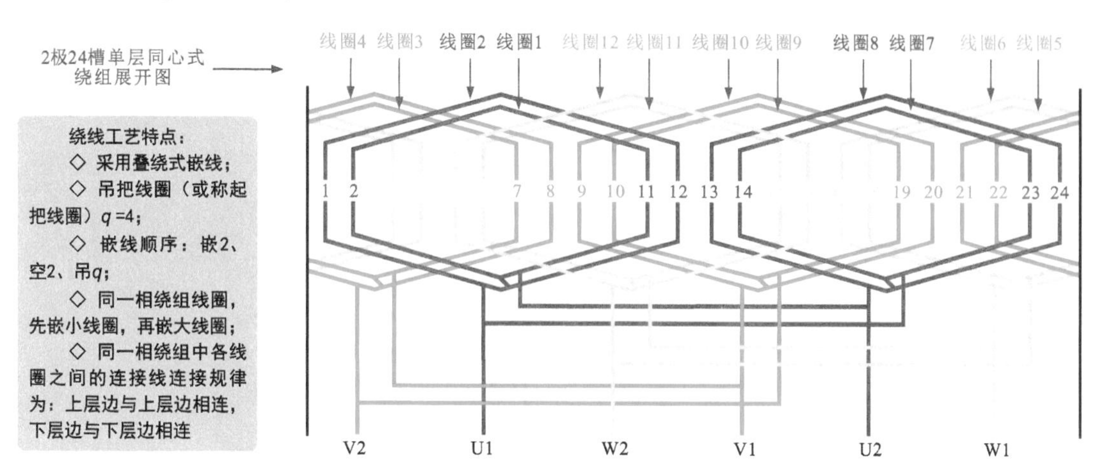

2极24槽单层同心式绕组展开图
绕线工艺特点：
◇ 采用叠绕式嵌线；
◇ 吊把线圈（或称起把线圈）q =4；
◇ 嵌线顺序：嵌2、空2、吊q；
◇ 同一相绕组线圈，先嵌小线圈，再嵌大线圈；
◇ 同一相绕组中各线圈之间的连接线连接规律为：上层边与上层边相连，下层边与下层边相连
线圈4 线圈3 线圈2 线圈1 线圈12 线圈11 线圈10 线圈9 线圈8 线圈7 线圈6 线圈5
1 2 7 8 9 10 11 12 13 14 19 20 21 22 23 24
V2 U1 W2 V1 U2 W1

嵌线工艺：

（1）将第一相U的第一个线圈1的下层边嵌入2号槽内，封好槽口（整理槽内导线、折叠好槽绝缘，插入槽楔），线圈1的上层边暂不嵌入11号槽，将其吊起（吊1）；

将第一相U的第二个线圈2的下层边嵌入1号槽内，封好槽口（整理槽内导线、折叠好槽绝缘，插入槽楔），线圈2的上层边暂不嵌入12号槽，将其吊起（吊2）；

（2）空两个槽（空24、23号槽）；

（3）将第二相V线圈3的下层边嵌入22号槽，封好槽口，线圈3的上层边暂不嵌入7号槽内，将其吊起（吊3）；

将第二相V线圈4的下层边嵌入21号槽，封好槽口，线圈3的上层边暂不嵌入8号槽内，将其吊起（吊4）；

（4）空两个槽（空20、19号槽）；

（5）将第三相W线圈5的下层边嵌入18号槽，封好槽口，上层边嵌入3号槽（因为前面吊起线圈数已经等于q，即4个，这里不必再吊起），封好槽口；

将第三相W线圈6的下层边嵌入17号槽，封好槽口，上层边嵌入4号槽（因为前面吊起线圈数已经等于q，即4个，这里不必再吊起），封好槽口，垫好相间绝缘；

（6）空两个槽（空16、15号槽）；

（7）将第一相U的第三个线圈7的下层边嵌入14号槽，封好槽口，将其上层边嵌入23号槽，封好槽口；

将第一相U的第四个线圈8的下层边嵌入13号槽，封好槽口，将其上层边嵌入24号槽，封好槽口；

（8）空两个槽（空12、11号槽）；

（9）将第二相V的第三个线圈9的下层边嵌入10号槽，封好槽口，将其上层边嵌入19号槽，封好槽口；

将第二相V的第四个线圈10的下层边嵌入9号槽，封好槽口，将其上层边嵌入23号槽，封好槽口；

（10）空两个槽（空8、7号槽）；

（11）将第三相W的第三个线圈11的下层边嵌入6号槽，封好槽口，将其上层边嵌入15号槽，封好槽口；

将第三相W的第四个线圈10的下层边嵌入5号槽，封好槽口，将其上层边嵌入16号槽，封好槽口，垫好相间绝缘；

（12）将吊起的第一相U的第一个线圈1的上层边嵌入11号槽，封好槽口；

将吊起的第一相U的第二个线圈2的上层边嵌入12号槽，封好槽口；

将吊起的第二相V的第一个线圈3的上层边嵌入7号槽，封好槽口；

将吊起的第二相V的第二个线圈4的上层边嵌入8号槽，封好槽口，垫好相间绝缘。

根据绕组展开图，将U相绕组的四组线圈1、2、7、8按照首首、尾尾连接，首位两组线圈分别引出线。

将V相绕组的四组线圈3、4、9、10按照首首、尾尾连接，首位两组线圈分别引出线。

将W相绕组的四组线圈5、6、11、12按照首首、尾尾连接，首位两组线圈分别引出线。

图7-45　单层同心式绕组的嵌线工艺

3 单层交叉链式绕组的嵌线工艺

在一般情况下，小型三相异步电动机的q=3（每极每相槽数）时，定子绕组采用单层交叉链式绕组形式。

如图7-46所示，以2极18槽单层交叉链式绕组为例，定子槽数Z_1=18，极数$2p$=2，每极每相槽数q=3，节距y=7（1-8）、8（1-9），并联支路数a=1。

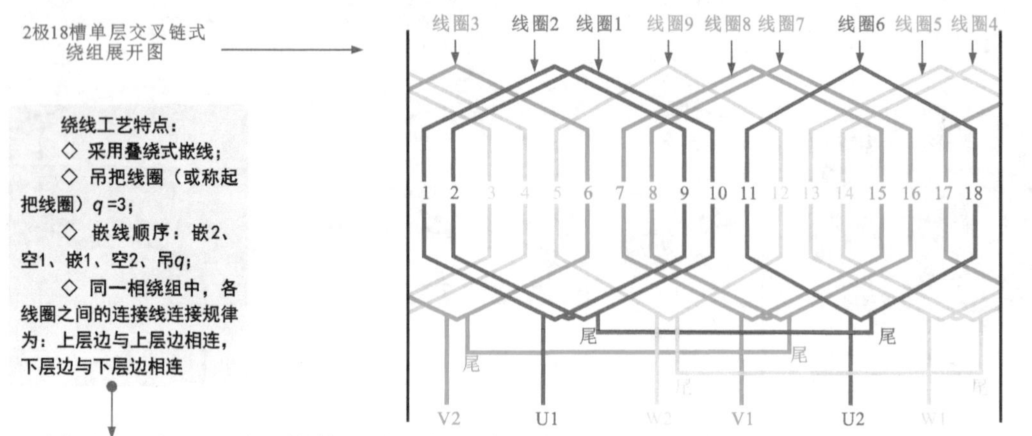
2极18槽单层交叉链式
绕组展开图
线圈3 线圈2 线圈1 线圈9 线圈8 线圈7 线圈6 线圈5 线圈4
1 2 3 4 5 6 7 8 9 10 11 12 13 14 15 16 17 18
尾
尾
尾
V2 U1 W2 V1 U2 W1
绕线工艺特点：
◇ 采用叠绕式嵌线；
◇ 吊把线圈（或称起把线圈）q =3；
◇ 嵌线顺序：嵌2、空1、嵌1、空2、吊q；
◇ 同一相绕组中，各线圈之间的连接线连接规律为：上层边与上层边相连，下层边与下层边相连

先将U相两组线圈1和2首尾连接构成一个大线圈；线圈6为小线圈；同一相的两个线圈之间为尾尾连接，V、W两相与U连接方法相同，且相邻两相引出线首（末）相距6槽。

嵌线工艺：

（1）将第一相U的第一个线圈1的下层边嵌入2号槽内，封好槽口（整理槽内导线、折叠好槽绝缘，插入槽楔），线圈1的上层边暂不嵌入10号槽，将其吊起（吊1）；

将第一相U的第二个线圈2的下层边嵌入1号槽内，封好槽口（整理槽内导线、折叠好槽绝缘，插入槽楔），线圈2的上层边暂不嵌入9号槽，将其吊起（吊2）；

（2）空一个槽（空18号槽）；

（3）将第二相V的第一个线圈3的下层边嵌入17号槽，封好槽口，线圈3的上层边暂不嵌入6号槽内，将其吊起（吊3）；

（4）空两个槽（空16、15号槽）；

（5）将第三相W的第一个线圈4的下层边嵌入14号槽，封好槽口，上层边嵌入4号槽（因为前面吊起线圈数已经等于q，即3个，这里不必再吊起），封好槽口；

将第三相W的第二个线圈5的下层边嵌入13号槽，封好槽口，上层边嵌入3号槽，封好槽口，垫好相间绝缘；

（6）空一个槽（空12号槽）；

（7）将第一相U的第三个线圈6的下层边嵌入11号槽，封好槽口，将其上层边嵌入18号槽，封好槽口；

（8）空两个槽（空10、9号槽）；

（9）将第二相V的第二个线圈7的下层边嵌入8号槽，封好槽口，将其上层边嵌入16号槽，封好槽口；

将第二相V的第三个线圈8的下层边嵌入7号槽，封好槽口，将其上层边嵌入15号槽，封好槽口；

（10）空一个槽（空6号槽）；

（11）将第三相W的第三个线圈9的下层边嵌入5号槽，封好槽口，将其上层边嵌入12号槽，封好槽口，垫好相间绝缘；

（12）将吊起的第一相U的第一个线圈1的上层边嵌入10号槽，封好槽口；

将吊起的第一相U的第二个线圈2的上层边嵌入9号槽，封好槽口；

将吊起的第二相V的第一个线圈3的上层边嵌入6号槽，封好槽口，垫好相间绝缘。

顺序	1	2	3	4	5	6	7	8	9	10	11	12	13	14	15	16	17	18
嵌入槽号	2	1	17	14	4	13	3	11	18	8	16	7	15	5	12	10	9	6

叠绕式是指采用“嵌2、空1、嵌1、空2、吊3”的方法进行嵌线，即连续嵌两个槽，然后空一个槽，再嵌一个槽，然后空两个槽，接着连续嵌两个槽，然后空一个槽，再嵌一个槽，然后空两个槽，直至全部嵌完

图7-46 单层交叉链式绕组的嵌线工艺（例1）

如图7-47所示，以4极36槽单层交叉链式绕组为例，定子槽数Z_1=36，极数$2p$=4，每极每相槽数q=3，节距y=7（1-8）、8（1-9），并联支路数a=1。

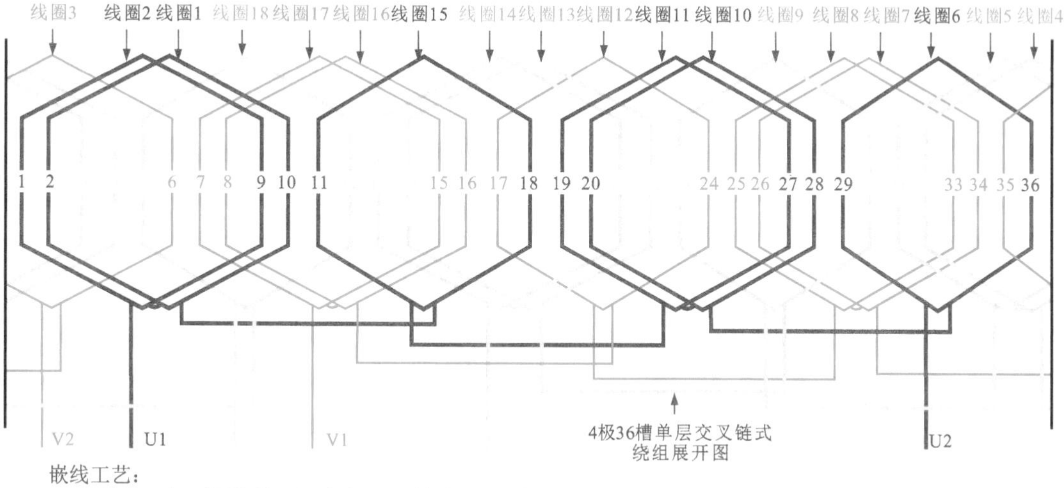

4极36槽单层交叉链式绕组展开图

嵌线工艺：

（1）将第一相U线圈1的下层边嵌入2号槽内，封好槽口（整理槽内导线、折叠好槽绝缘，插入槽楔），线圈1的上层边暂不嵌入10号槽，将其吊起（吊1）；

将第一相U线圈2的下层边嵌入1号槽内，封好槽口（整理槽内导线、折叠好槽绝缘，插入槽楔），线圈2的上层边暂不嵌入9号槽，将其吊起（吊2）；

绕线工艺特点：

◇ 吊把线圈（或称起把线圈）q=3；

◇ 嵌线顺序：嵌2、空1、嵌1、空2、吊q

（2）空一个槽（空36号槽）；

（3）将第二相V线圈3的下层边嵌入35号槽，封好槽口，线圈3的上层边暂不嵌入6号槽内，将其吊起（吊3）；

（4）空两个槽（空34、33号槽）；

（5）将第三相W线圈4的下层边嵌入32号槽，封好槽口，上层边嵌入4号槽（因为前面吊起线圈数已经等于q，即3个，这里不必再吊起），封好槽口；

将第三相W线圈5的下层边嵌入31号槽，封好槽口，上层边嵌入3号槽，封好槽口，垫好相间绝缘；

（6）空一个槽（空30号槽）；

（7）将第一相U线圈6的下层边嵌入29号槽，封好槽口，将其上层边嵌入36号槽，封好槽口；

（8）空两个槽（空28、27号槽）；

（9）将第二相V线圈7的下层边嵌入26号槽，封好槽口，将其上层边嵌入34号槽，封好槽口；

将第二相V线圈8的下层边嵌入25号槽，封好槽口，将其上层边嵌入33号槽，封好槽口；

（10）空一个槽（空24号槽）；

（11）将第三相W线圈9的下层边嵌入23号槽，封好槽口，将其上层边嵌入30号槽，封好槽口，垫好相间绝缘；

（12）空两个槽（空22、21号槽）；

（13）将第一相U线圈10的下层边嵌入20号槽，封好槽口，将其上层边嵌入28号槽，封好槽口；

将第一相U线圈11的下层边嵌入19号槽，封好槽口，将其上层边嵌入27号槽，封好槽口；

（14）空一个槽（空18号槽）；

（15）将第二相V线圈12的下层边嵌入17号槽，封好槽口，将其上层边嵌入24号槽，封好槽口；

（16）空两个槽（空16、15号槽）；

（17）将第三相W线圈13的下层边嵌入14号槽，封好槽口，将其上层边嵌入22号槽，封好槽口；

将第三相W线圈14的下层边嵌入13号槽，封好槽口，将其上层边嵌入21号槽，封好槽口，垫好相间绝缘；

（18）空一个槽（空12号槽）；

（19）将第一相U线圈15的下层边嵌入11号槽，封好槽口，将其上层边嵌入18号槽，封好槽口；

（20）空两个槽（空10、9号槽）；

（21）将第二相U线圈16的下层边嵌入8号槽，封好槽口，将其上层边嵌入16号槽，封好槽口；

将第二相U线圈17的下层边嵌入7号槽，封好槽口，将其上层边嵌入15号槽，封好槽口；

（22）空一个槽（空6号槽）；

（23）将第三相W线圈18的下层边嵌入5号槽，封好槽口。将其上层边嵌入12号槽，封好槽口，垫好相间绝缘；

（24）将吊起的第一相U线圈1的上层边嵌入10号槽，封好槽口；

将吊起的第一相U线圈2的上层边嵌入9号槽，封好槽口；

将吊起的第二相V线圈3的上层边嵌入6号槽，封好槽口，垫好相间绝缘。

图7-47　单层交叉链式绕组的嵌线工艺（例2）

7.5.2 双层绕组的嵌线工艺

在一般情况下，容量较大的中、小型三相异步电动机的定子绕组多采用双层绕组形式。

如图7-48所示，以4极24槽双层叠绕式绕组为例，定子槽数Z_1=24，极数$2p$=4，每极每相槽数q=2，节距y=5（1-6），并联支路数a=1。

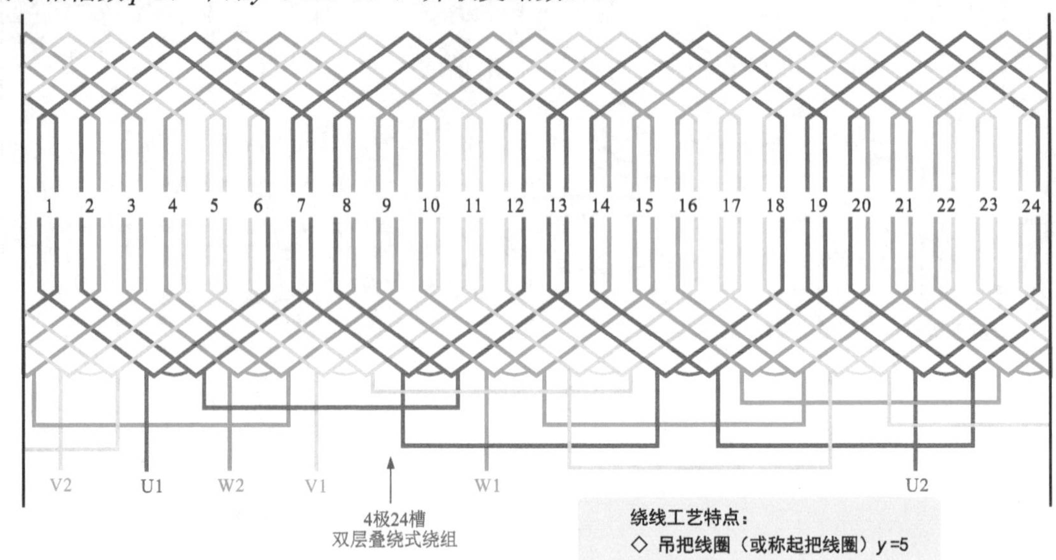
1 2 3 4 5 6 7 8 9 10 11 12 13 14 15 16 17 18 19 20 21 22 23 24
V2
U1
W2
V1
W1
U2
4极24槽
双层叠绕式绕组
绕线工艺特点：
◇ 吊把线圈（或称起把线圈）y =5

嵌线工艺：

（1）将第一相U第一个线圈组的下层边嵌入1号槽内，整理导线，盖好层间绝缘，上层边暂不嵌入6号槽，将其吊起（吊1）；

将第二相V第一个线圈组的下层边嵌入24号槽内，整理导线，盖好层间绝缘，上层边暂不嵌入5号槽，将其吊起（吊2）；

将第二相V第二个线圈组的下层边嵌入23号槽内，整理导线，盖好层间绝缘，上层边暂不嵌入4号槽，将其吊起（吊3）；

将第三相W第一个线圈组的下层边嵌入22号槽内，整理导线，盖好层间绝缘，上层边暂不嵌入3号槽，将其吊起（吊4）；

将第三相W第二个线圈组的下层边嵌入21号槽内，整理导线，盖好层间绝缘，上层边暂不嵌入2号槽，将其吊起（吊5）；

（2）将第一相U第二个线圈组的下层边嵌入20号槽内，盖好层间绝缘，上层边嵌入1号槽，折叠槽绝缘，封槽；

（3）将第一相U第三个线圈组的下层边嵌入19号槽内，盖好层间绝缘，上层边嵌入24号槽，折叠槽绝缘，封槽；

（4）将第二相V第三个线圈组的下层边嵌入18号槽内，盖好层间绝缘，上层边嵌入23号槽，折叠槽绝缘，封槽；

（5）将第二相V第四个线圈组的下层边嵌入17号槽内，盖好层间绝缘，上层边嵌入22号槽，折叠槽绝缘，封槽；

⋮　　　　⋮

（19）将第三相W第八个线圈组的下层边嵌入3号槽内，整理导线、盖好层间绝缘，上层边嵌入8号槽，折叠好槽绝缘，封槽；

（20）将第一相U第八个线圈组的下层边嵌入2号槽内，整理导线、盖好层间绝缘，上层边嵌入7号槽，折叠好槽绝缘，封槽；

（21）将吊起的5个线圈的上层边依次嵌入6、5、4、3、2号槽内，折叠好槽绝缘，封槽。

图7-48　双层绕组的嵌线工艺

注意：每个线圈的下层边嵌入后要盖好层间绝缘并压紧；每个线圈的上层边嵌入后，都要处理槽绝缘，并封槽；每个线圈组嵌完后，都要垫好相间绝缘。

另外，同一相各线圈组之间的连接应按反向串联规律，即上层边与上层边相连、下层边与下层边相连。

7.5.3 单双层混合绕组的嵌线工艺

单双层混合绕组是由双层短距绕组变换而来的，具有改善电动机性能的优点，平均节距较短，嵌线时比较节省材料，易于嵌线。

1 双层短距绕组到单双层混合绕组的变化过程

如图7-49所示，以4极36槽双层短距绕组转换为4极36槽单双层绕组例，定子槽数Z_1=36，极数$2p$=4，每极每相槽数q=3，节距y=8（1-9），并联支路数a=1。

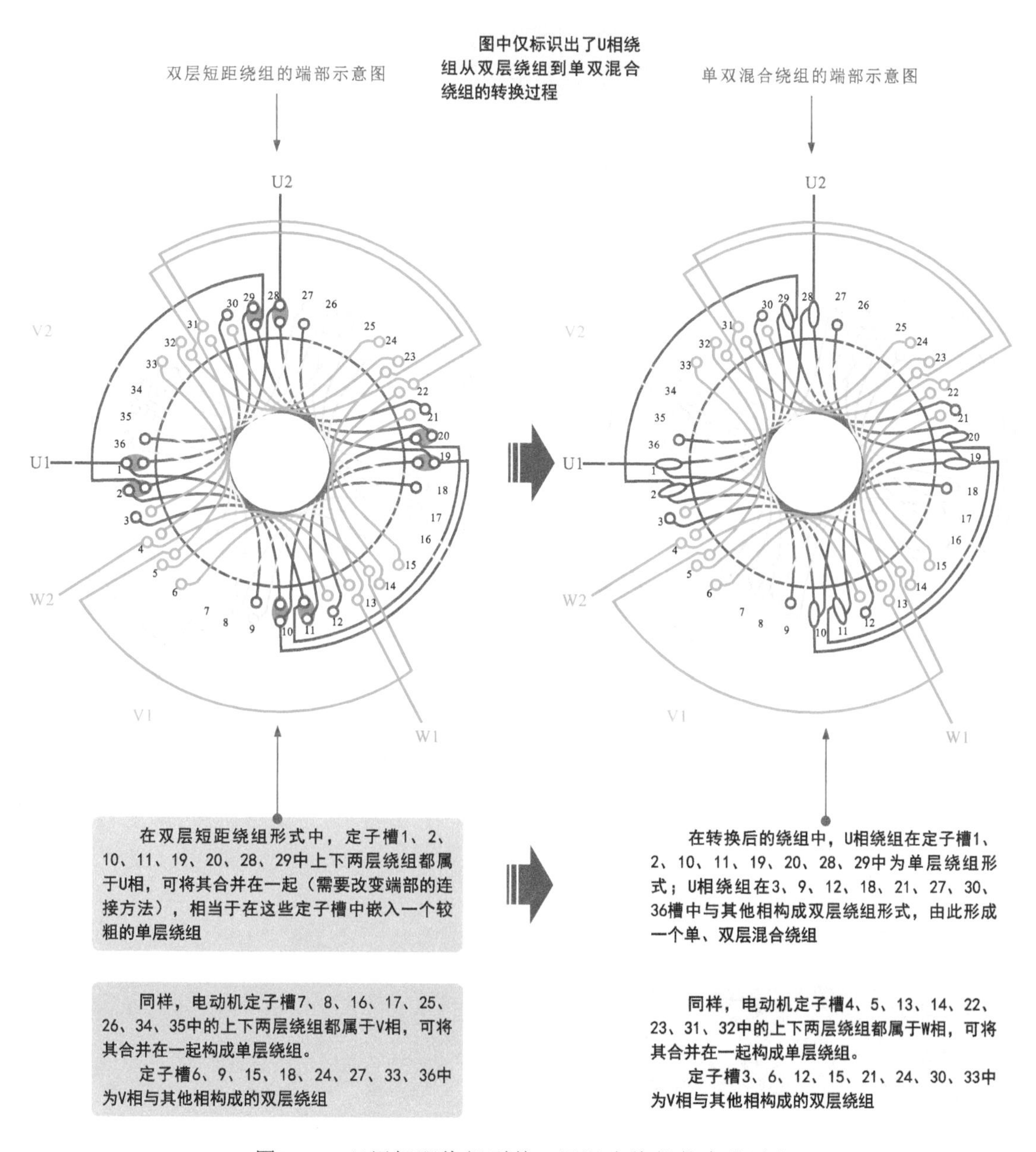

图中仅标识出了U相绕组从双层绕组到单双混合绕组的转换过程
双层短距绕组的端部示意图
单双混合绕组的端部示意图
U2
U1
V2
W2
V1
W1
在双层短距绕组形式中，定子槽1、2、10、11、19、20、28、29中上下两层绕组都属于U相，可将其合并在一起（需要改变端部的连接方法），相当于在这些定子槽中嵌入一个较粗的单层绕组
在转换后的绕组中，U相绕组在定子槽1、2、10、11、19、20、28、29中为单层绕组形式；U相绕组在3、9、12、18、21、27、30、36槽中与其他相构成双层绕组形式，由此形成一个单、双层混合绕组
同样，电动机定子槽7、8、16、17、25、26、34、35中的上下两层绕组都属于V相，可将其合并在一起构成单层绕组。
定子槽6、9、15、18、24、27、33、36中为V相与其他相构成的双层绕组
同样，电动机定子槽4、5、13、14、22、23、31、32中的上下两层绕组都属于W相，可将其合并在一起构成单层绕组。
定子槽3、6、12、15、21、24、30、33中为V相与其他相构成的双层绕组

图7-49 双层短距绕组到单双层混合绕组的变化过程

4极36槽双层短距绕组的展开图

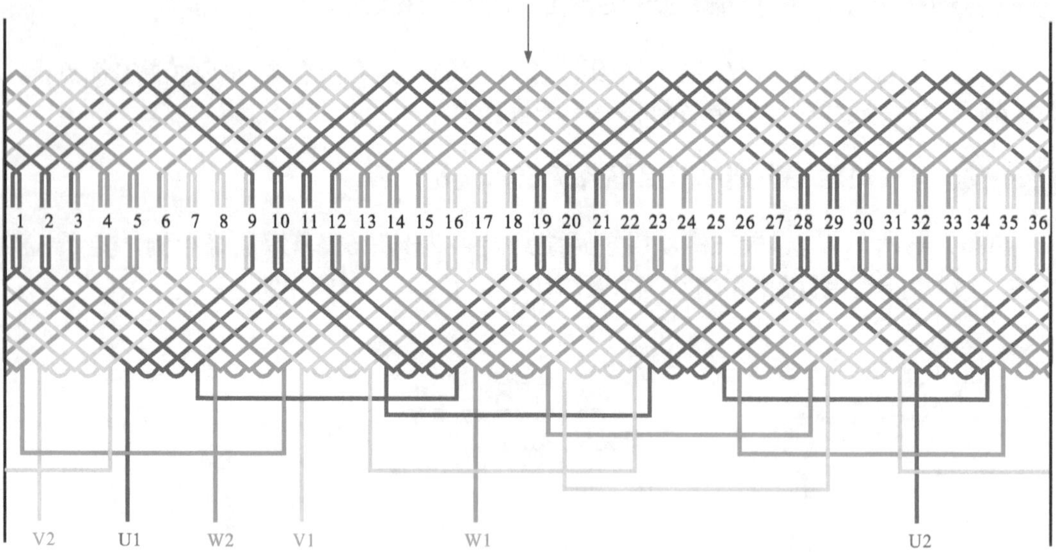

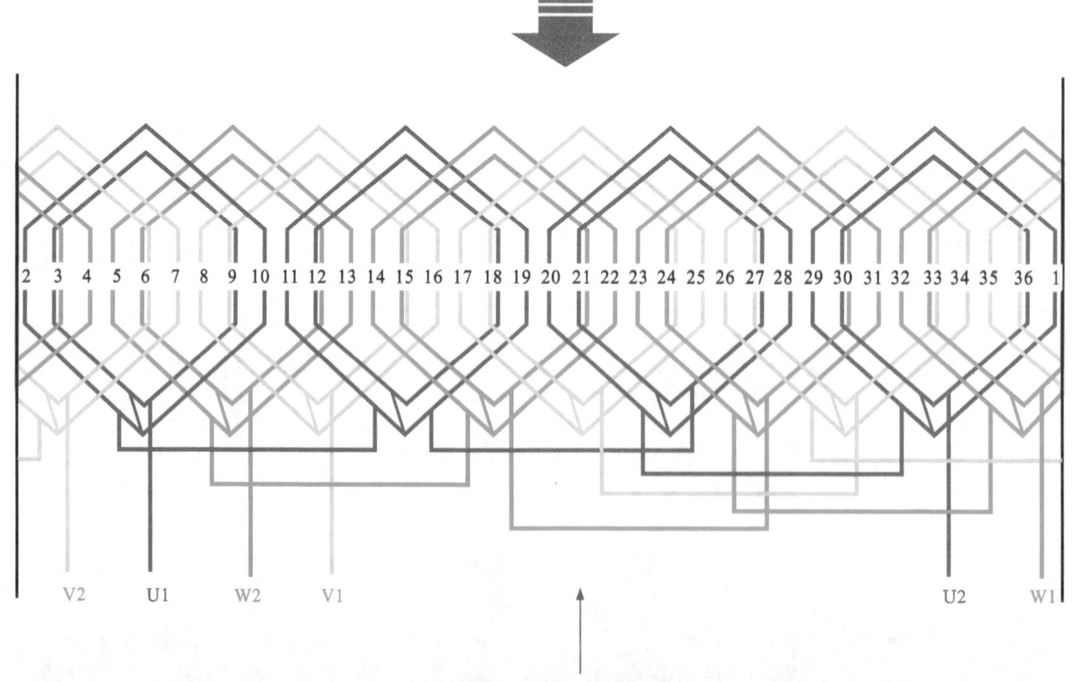
2 3 4 5 6 7 8 9 10 11 12 13 14 15 16 17 18 19 20 21 22 23 24 25 26 27 28 29 30 31 32 33 34 35 36 1
V2
U1
W2
V1
U2
W1
4极36槽单双层混合绕组的展开图

在转换后的绕组中，U相绕组在定子槽1、2、10、11、19、20、28、29中单层绕组形式。

U相绕组在9、18、27、36号槽中位于下层。

U相绕组在3、12、21、30号槽中位于上层

在转换后的绕组中，V相绕组在定子槽7、8、16、17、25、26、34、35中单层绕组形式。

V相绕组在15、24、33、6号槽中位于下层。

V相绕组在9、18、27、36号槽中位于上层

在转换后的绕组中，W相绕组在定子槽4、5、13、14、22、23、31、32中单层绕组形式。

W相绕组在12、21、30、3号槽中位于下层。

W相绕组在6、15、24、33号槽中位于上层

图7-49　双层短距绕组到单双层混合绕组的变化过程（续）

2 单双层混合绕组的嵌线方法

如图7-50所示，以4极36槽单双层混合绕组为例，定子槽数Z_1=36，极数$2p$=4，大圈节距y=8（2-10），小圈节距y=6（3-9）。

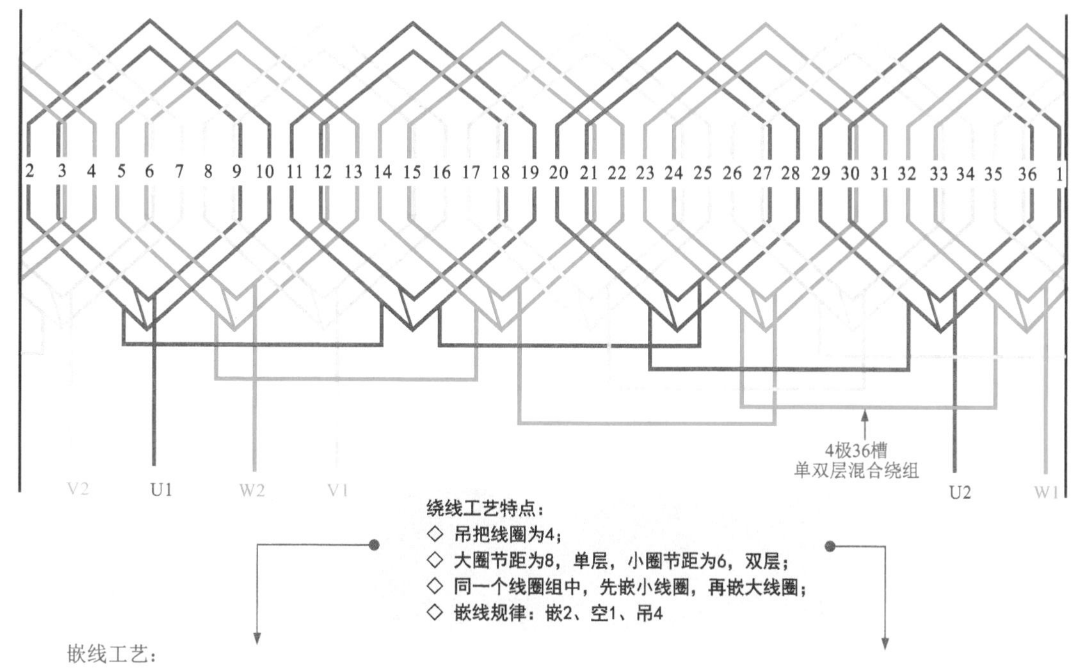

2 3 4 5 6 7 8 9 10 11 12 13 14 15 16 17 18 19 20 21 22 23 24 25 26 27 28 29 30 31 32 33 34 35 36 1
4极36槽
单双层混合绕组
V2
U1
W2
V1
U2
W1
绕线工艺特点：
◇ 吊把线圈为4；
◇ 大圈节距为8，单层，小圈节距为6，双层；
◇ 同一个线圈组中，先嵌小线圈，再嵌大线圈；
◇ 嵌线规律：嵌2、空1、吊4

嵌线工艺：

（1）将第一相第一个线圈组（一大一小）中带引线的小线圈的下层边嵌入9号槽内，盖好层间绝缘并压紧，上层边暂不嵌入3号槽，将其吊起（吊1）；

将大线圈的下层边嵌入10号槽内，折叠好槽绝缘，封槽，上层边暂不嵌入2号槽，将其吊起（吊2）；

（2）空一个槽（槽号11）；

（3）将第二相第一个线圈组（一大一小）中带引线的小线圈的下层边嵌入12号槽内，盖好层间绝缘并压紧，上层边暂不嵌入6号槽，将其吊起（吊3）；

将大线圈的下层边嵌入13号槽内，折叠好槽绝缘，封槽，上层边暂不嵌入5号槽，将其吊起（吊4）；

（4）空一个槽（槽号14）；

（5）将第三相第一个线圈组（一大一小）中带引线的小线圈的下层边嵌入15号槽内，盖好层间绝缘并压紧，上层边嵌入9号槽内（前面已经吊起4，该线圈不必吊起），盖好层间绝缘并压紧；

将大线圈的下层边嵌入16号槽内，折叠好槽绝缘，封槽，上层边嵌入8号槽，盖好层间绝缘并压紧；

（6）空一个槽（槽号17）；

（7）将第一相第二个线圈组（一大一小）中小线圈的下层边嵌入18号槽内，盖好层间绝缘并压紧，其上层边嵌入12号槽内，折叠好槽绝缘，封槽（上、下两层均已嵌入）；

将大线圈的下层边嵌入19号槽内，折叠好槽绝缘，封槽，上层边嵌入11号槽，折叠好槽绝缘，封槽；

（8）空一个槽（槽号20）；

（9）将第二相第二个线圈组（一大一小）中小线圈的下层边嵌入21号槽内，盖好层间绝缘并压紧，上层边嵌入15号槽内，折叠好槽绝缘，封槽（上、下两层均已嵌入）；

将大线圈的下层边嵌入22号槽内，折叠好槽绝缘，封槽，上层边嵌入14号槽，折叠好槽绝缘，封槽；

（10）空一个槽（槽号23）；

（11）将第三相第二个线圈组（一大一小）中小线圈的下层边嵌入24号槽内，盖好层间绝缘并压紧，上层边嵌入18号槽内，折叠好槽绝缘，封槽（上、下两层均已嵌入）；

将大线圈的下层边嵌入25号槽内，折叠好槽绝缘，封槽，上层边嵌入17号槽，折叠好槽绝缘，封槽；

（12）依此规律，分别将三相绕组的第三个、第四个嵌入定子槽中，封槽；

（13）将第一、二相吊把线圈的上层分别嵌入3、2、6、5内，封槽。

图7-50 单双层混合绕组的嵌线工艺

7.6 电动机绕组嵌线的基本操作

嵌线是指将绕制好的绕组线圈嵌入电动机定子铁芯槽内，主要包括放置槽绝缘、嵌放绕组、相间绝缘、端部整形、端部包扎等几个步骤。

7.6.1 放置槽绝缘

如图7-51所示，放置槽绝缘是指将绝缘纸放入定子槽中形成绕组与槽内的绝缘。

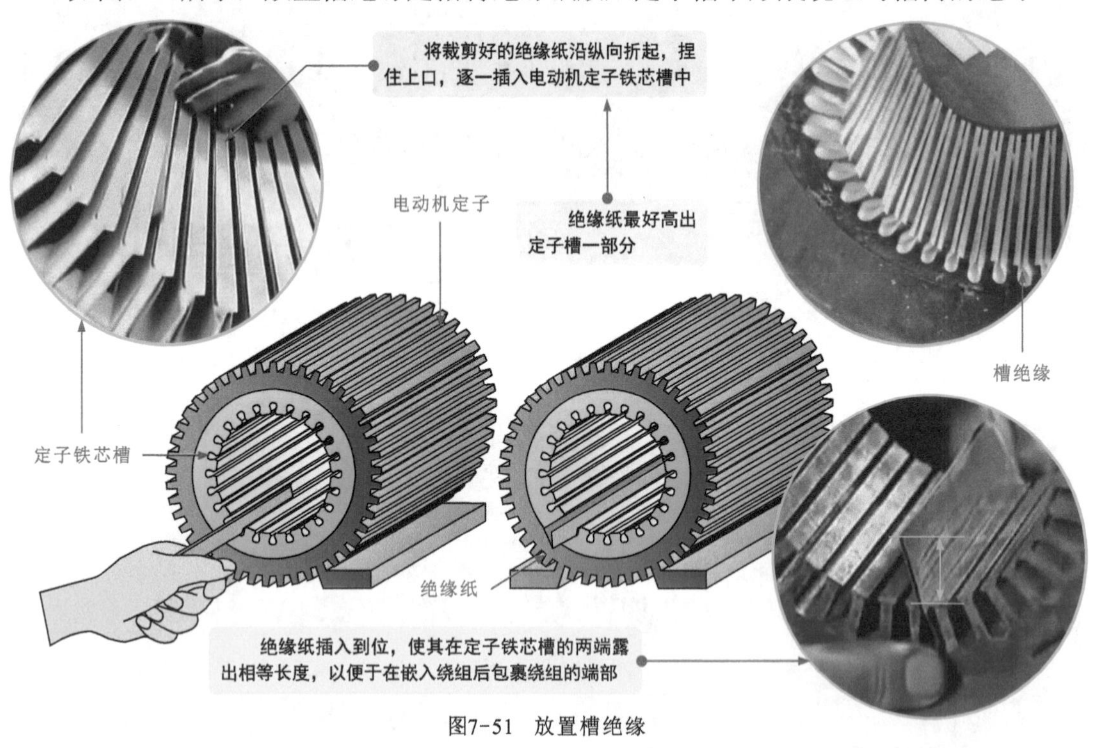
将裁剪好的绝缘纸沿纵向折起，捏住上口，逐一插入电动机定子铁芯槽中
电动机定子
绝缘纸最好高出定子槽一部分
槽绝缘
定子铁芯槽
绝缘纸
绝缘纸插入到位，使其在定子铁芯槽的两端露出相等长度，以便于在嵌入绕组后包裹绕组的端部

图7-51 放置槽绝缘

根据电动机容量的不同，槽绝缘两端伸出铁芯的长度、槽绝缘的宽度也不同。根据操作规范和要求可知，槽绝缘两端伸出铁芯的长度过长，容易造成材料浪费；伸出长度过短，绕组对铁芯的安全距离不够。

如图7-52所示，容量较小的异步电动机槽绝缘两端各伸出铁芯的长度一般为7.5～15mm。容量较大的电动机，则除满足上述长度要求外，还需要将槽绝缘伸出部分折叠成双层，即加强槽口绝缘。

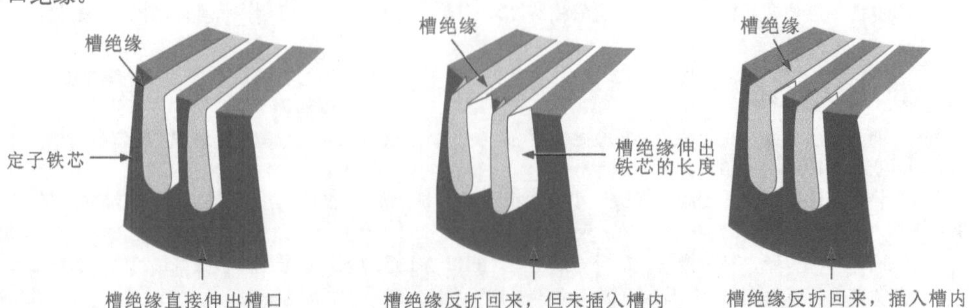
槽绝缘
定子铁芯
槽绝缘直接伸出槽口
槽绝缘
槽绝缘伸出铁芯的长度
槽绝缘反折回来，但未插入槽内
槽绝缘
槽绝缘反折回来，插入槽内

图7-52 槽绝缘伸出铁芯的长度和加强槽绝缘的方式

如图7-53所示，槽绝缘的宽度可以大于定子槽的周长，也可略小于定子槽的周长，但需要配合引槽纸和盖槽绝缘使用。

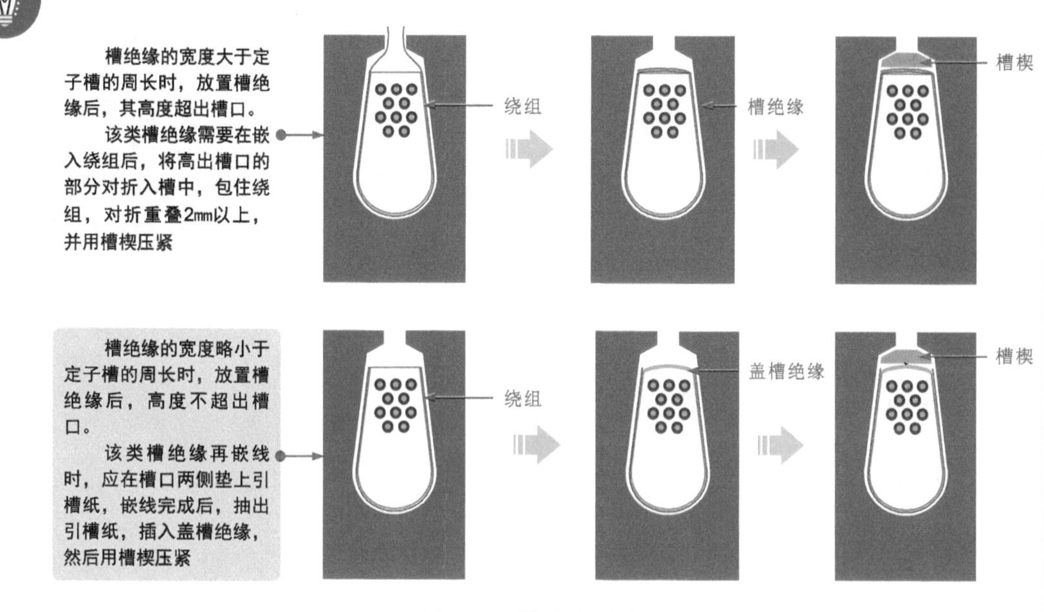
槽绝缘的宽度大于定子槽的周长时，放置槽绝缘后，其高度超出槽口。
该类槽绝缘需要在嵌入绕组后，将高出槽口的部分对折入槽中，包住绕组，对折重叠2mm以上，并用槽楔压紧
绕组
槽绝缘
槽楔
槽绝缘的宽度略小于定子槽的周长时，放置槽绝缘后，高度不超出槽口。
该类槽绝缘再嵌线时，应在槽口两侧垫上引槽纸，嵌线完成后，抽出引槽纸，插入盖槽绝缘，然后用槽楔压紧
绕组
盖槽绝缘
槽楔

图7-53 槽绝缘的宽度

7.6.2 嵌放绕组

嵌放绕组是指将绕制好的绕组根据前述的嵌线方法嵌入放好绝缘纸的定子槽中，并用绝缘纸将绕组包好，然后压上槽楔。

根据前述记录数据，电动机铭牌上标识的型号Y90S-2，可知此电动机的槽数为18个，极数为2，采用三相单层交叉链式绕组的方法绕制，嵌线时可采用叠绕式（嵌2、空1、嵌1、空2、吊3）嵌线。

如图7-54所示，按照规范的嵌线工艺，将绕组嵌放到电动机定子槽内。

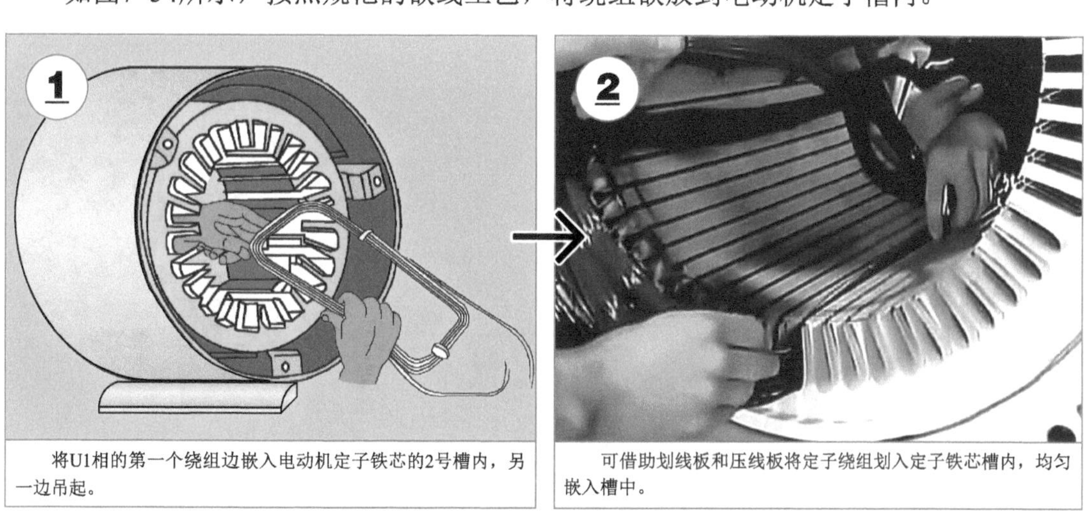
1
2

将U1相的第一个绕组边嵌入电动机定子铁芯的2号槽内，另一边吊起。

可借助划线板和压线板将定子绕组划入定子铁芯槽内，均匀嵌入槽中。

图7-54 嵌放绕组的操作方法

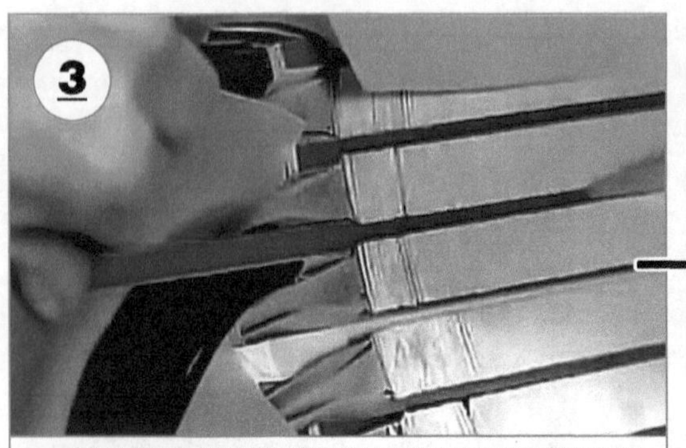

绕组入槽后，用绝缘纸高出槽口的部分将绝缘纸两边对折包好绕组，插入槽楔，完成一个绕组边的嵌入。

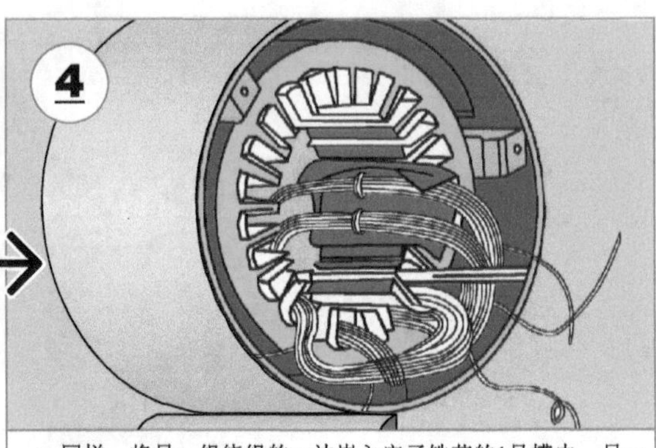

同样，将另一组绕组的一边嵌入定子铁芯的1号槽内，另一边吊起。

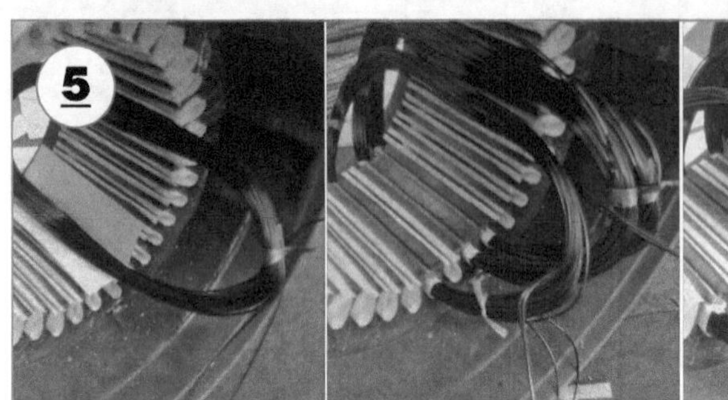

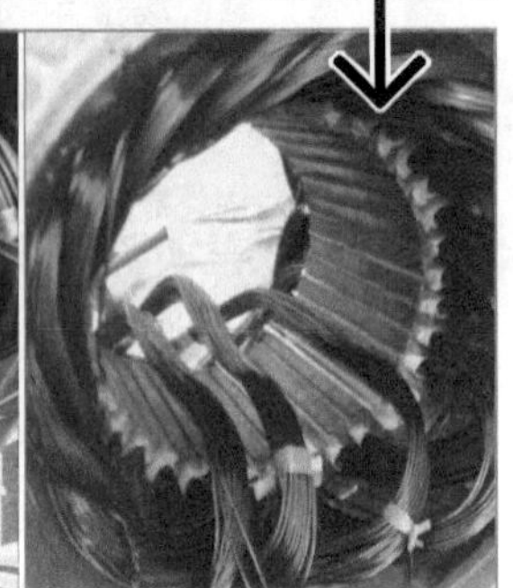

图7-54 嵌放绕组的操作方法（续）

在定子绕组嵌线过程中，应将定子绕组有出线的一端置于右手侧，以便于进行同相绕组之间的连线操作。嵌线时，可将要嵌入的绕组线扭扁后再送入定子铁芯槽中，可防止嵌放时绕组松散，有利于绕组的嵌放和固定。

电动机绕组线圈嵌入定子槽后，需要将绕组线圈压紧，然后将绝缘纸对折包住绕组，或将槽盖绝缘插入，用压线板压实绝缘，从一端敲入槽楔，这一操作被称为封槽口操作。注意，不可损伤绕组线圈绝缘层和槽绝缘。

7.6.3 相间绝缘

如图7-55所示，相间绝缘是指绕组嵌放完成后，为避免在绕组的端部产生短路，通常需要在每个极相绕组之间加垫绝缘材料。

在绕组嵌线过程中，将绝缘纸放置在极相绕组之间，绕组嵌线完成后，按端部形状将绝缘纸剪裁成形

绕组端部相间绝缘必须塞到与槽绝缘相接处，且应能够压住部分槽绝缘

相间绝缘

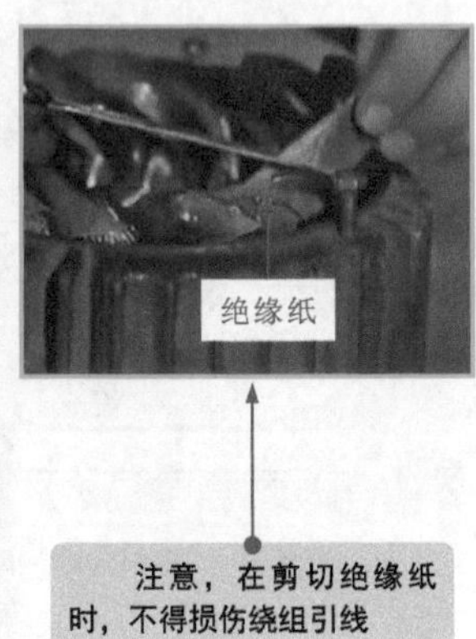
绝缘纸

注意，在剪切绝缘纸时，不得损伤绕组引线

图7-55 放置相间绝缘的操作

7.6.4 端部整形

如图7-56所示，端部整形是指用专用的木质整形器或橡胶锤整理嵌好的绕组端部成规则的喇叭状。

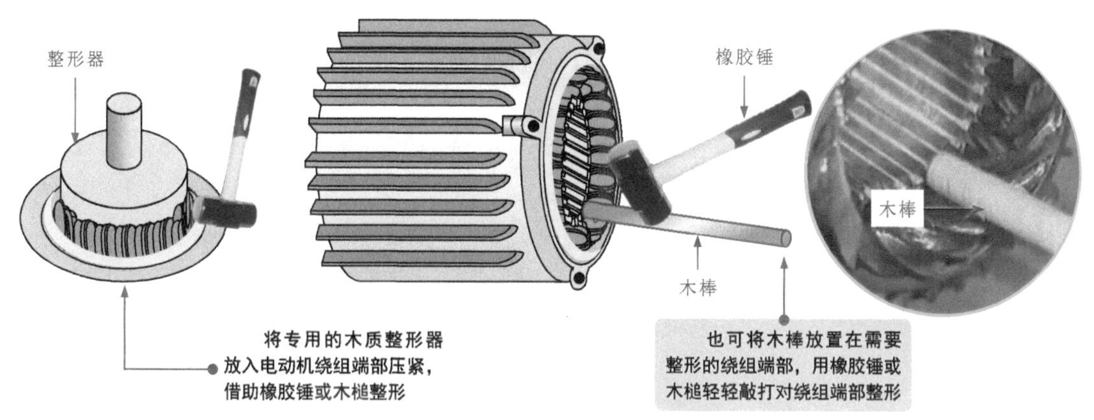
整形器
橡胶锤
木棒
木棒
将专用的木质整形器
放入电动机绕组端部压紧，
借助橡胶锤或木槌整形
也可将木棒放置在需要
整形的绕组端部，用橡胶锤或
木槌轻轻敲打对绕组端部整形

图7-56 端部整形的操作

定子绕组嵌线完成后，需要检查相间绝缘是否良好；整形完成后，需要再次检查相间绝缘有无错位，绕组漆包线有无损伤等情况；若存在异常部位，需要立即修复或重新嵌线。

7.6.5 端部包扎

如图7-57所示，绕组端部包扎是绕组嵌线中不容忽视的一个程序，主要是将绕组端部按照一定的次序绑扎成一个紧固的整体。

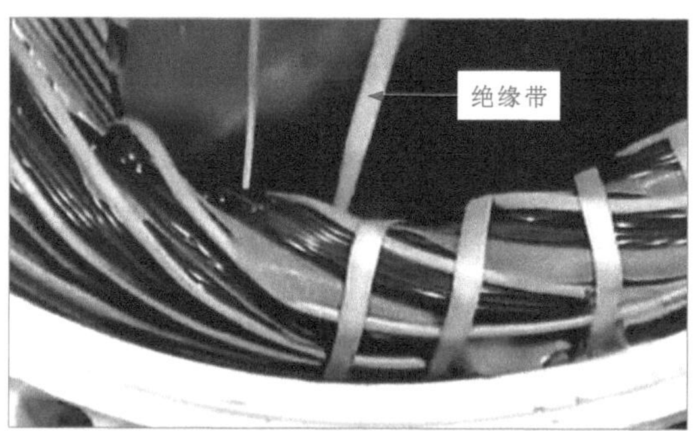
绝缘带
绝缘带

大容量电动机每组绕组的端部都应包扎，小容量电动机一般可在嵌线完成后统一包扎，使其牢固，避免电动机在启动或运行过程中，因电磁力振动影响绕组线圈。

值得注意的是，在绑扎绕组端部时，应尽量使外引线的接头免受拉力，且应尽量使绑扎带保持整齐、美观

定子绕组
绝缘绑扎

图7-57 绕组端部包扎的操作方法

7.7 电动机绕组线端的接线

电动机绕组绕制和嵌线完成后，需要将同相绕组的线圈按照连接要求和顺序连接起来，为确保连接可靠，通常采用钎焊的方法连接。

7.7.1 电动机绕组焊接头的连接形式

电动机同相绕组的线圈之间需要先连接后，再借助焊接设备焊接。常用的连接形式主要有绞接和扎线连接两种。

1 绞接

通常，线径较小的电动机绕组接头多采用绞接方式连接，即直接将线头绞合在一起，如图7-58所示。

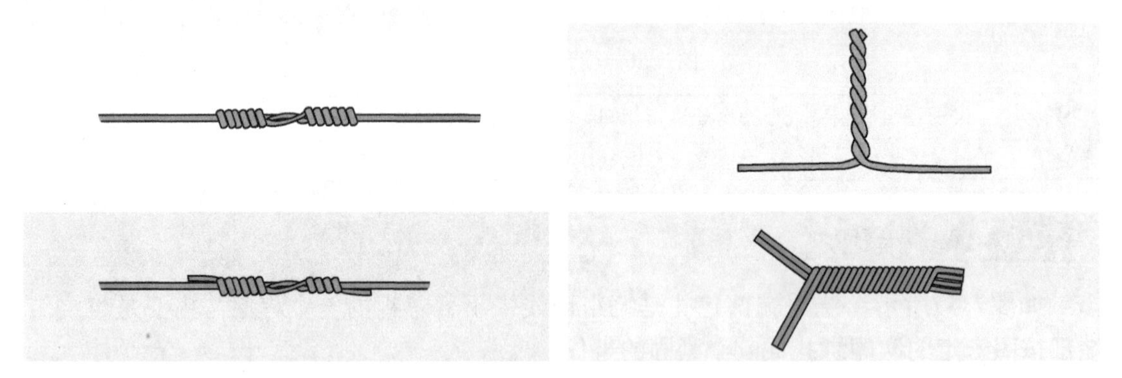

图7-58 电动机绕组接头的几种绞接方式

2 扎线连接

如图7-59所示，通常，线径较粗的绕组多采用扎线连接方式连接，即用较细（Φ 0.3～0.8mm）的去掉绝缘漆的铜线将待连接的绕组线圈接头扎紧。

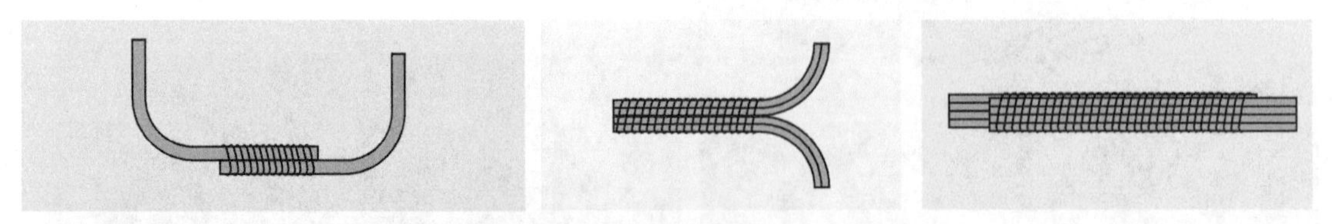

图7-59 电动机绕组接头的几种扎线连接方式

7.7.2 电动机绕组的焊接

绕组的焊接是指将同一相绕组中各绕组线圈的首尾端按一定的规律连接在一起，并借助焊接设备对接头处进行焊接，防止接头氧化。

如图7-60所示，连接绕组线圈前，需要先参考绕组端面布线接线图接线，以18槽2极单层交叉链式绕组需要连接的绕组引出线为例。

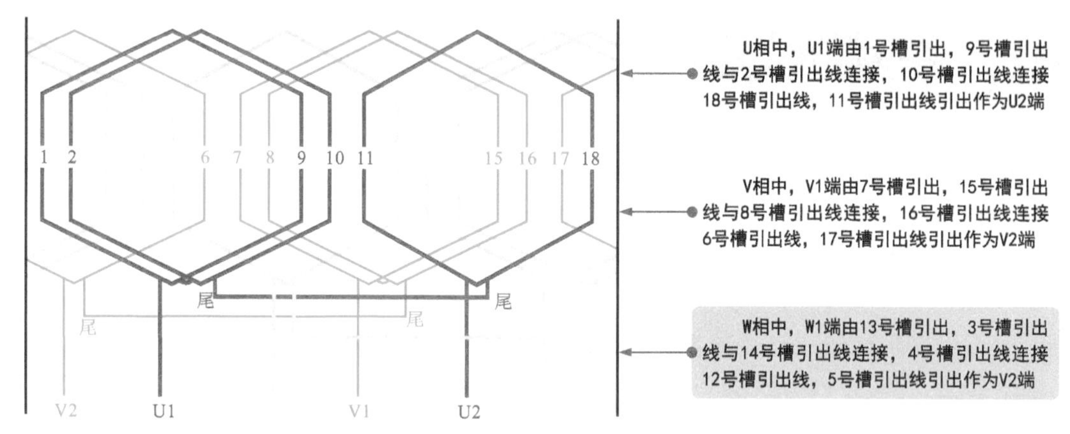
U相中，U1端由1号槽引出，9号槽引出线与2号槽引出线连接，10号槽引出线连接18号槽引出线，11号槽引出线引出作为U2端
V相中，V1端由7号槽引出，15号槽引出线与8号槽引出线连接，16号槽引出线连接6号槽引出线，17号槽引出线引出作为V2端
W相中，W1端由13号槽引出，3号槽引出线与14号槽引出线连接，4号槽引出线连接12号槽引出线，5号槽引出线引出作为V2端
1
2
6
7
8
9
10
11
15
16
17
18
尾
尾
尾
尾
V2
U1
V1
U2

图7-60　了解同相绕组线圈间的连接关系

图7-61为同相绕组线圈间引出线的连接和焊接方法（引线较细，采用铰接连接，钎焊焊接）。

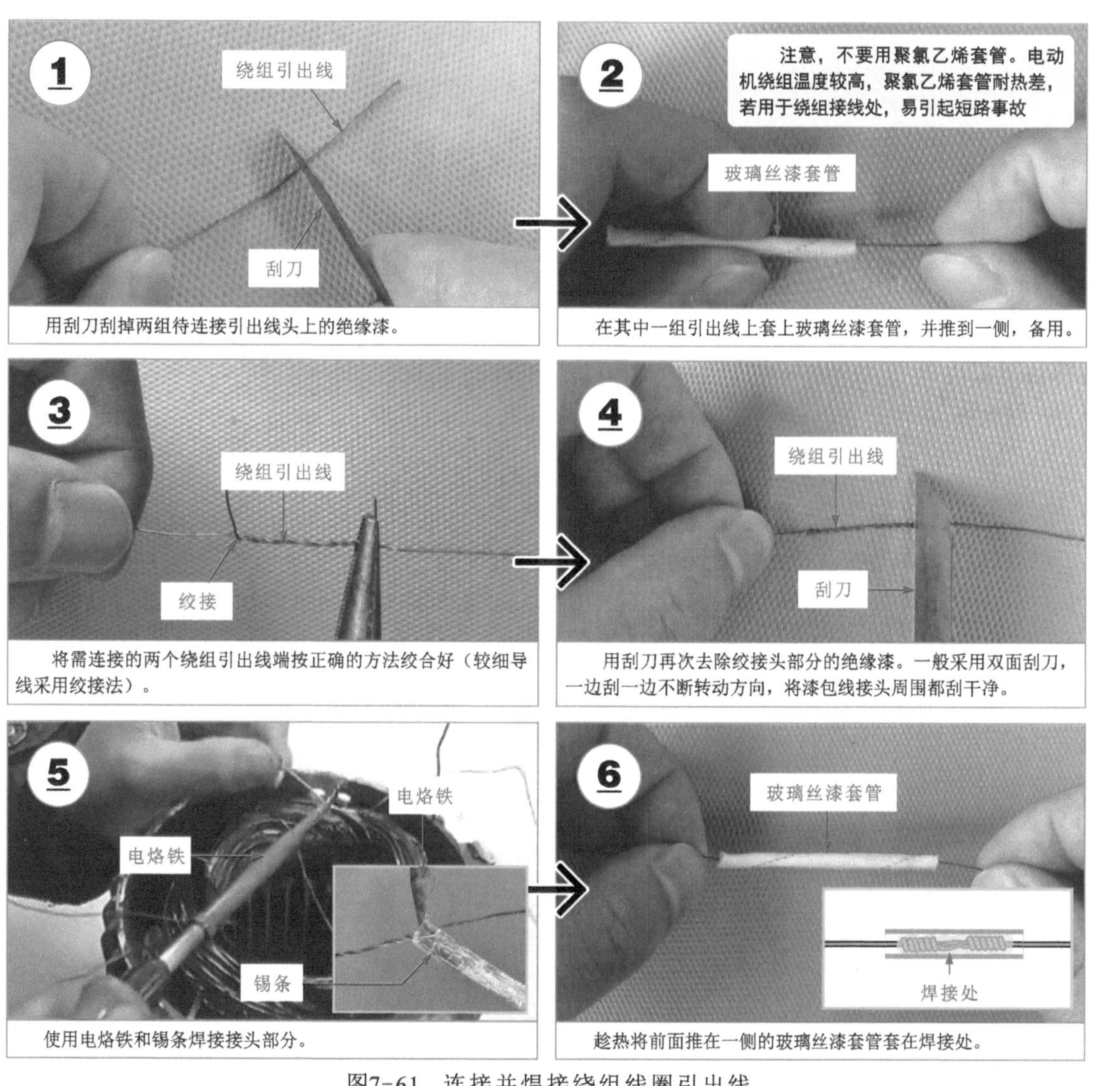
1
绕组引出线
刮刀
用刮刀刮掉两组待连接引出线头上的绝缘漆。
2
注意，不要用聚氯乙烯套管。电动机绕组温度较高，聚氯乙烯套管耐热差，若用于绕组接线处，易引起短路事故
玻璃丝漆套管
在其中一组引出线上套上玻璃丝漆套管，并推到一侧，备用。
3
绕组引出线
绞接
将需连接的两个绕组引出线端按正确的方法绞合好（较细导线采用绞接法）。
4
绕组引出线
刮刀
用刮刀再次去除绞接头部分的绝缘漆。一般采用双面刮刀，一边刮一边不断转动方向，将漆包线接头周围都刮干净。
5
电烙铁
电烙铁
锡条
使用电烙铁和锡条焊接接头部分。
6
玻璃丝漆套管
焊接处
趁热将前面推在一侧的玻璃丝漆套管套在焊接处。

图7-61　连接并焊接绕组线圈引出线

7.8 电动机绕组的绝缘处理

电动机绕组嵌线完成后需要进行浸漆烘干等绝缘处理，可有效改善绕组的导热性、散热性、抗潮性、防霉性及抗振性和机械稳定性。浸漆可提高绕组的机械强度，使绕组表面形成光滑的漆膜，增强耐油、耐电弧的能力。

电动机绕组的浸漆和烘干操作也称为电动机的绝缘处理，主要有四个步骤：预烘、绕组浸渍、浸烘处理及涂覆盖漆。电动机浸漆和烘干的方法很多，在实际操作中，根据电动机和操作的具体情况选择合适的操作方法即可。

7.8.1 电动机绕组的预烘

如图7-62所示，绕组浸漆前，先将绕组预热，高出线圈绝缘耐热等级5～10℃。该操作称为预烘，主要是为了将电动机绕组间隙及绝缘内部的潮气烘干，提高浸漆的质量。

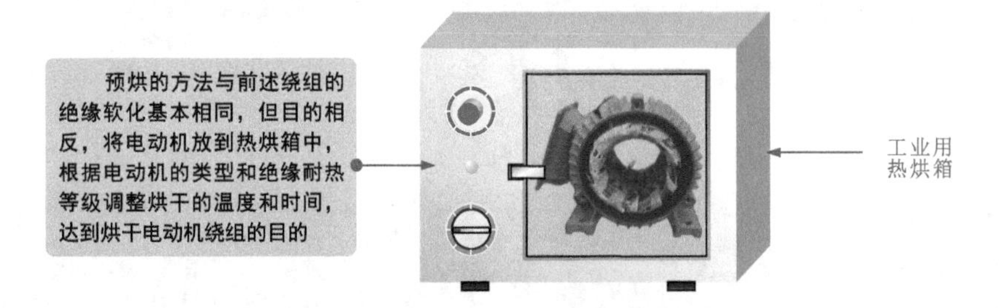
预烘的方法与前述绕组的绝缘软化基本相同，但目的相反，将电动机放到热烘箱中，根据电动机的类型和绝缘耐热等级调整烘干的温度和时间，达到烘干电动机绕组的目的
工业用热烘箱

图7-62　绕组浸漆前的预烘操作

7.8.2 电动机绕组的浸漆

绕组在经预烘后的温度降至60～80℃时，便可以开始浸漆。常用的浸漆方法主要有浇漆法和浸泡法。

如图7-63所示，浇漆法是指将绝缘漆浇到绕组中，在维修中较常采用。浇漆时，为了节省原料，将电动机垂直放在漆盘上，先浇制绕组的一端，经过20～30分钟后，将电动机调过来再浇制另一端，直到电动机两端均浇透。

电动机绕组浸漆常用的绝缘漆主要为1032三氯氰胺醇酸浸渍漆
绝缘漆
绝缘漆
漆盘

图7-63　浇漆法浸漆

如图7-64所示，浸泡法是指将电动机浸入盛有绝缘漆的容器（浸漆箱）中，使电动机全部浸入（一般要求容器中的绝缘漆要高出电动机20cm），一段时间后（不再冒气泡时），取出电动机即可。

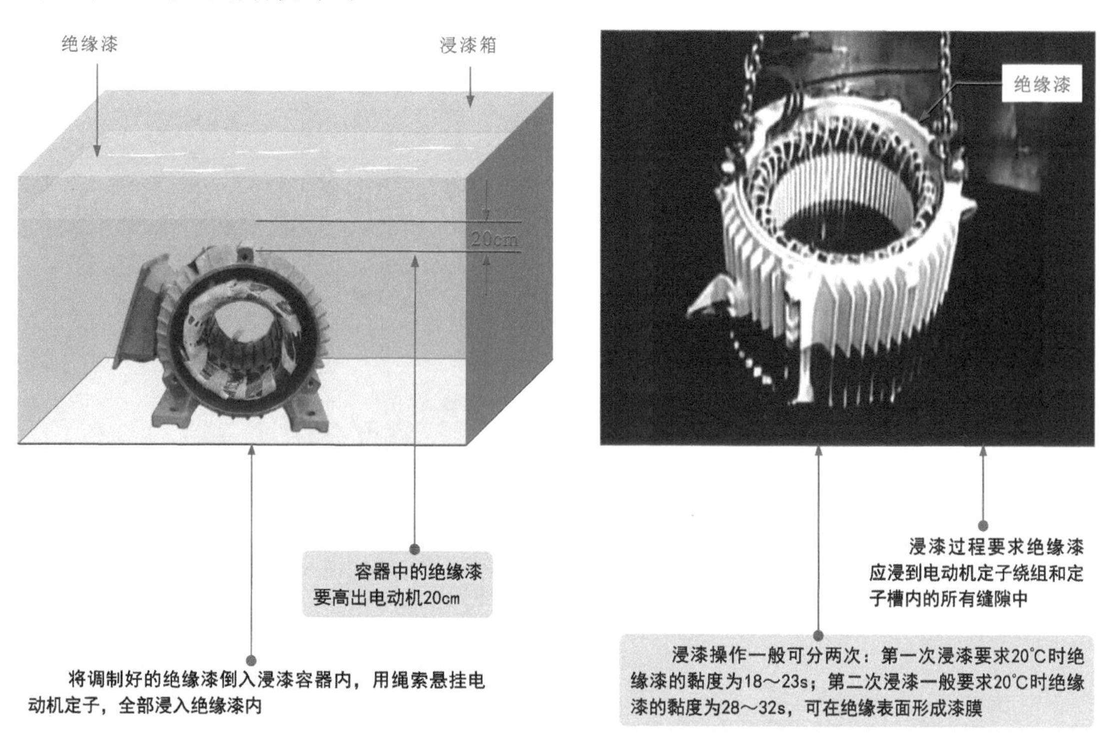

绝缘漆
浸漆箱
20cm
绝缘漆
容器中的绝缘漆要高出电动机20cm
将调制好的绝缘漆倒入浸漆容器内，用绳索悬挂电动机定子，全部浸入绝缘漆内
浸漆过程要求绝缘漆应浸到电动机定子绕组和定子槽内的所有缝隙中
浸漆操作一般可分两次：第一次浸漆要求20℃时绝缘漆的黏度为18～23s；第二次浸漆一般要求20℃时绝缘漆的黏度为28～32s，可在绝缘表面形成漆膜

图7-64　浸泡法浸漆

7.8.3 电动机绕组的浸烘处理

浸烘处理主要是将绝缘漆中的溶剂和水分蒸干，使绕组表面的绝缘漆变为坚固的漆膜。常用的电动机绕组浸烘方法主要有灯泡烘干法、通电烘干法等。

如图7-65所示，灯泡烘干法是指借助灯泡散发的热量将电动机绕组上的绝缘漆烘干，一般适用于小型电动机绕组绝缘漆的烘干。

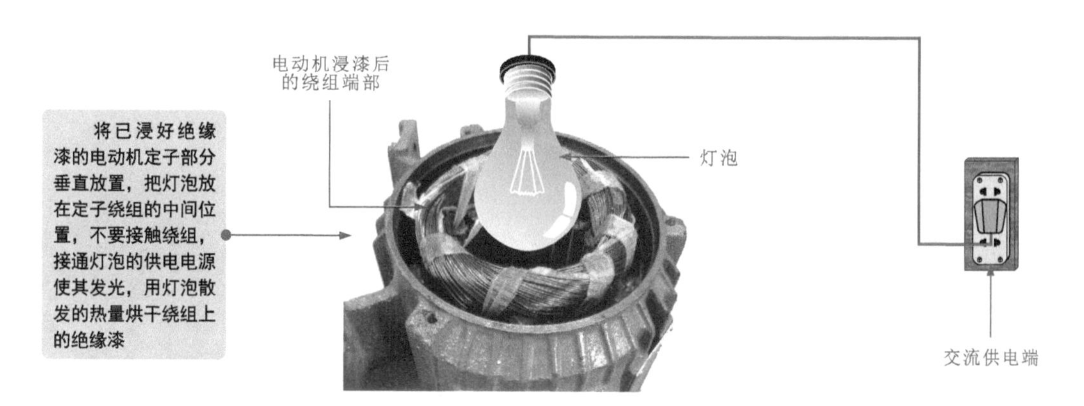

电动机浸漆后的绕组端部
将已浸好绝缘漆的电动机定子部分垂直放置，把灯泡放在定子绕组的中间位置，不要接触绕组，接通灯泡的供电电源使其发光，用灯泡散发的热量烘干绕组上的绝缘漆
灯泡
交流供电端

图7-65　灯泡烘干法

如图7-66所示，通电烘干法又称为电流烘干法，是指将电动机绕组的引出端子接在低压电源上（低于额定工作电压），使绕组中有电流通过，通过绕组自身发热进行烘干。

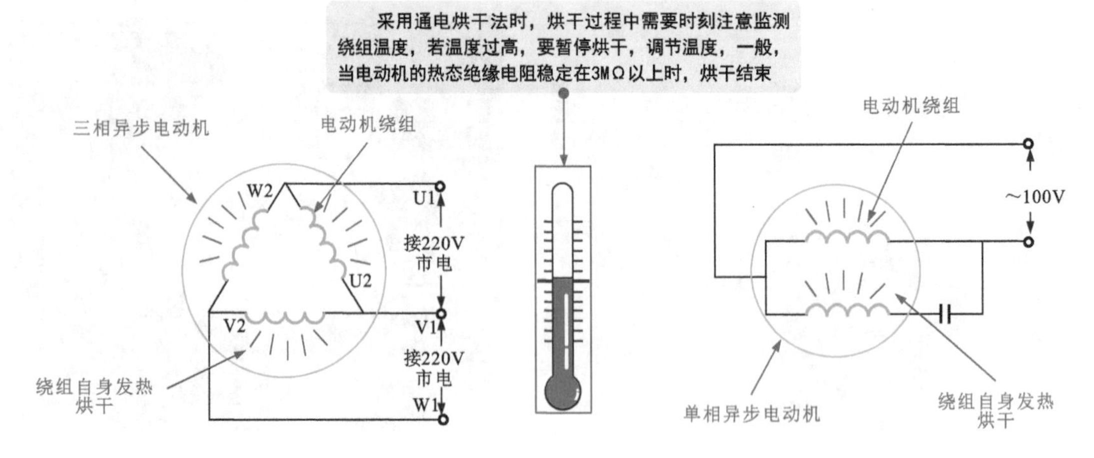
采用通电烘干法时，烘干过程中需要时刻注意监测绕组温度，若温度过高，要暂停烘干，调节温度，一般，当电动机的热态绝缘电阻稳定在3MΩ以上时，烘干结束
三相异步电动机
电动机绕组
W2
U1
接220V
市电
U2
V2
V1
接220V
市电
W1
绕组自身发热
烘干
电动机绕组
~100V
单相异步电动机
绕组自身发热
烘干

图7-66　通电烘干法

绕组进行浸烘需要两个阶段。第一阶段为低温阶段，使绝缘漆中的溶剂挥发掉，在烘干时，温度不必太高，温度控制在70～80℃即可，一般烘干2～4小时。

第二阶段是高温阶段，此阶段是为了使绝缘漆基氧化，形成漆膜，此时温度需要提高到130℃±5℃。此阶段烘干时，要每隔一小时测量一次电动机的绝缘电阻值，当所测量三个连接点的绝缘电阻值不变时，此电动机绕组浸烘完成。

另外，电动机浸漆后烘干操作也可采用电烤箱烘干法，其操作方法与预烘时操作相同。一般烘干时A级绝缘温度应为115～125℃，E、B级绝缘为125～135℃，时间为5小时左右。

7.8.4　电动机绕组的涂抹覆盖漆

电动机浸渍完成后，绕组温度在50～80℃时进行涂覆盖漆两次，对于电动机经常工作在潮湿的环境可多涂几次漆。

如图7-67所示，用干净的毛刷蘸取适量的绝缘漆，涂抹电动机绕组，重点涂抹端部，完成电动机覆盖漆涂抹操作。

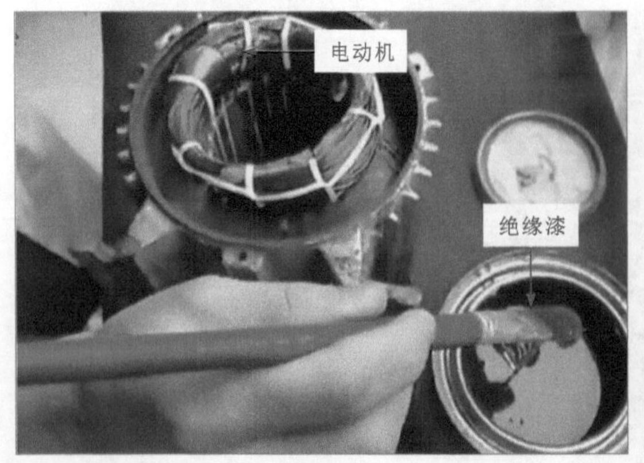
电动机
绝缘漆
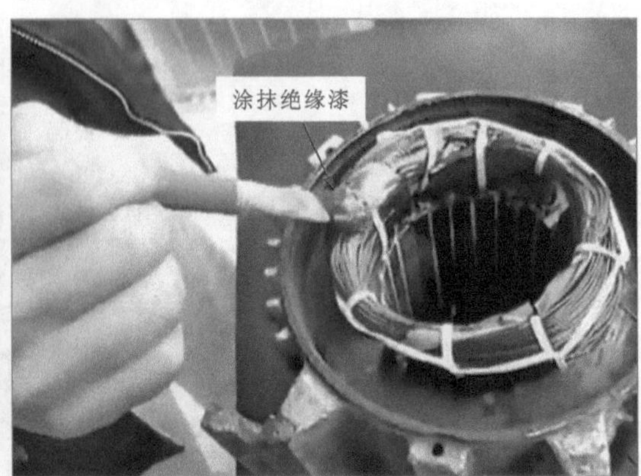
涂抹绝缘漆

图7-67　电动机涂覆盖漆操作

第8章 常用电动机绕组的接线方式

8.1 单相异步电动机的绕组接线图

8.1.1 2极12槽正弦绕组接线图（见图8-1）

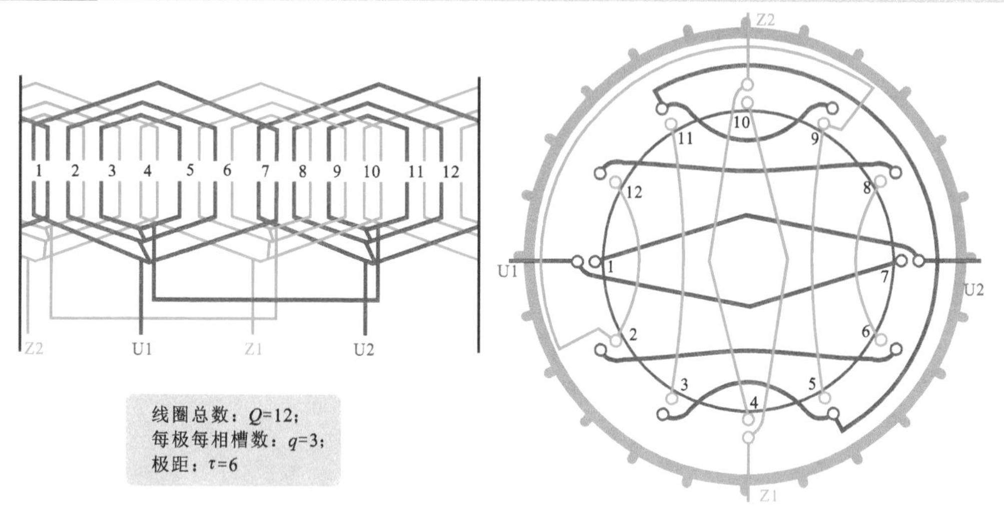

1 2 3 4 5 6 7 8 9 10 11 12
Z2
U1
Z1
U2
线圈总数：Q=12；
每极每相槽数：q=3；
极距：τ=6

图8-1　2极12槽正弦绕组接线图

8.1.2 4极12槽正弦绕组接线图（见图8-2）

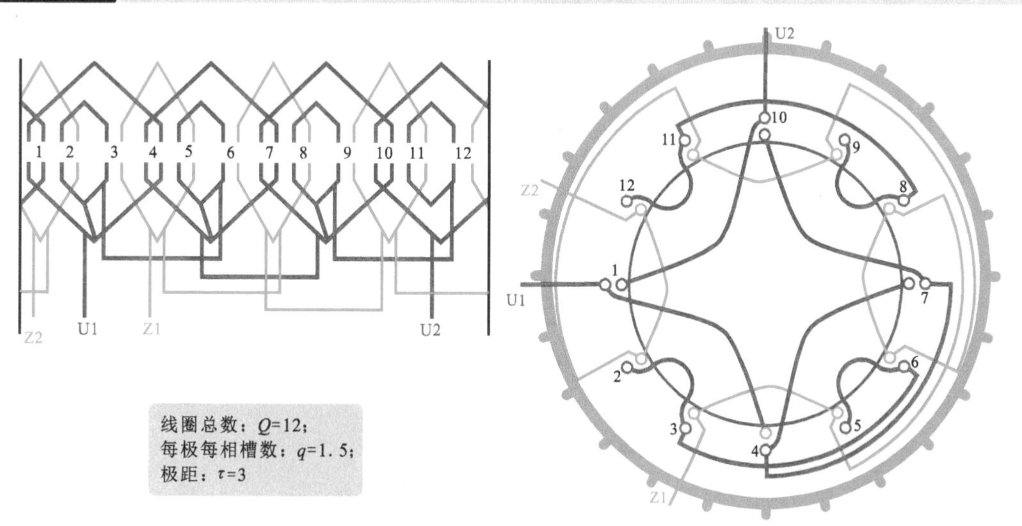

1 2 3 4 5 6 7 8 9 10 11 12
Z2
U1
Z1
U2
线圈总数：Q=12；
每极每相槽数：q=1.5；
极距：τ=3

图8-2　4极12槽正弦绕组接线图

8.1.3 2极24槽（Q=24）正弦绕组接线图（见图8-3）

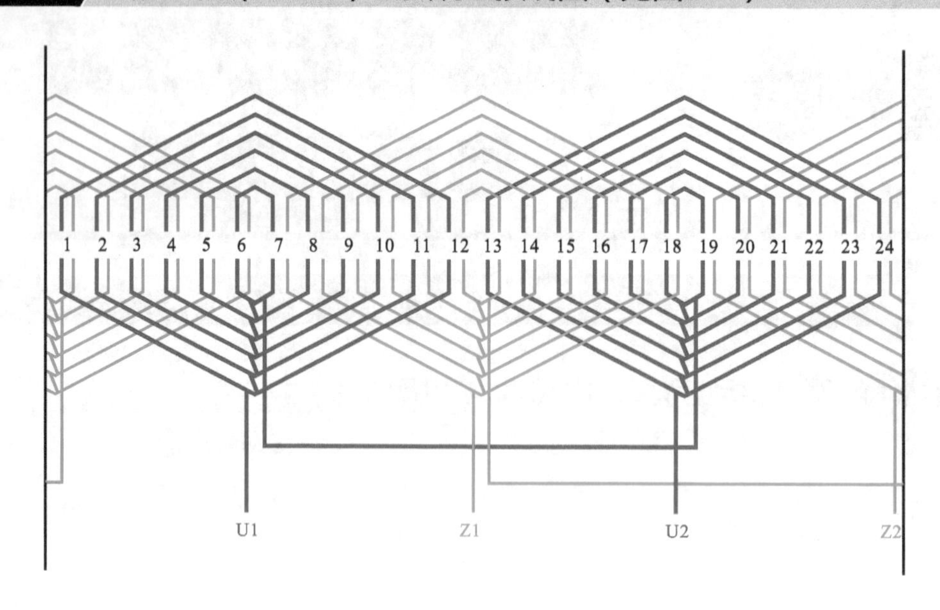
1
2
3
4
5
6
7
8
9
10
11
12
13
14
15
16
17
18
19
20
21
22
23
24
U1
Z1
U2
Z2

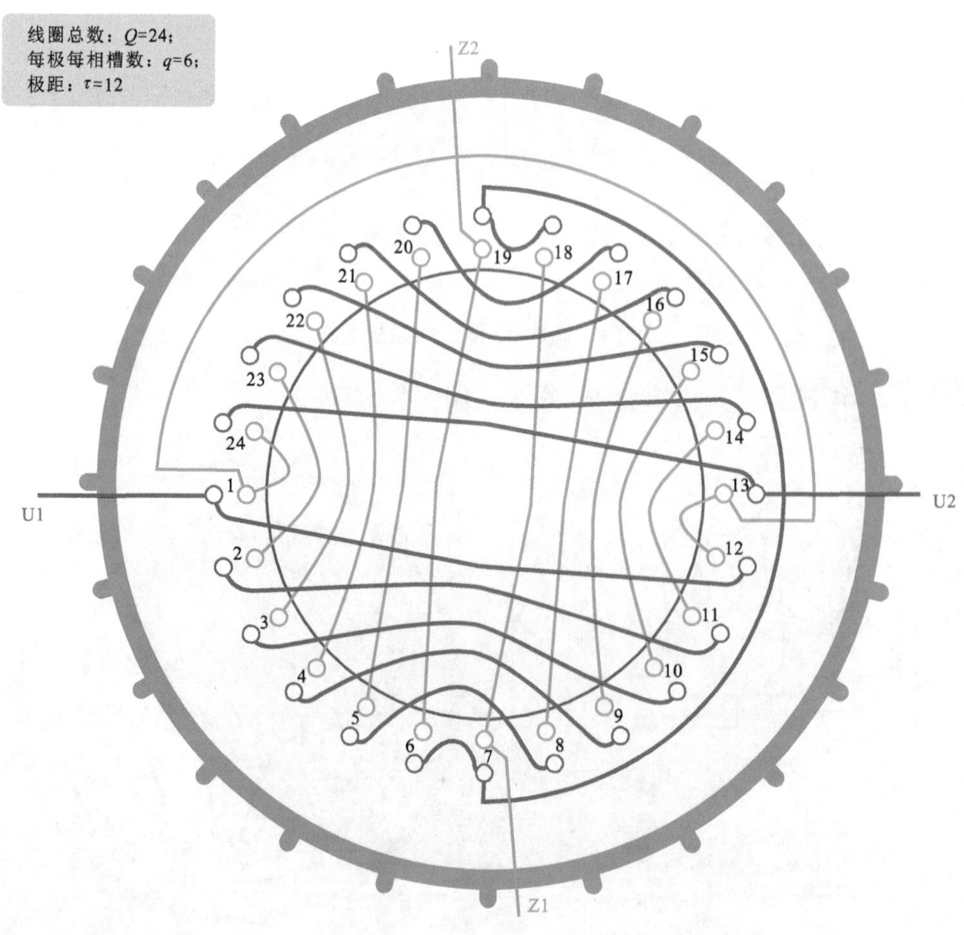
线圈总数：Q=24；
每极每相槽数：q=6；
极距：τ=12
Z2
U1
U2
Z1

图8-3 2极24槽正弦绕组接线图（单相交流异步电动机）

8.1.4 4极24槽（Q=20）正弦绕组接线图（见图8-4）

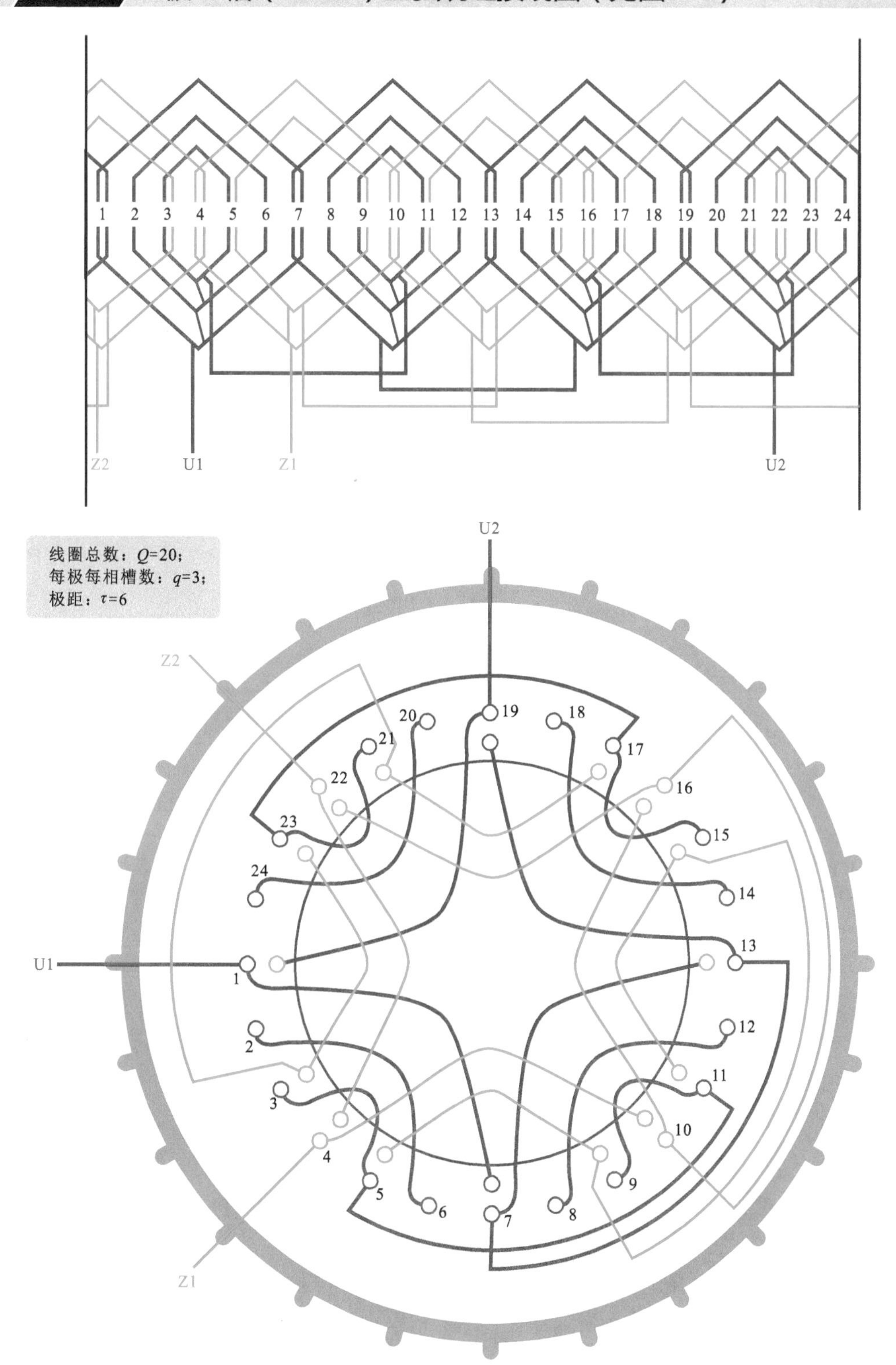
1 2 3 4 5 6 7 8 9 10 11 12 13 14 15 16 17 18 19 20 21 22 23 24
Z2
U1
Z1
U2
线圈总数：Q=20；
每极每相槽数：q=3；
极距：τ=6

图8-4 4极24槽正弦绕组接线图（单相交流异步电动机）

8.1.5 4极32槽（Q=24）正弦绕组接线图（见图8-5）

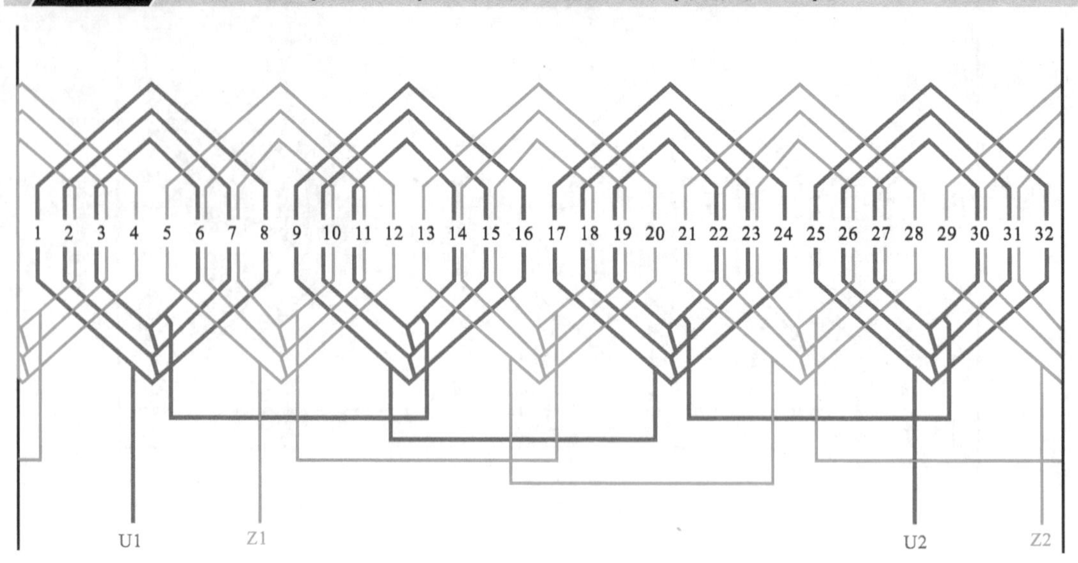
1 2 3 4 5 6 7 8 9 10 11 12 13 14 15 16 17 18 19 20 21 22 23 24 25 26 27 28 29 30 31 32
U1
Z1
U2
Z2

线圈总数：Q=24；
每极每相槽数：q=4；
极距：τ=8

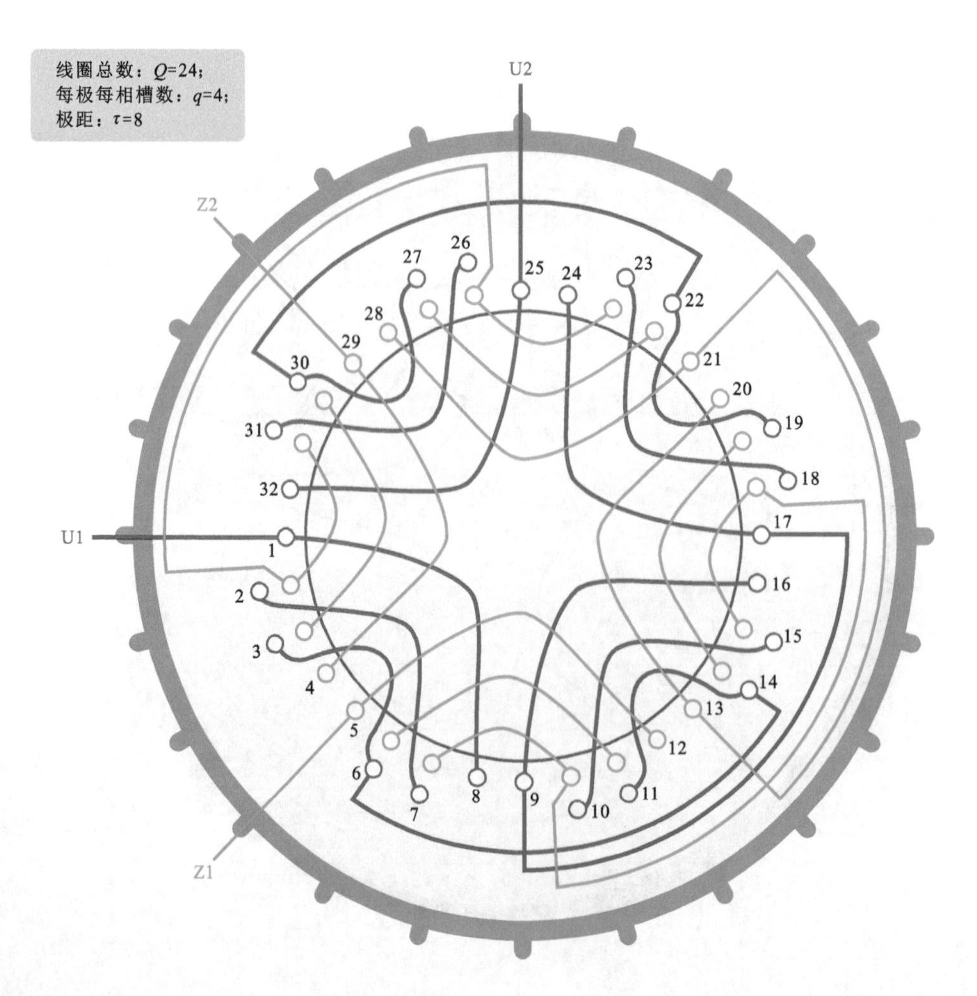
U2
Z2
U1
Z1
1 2 3 4 5 6 7 8 9 10 11 12 13 14 15 16 17 18 19 20 21 22 23 24 25 26 27 28 29 30 31 32

图8-5 4极32槽正弦绕组接线图（单相交流异步电动机）

8.1.6 4极36槽（Q=28）正弦绕组接线图（见图8-6）

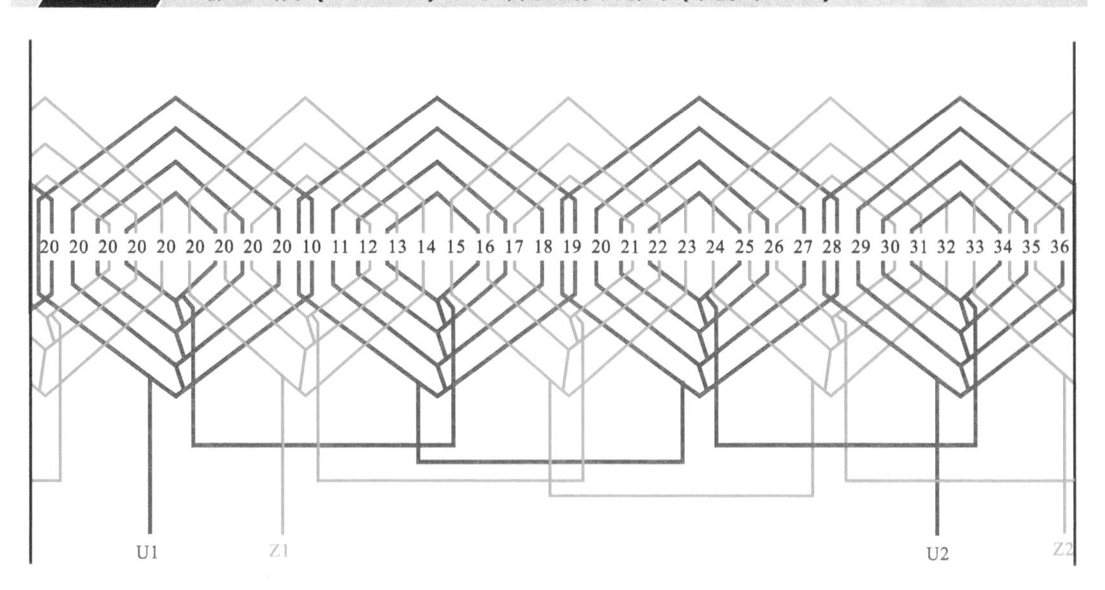
20 20 20 20 20 20 20 20 20 10 11 12 13 14 15 16 17 18 19 20 21 22 23 24 25 26 27 28 29 30 31 32 33 34 35 36
U1
Z1
U2
Z2

线圈总数：Q=28；
每极每相槽数：q=4.5；
极距：τ=9

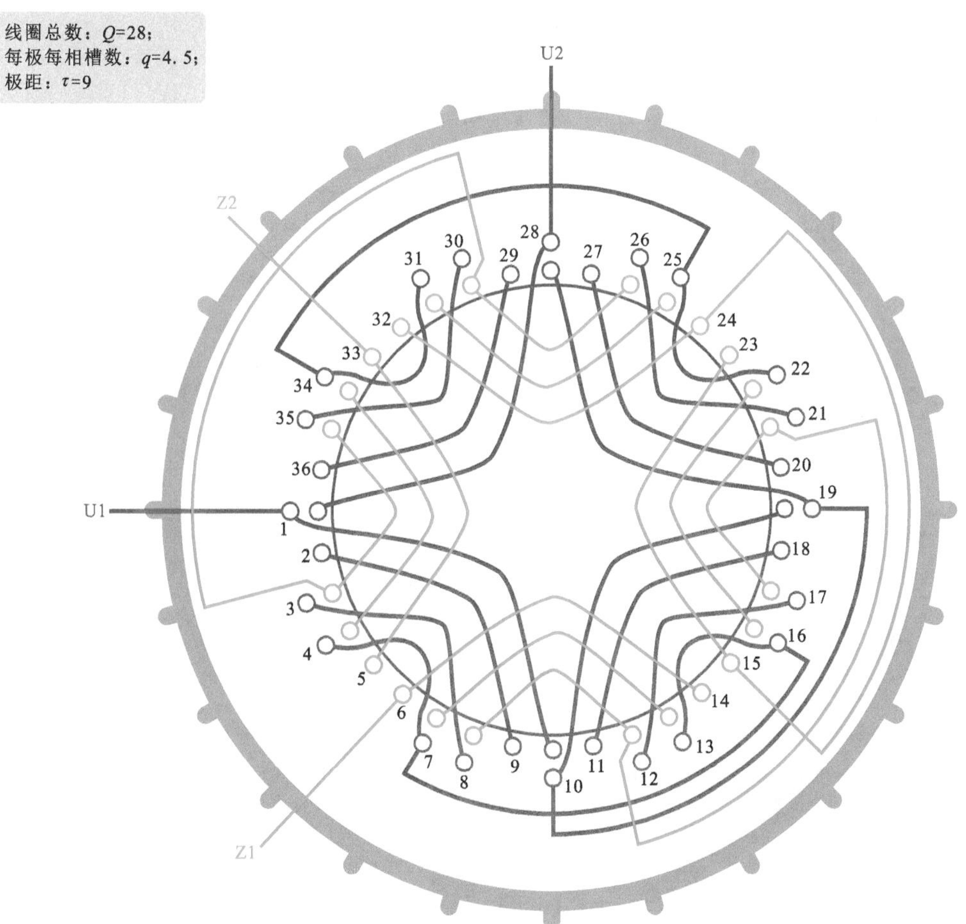
U2
Z2
U1
Z1
1
2
3
4
5
6
7
8
9
10
11
12
13
14
15
16
17
18
19
20
21
22
23
24
25
26
27
28
29
30
31
32
33
34
35
36

图8-6 4极36槽正弦绕组接线图（单相交流异步电动机）

8.2 三相异步电动机的绕组接线图

8.2.1 2极30槽（Q=30）双层叠绕式绕组接线图（见图8-7）

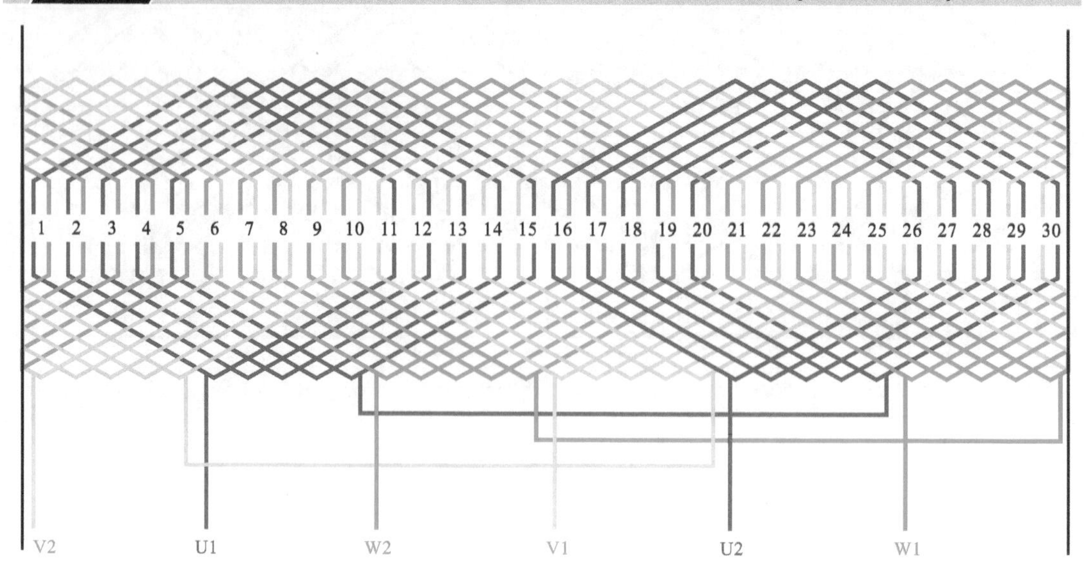
1 2 3 4 5 6 7 8 9 10 11 12 13 14 15 16 17 18 19 20 21 22 23 24 25 26 27 28 29 30
V2
U1
W2
V1
U2
W1

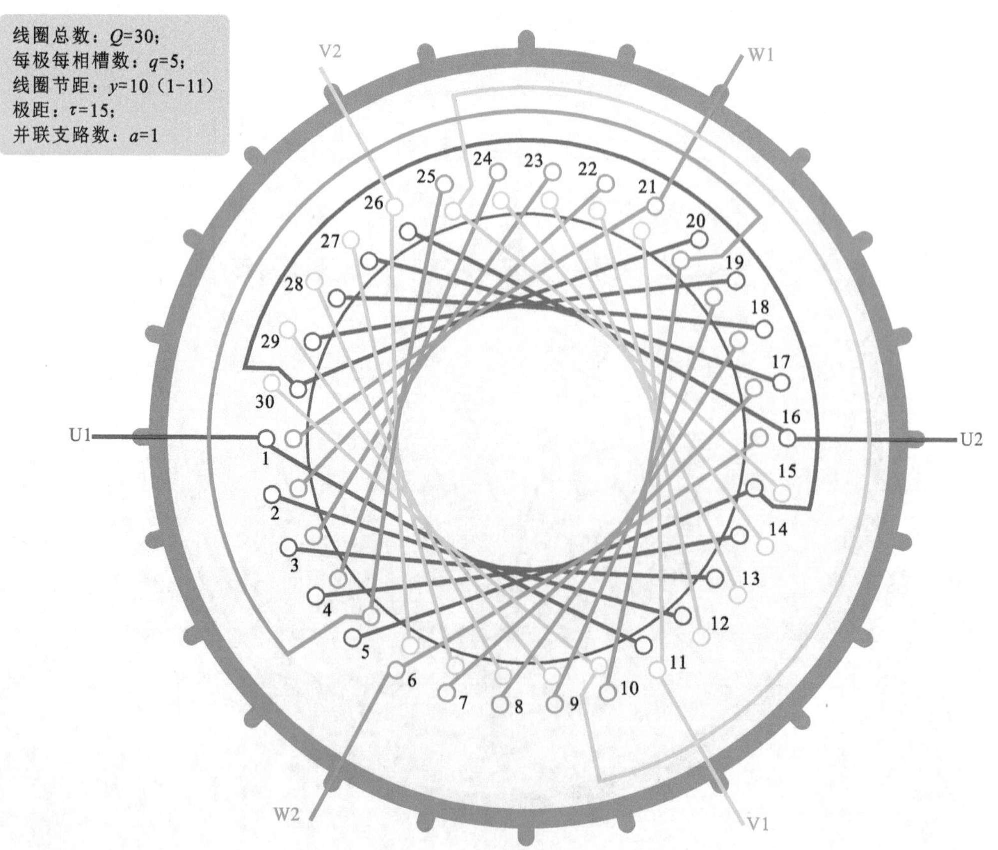
线圈总数：Q=30；
每极每相槽数：q=5；
线圈节距：y=10（1-11）
极距：τ=15；
并联支路数：a=1
V2
W1
U1
U2
W2
V1

图8-7　2极30槽双层叠绕式绕组接线图（三相交流异步电动机）

8.2.2 2极36槽（Q=18）单层同心式绕组接线图（见图8-8）

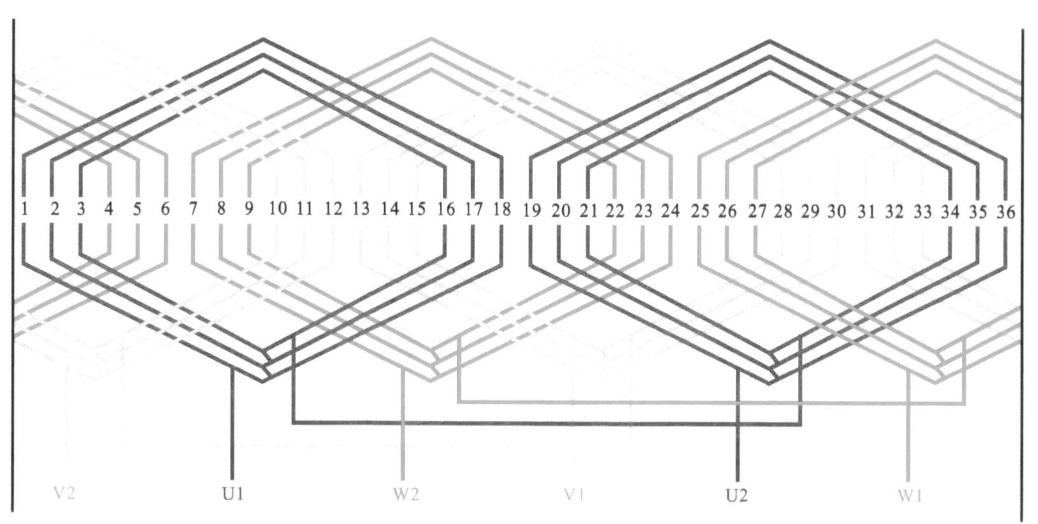
1 2 3 4 5 6 7 8 9 10 11 12 13 14 15 16 17 18 19 20 21 22 23 24 25 26 27 28 29 30 31 32 33 34 35 36
V2
U1
W2
V1
U2
W1

线圈总数：Q=18；
每极每相槽数：q=6；
线圈节距：y=17（1-18），15（2-17），13（3-16）；
极距：τ=18

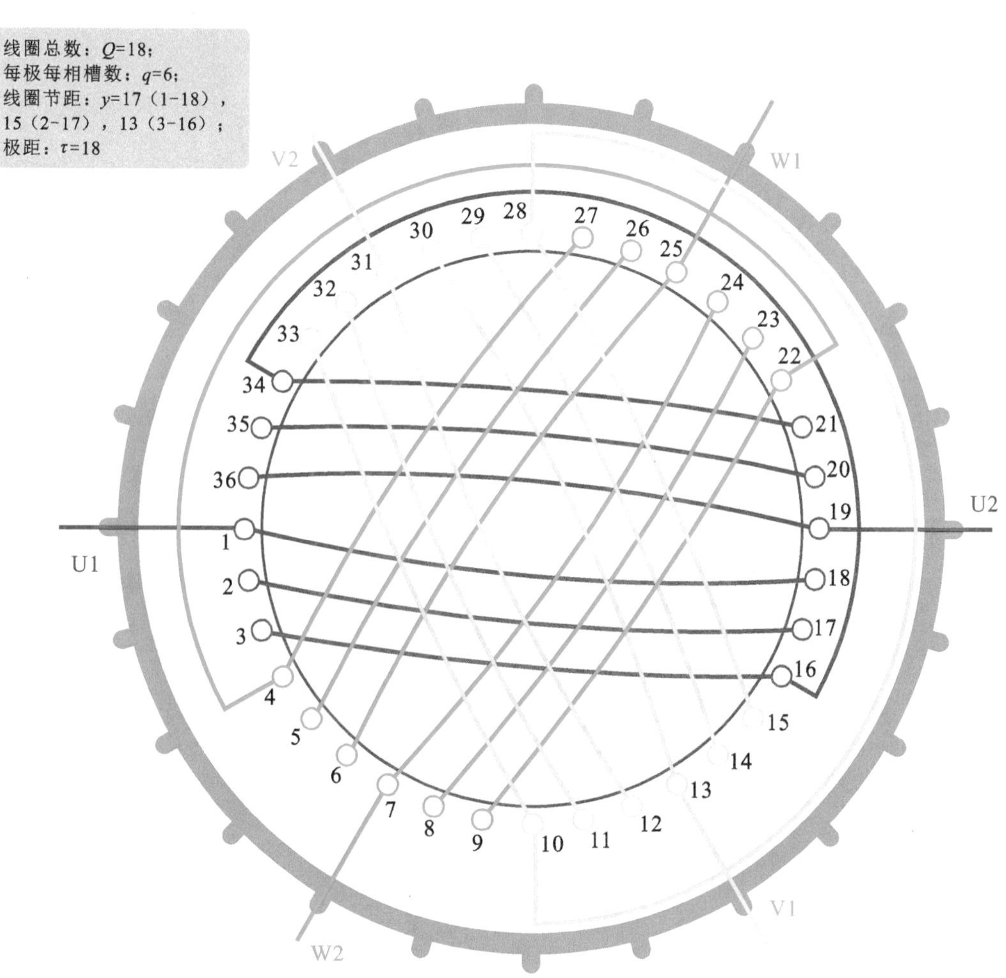
V2
W1
U1
U2
W2
V1

图8-8 2极36槽单层同心式绕组接线图（三相交流异步电动机）

8.2.3 2极36槽（Q=36）双层叠绕式绕组接线图（见图8-9）

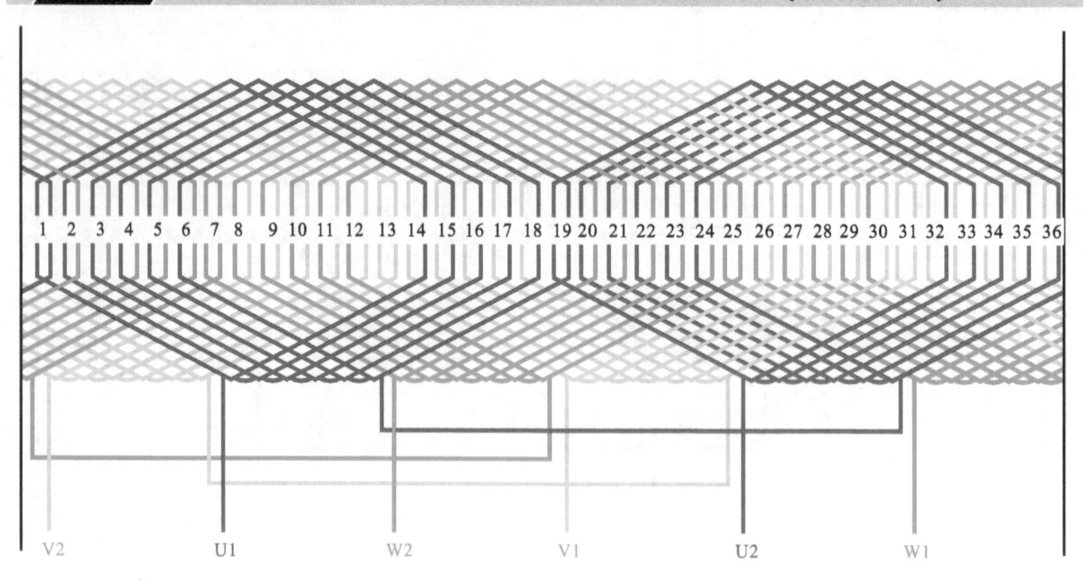

1 2 3 4 5 6 7 8 9 10 11 12 13 14 15 16 17 18 19 20 21 22 23 24 25 26 27 28 29 30 31 32 33 34 35 36
V2
U1
W2
V1
U2
W1

线圈总数：Q=36；
每极每相槽数：q=6；
线圈节距：y=13（1-14）；
极距：τ=18

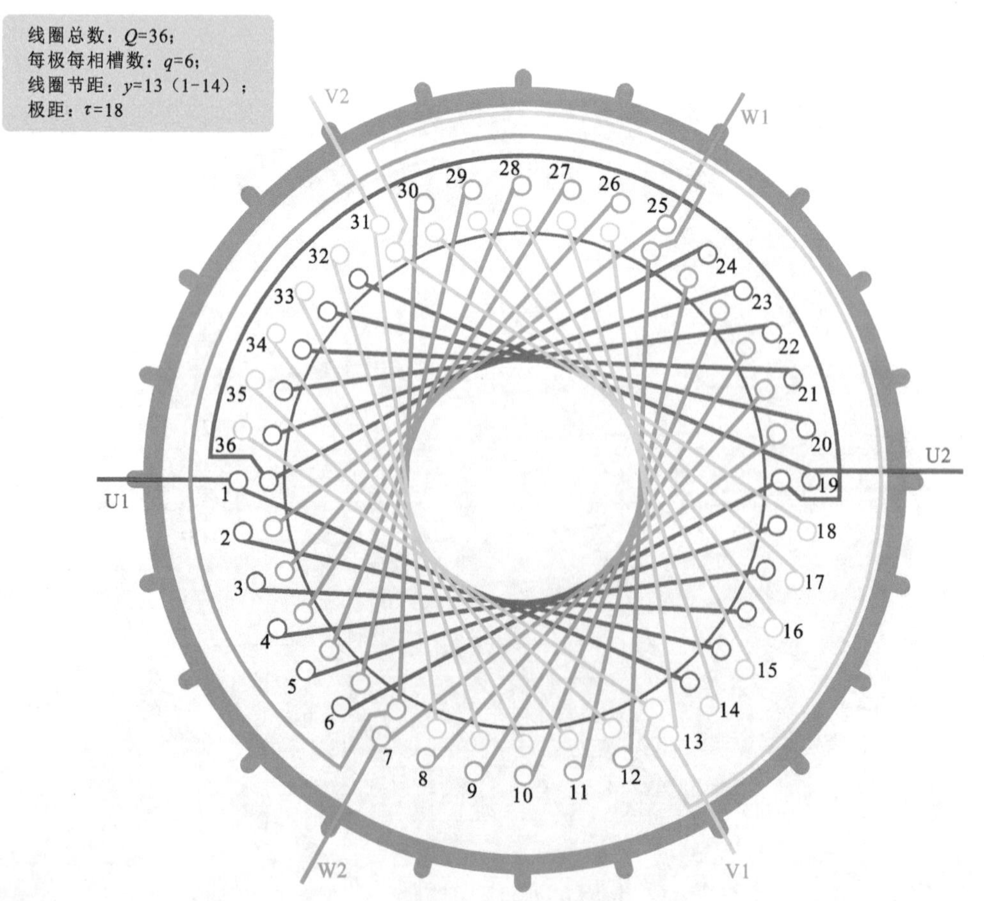

V2
W1
U1
U2
W2
V1
1 2 3 4 5 6 7 8 9 10 11 12 13 14 15 16 17 18 19 20 21 22 23 24 25 26 27 28 29 30 31 32 33 34 35 36

图8-9 2极36槽双层叠绕式绕组接线图（三相交流异步电动机）

8.2.4 2极42槽（Q=42）双层叠绕式绕组接线图（见图8-10）

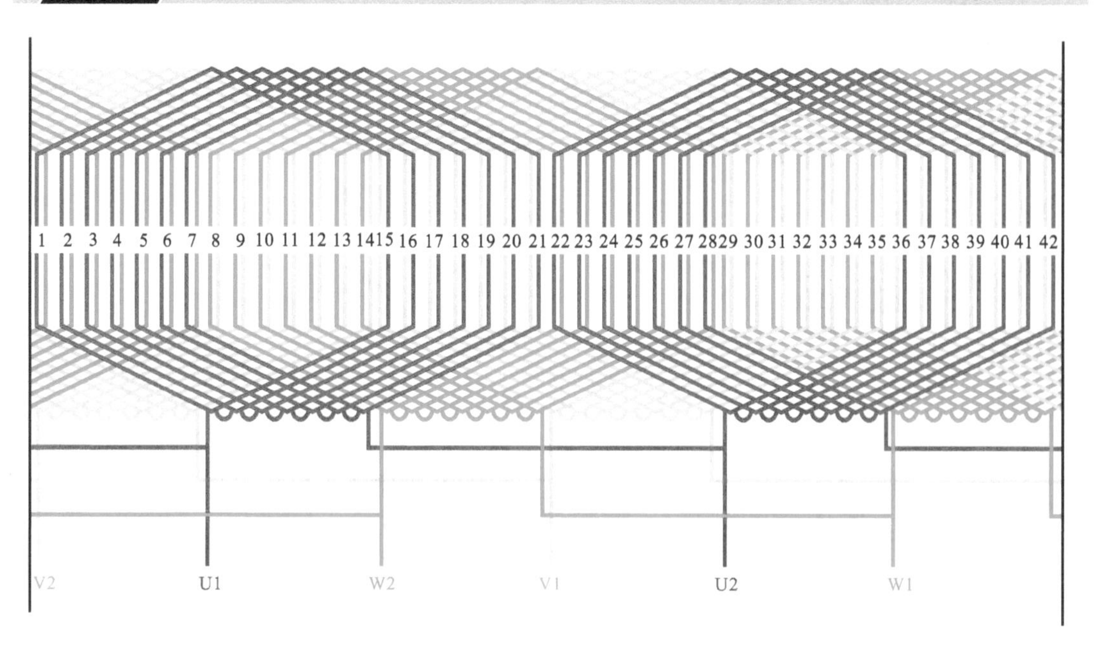
1 2 3 4 5 6 7 8 9 10 11 12 13 14 15 16 17 18 19 20 21 22 23 24 25 26 27 28 29 30 31 32 33 34 35 36 37 38 39 40 41 42
V2
U1
W2
V1
U2
W1

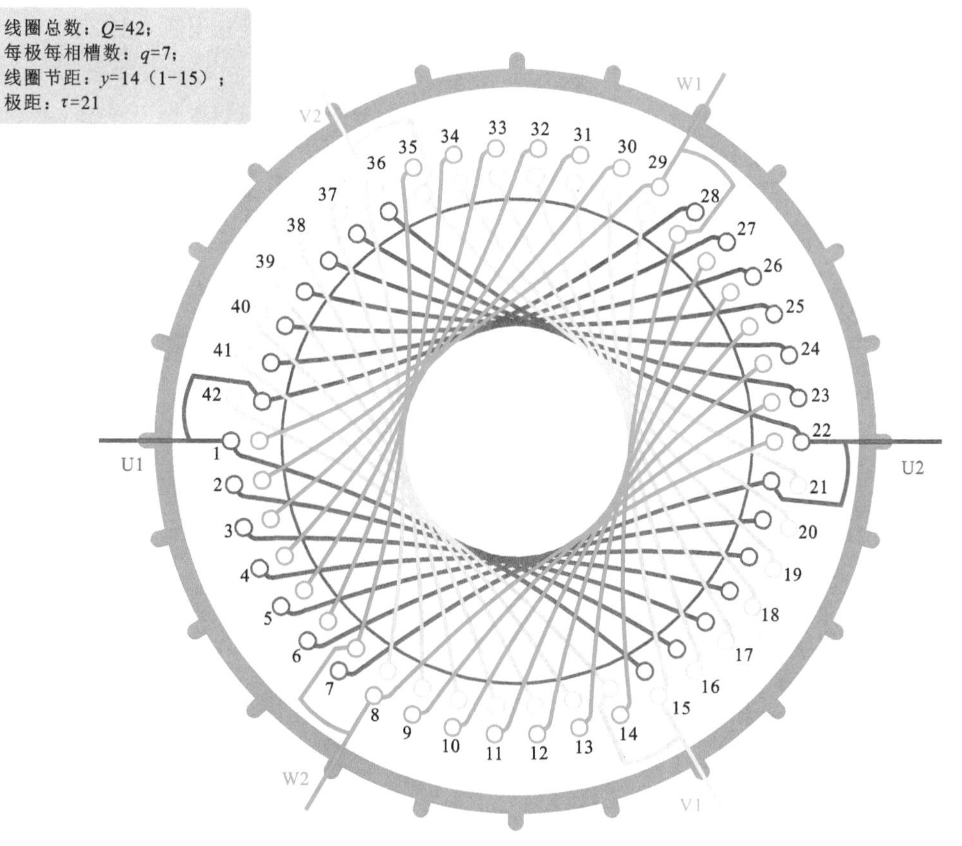
线圈总数：Q=42；
每极每相槽数：q=7；
线圈节距：y=14（1-15）；
极距：τ=21
U1
U2
V1
V2
W1
W2

图8-10 2极42槽双层叠绕式绕组接线图（三相交流异步电动机）

8.2.5 2极48槽（Q=48）双层叠绕式绕组接线图（见图8-11）

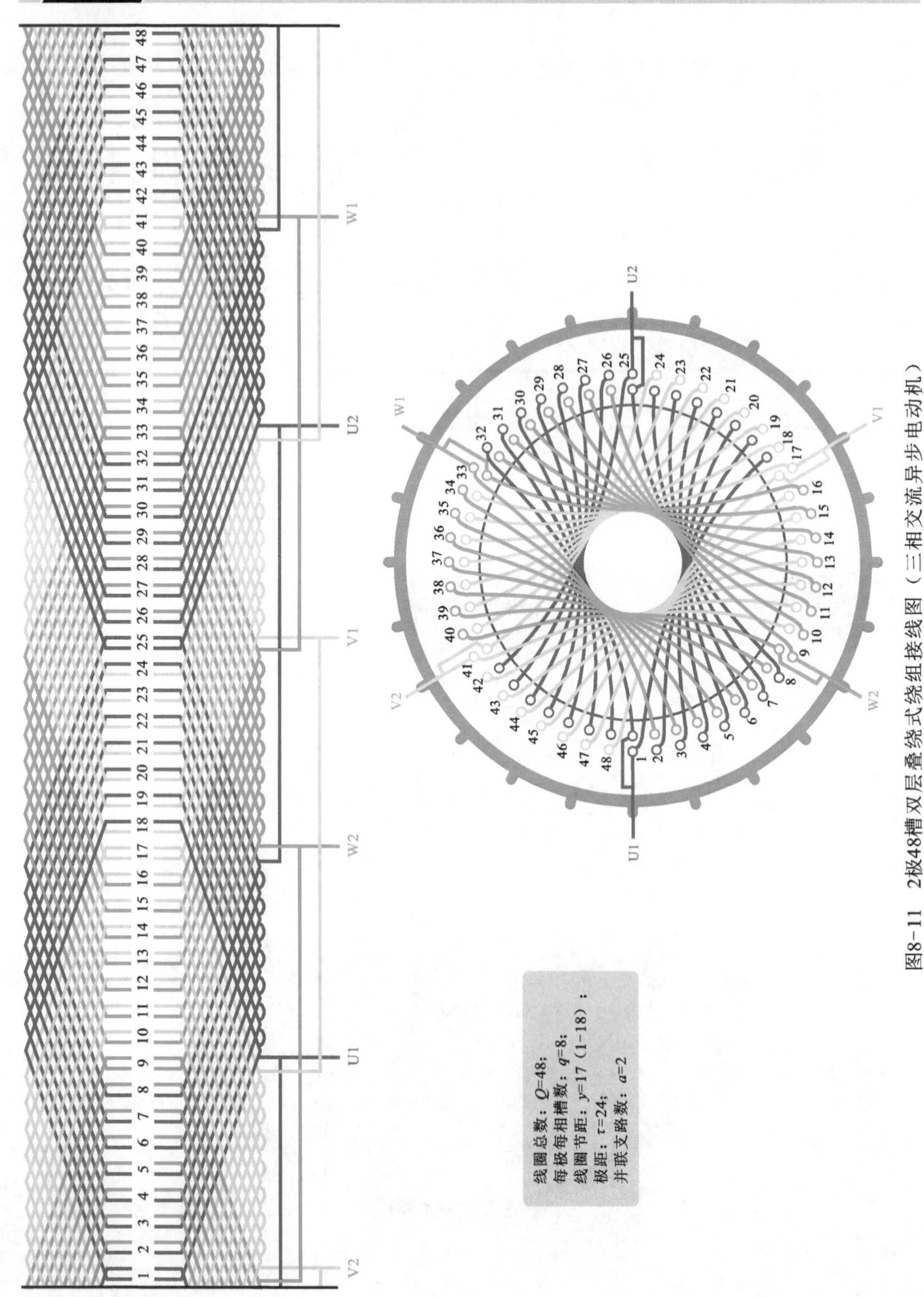
U1
V1
W1
U2
V2
W2
线圈总数：Q=48；
每极每相槽数：q=8；
线圈节距：y=17（1-18）；
极距：τ=24；
并联支路数：a=2

图8-11 2极48槽双层叠绕式绕组接线图（三相交流异步电动机）

8.2.6 4极24槽（Q=24）双层叠绕式绕组接线图（见图8-12）

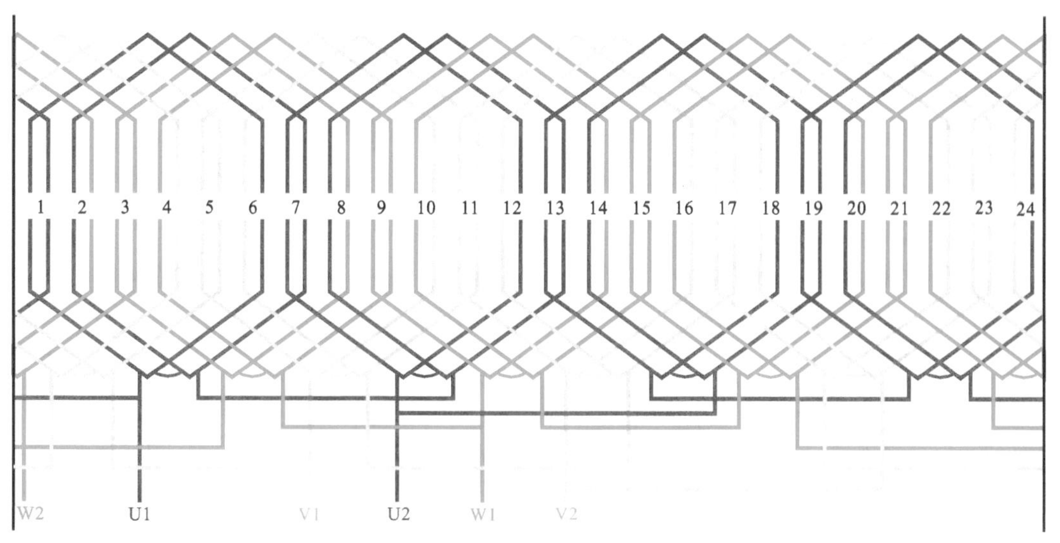
1 2 3 4 5 6 7 8 9 10 11 12 13 14 15 16 17 18 19 20 21 22 23 24
W2
U1
V1
U2
W1
V2

线圈总数：Q=24；
每极每相槽数：q=2；
线圈节距：y=5（1-6）；
极距：τ=6；
并联支路数：a=2

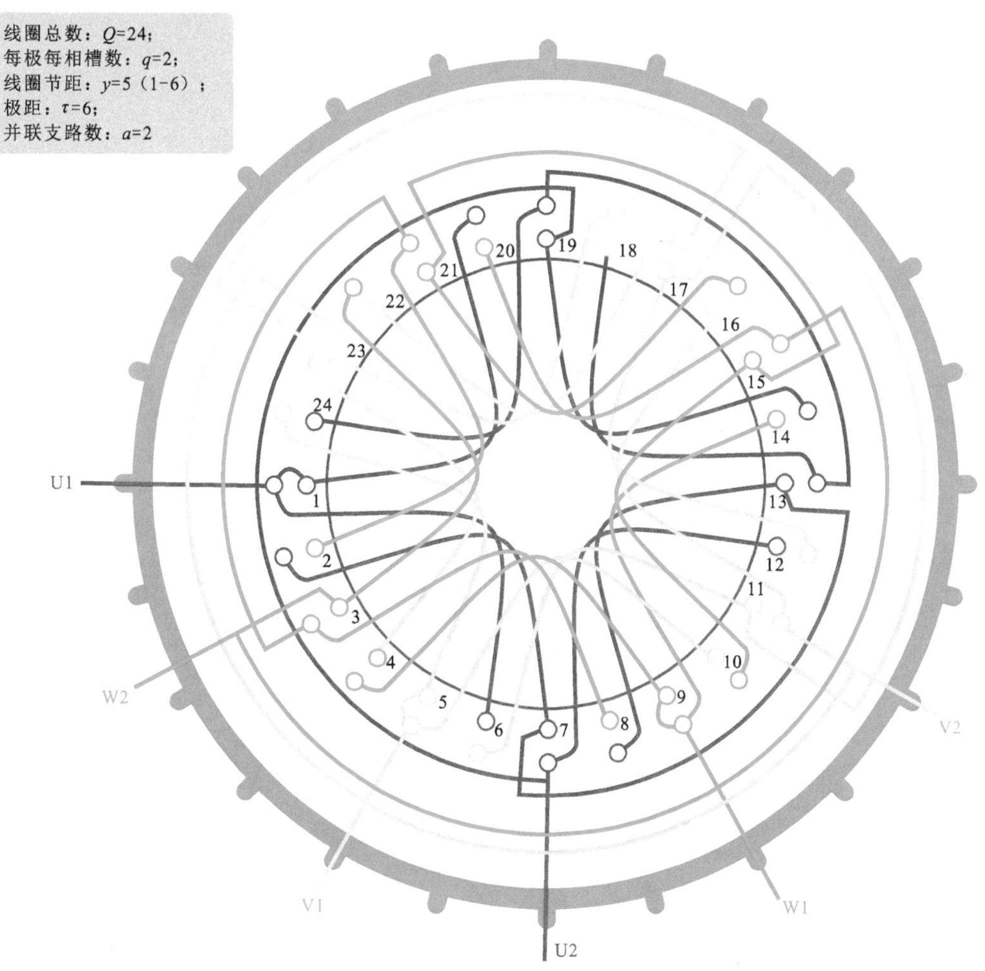
1 2 3 4 5 6 7 8 9 10 11 12 13 14 15 16 17 18 19 20 21 22 23 24
U1
W2
V1
U2
W1
V2

图8-12　4极24槽双层叠绕式绕组接线图（三相交流异步电动机）

8.2.7 4极30槽（$Q=30$）双层叠绕式绕组接线图（见图8-13）

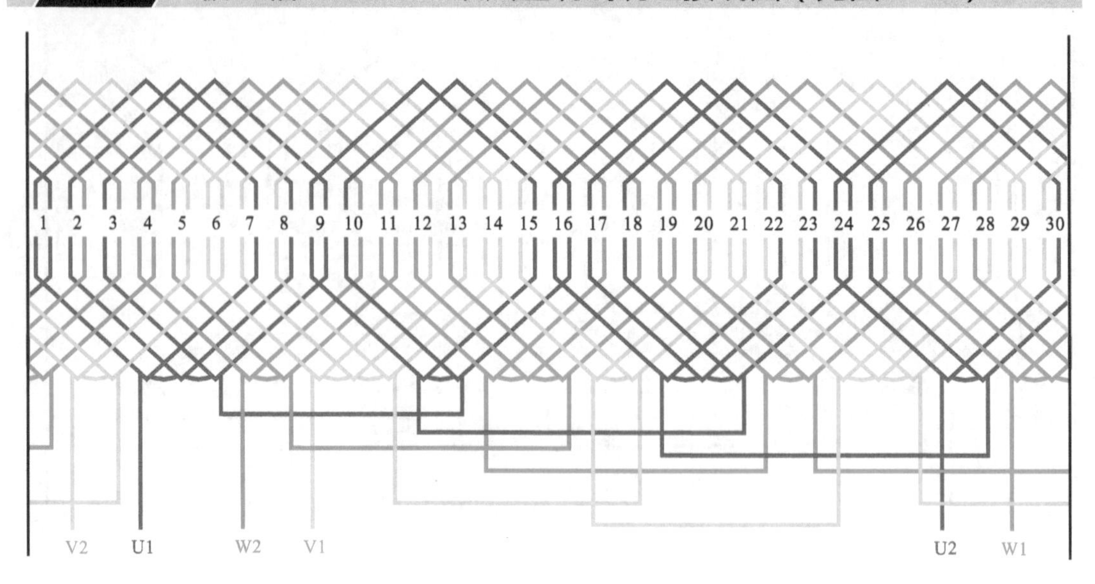
1 2 3 4 5 6 7 8 9 10 11 12 13 14 15 16 17 18 19 20 21 22 23 24 25 26 27 28 29 30
V2
U1
W2
V1
U2
W1

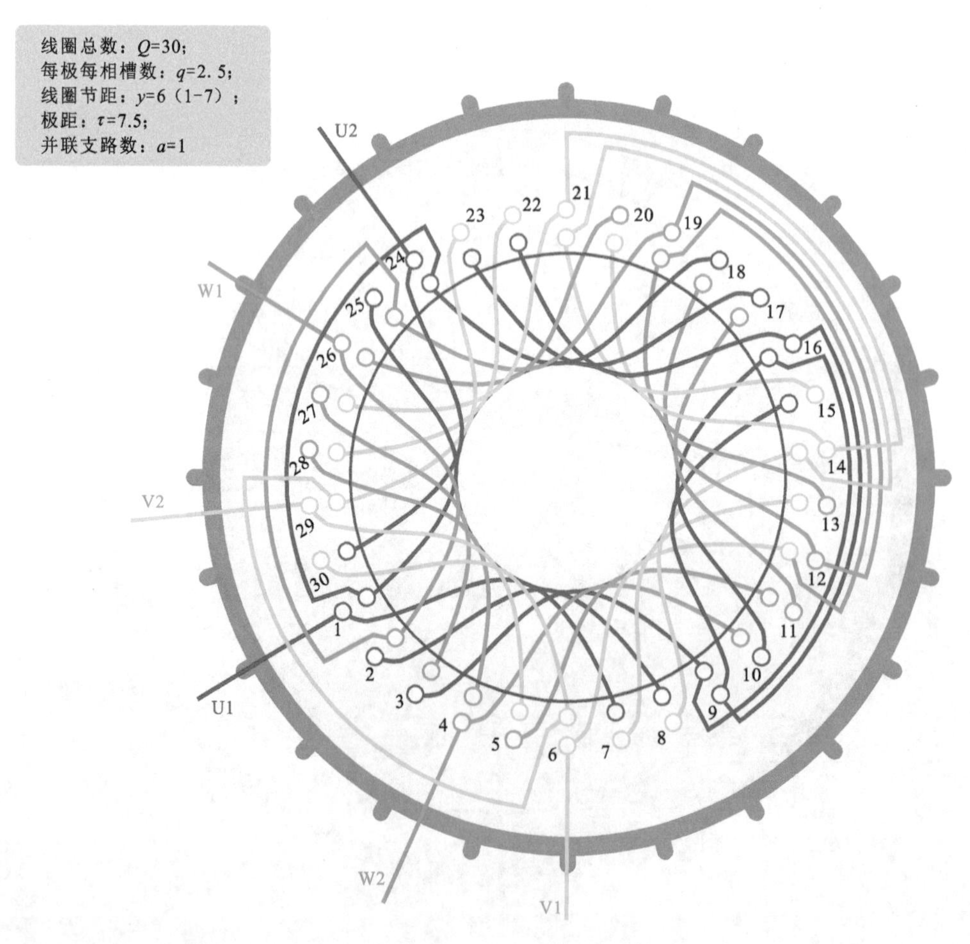
线圈总数：Q=30；
每极每相槽数：q=2. 5；
线圈节距：y=6（1-7）；
极距：τ=7.5；
并联支路数：a=1
U2
W1
V2
U1
W2
V1
1 2 3 4 5 6 7 8 9 10 11 12 13 14 15 16 17 18 19 20 21 22 23 24 25 26 27 28 29 30

图8-13 4极30槽双层叠绕式绕组接线图（三相交流异步电动机）

8.2.8 4极36槽（Q=18）单层交叉同心式绕组接线图（见图8-14）

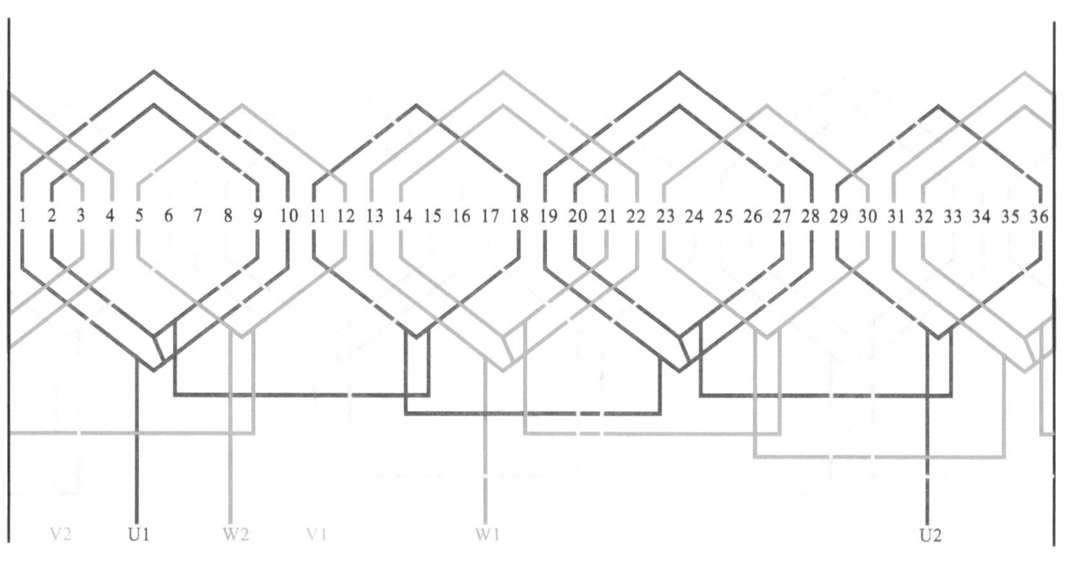
1 2 3 4 5 6 7 8 9 10 11 12 13 14 15 16 17 18 19 20 21 22 23 24 25 26 27 28 29 30 31 32 33 34 35 36
V2
U1
W2
V1
W1
U2

线圈总数：Q=18；
每极每相槽数：q=3；
线圈节距：y=7（1-8），9（1-10）；
极距：τ=9；
并联支路数：a=1

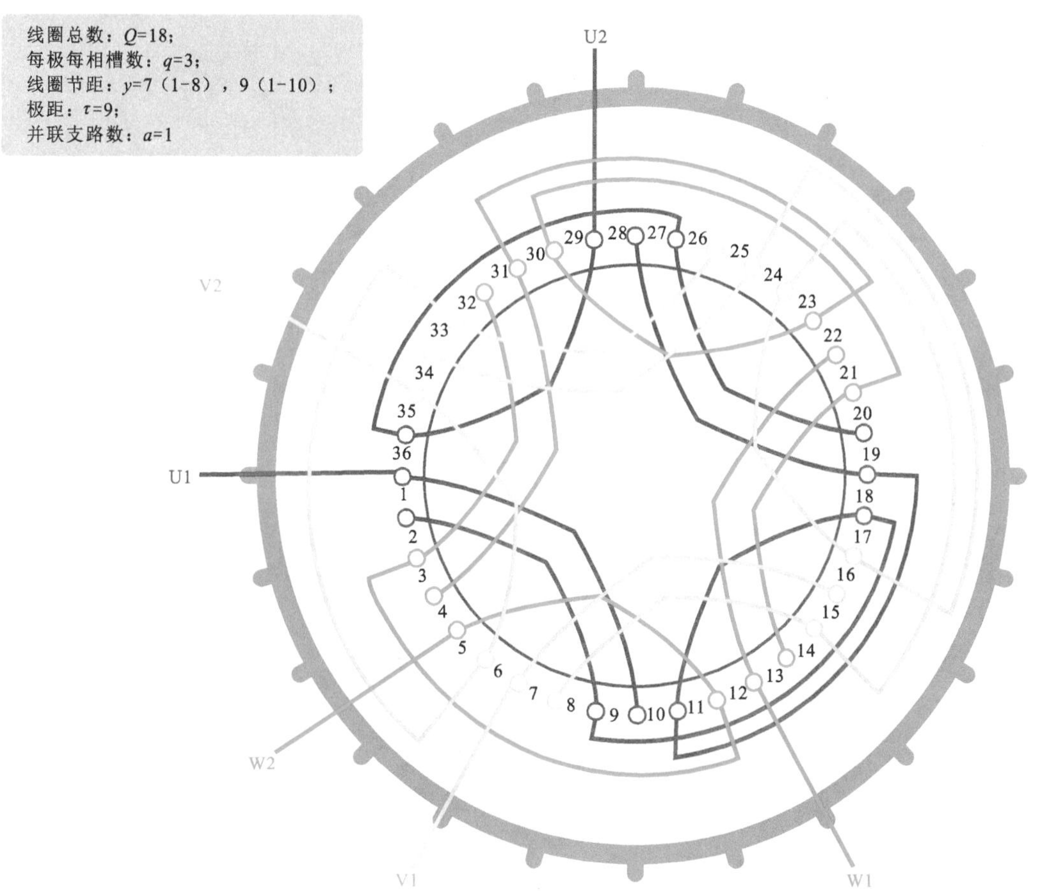
U2
V2
U1
W2
V1
W1
1 2 3 4 5 6 7 8 9 10 11 12 13 14 15 16 17 18 19 20 21 22 23 24 25 26 27 28 29 30 31 32 33 34 35 36

图8-14 4极36槽单层交叉同心式绕组接线图（三相交流异步电动机）

8.2.9 4极48槽（Q=48）双层叠绕式绕组接线图1（见图8-15）

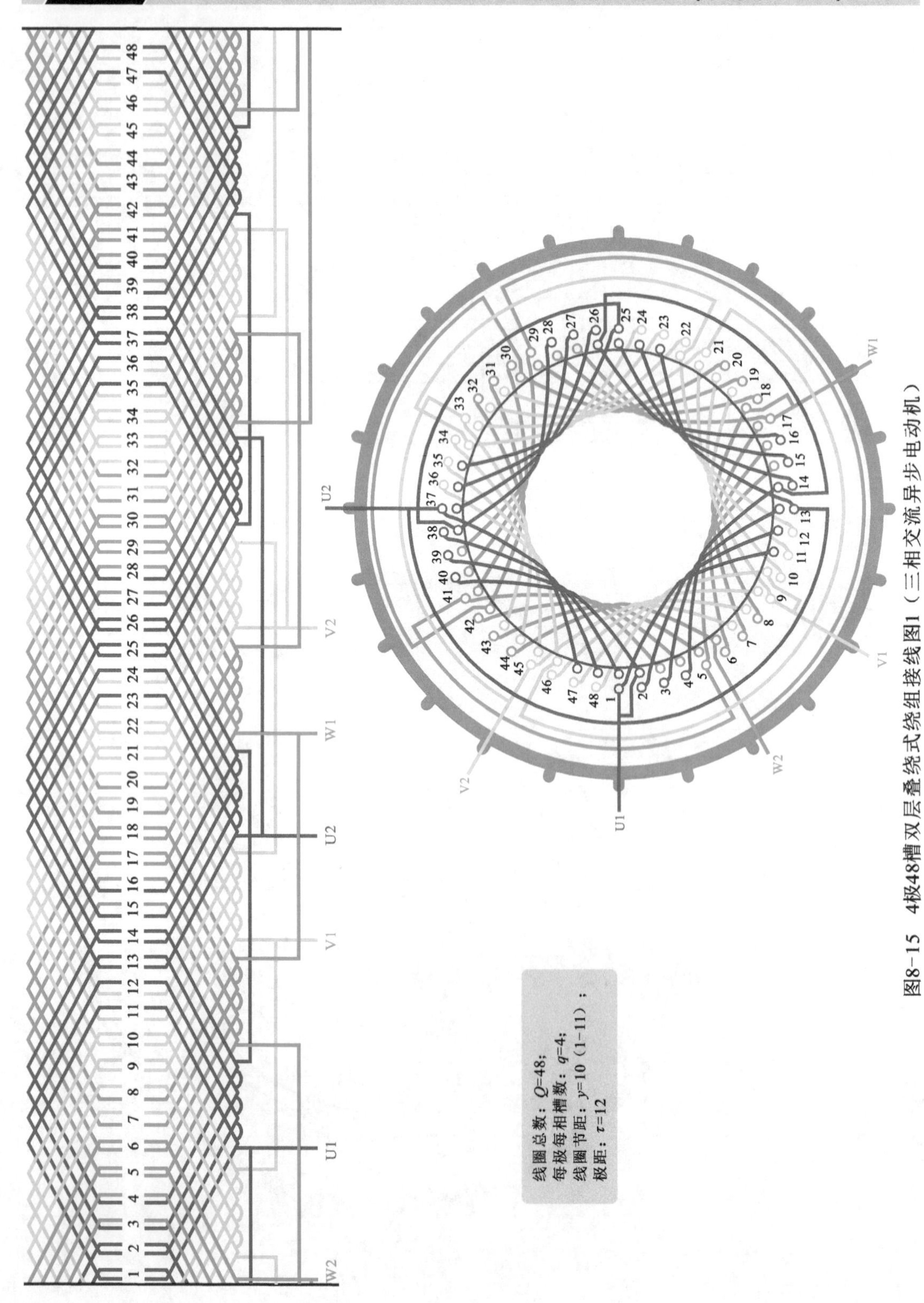
U1
U2
V1
V2
W1
W2
线圈总数：Q=48；
每极每相槽数：q=4；
线圈节距：y=10（1-11）；
极距：τ=12

图8-15 4极48槽双层叠绕式绕组接线图1（三相交流异步电动机）

8.2.10 4极48槽（Q=48）双层叠绕式绕组接线图2（见图8-16）

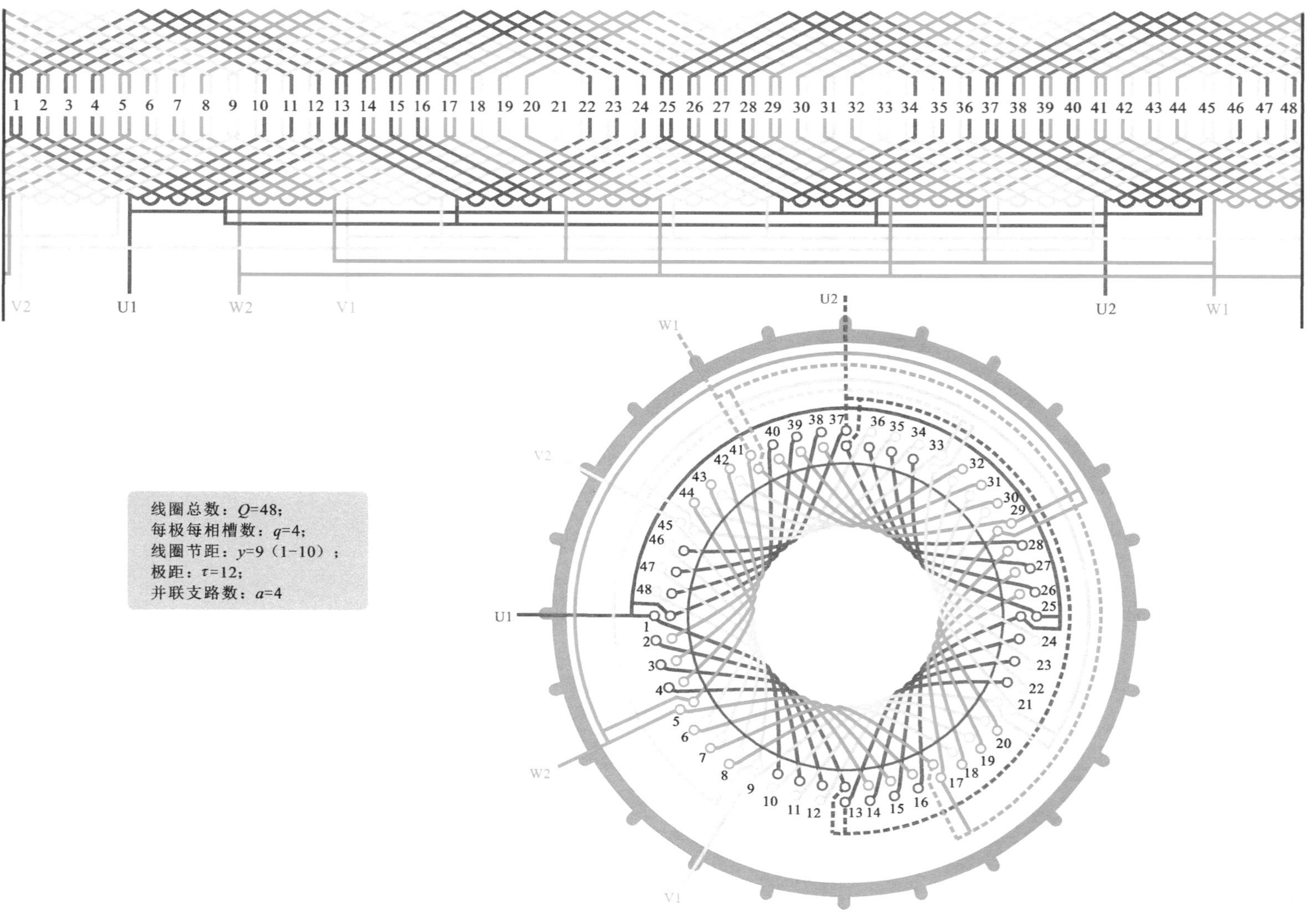
线圈总数：Q=48；
每极每相槽数：q=4；
线圈节距：y=9（1-10）；
极距：τ=12；
并联支路数：a=4
U1
U2
V1
V2
W1
W2

图8-16 4极48槽双层叠绕式绕组接线图2（三相交流异步电动机）

8.2.11 4极48槽（Q=48）双层叠绕式绕组接线图3（见图8-17）

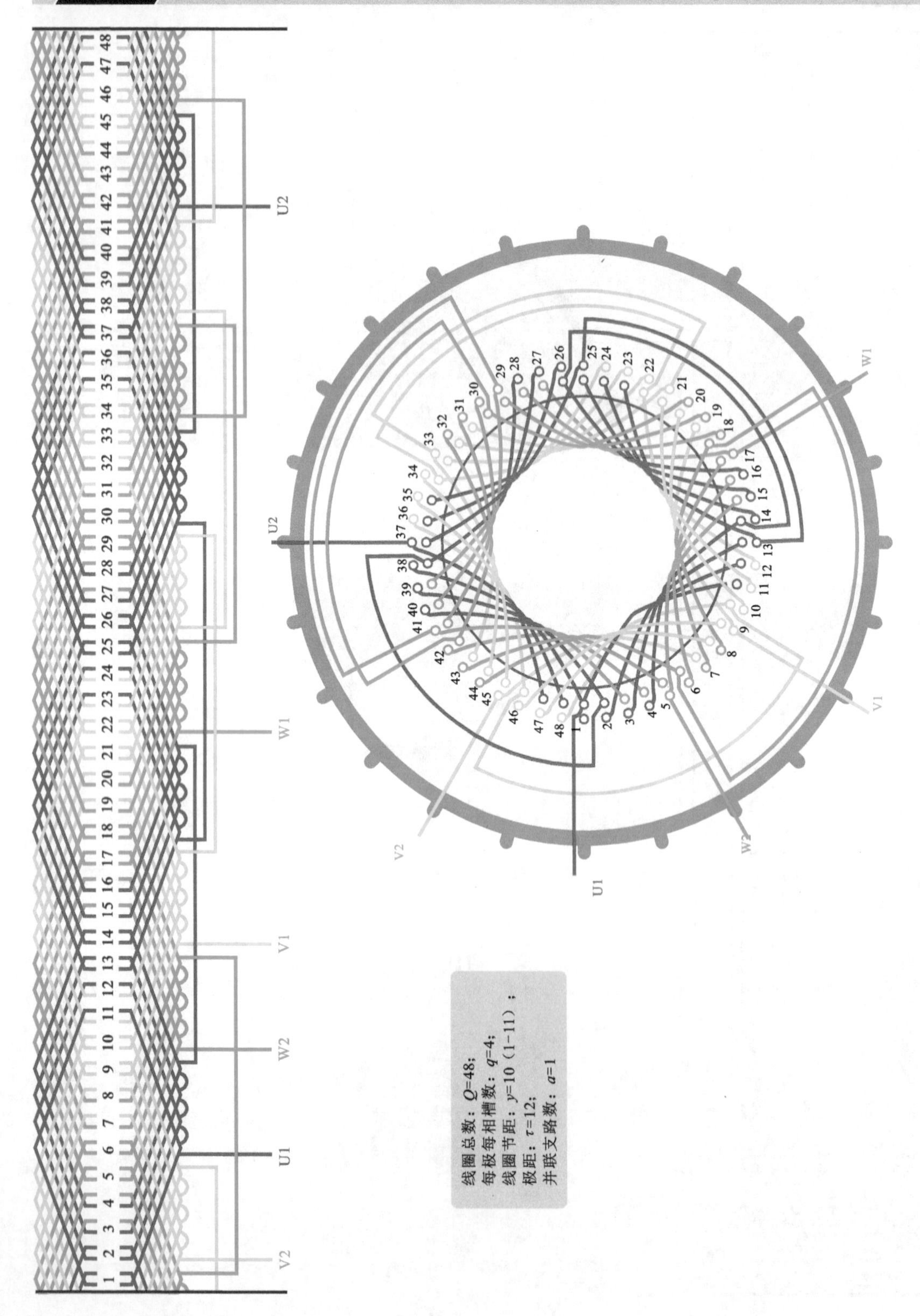

U1
U2
V1
V2
W1
W2
线圈总数：Q=48；
每极每相槽数：q=4；
线圈节距：y=10（1-11）；
极距：τ=12；
并联支路数：a=1

图8-17 4极48槽双层叠绕式绕组接线图3（三相交流异步电动机）

8.2.12 4极48槽（Q=48）双层叠绕式绕组接线图4（见图8-18）

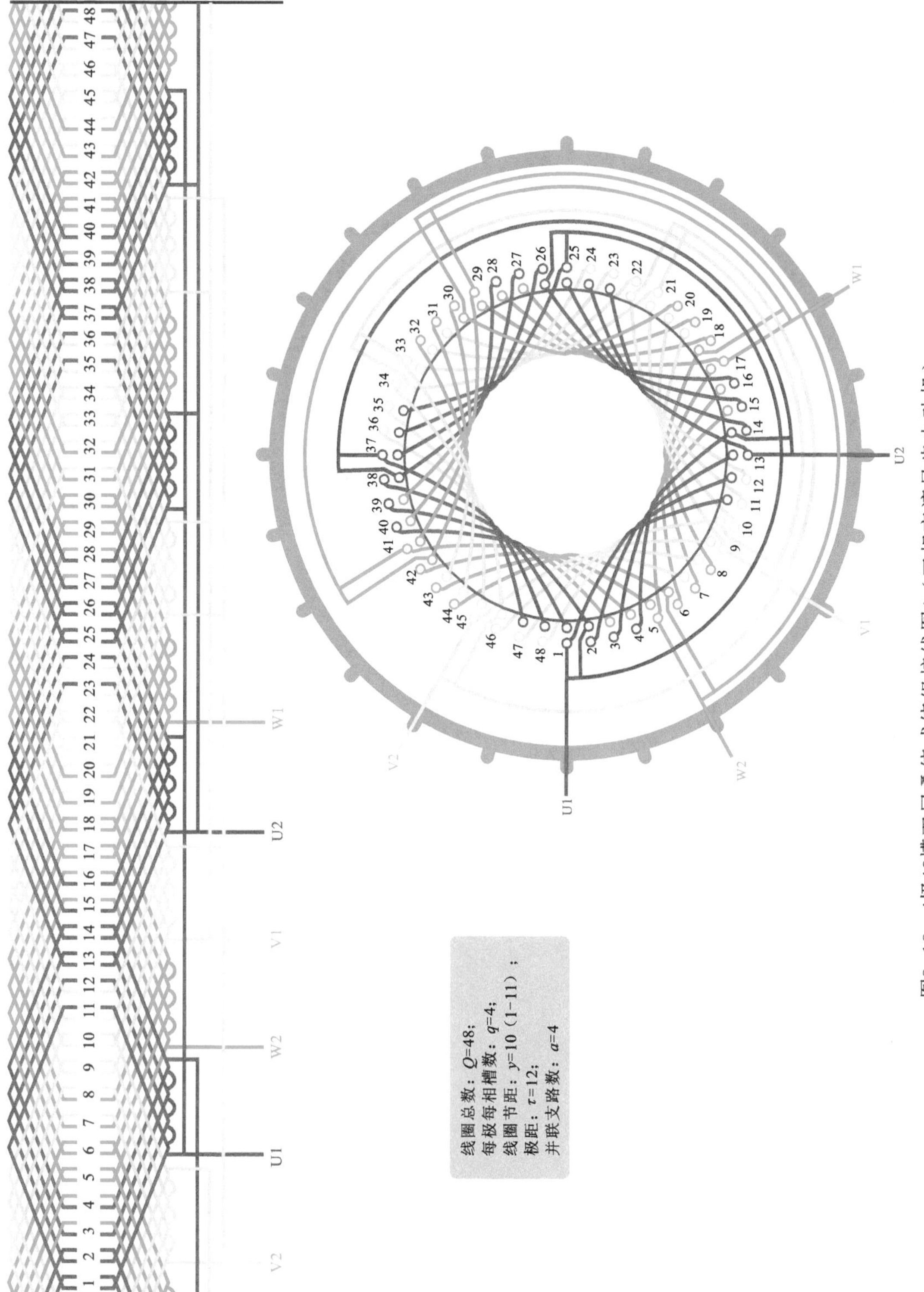
U1
U2
V1
V2
W1
W2
线圈总数：Q=48；
每极每相槽数：q=4；
线圈节距：y=10（1-11）；
极距：τ=12；
并联支路数：a=4

图8-18 4极48槽双层叠绕式绕组接线图4（三相交流异步电动机）

8.2.13 4极60槽（Q=36）单双层同心式绕组接线图（见图8-19）

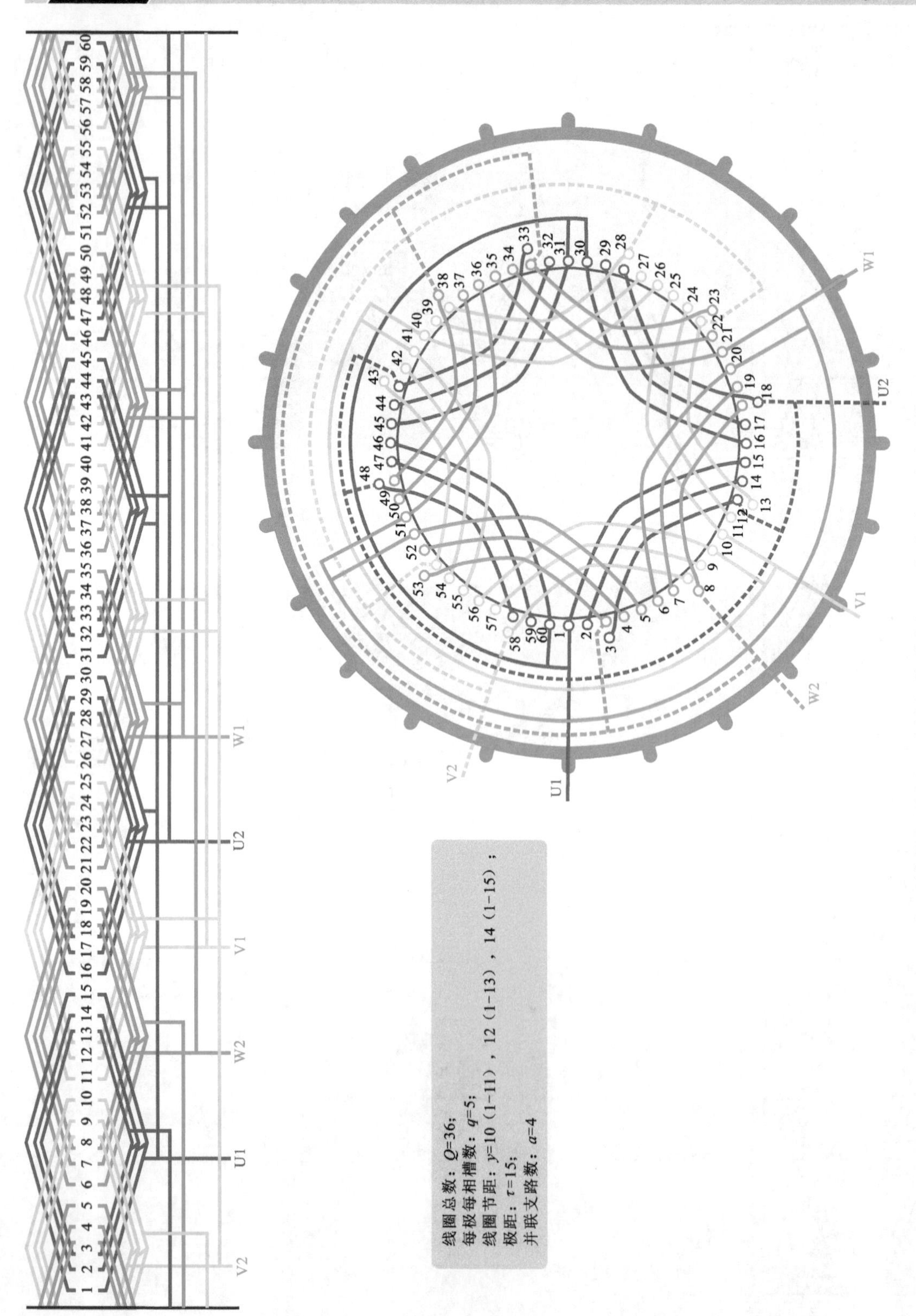

U1
V1
W1
U2
V2
W2
线圈总数：Q=36；
每极每相槽数：q=5；
线圈节距：y=10（1-11），12（1-13），14（1-15）；
极距：τ=15；
并联支路数：a=4

图8-19 4极60槽单双层同心式绕组接线图（三相交流异步电动机）

8.2.14 4极60槽（Q=60）双层叠绕式绕组接线图（见图8-20）

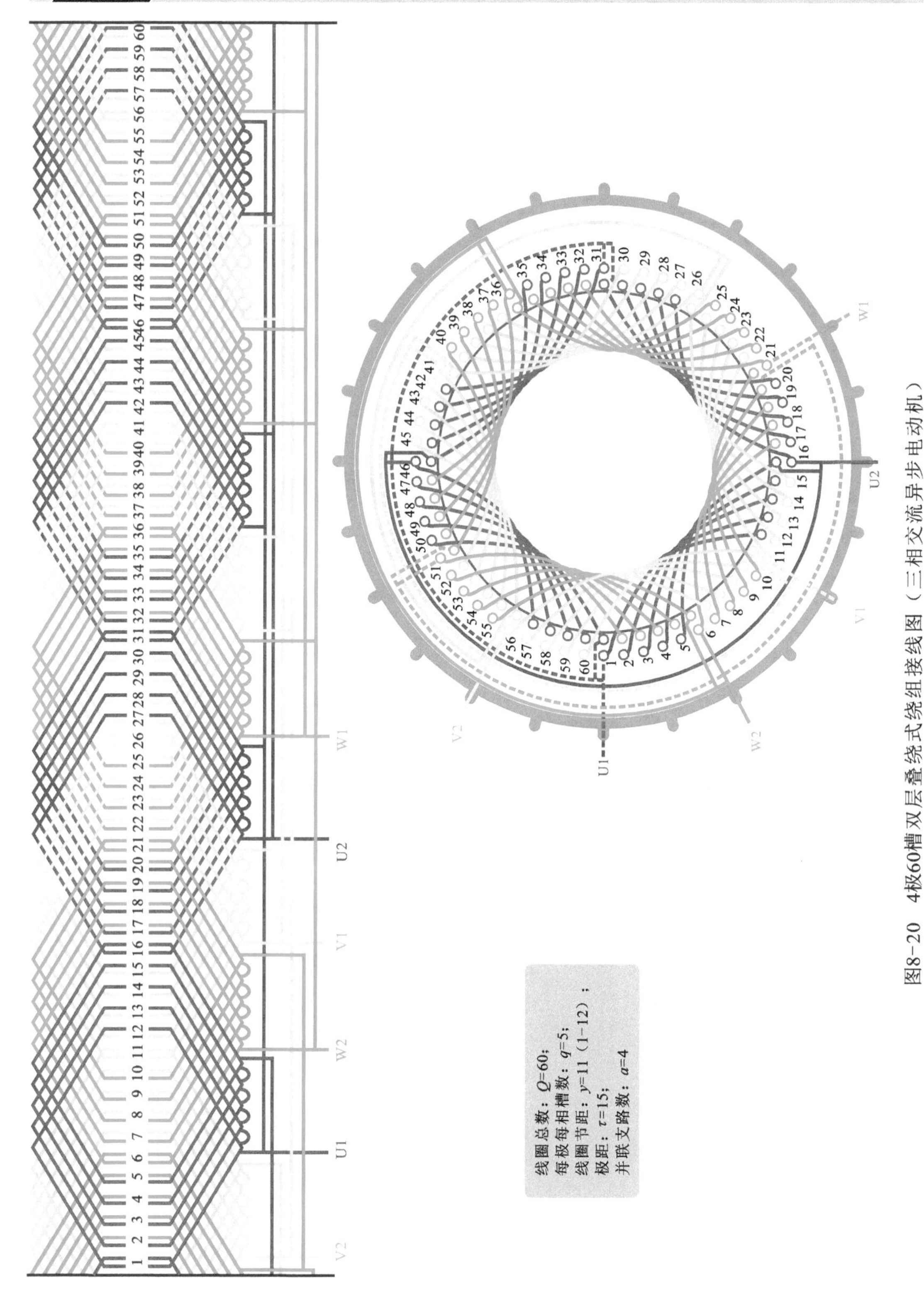
U1
U2
V1
V2
W1
W2
线圈总数：Q=60;
每极每相槽数：q=5;
线圈节距：y=11（1-12）;
极距：τ=15;
并联支路数：a=4

图8-20 4极60槽双层叠绕式绕组接线图（三相交流异步电动机）

8.2.15 6极36槽（Q=18）单层同心式绕组接线图（见图8-21）

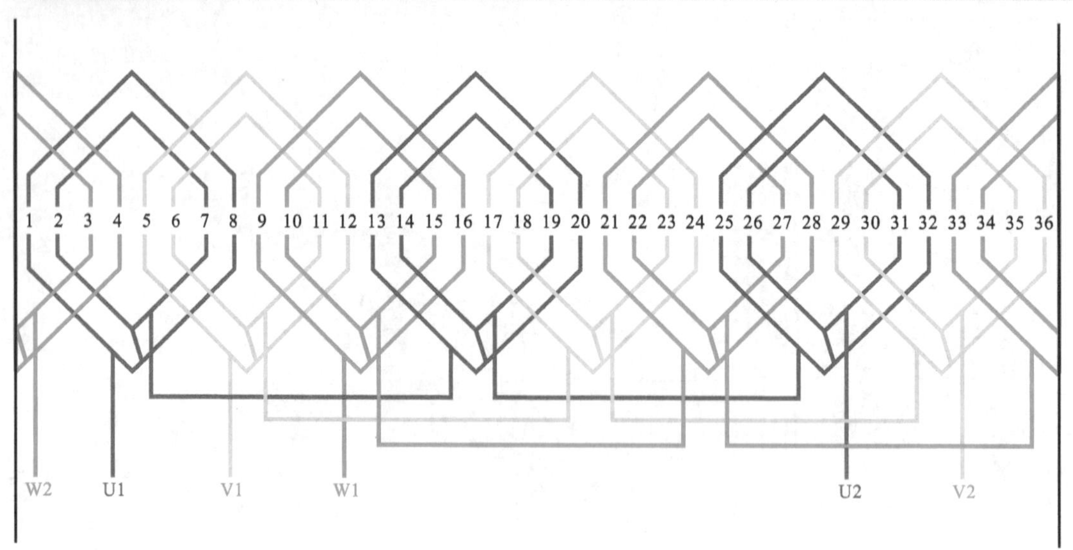
1 2 3 4 5 6 7 8 9 10 11 12 13 14 15 16 17 18 19 20 21 22 23 24 25 26 27 28 29 30 31 32 33 34 35 36
W2
U1
V1
W1
U2
V2

线圈总数：Q=18；
每极每相槽数：q=2；
线圈节距：y=5（1-6），7（1-8）；
极距：τ=9；
并联支路数：a=1

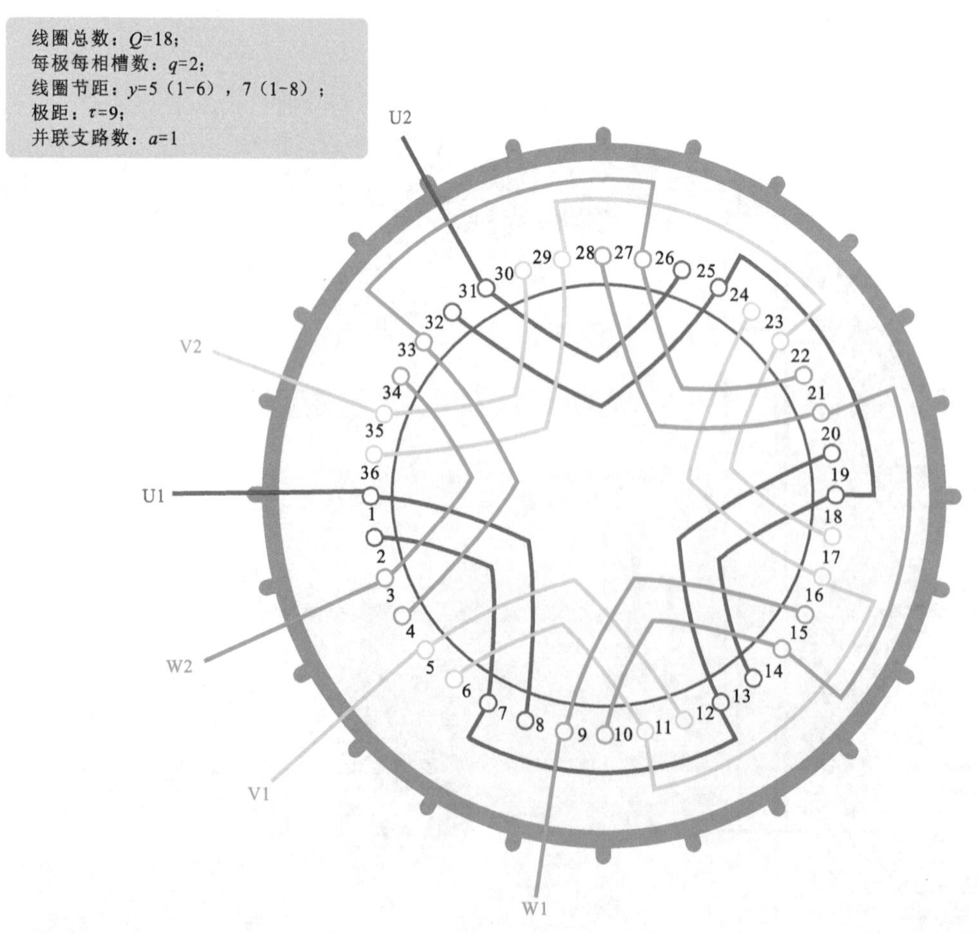
U2
V2
U1
W2
V1
W1
1 2 3 4 5 6 7 8 9 10 11 12 13 14 15 16 17 18 19 20 21 22 23 24 25 26 27 28 29 30 31 32 33 34 35 36

图8-21 6极36槽单层同心式绕组接线图（三相交流异步电动机）

8.2.16 6极36槽（Q=36）双层叠绕式绕组接线图（见图8-22）

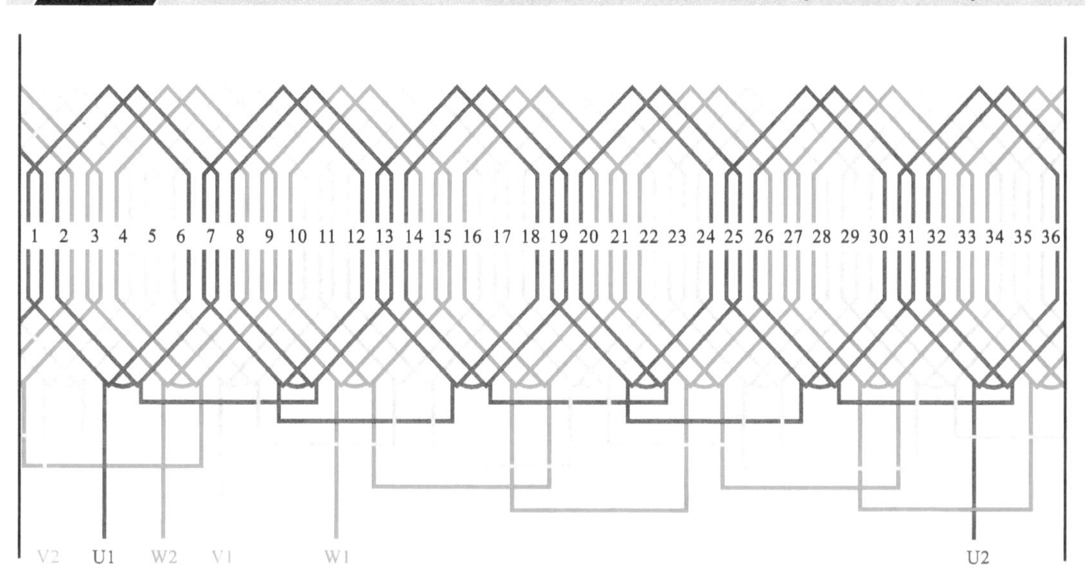
1 2 3 4 5 6 7 8 9 10 11 12 13 14 15 16 17 18 19 20 21 22 23 24 25 26 27 28 29 30 31 32 33 34 35 36
V2
U1
W2
V1
W1
U2

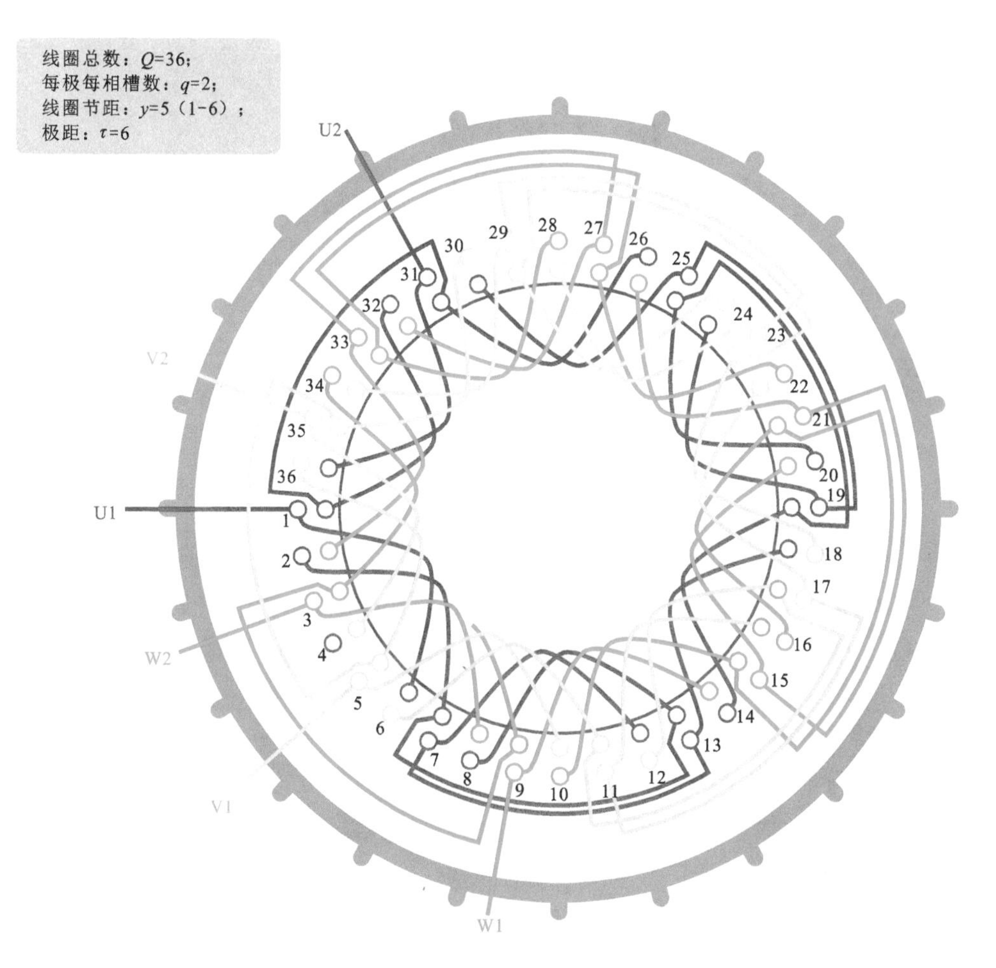
线圈总数：Q=36；
每极每相槽数：q=2；
线圈节距：y=5（1-6）；
极距：τ=6
U2
V2
U1
W2
V1
W1
1 2 3 4 5 6 7 8 9 10 11 12 13 14 15 16 17 18 19 20 21 22 23 24 25 26 27 28 29 30 31 32 33 34 35 36

图8-22　6极36槽双层叠绕式绕组接线图（三相交流异步电动机）

8.2.17 6极54槽（Q=54）双层叠绕式绕组接线图（见图8-23）

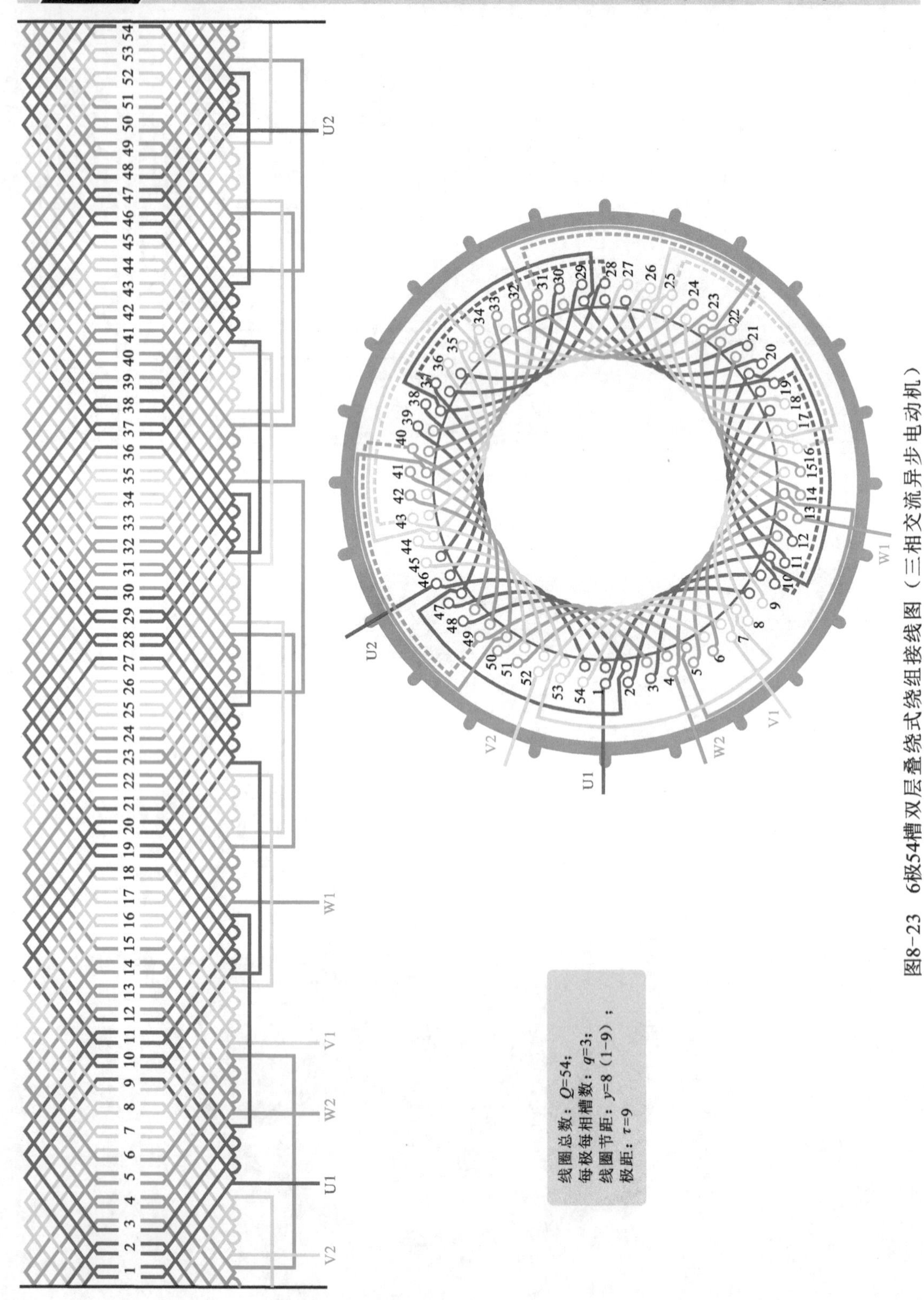
U2
W1
V1
W2
U1
V2
线圈总数：Q=54；
每极每相槽数：q=3；
线圈节距：y=8（1-9）；
极距：τ=9

图8-23 6极54槽双层叠绕式绕组接线图（三相交流异步电动机）

8.2.18 8极36槽（Q=36）双层叠绕式绕组接线图（见图8-24）

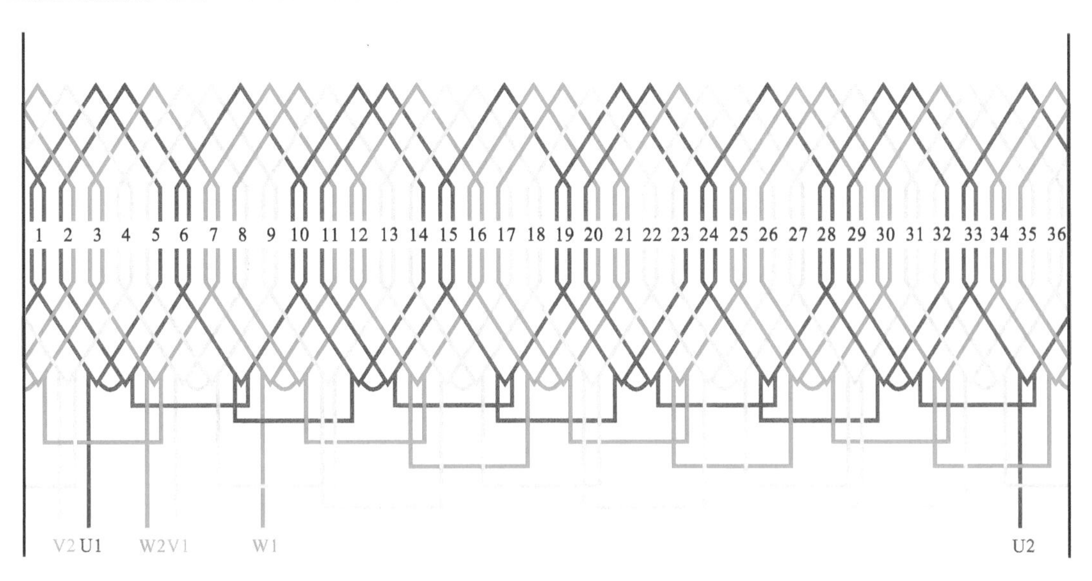
1 2 3 4 5 6 7 8 9 10 11 12 13 14 15 16 17 18 19 20 21 22 23 24 25 26 27 28 29 30 31 32 33 34 35 36
V2 U1
W2 V1
W1
U2

线圈总数：Q=36；
每极每相槽数：q=1.5；
线圈节距：y=4（1-5）；
极距：τ=4.5；
并联支路数：a=1

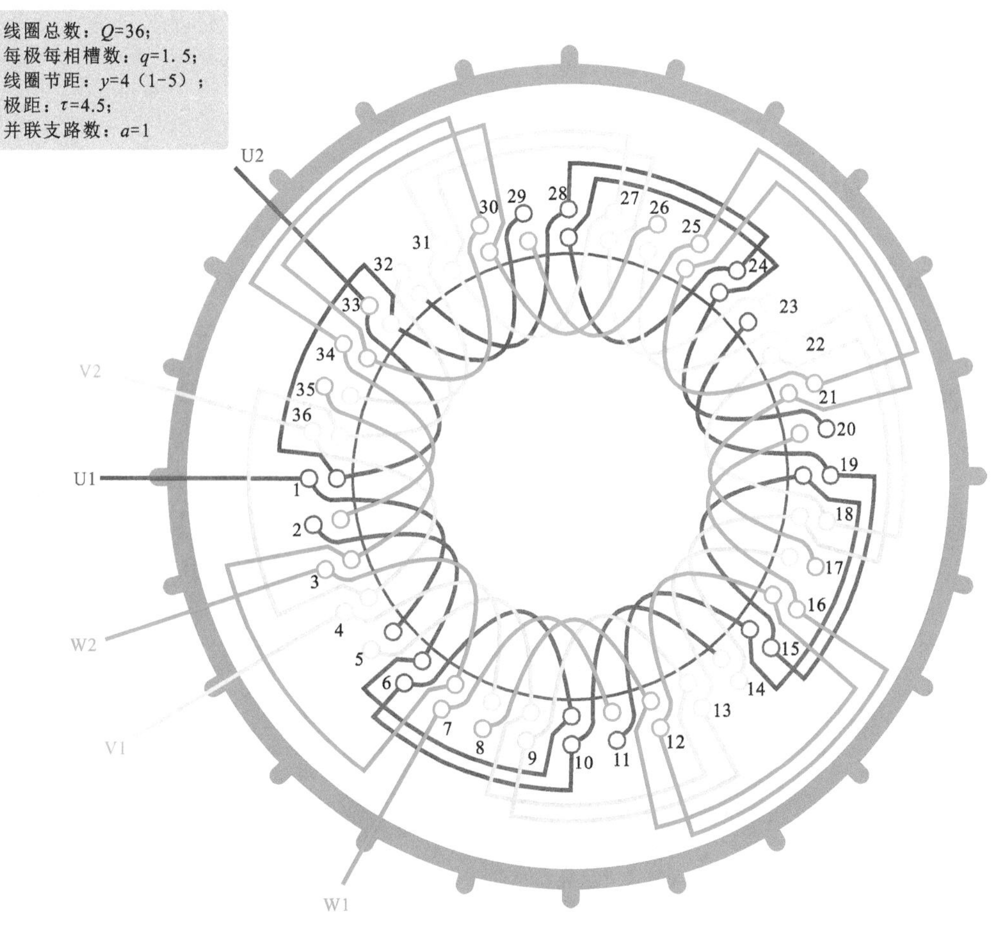
U2
V2
U1
W2
V1
W1

图8-24 8极36槽双层叠绕式绕组接线图（三相交流异步电动机）

8.2.19 8极48槽（Q=24）单层链式绕组接线图（见图8-25）

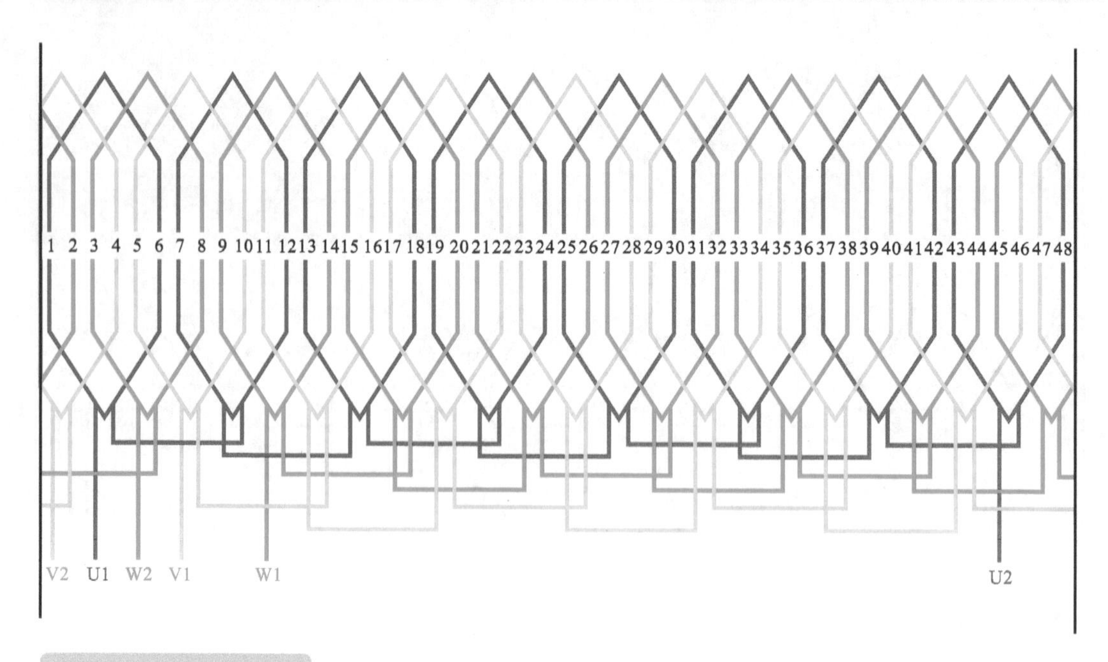

1 2 3 4 5 6 7 8 9 10 11 12 13 14 15 16 17 18 19 20 21 22 23 24 25 26 27 28 29 30 31 32 33 34 35 36 37 38 39 40 41 42 43 44 45 46 47 48
V2 U1 W2 V1 W1
U2

线圈总数：Q=24；
每极每相槽数：q=2；
线圈节距：y=5（1-6）；
极距：τ=6；
并联支路数：a=1

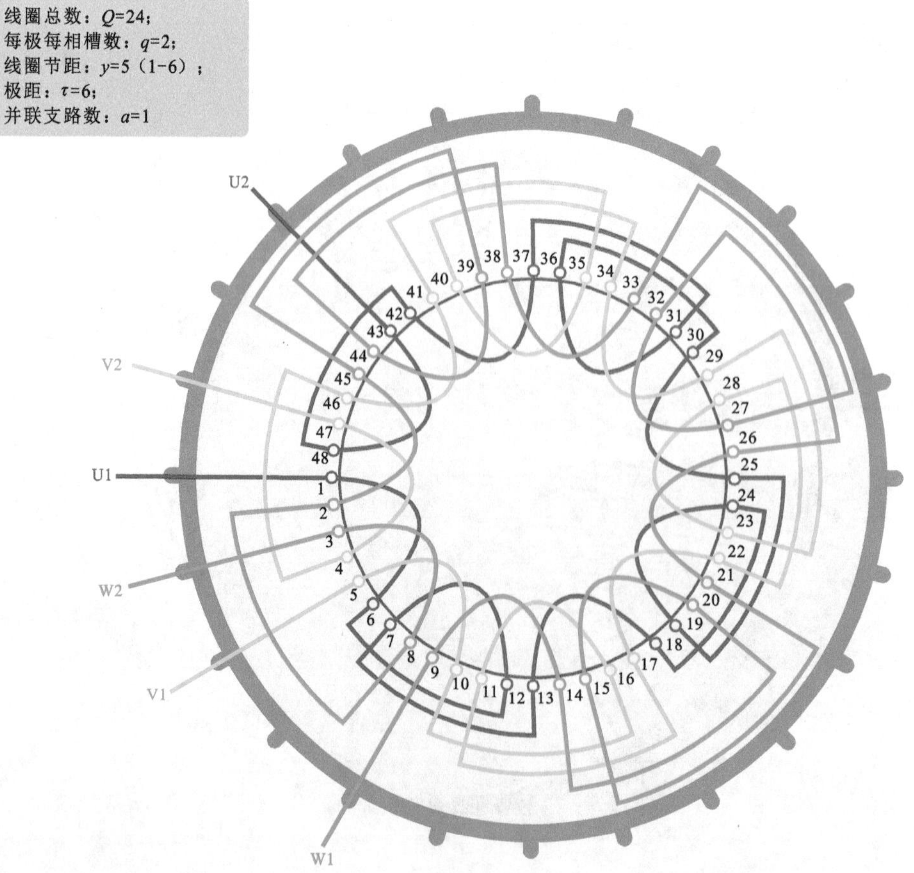

U2
V2
U1
W2
V1
W1
1 2 3 4 5 6 7 8 9 10 11 12 13 14 15 16 17 18 19 20 21 22 23 24 25 26 27 28 29 30 31 32 33 34 35 36 37 38 39 40 41 42 43 44 45 46 47 48

图8-25 8极48槽单层链式绕组接线图（三相交流异步电动机）

8.2.20 8极48槽（Q=48）单层链式绕组接线图（见图8-26）

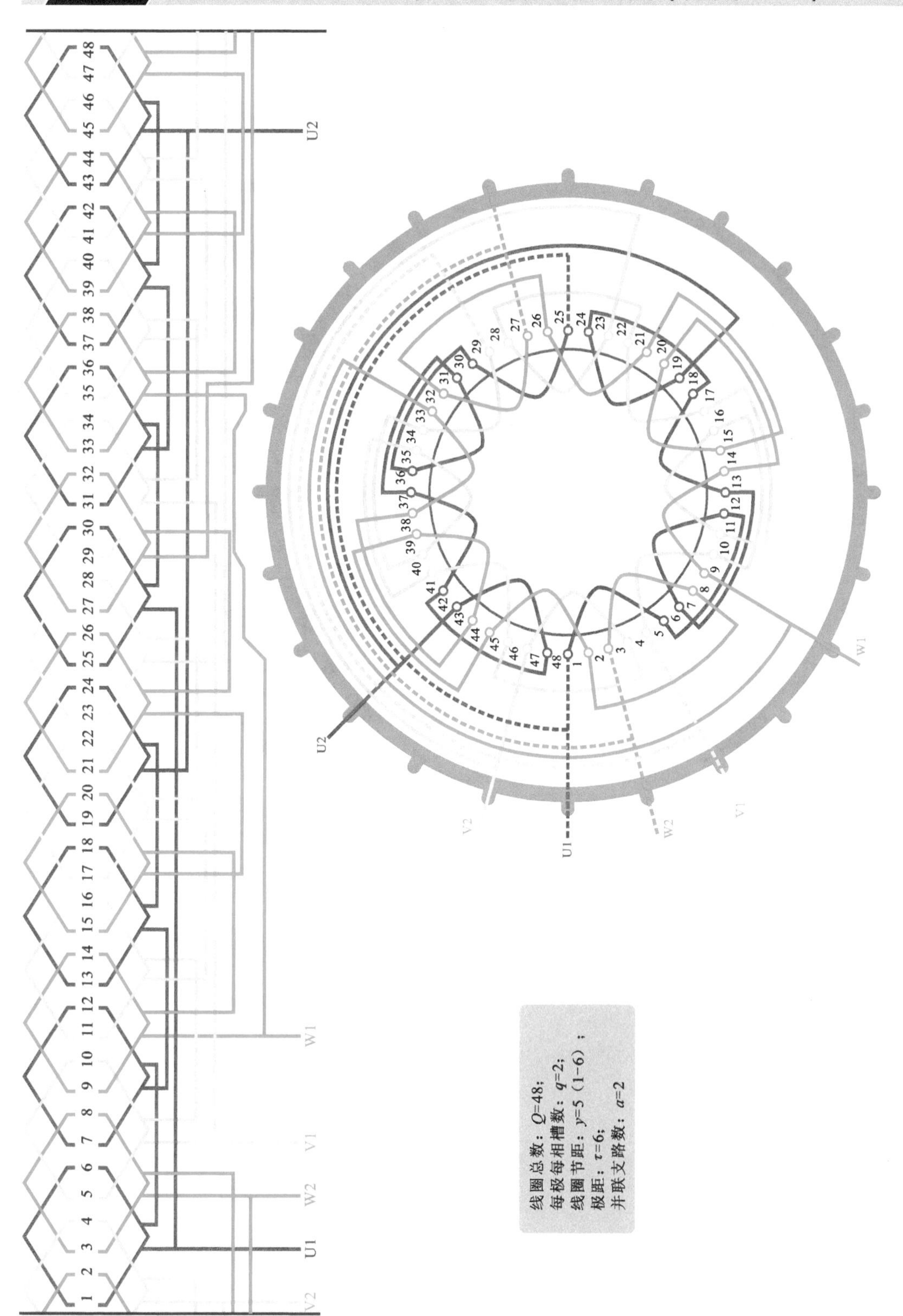

线圈总数：Q=48；
每极每相槽数：q=2；
线圈节距：y=5（1-6）；
极距：τ=6；
并联支路数：a=2
U1
U2
V1
V2
W1
W2

图8-26 8极48槽单层链式绕组接线图（三相交流异步电动机）

8.2.21 8极48槽（Q=48）双层叠绕式绕组接线图1（见图8-27）

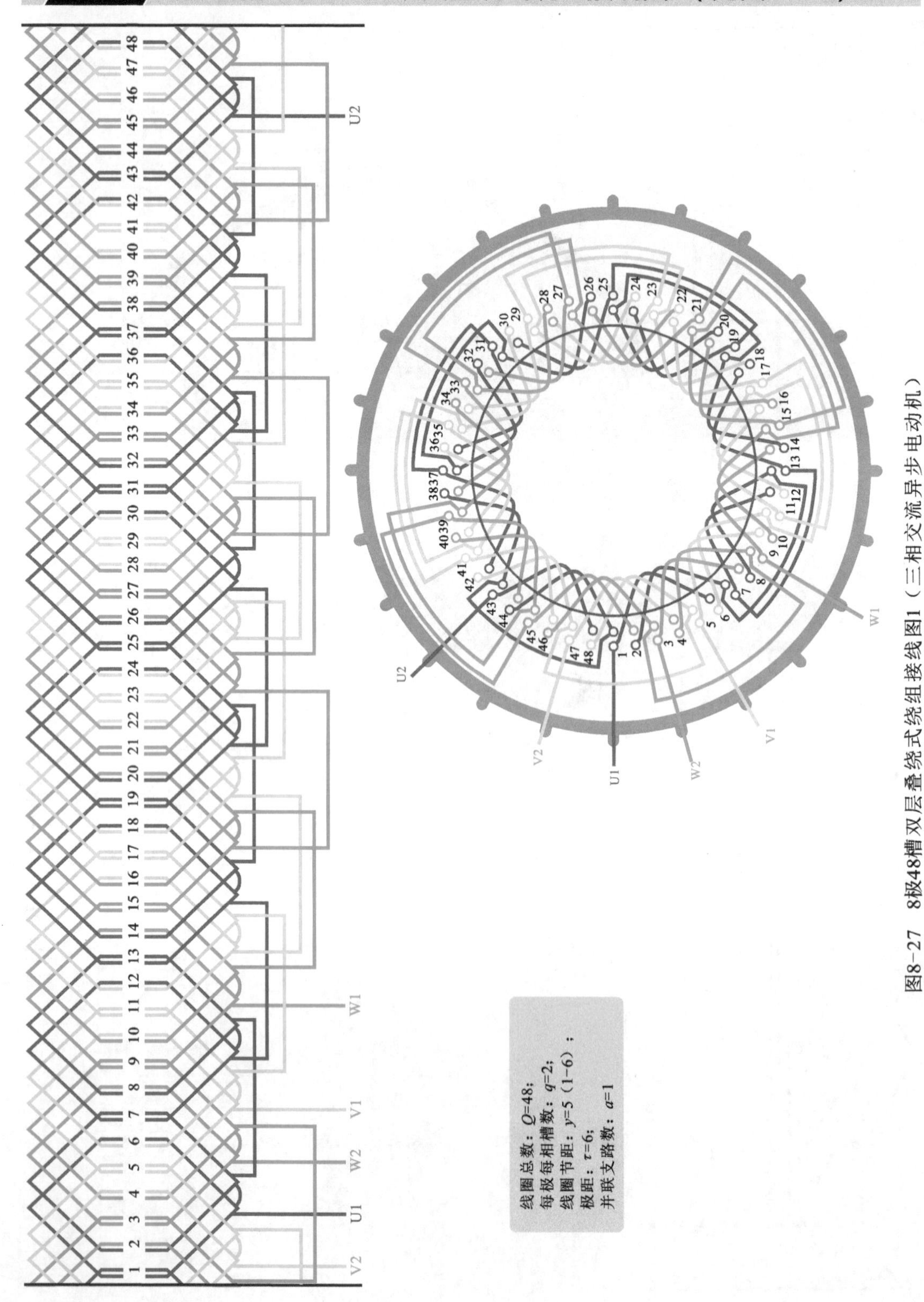
U2
W1
V1
W2
U1
V2
线圈总数：Q=48；
每极每相槽数：q=2；
线圈节距：y=5（1-6）；
极距：τ=6；
并联支路数：a=1

图8-27 8极48槽双层叠绕式绕组接线图1（三相交流异步电动机）

8.2.22 8极48槽（Q=48）双层叠绕式绕组接线图2（见图8-28）

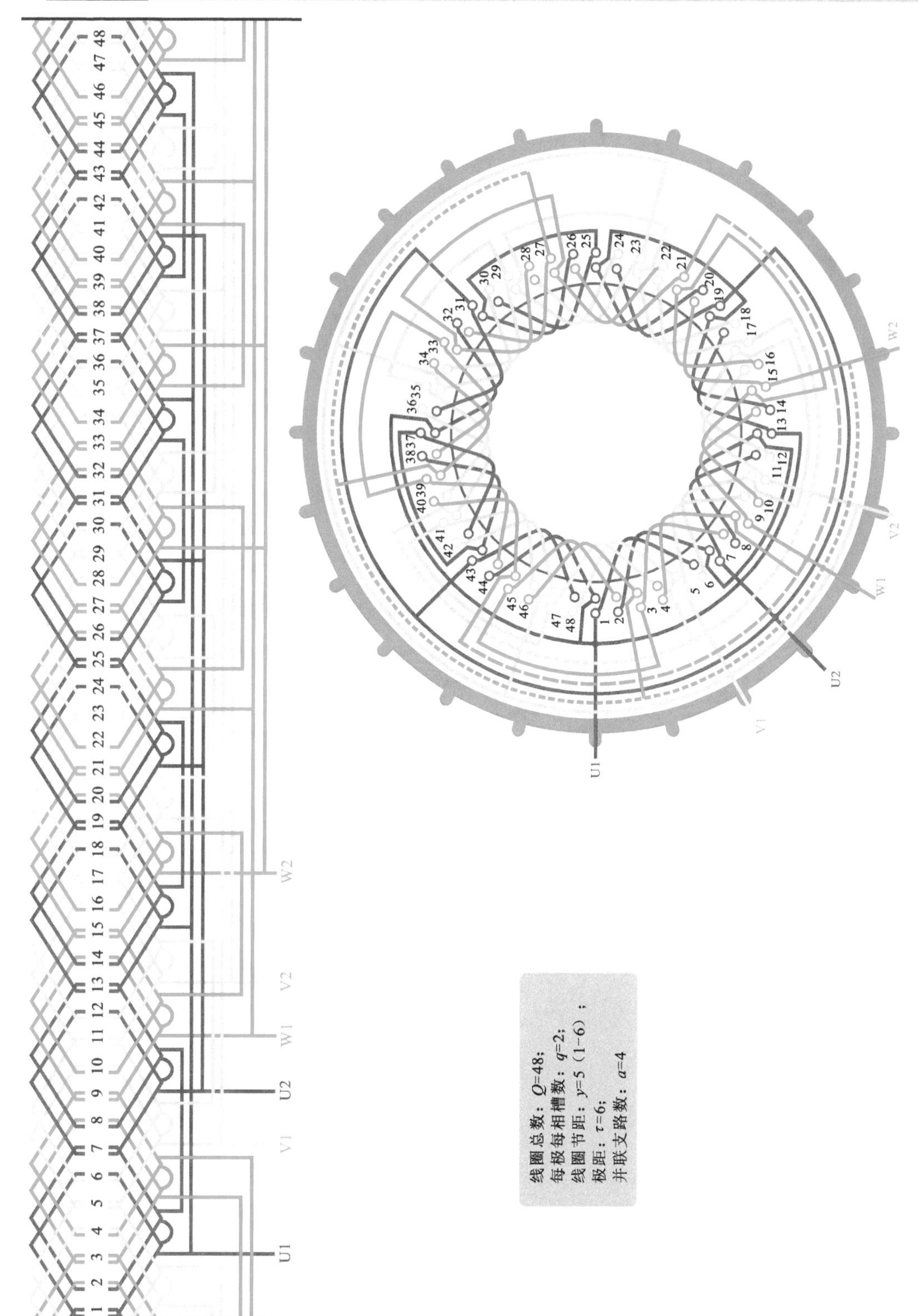

U1
U2
V1
V2
W1
W2
线圈总数：Q=48;
每极每相槽数：q=2;
线圈节距：y=5（1-6）;
极距：τ=6;
并联支路数：a=4

图8-28 8极48槽双层叠绕式绕组接线图2（三相交流异步电动机）

8.2.23 8极54槽（Q=54）双层叠绕式绕组接线图（见图8-29）

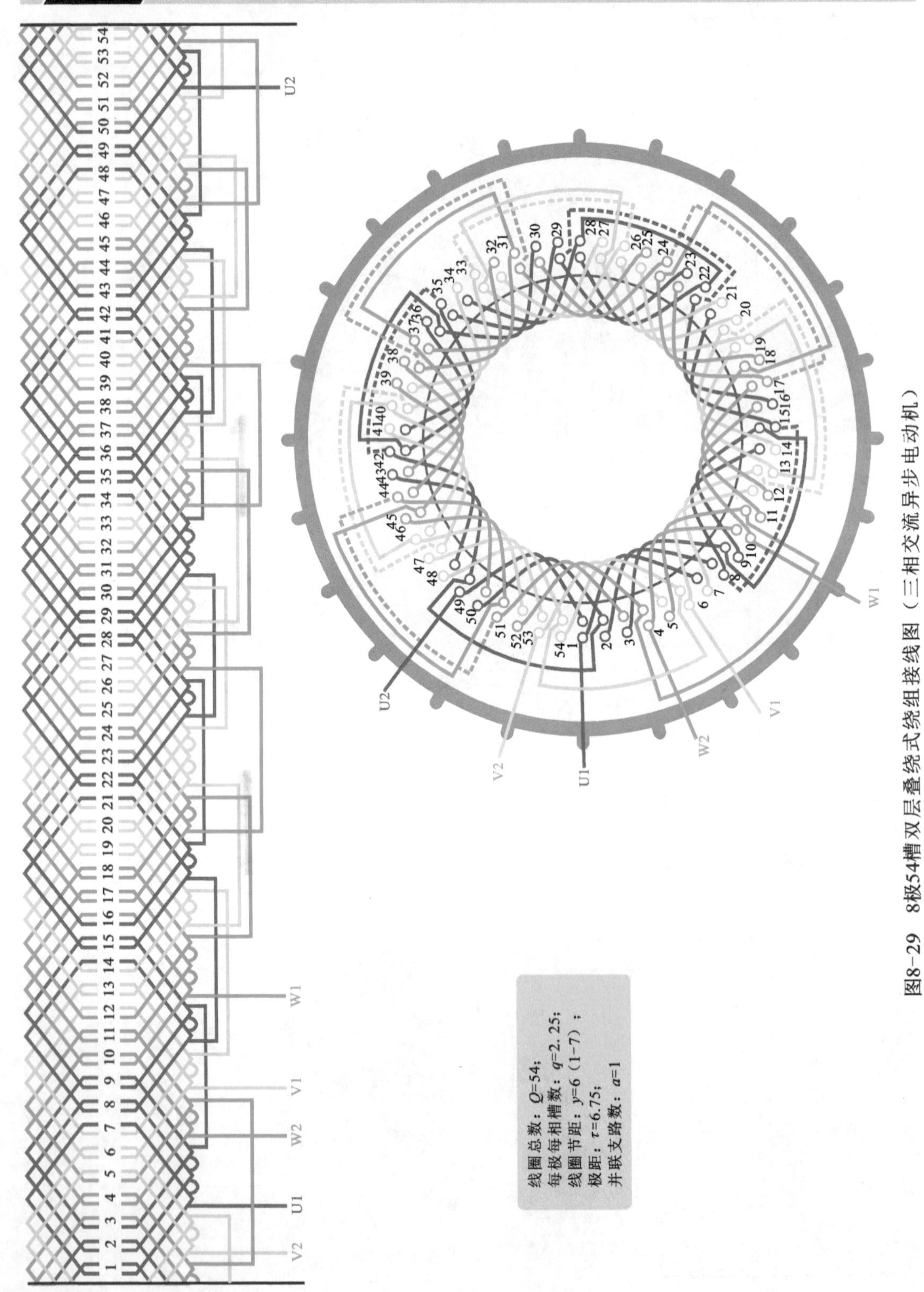
U2
W1
V1
W2
U1
V2
线圈总数：Q=54；
每极每相槽数：q=2.25；
线圈节距：y=6（1-7）；
极距：τ=6.75；
并联支路数：a=1

图8-29　8极54槽双层叠绕式绕组接线图（三相交流异步电动机）

8.2.24 8极60槽（Q=60）双层叠绕式绕组接线图（见图8-30）

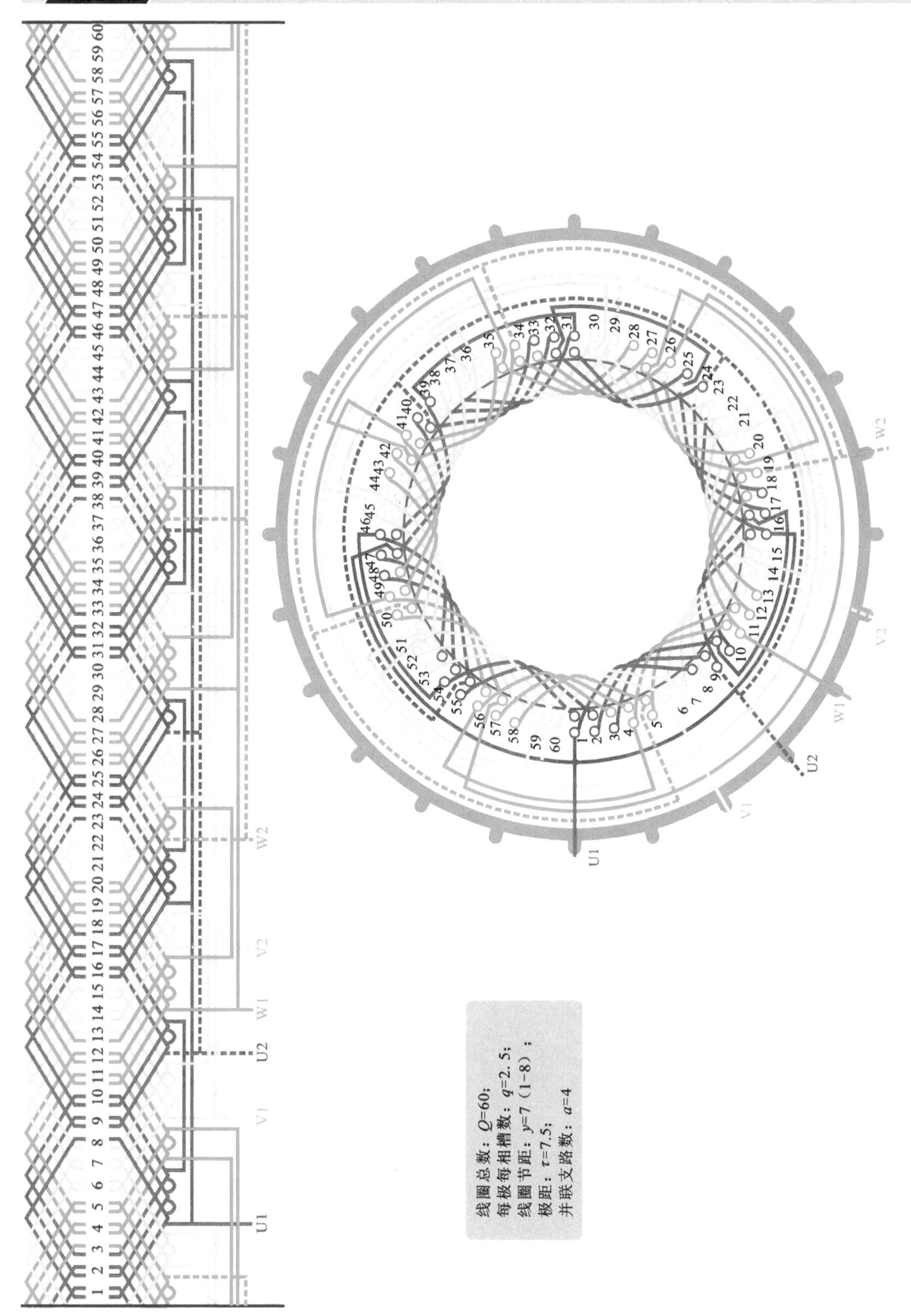
线圈总数：Q=60;
每极每相槽数：q=2.5;
线圈节距：y=7（1-8）;
极距：τ=7.5;
并联支路数：a=4
U1
U2
V1
V2
W1
W2

图8-30 8极60槽双层叠绕式绕组接线图（三相交流异步电动机）

8.2.25 10极60槽（Q=60）双层叠绕式绕组接线图（见图8-31）

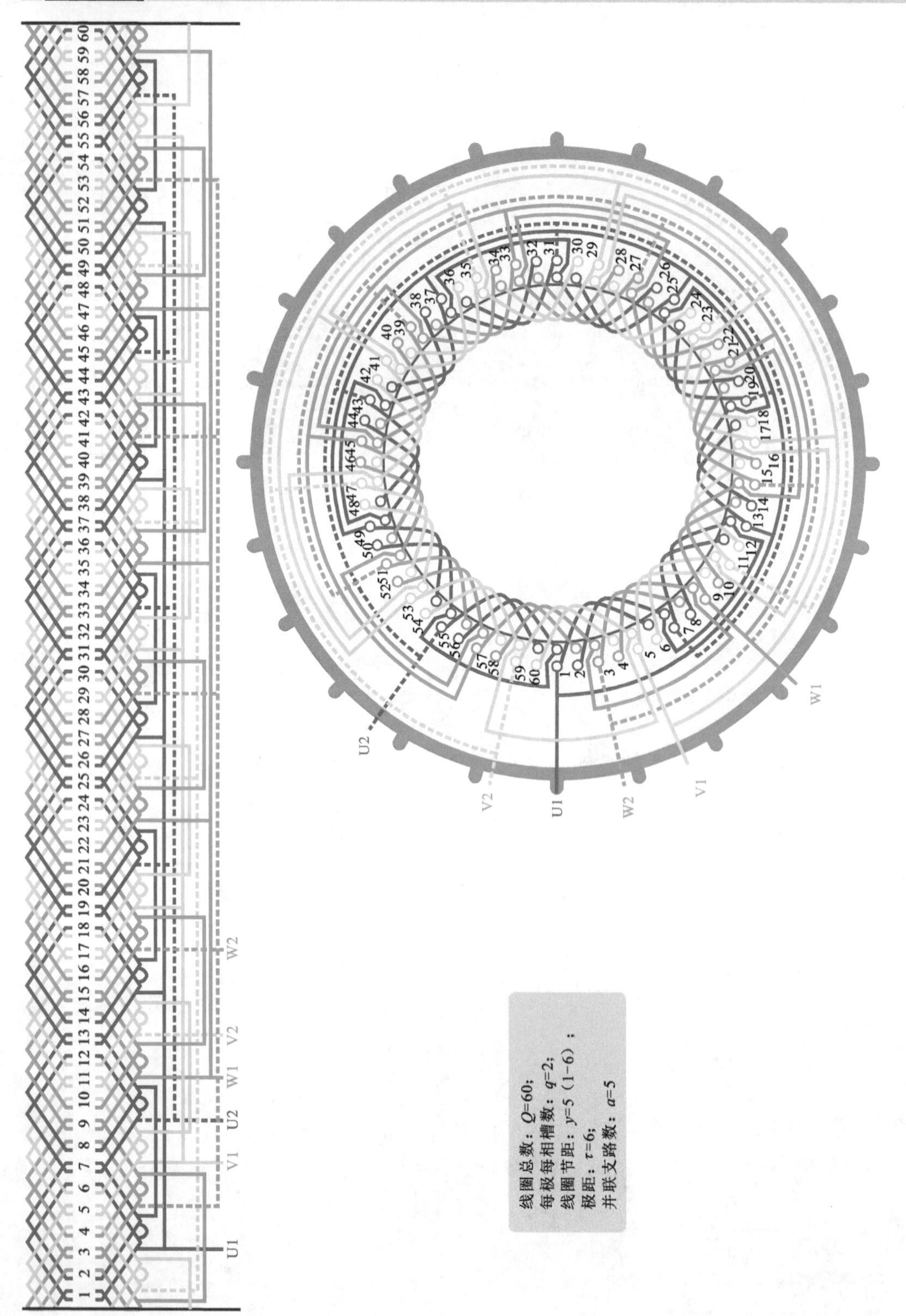
U1
V1
W1
U2
V2
W2
线圈总数：Q=60；
每极每相槽数：q=2；
线圈节距：y=5（1-6）；
极距：τ=6；
并联支路数：a=5

图8-31 10极60槽双层叠绕式绕组接线图（三相交流异步电动机）

反侵权盗版声明

举报电话：（010）88254396；（010）88258888

传　　真：（010）88254397

E-mail：　dbqq@phei.com.cn

通信地址：北京市万寿路 173 信箱

电子工业出版社总编办公室

邮　　编：100036